감정이 어려운
사람들을 위한
뇌과학

옮긴이 **김아림**

서울대학교에서 생물학을 공부하고 같은 학교 과학사 및 과학철학 협동과정에서 석사학위를 받았다. 출판사 편집자였다가 지금은 번역가로 일한다. 책과 언어, 고양이를 좋아한다. 옮긴 책으로는 『아는 동물의 죽음』 『동쪽 빙하의 부엉이』 『과학이 우리를 구원한다면』 『나의 첫 뇌과학 수업』 『과학의 반쪽사』 등이 있다.

감정이 어려운 사람들을 위한 뇌과학

Emotional Ignorance

딘 버넷 지음
김아림 옮김

내 몸을 지배하고 머릿속을 휘젓는
감정들의 기원과 행방을 찾아서

생각이음

피터 윌리엄 버넷에게 바친다.

사랑해요, 아버지.

들어가며

이 책은 내가 쓰려고 계획했던 책이 아니다. 어떤 의미에서는 내가 쓰고자 했던 책도 절대 아니다. 하지만 이 책을 집필하게 되어 매우 기쁘다. 그동안 내가 한 일 중 가장 잘한 일인지도 모른다.

무슨 말인지 아리송하다고? 당신의 잘못이 아니다. 나도 그랬으니까. 이 일 전체가 그런 식으로 시작되었다. 어떻게 된 일인지 한번 설명해 보겠다.

이 책은 감정emotion에 관한 책이다. 원래는 감정에 대해 다루며, 감정 뒤에 놓인 과학, 그리고 감정이 뇌 속에서 작용하는 원리에 관한 내용을 담고 있었다. 처음에는 '감정 지능'이라는 제목을 붙일까 했다. 흔한 표현이기도 하지만, 이 책이 감정의 과학에 관한 모든 것이기도 하니 있어 보인다. 그렇지 않은가?

나는 처음에 상당수의 과학자나 스스로 지성적이라 자부하는 사람들이 그렇듯 감정을 과학적으로 다루는 게 그렇게 복잡하지 않으리라 추측했다. 생각, 기억, 언어, 감각처럼 우리의 뇌에서 일어나는 '중요한' 것들과는 다르게 말이다. 감정은 어쩌면 장애물이나 방해 요소에 가깝다. 그래서 이런 주제를 다루는 책은 지나치게 까다롭지 않아야 한다.

하지만 연구를 시작하자마자 이런 생각이 근본적으로 잘못되었다는 사실이 빠르게 증명되었다. 내가 판단하기에 감정에 대한 확실한 사실을 뒷받침하고 있는 연구라고 해도, 그 연구를 부정하는 또 다른 연구가 평균 다섯 가지는 있었다. 게다가 그 이유도 제각각이었다.

결국 나는 불편하지만 반박할 수 없는 사실에 직면해야 했다. 나의 지식은 감정에 관한 책을 쓰기에는 비참할 정도로 모자랐다. 하지만 이미 출판 계약을 완료한 뒤였다. 난감한 상황이었다.

그러다 2020년에 코로나19 팬데믹이 발생했고, 바이러스가 온 지구를 흔들면서 전 세계는 봉쇄에 들어갔다. 처음에는 맡은 일을 해낼 좋은 기회를 얻었다고 생각했다. 나는 이미 재택근무를 하고 있었고 일자리를 위협받지 않았으며, 아내와 아이들과 함께 꽤 화목한 가정을 꾸리고 있었다. 지금이야말로 적당한 시기인 것 같았다.

하지만 그해 3월, 아버지가 코로나바이러스에 감염되어 병원에 입원했다. 그런데도 나는 아무것도 할 수 없었다. 아버지를 만날 수도, 뭔가 도와드릴 수도 없었다. 팬데믹의 한가운데에서, 우리는 봉쇄되었고 병원은 외부와 격리되었으며 모든 의료진이 생명을 구하기 위해 필사적으로 애쓰고 있었다.

나는 집에 틀어박힌 채로 누군가의 메시지나 간단한 전화 통화를 통해 아버지의 상태를 듣거나 때로는 한 다리 더 건너 전해 들었다. 하지만 근본적으로는 덫에 걸린 느낌이었다. 오직 나와 내 감정만이 있었다. 그

감정이 어려운 사람들을 위한 뇌과학

감정은 내가 다룰 줄 모르는, 익숙지 못한 것들이었다. 물론 예전에도 걱정과 우려, 두려움, 불안한 감정을 종종 느꼈지만 이런 것은 처음이었다.

지병도 없던 아버지가 그렇게 58세의 나이에 돌아가셨다. 나는 아버지를 만나거나 제대로 작별 인사를 하지도 못한 채 그 여파를 혼자서 견뎌야 했다. 지금까지 삶에서 최악으로 꼽힐 만한 감정적 고통과 트라우마였다. 세상과 단절된 채 도움의 손길이나 위안도 전혀 받지 못했다. 아무리 좋게 보려 해도 지옥 그 자체였다.

생애 가장 강력한 슬픔과 마음의 고통 속에서 나는 신경과학자로서의 훈련을 시작했다. 머릿속에서 일어나고 있는 다른 모든 생각 사이에서 내 두뇌의 괴짜 같고 냉혹할 만큼 이성적인 부분이 다음과 같은 설득력 있는 주장을 펼쳤다.

경험이 풍부한 신경과학자이자 과학 커뮤니케이터로서, 압도적이고 강력한 감정들로 머릿속이 가득 찬 지금 '감정에 관한 책을 써야만 한다'! 나는 이 믿을 수 없을 만큼 가능성 낮은 요소들의 조합을 논리적으로 잘 활용해서 써먹어야 했다. 내가 느끼고 있던 스트레스와 고통, 불확실성을 탐구하고 그것이 나에게 어떤 영향을 끼쳤는지 살피며, 왜 이 모든 것이 일어나는지, 그것이 무엇을 의미하는지, 어떤 결과를 불러올 수 있는지 설명해야 했다. 나는 과학의 이름으로 내 감정을 현미경 아래 두고 관찰할 수 있었다.

실제로 나는 그렇게 했다. 꽤 기나긴 여정이었지만 스스로의 슬픔을 탐구하고 그런 일을 겪은 이유를 밝히는 과정은 무척 예상 밖의 장소로 나를 데려갔다. 그뿐만 아니라 다음과 같은 여러 흥미로운 질문을 도출해

냈다.

왜 우리 인간들은 그런 방식으로 보는가?

왜 우리의 뇌는 그런 방식으로 보는가?

음악은 우리에게 어떤 방식으로 영향을 미치는가?

수많은 과학적 발견을 촉진하는것은 무엇인가?

왜 오늘날 세계는 잘못된 정보와 '가짜 뉴스'에 시달릴까?

감정은 이 모든 질문에 대한 답일 뿐만 아니라 훨씬 더 많은 질문에 대한 답이다. 우리 정신생활에 만연한 이 여러 측면을 다룬 연구들은 나를 시간의 시작과 우주의 끝으로 데려갔다. 그리고 환상과 현실의 경계로 나아가 삶의 가장 기본적인 과정부터 최첨단 기술, 그 사이의 모든 것을 살피게 했다.

그동안 밝혀진 바에 따르면 감정은 우리와 무관하거나 주변적인 존재가 아니라 우리 존재의 모든 것, 우리가 행하는 모든 일의 중요한 부분이다. 감정은 우리를 형성하고 이끌며, 우리에게 영향을 주고 동기를 부여하는 한편 우리를 혼란스럽게도 만든다.

처음 연구에 착수할 때까지만 해도 이 사실을 전혀 몰랐다. 나는 감정에 대해 잘 안다고 말할 자격이 없었다. 나는 사실 감정적으로 무지했고 그게 이 책을 쓴 이유다. 이 책의 일부는 과학적 탐구지만 다른 일부는 슬픔에 대한 일기이며, 또 다른 일부는 '자아 발견의 여정'이다.

이 책의 집필 작업이 인생 최악의 시기에 나를 벼랑 끝에서 벗어나게 해 주었다고 해도 결코 과언이 아니다. 내가 감정에 대한 무지와 맞서 싸우게 도왔으니 말이다. 이 책의 원제가 '감정에 대한 무지Emotional Ignorance'

감정이 어려운 사람들을 위한 뇌과학

인 것도 그런 이유다. 이 책이 감정에 대한 독자의 무지를 덜어 주어 여러 분이 내가 겪었던 일을 조금이라도 겪지 않을 수 있다면, 나는 꽤 잘 해낸 셈이다.

딘 버넷

Contents

4장 | 우리는 타인의 감정에 어떻게 사로잡히는가

5장 | 죽음도 감정과의 유대를 갈라놓지 못한다

6장 | 감정과 기술의 충돌

1장

감정이 뇌에서 작동하는
방식

우리가 감정을 안다고 말할 수 있을까

슬픔으로 가득 찬 채 이 책을 쓰려고 앉아 가장 먼저 세웠던 궁극적인 목표는 스스로 느끼는 감정들을 이해하는 것이었다. 감정들이 왜, 그리고 어떻게 생겨나서 어떤 영향을 끼치는지를 비롯한 여러 가지를 알고 싶었다. 그건 틀림없이 꽤 묵직한 질문이었다.

감정이 실제로 어떻게 작동하는지 알고 싶을 때 어디에서부터 시작하는 게 좋을까? 과학 분야에 대한 내 경험을 참고한다면, 근본을 파고들어야 한다. 이렇게 해서 '기초 지식'이라고 부를 만한 것을 갖춘다면 여기서부터 더 복잡하고 철저한 지식과 이해를 쌓을 수 있다.

감정이라는 주제를 탐구할 때 가장 기초적인 질문은 바로 '감정이란 무엇인가?'다. 이 질문에 대한 답을 내놓을 수 없다면 아무것도 할 수 없기 때문이다. 그렇지 않은가? 그래서 나는 가장 먼저 그 질문을 해결하기로 했다. 적어도, 시도는 했다.

하지만 곧바로 하나의 문제에 부딪혔다. 그게 뭐냐면, 놀랍게도 여러 세기에 걸친 연구와 논쟁에도 감정이 정말로 무엇인지에 대한 확고한 합의는 아직 이뤄지지 않았다는 사실이다. 그러니 아무리 가볍게 생각하려 해도 감정을 연구하는 일은 다소 까다로울 수밖에 없었다.

여러분은 오늘날 인류가 감정이 무엇인지 정도는 알아냈으리라 여길지도 모른다. 감정이 우리 모두에게 근본적인 것이며, 지난 6억 년 이상 어떤 형태로든 존재해 왔으리라 추정된다는 점을 고려하면 말이다. 그렇지만 생각해 보라. 인류라는 종은 존재 이래로 쭉 아이들을 낳아 키워 왔다. 하지만 오늘날 모두가 동의하는 최선의 육아 방법이 과연 존재하는가?

모유 수유를 어떻게 할지, 아기를 재우려면 어떤 준비가 필요한지에 대한 문제로 시끄러운 온라인 육아 커뮤니티에 접속해 보라. 그야말로 호적수인 두 게릴라 부대가 버려진 창고에서 우연히 마주치기라도 한 것처럼 가상 공간에서 유혈 사태가 펼쳐지곤 한다. (나중에는 분유를 먹이자는 의견이 어느 정도 우세해지지만 말이다.)

물론 이 분야의 전문가들 사이에 합의가 아예 없는 것은 아니다. 우리가 감정에 대해 '아무것도' 모르는 건 아니기 때문이다. 그러나 여러분이 미루어 짐작했던 것보다 훨씬 더 감정에 무지한 것은 사실이다.

우리가 왜 근본적인 지점에서 합의하기 어려운지 알아보기 위해 나는 감정을 전문으로 연구하는 역사학자이자 『인류 감정의 역사』의 저자인 리처드 퍼스-가드비히어Richard Firth-Godbehere 박사부터 만났다.[1]

나는 퍼스-가드비히어 박사에게 그가 일생을 바쳐 연구한 주제인 감

감정이 어려운 사람들을 위한 뇌과학

정에 대해 전문가들 사이에 합의된 정의를 찾아보려 했지만 쉽지 않았다고 말했다. 그러자 박사는 고작 사내 페인트볼 토너먼트 경기의 치열했던 순간을 자랑하는 사람을 마주한 퇴역 군인처럼 쓴웃음을 지었다. 그리고 저명한 감정 연구자인 조지프 르두Joseph LeDoux 교수의 말을 조금 바꾸어 이렇게 이야기했다.

감정에 대한 정의는 감정을 연구하는 사람들만큼이나 다양합니다. 게다가 연구자들의 생각이 계속 바뀌기 때문에 정의는 그보다 훨씬 많을 거예요.

나는 성인이 된 이후로 대부분의 시간 동안 학계, 특히 과학계에 종사했다. 그런 만큼 전문 과학자들이나 다른 분야의 학자들이 끊임없이 무엇인가에 동의하지 않고 반론을 제기한다는 사실을 잘 안다. 그렇기에 퍼스-가드비히어 박사가 이런 농담을 했을 때 웃음을 터뜨릴 수밖에 없었다. 역사학자 두 명을 하나의 방에 몰아넣으면 무엇을 얻게 될까? 바로 세 가지의 서로 다른 의견이다. 그들이 가장 즐기는 취미가 학회 접수처에서 무료 와인을 한 잔씩 하고 그런 반론을 끊임없이 제기하는 것이다.

하지만 나는 감정 연구라는 분야에 뭔가 합의된 바가 분명 있으리라 추측했다. 뇌가 어떤 기관인지에 대해 공통적인 이해가 하나도 없다면 신경과학은 전혀 작동하지 않을 것이다. 우리 중 몇몇은 뇌가 두개골 안에 있는 주름진 기관이라고 생각하고 몇몇은 뇌가 배 속의 기다랗고 꿈틀대는 관이라고 주장한다면 무척 곤란하다. 학문 분야 전체가 혼란에 빠진 헛소리로 가득할 테고 아무런 발전도 이뤄지지 않을 것이다.

감정을 발견한 인류

이렇게까지 최악의 상황은 아니라 해도 사실 실제 감정 연구는 불확실성으로 가득하다. 누구도 감정의 존재를 부인하지는 않지만, 감정에 대한 우리의 지식과 개념은 시간이 지남에 따라 끊임없이 바뀌며 진화하고 있다. 꽤 놀라운 방식으로 말이다.

게다가 예상과 달리 감정 연구는 최근에 새로 등장한 게 아니었다. 나는 '최근 수십 년 사이' 과학자와 심리학자들이 '감정에 관심을 갖게 되었다'는 현대식 논문을 너무 많이 읽은 나머지, 감정 연구의 역사가 100년에서 150년 정도밖에 되지 않았다고 가정했었다.

그렇지만 감정 연구의 시작은 수천 년 전으로 거슬러 올라간다. 퍼스-가드비히어 박사는 그 출발점을 고대 그리스인들이 일궈 낸 여러 철학 학파 중 하나인 스토아학파와 그들이 추종하던 금욕주의라고 추정했다.

기원전 3세기에 키티온의 제논이 창시한 스토아학파의 주된 주장은 자연 상태를 받아들이고, 순간에 충실하며, 모든 상황에 논리와 이성을 적용하라는 것이었다.[2]

스토아학파는 이성과 논리에 대한 열정을 끊임없이 추구했을 뿐 아니라, 당시에 이용 가능한 시설과 접근법을 전부 동원해 사람의 감정을 숙고하고 연구하는 데 많은 시간을 보냈다.[3] (물론 아무리 발전했어도 고대 그리스인들이 뇌 스캔 기술을 갖고 있진 않았다.) 그들은 감정을 사고나 행동과는 구별되는 인간 마음의 한 측면이자 별개의 '존재'로 인식한 최초의 사람들이었다.

쉽게 예측할 수 있겠지만 스토아학파는 종종 감정을 인간에게 도움이 되지 않는 것으로 여겼고, 정욕과 두려움, 괴로움, 기쁨 같은 개별적인 '열정'들이 자신들의 이상에 반하는 비합리적인 것들이라고 선언했다.[4] 사물을 있는 그대로가 아니라 자신이 원하는 대로 인식하고 행동하게 만드는 열정에 저항해야 한다는 것이었다.

이것은 합리적인 결론이다. 예를 들어 욕정에 사로잡힌 사람은 애착의 대상에게 여러 번 거부당하면서 여전히 그 대상을 추구할 수 있다. 왜냐하면 그들은 자신의 눈과 귀로 거듭 맞닥뜨리는 현실과 다른 상황이 펼쳐지기를 바라기 때문이다. 그러한 행동은 비이성적이어서 스토아학파의 가르침에 어긋난다(종종 법에 어긋나기도 한다).

스토아학파는 과도한 열정이 이성의 능력을 방해해 고통을 주는 파토스pathos를 초래한다고 생각했다.[5] 파토스를 피하는 유일한 방법은 열정을 통제하거나 억제하는 것이었다. 그뿐만 아니라 이들은 진정으로 고통을 피하기 위해서는 모든 상황에서 논리적이고 합리적으로 생각할 수 있는 맑은 정신 상태에 도달해야 한다고 믿었다. 이 상태를 아파테이아apatheia라고 하는데, 스토아주의의 궁극적 목표이기도 했다.[6] 기본적으로 스토아학파 사람들은 〈스타 트렉〉 속 벌컨족(논리와 이성을 중시하며 감정을 억제하는 외계 종족-옮긴이)의 2,000년 전 원형이었다.

슬프게도 고대 그리스 문명과 함께 스토아학파는 종말을 고했다. 하지만 그들은 꽤 많은 유산을 남겼고, 그 영향은 오늘날까지 이어진다. 예컨대 오늘날 인지행동치료의 중요한 축은 스토아주의의 가르침에서 비롯했다.[7] 또 영어에서는 동요하지 않는 사람을 묘사할 때 'stoic(금욕주의의)'이라는 단어를 사용하고, 슬픔이나 애도를 자아내는 성질을 묘사하는데 'pathos(비애감)'를 사용한다. 또 아파테이아는 'apathy(냉담함, 무정함)'라는 단어의 먼 조상이다. 물론 '인간 의식의 궁극적인 표현'에서 '개의치 않음'으로 의미가 많이 축소되긴 했지만 말이다. 시간은 모든 것을 평탄하게 한다.

그렇다면 어째서 고대 그리스 철학의 한 갈래가 현대 사회에 그렇게 큰 영향을 미쳤을까? 스토아학파의 사상이 오랜 세월이 지나도 대부분 남았던 것은 종교, 특히 초기 기독교에 광범위하게 통합되었기 때문이다.[8] 예컨대 비이성적인 욕정에 휘둘리지 않는 금욕주의자들은 성관계란 결혼을 유지하는 동안 생식을 위한 수단일 뿐이라고 여겼다.[9] 많은 기독교인이 여전히 여기에 동의한다. 그뿐만 아니라 스토아주의는 불교와 마찬가지로 정신 수양과 명상을 통해 모든 세속적 욕망을 소멸시켜 깨달음을 얻는 데 중점을 둔다.

하지만 불교는 스토아주의가 출현하기 약 300년 전 고타마 싯다르타 Gautama Siddhartha에 의해 창시되었다. 그렇다면 왜 사람들은 감정 탐구의 시초가 불교도들이라고 생각하지 않을까?

타당한 질문이다. 비록 여기서 문화적 편견이 작동할 수는 있지만, 스토아학파가 인류에게 남긴 유산 중 하나가 물질주의적 세계관이기 때문이다. 그들은 오직 물리적 실재를 가진 대상만이 진정으로 '존

감정이 어려운 사람들을 위한 뇌과학

재'한다고 믿었다. 그리고 우리가 어떤 감정을 경험할 때 심박수가 높아지거나, 울고, 얼굴을 붉히고, 미소짓기 때문에 감정이 물리적인 실재를 지니고 있다고 여겼다. 이는 감정을 객관적으로 파악하고 연구하는 일이 이론적으로 가능함을 뜻한다. 과학적인 탐구가 가능한 것이다.

하지만 종교는 그런 식으로 작동하지 않는다. 불교는 비록 긍정적인 측면에도 불구하고, 여전히 업보나 윤회 같은 개념을 포함한다. 이런 개념에 대해 여러분이 어떻게 생각하든 간에, 그런 무형적이고 영적인 믿음을 객관적인 분석이나 확실한 데이터와 조화시키기란 어렵다. 불행히도 많은 서양의 종교적 관념과 세계관에서 스토아주의를 채택하면서 전자가 더 많아진 반면 후자는 적어졌다.

기본적으로 종교는 스토아주의의 쇠퇴 이후 수 세기 동안 감정에 대한 관심을 유지하고 심지어 진전시켰다. 하지만 이것은 감정 연구가 종종 신학이나 믿음에 기반해 우선순위를 따지는 등의 관행에 얽매이게 된다는 의미이기도 하다. 과학적인 이해를 위해서는 바람직하지 않았다.

그리고 당시에는 감정을 '감정'이라고 부르지 않았다. 그보다는 '열정', '죄악', '욕구', '충동' 등으로 불렀다. 그러다 19세기 들어 과학자들이 개입해 그 모든 것들을 오늘날에도 우리가 여전히 사용하는 용어인 '감정'이라고 선언했고 (좋든 싫든) 이 주제로 주장을 펼치기 시작했다.

이 '명칭 변경'은 의사 자격을 갖추고 에든버러대학교에서 인기 있는 도덕철학 강의를 하던 토머스 브라운Thomas Brown으로부터 시작되었다. 그런 이유로 몇몇 사람들은 브라운을 '감정 발명가'라고도 여긴다.[10] 1820년대 들어 브라운의 강의 내용을 엮은 책이 널리 퍼지면서 이전의

'열정'이나 '욕구', '애정' 등을 전부 '감정'이라는 하나의 범주에 넣는 접근 방식이 인기를 끌기 시작했다.

　과학 분야가 감정을 넘겨받는 이러한 흐름은 스코틀랜드의 철학자이 자 과학자, 그리고 심리학과 분석철학 분야에서 최초의 학술지로 꼽히는 《마인드》지의 창립자인 알렉산더 베인Alexander Bain 교수에 의해 강화되었 다. 많은 사람이 감정의 심리학을 다룬 최초의 책으로 인정하는 저서『감 정과 의지』에서 베인은 다음과 같이 썼다.[11]

> **여기서 감정이란 느낌, 그리고 느낌의 여러 상태, 즉 이전에 쾌락, 고통,**
> **열정, 정서, 애정 등으로 알려졌던 모든 것을 이해하기 위해 사용되는**
> **이름이다.**

　또 다른 동시대 스코틀랜드 철학자이자 외과학 교수인 찰스 벨Charles Bell 경 역시 이러한 흐름을 더욱 촉진했다. 안면신경마비의 일종인 '벨 마 비'는 그의 이름에서 따온 용어다.[12] 얼굴 신경과 근육에 관심을 가졌던 벨 은 자연히 감정에 따라 변화하는 표정을 연구하게 되었고, 그로 인해 감 정을 영적이고 형이상학적인 존재라기보다는 감지할 수 있는 생리적인 존재라고 여기는 그의 관점은 더 확고해졌다. 벨의 연구와 이후의 발견들 은 그 유명한 찰스 다윈Charles Darwin의 저서『인간과 동물의 감정 표현』으 로 이어졌다.[13]

　이러한 과정을 거치면서 감정은 현실 세계에서 물리적인 기반을 가 진, 따라서 연구할 수 있는 존재로 확립되었다. 스토아학파가 이미 수천 넌 전에 이런 입장을 채택하기는 했지만, 이것을 받아들일 만한 '사실'로 굳힌 것은 19세기 스코틀랜드의 과학자들이었다. 여기에 대해 퍼스-가드비히어 박사는 이렇게 설명한다.

> **토머스 브라운이 했던 일은 감정을 영혼이 아닌 뇌 속에 집어넣는 작업이었다. 이로써 브라운은 이전의 누구보다도 구체적인 방식을 이용해 감정을 물리적인 뇌의 대상으로 만들었다.**

여러분은 이렇게 해서 감정에 관한 과학적 연구가 더 명료해졌으리라 생각할지도 모른다. 물론 많은 면에서 실제로 그랬다. 하지만 동시에 그렇지 않기도 했다.

이렇게 기존의 정신 현상을 감정으로 재분류하는 데 이어, 1880년 또 다른 저명한 스코틀랜드 출신의 철학자인 제임스 매코시James McCosh 목사는 저서 『감정들』에서 새롭게 확립된 감정의 범주에 속하는 감정, 충동, 갈망, 반응 같은 100가지 이상의 예를 소개했다.[14]

이 책에 따르면 정말 많은 현상이 감정에 속한다. 하지만 모든 현상에 일관적으로 적용되고 명백하게 이해할 만한 감정의 정의가 있을까? 이름표가 무엇에 적용되고 무엇에 적용되지 않아야 하는지를 정확하게 결정할 수 있을까?

그런 기준은 여전히 존재하지 않는다. 그 기준을 생각해 내는 것은 지금까지 관련 과학자와 전문가에게 상당한 도전 과제였다. 실제로 토머스 브라운이 말했던 것처럼 "감정이라는 용어의 정확한 의미는 어떤 형태의

단어로도 진술하기가 어렵다".[15]

그러던 2010년, 심리학자 캐럴 E. 이저드Carroll E. Izard 박사는 감정의 정의와 특성에 대한 합의를 찾고자(그런 것이 존재한다면) 다양한 감정 연구 분야의 여러 전문가를 인터뷰했다.[16] 이 연구 결과를 최종적으로 간추리면 다음과 같았다.

> **감정은 신경 회로(적어도 부분적으로는), 반응 시스템, 그리고 인지와 행동에 동기를 부여하고 조직화하는 상태와 과정으로 구성된다. 또한 감정은 그것을 경험하는 사람에게 정보를 제공하며, 느낌의 상태와 표현에 대한 해석, 또는 사회적 의사소통 신호의 해석을 비롯한 선행적인 인지 평가와 지속적인 인지를 포함할 수 있다. 그리고 접근 또는 회피 행동에 동기를 부여하고, 반응을 통제하고 조절하며, 본질적으로 사회적이고 관계적일 수 있다.**

만약 여러분이 나와 같다면, 이 설명을 읽고 감정이 실제로 무엇인지 알기보다는 더 혼란스러워졌을 것이다. 엄밀히 말하면 위의 단락은 감정의 정의라기보다는 현재 전문가들이 동의하는 감정의 일관된 특징을 요약한 결과다. 그런데도 이 설명은 특히 과학적 맥락에서 감정에 대한 우리의 이해에 아직 한계가 있는 이유를 드러낸다. 비록 과학자가 아닌 보통 사람들은 감정에 대해 매우 익숙하고 직관적으로 이해하는 것처럼 보이지만 말이다.

본질적으로 과학적인 관점에서 '감정'이라는 이름은 '가축'이라는 이름표와 같다. 우리는 모두 가축이 무엇인지 안다. 소, 말, 양, 닭처럼 인간의 곁에서 기르는 동물들이다. 독수리와 문어, 악어는 가축이 아니다.

하지만 감정을 연구하는 과학자들은 아픈 가축을 치료하는 수의사와 같다. 이들은 구체적으로 연구 대상을 알아내야만 일을 할 수 있다. 단지 "동물이 아파요."라는 말로는 치료할 수 없다. 아픈 동물이 소인지, 닭인지, 개인지, 돼지인지 알아야 한다. 다시 말해 매우 구체적인 방식으로 대상을 다뤄야 한다.

그리고 감정이 갖는 미끄럽고 불확실하며 종종 실체가 없는 특성 때문에, '감정' 수의사들은 농장에 가서 그 동물에 대해 직접 알아볼 수도 없다. 이들은 전화로 설명을 전해 듣고 일을 해야 한다.

아이러니하게도 감정 연구자들이 진정으로 동의하는 한 가지가 있다면, 모든 사람에게 효과적이며 신뢰할 만한 감정의 정의가 있다면 매우 유용하리라는 점이다. 그렇지만 적어도 지금까지는 그런 정의가 여전히 손에 닿지 않는 듯 보인다.

그래도 이들은 꾸준히 시도하는 중이다. 감정 연구자들은 자신의 연구 분야에 대해 점점 더 많은 것을 알아내고 있으며, 언젠가는 자신들이 무엇을 연구하는지에 대해 더 명확하게 밝힐 수 있을 것이다.

여전히 나에게 감정은 미스터리에 가까웠다. 하지만 한 가지 예상치 못한 긍정적인 점이 있다면, 감정에 대해 무지하다는 사실을 스스로 직시하게 되었다는 것이다. 연구에 착수하지 않았더라면 나는 감정이 어떻게 작동하는지 전혀 몰랐을 수도 있다. 하지만 다른 사람들의 사정도 비슷할 것이다. 심지어 전문가들도 예외가 아니다. 그래도 나 자신에 대한 걱정과 내가 추구할 목표에 대한 걱정은 계속되었다.

하지만 이것이 여러분의 짐작처럼 그렇게 큰 문제는 아니었다. 사실 나와 같은 신경과학자들에게는 익숙한 상황이다. 감정뿐만 아니라 생각이나 마음, 감각 같은 대상을 구체적으로 정의하는 일 역시 매우 어렵다. 우리 뇌가 하는 대부분의 중요한 작업은 본질적으로 손에 잡히지 않고 형체가 없다. 그런데도 우리는 계속해서 이 무형의 대상들을 연구하는 중이다.

하지만 어떻게 연구한다는 걸까? 바로 우리가 보고, 평가하고, 측정하고, 정의할 수 있는 '실체가 있는 것'에 초점을 맞춘다. 이 경우 감정을 경험할 때 발생하는 생물학적·생리적 과정에 집중한다. 감정이 발생할 때 몸과 뇌에서 무슨 일이 벌어지는지 스스로 볼 수 있다면, 우리에게는 더 이상 감정이 무엇인지에 대한 구체적인 언어적 정의가 필요하지 않을 수도 있다. 그렇게 하면 감정이 무엇이고 무슨 일을 하는지 훨씬 더 잘 알 수 있을 것이다.

그동안 철학자와 역사학자들이 그들만의 역할을 하기는 했지만, 이제는 과학자들이 감정을 탐구할 차례였다. 솔직히 나는 이런 상황에 긍정적인 감정을 느꼈다.

감정이라는 화학 실험

아버지가 병원에 입원하셨을 때 나는 울지 않았다. 울고는 싶었다. 아

28   감정이 어려운 사람들을 위한 뇌과학

버지가 정말로 걱정되었던 데다, 모두가 처한 끔찍한 상황에 대한 좌절감으로 제정신이 아니긴 했다. 하지만 이것은 '상남자'다운 태도가 아니었다. 당시에 나는 아내와 함께 두 아이를 데리고 집에 꼼짝 못 하고 머무는 중이었기에, 울고 슬퍼하며 시간을 낭비할 수는 없었다.

어쨌든 나는 울지 않았다. 적어도 당장은 그럴 수 없었다. 시간이 지나 울 정도의 여유는 생겼지만, 짧게 발작적으로 흐느끼는 정도에 그쳤다. 솔직히 말하면 울고 나서도 사람들이 얘기하는 것과는 달리 기분이 별로 나아지지 않았다. 기분은 여전히 나빴고, 눈물에 젖어 빨개진 눈과 훌쩍이는 콧물이 더해질 뿐이었다. 그뿐만 아니라 이웃들을 놀라게 하는 이상한 소리를 내게 되었다. 전반적으로 돌이켜 보면 우는 것은 내 상황을 전혀 나아지게 하지 않았다.

나는 스토아학파와 그들의 감정 이론에 관해 읽었기 때문에, 이 문제를 깊이 곱씹어 숙고했다. 그들의 결론은 감정이 우리의 몸에 의해 일관되고 구체적인 방법으로 표현되는 만큼, 감정은 손에 잡히는 별개의 존재라는 것이었다. 우리는 감정을 정신적으로 경험할 뿐만 아니라 종종 의미 없는 신체적 반응으로 표현하기도 한다.

나는 이런 일이 일어나는 이유와 감정이 신체적인 영향을 미치는 이유를 알아내고 싶었다. 그러면 감정이 실제로 무엇이고, 어떻게 작용하며, 이러한 작용이 왜 내게 그런 영향을 미치는지를 알아내는 데 도움이 될 수도 있으리라 생각했다.

신체에 반응을 일으키는 감정의 아주 친숙하고 명백한 예 중 하나가 바로 울음이다. 우리는 왜 우는 걸까? 이 질문은 '무엇이 우리를 울게 하는가?'라는 의미가 아니다. 우리를 울게 하는 요인은 양파 썰기부터 미세먼지, 가슴 아픈 상실감을 비롯해 고환을 걷어차이는 고통에 이르기까지 온갖 종류가 있기 때문이다. 그보다 내가 묻고 싶은 건 '우리는 애초에 왜 울게 된 것일까?'이다. 안구에서 물이 흐르는 것이 어째서 진화적으로 유용한 능력이 되었던 걸까?

여기서 중요한 한 가지는, 우리가 울음을 '눈물 생산'의 의미로 받아들인다 해도(상당수의 사람이 울 때 내는 이상한 소리와 콧물은 일단 무시하라) 그 눈물 또한 놀랄 만큼 복잡하다는 점이다.

예컨대 인간이 흘리는 눈물은 세 가지 종류다.[17] 하나는 안구에 3마이크로미터 두께의 막을 형성해 안구가 건강하고 투명하며 매끄럽게 움직이도록 유지하는 기본 눈물basal tear이다.[18,19]

또 먼지나 모래, 잘게 다진 양파에서 나오는 기체 화합물이 눈을 자극할 때 만들어지는 반사 눈물reflex tear이 있는데, 이 눈물로 마치 샤워기를 틀어 거미를 배수구로 흘려보내는 것처럼 눈에 침입한 이물질을 제거할 수 있다.

마지막으로 강력한 감정을 경험할 때 만들어지는 정신-감정적 눈물psycho-emotional tear이 있다. 눈물을 자아내는 감정은 대체로 슬픔이지만 분노나 행복, 그 밖의 다른 감정도 있다. 눈물의 다른 유형에는 뚜렷한 기능이 있는 반면, 감정적으로 동요할 때 흘리는 눈물의 목적은 과연 무엇일까? 눈물로 부정적인 감정을 씻어 낼 수는 없다(비록 나는 줄곧 그렇게 생각해 왔지만).

정신-감정적 눈물의 기능에 대해서는 이론이 분분하다.[20] 그중 하나는 감정 상태를 외부에 전달한다는 것이다. 이 눈물은 도움이 필요하다는 사실을 주변 사람들에게 알린다. 혹은 긍정적인 감정이라고 해도 눈물을 통해 그것을 공유할 수 있다.

하지만 연구에 따르면 감정에 의해 생겨난 눈물은 눈의 자극을 통해 생성되는 눈물과는 화학적으로 다르다.[21] 눈물이 순수하게 전시 목적이었다면 굳이 필요가 없는 기능이다.

감정적인 눈물에는 피부를 통해 흡수되면 기분을 좋아지게 만드는 화학물질인 옥시토신과 엔도르핀이 들어 있다.[22] 그러니 이런 눈물은 슬플 때 유용하다. 하지만 이 화학물질을 적은 양으로 생산해서 뺨에 떨어뜨리기란 다소 비효율적인 신체 운영 방식이다. 스스로 흘린 눈물에 취해 기분이 나아지는 일은 불가능할 것이다(어쩌면 이것이 비통한 회고록이 인기 있는 이유일지도 모르지만).

또 다른 연구에 따르면 여성의 눈물을 들이마시면 남성의 각성 상태가 억제되고 테스토스테론 농도가 낮아진다고 한다.[23] 여성이 남성의 눈물을 들이마셔도 똑같은 일이 일어나는지는 불분명하지만, 여성이 타인의 분비물을 들이마시고 행동 변화를 보이는 경우가 전례 없는 일은 아니다(여러분이 무엇을 상상할지는 모르겠지만 그렇게 저속한 이야기는 아니다).[24] 어느 쪽이든 간에 감정적인 눈물이 주변 사람들에게 화학적으로 영향을 미치고 있다는 사실을 암시한다. 조금 소름 끼치는 일이다.

또 이것은 감정과 생리학적 특성 사이의 관계가 일반적으로 생각하는 것보다 훨씬 더 심오하다는 사실을 보여 준다. 감정은 단순히 추상적이고 형체 없는 마음의 산물이 아니며, 가장 근본적인 생화학적 수준에서 신체에 영향을 미칠 수 있다.

물론 내가 이 사실을 최초로 알아챈 사람은 아니다. 앞서 살폈듯이 수천 년 전부터 스토아학파는 이에 대해 역설했다. 그뿐만 아니라 감정을 둘러싼 설명의 상당 부분이 뇌 아닌 다른 기관과 신체 부위에 집중되어 있다는 점도 분명하다.

사람들은 온갖 낭만적인 것들을 심장과 연관 지으며, 낭만이 무너지면 '심장 앓이'나 '심장의 통증'을 경험한다. 우리는 흔히 감정을 통해 본능적이고 무의식적으로 결정을 내리거나 어떤 성향을 드러내는 식으로 직감이나 육감gut feeling을 갖기도 한다. 강력한 감정은 호흡기를 작동시켜 우리를 '숨 가쁘게' 만들 수 있다. 마음의 답답함은 종종 '복장이 터지는' 것으로 묘사된다. 반면에 행복은 규칙적이고 차분하며 이완된 상태를 가져오는데, 이것은 근육의 긴장이 풀렸음을 의미한다. 또 우리가 무언가를 굉장히 재미있어할 때 '웃음보'가 터지기도 한다. 게다가 우리가 느끼는 다양한 두려움은 '오줌을 지릴 뻔'하는 것으로 이어진다. 우리의 장기와 배설계 역시 감정에 반응한다. 비록 우리가 그러지 않기를 바랄지라도 말이다.

이것은 특히 나와 같은 신경과학자들에게 종종 유용한 요령을 제공한다. 뇌와 몸을 별개의 존재로 여기고, 정교한 고깃덩어리인 몸을 뇌가 조종하는 것처럼 그 둘을 구별하는 것이다. 하지만 사실 뇌와 몸이 완전히 별개의 실체라는 설명은 옳지 않다. 감정과 신체 기능 사이에 수많은 연관성이 있듯 그것들은 광범위하게 서로 얽히고설킨다.

결국 어떤 힘을 지녔든 간에 뇌는 하나의 신체 장기일 뿐이다. 그것이

감정이 어려운 사람들을 위한 뇌과학

생존하고 제 기능을 하기 위해서는 신체가 필요하다. 뇌가 신체를 통제하고 영향을 미치는 건 부정할 수 없는 사실이지만, 신체 역시 다양한 방식으로 뇌에 영향을 미친다.

뇌와 척수는 중추신경계를 이루며 두개골과 척추 안에 자리 잡았기 때문에 이 부위의 손상은 매우 심각한(그리고 파괴적인) 결과를 낳곤 한다. 하지만 중추신경계는 말초신경계를 통해 신체의 나머지 부분과도 상호작용한다.[25] 말초신경계란 중추신경계를 신체의 다른 모든 기관과 조직에 연결하는, 신경과 뉴런의 또 다른 복잡한 연결망이다.

말초신경계는 두 가지 요소로 구성된다. 하나는 기관에서 오는 감각 정보(온도, 통증, 압력 등)를 전달하고 근육에 운동 신호를 보내 의식적으로 몸을 움직이도록 하는 체성신경계다.[26] 그리고 나머지 하나는 자율신경계다.[27] 이것은 땀, 심박 조절, 간 기능처럼 우리가 의식적으로 생각하지 않아도 일어나는 무의식적인 모든 과정을 통제한다.

자율신경계는 교감신경계와 부교감신경계라는 두 개의 뚜렷한 요소로 이루어진다. 교감신경계는 위험과 위협에 대처하기 위해 긴장할 때 활성화된다. 잘 알려진 '투쟁-도피fight or flight' 반응을 유도하는 것이 이 신경계다.[28] (오늘날에는 '투쟁 도피, 혹은 경직' 반응이라고도 한다. 많은 종이 위협에 직면했을 때 아예 움직이지 않기를 선택하는데, 이 반응이 유용한 경우가 꽤 있다.) 부교감신경계는 본질적으로 정반대의 작용을 한다. 차분하고 이완된 '기본' 상태에서 '쉬고 소화시키기'라 불리는 생물학적 과정을 일으킨다.[29] 우리의 신체와 기관에서 일어나는 보통의 활동은 이 두 자율신경계의 신중한 균형에 의해 유지된다.

이제, 가장 재미난 사실을 살펴볼 차례다. 이러한 말초신경계는 대부분(완전히는 아니지만) 뇌에 의해 조절된다. 특히 뇌의 보다 깊은 곳에 자리한 핵심 부위 중 하나인 시상하부는 신체에서 일어나는 일을 '통제'하는 중요한 영역이다.[30]

그에 따라 시상하부는 내분비도 감독하는데, 내분비계는 핏속에 호르몬이라는 화학물질을 분비해 신진대사와 신체 기능에 영향을 미치는 기관들이다.[31] 어떤 의미에서 내분비계와 신경계의 관계는 물리적으로 '느린' 우편과 이메일의 관계와 같다. 둘 다 정보를 주고받는 데 쓰이지만 속도와 용량 면에서 차이가 있다.

이런 설명을 하는 건, 이러한 무의식적인 자율신경계 및 내분비계를 통해서 감정이 신체 활동에 영향을 미치기 때문이다.[32] 그렇기에 감정적인 경험은 언제나 수많은 신체적 측면을 동반한다. 예컨대 심박수가 바뀌고, 배를 움켜쥘 만큼 통증이 느껴지거나 구역질이 나고, 울음이 터지고, 피가 돌거나 싹 빠져서 피부가 붉어지거나 창백해지고, '볼일을 보고 싶은' 충동을 느끼는 것. 전부 자율신경계의 기능이다. 그 활동은 종종 강력한 감정을 경험하는 뇌와 밀접한 연관이 있다.

하지만 이 모든 것이 한 가지 방식으로 이뤄지지는 않는다. 별나게 들릴지 모르지만, 우리의 몸 또한 뇌에서 일어나는 감정에 영향을 미칠 수 있다. 개가 꼬리를 흔들 뿐 아니라 꼬리도 개를 흔든다. 놀랍게도 이런 일은 꽤 자주 벌어진다.

발가락이 부러지거나 식중독에 걸리거나, 지독한 감기에 걸린다면 분명 무척 비참한 기분이 들 것이다. 화가 날지도 모른다. 엄밀히 얘기하

　　　　　　　　감정이 어려운 사람들을 위한 뇌과학

면 이때 몸은 뇌에서 어떤 감정을 만들라고 지시한다. 하지만 여기서 말하고자 하는 바는 몸이 감정에 영향을 미칠 수 있는 보다 복잡하고 미묘하며 직접적인 방식이다.

여러분은 배가 고플 때 더 짜증이 나 심술을 부리게 되는 상태를 가리키는 '화날 만큼 배고픈hangry'이라는 신조어를 들어 본 적 있을 것이다. 단지 소셜 미디어에서 유행하는 단어처럼 보일지도 모르지만, 여러 연구에 따르면 정당한 근거를 가진 현상이다. 오하이오주립대학교의 브래드 부시먼Brad Bushman 교수 연구 팀은 실험을 통해 부부가 혈당이 낮을 때 서로에게 더 큰 공격성을 보인다는 놀랄 만한 사실을 발견했다.[33]

이 연구 결과는 이치에 맞는다. 뇌는 포도당, 즉 혈당에 의존해서 모든 일을 해내며 혈당을 충분히 얻을 수 없다면 일이 틀어지기 시작한다.[34] 그러니 논리적으로 혈당 수치는 뇌가 어떤 일을 할 수 있는지에 영향을 미친다. 자신을 억제해 공격적인 충동을 통제하는 일도 여기에 들어간다. 혈당 수치를 결정하는 것은 소화기관뿐만 아니라 간과 근육, 그리고 그곳에서 분비하고 반응하는 수많은 호르몬이다.[35] 이것은 몸의 다른 기관들이 뇌의 감정적 작용을 지시하는 하나의 예다.

실제로 최근 들어 소화기계는 정신 상태와 감정에 대해 놀랄 만큼 중요한 역할을 한다는 이유로 많은 관심을 받고 있다. 소화기계는 단지 음식물이 통과하는 길고 흐늘거리는 관이라기보다는 믿을 수 없을 만큼 정교하며, 특정 호르몬들,[36] 신경계에서 특정 역할을 수행하는 가지들(종종 '제2의 뇌'라고 불릴 만큼 무척 복잡한 장 신경계[37]), 그리고 장내 마이크로바이옴을 구성하는 수조 개의 다양한 세균들을 품고 있다.[38] 정말이지 소화기계는 '가장 영향력 있는 신체 기관'이라는 타이틀을 놓고 뇌와 경쟁할 수 있을 만하다. 물론 소화기계가 뇌를 이길 수는 없겠지만 그만큼 대단하다!

이 모든 사실을 고려할 때, 과학자들이 말하는 소위 '장-뇌 축gut-brain axis' 덕분에 소화기계가 뇌 기능이나 정신 건강에 상당한 영향을 미치는 것도 전혀 놀랍지 않다.[39] 장-뇌 축은 보건과 웰빙 연구의 최전선에서 우울증 같은 증상에 새로운 치료법의 길을 열어 준다.[40] 무의미하고 진부한 표현이 아니라, 과학적 원리 그 자체가 '장의 신호를 따르고 있다following the gut'고 볼 수 있을 것도 같다. (관용적으로 '직감을 따르다'는 표현이지만, 여기서는 말 그대로 해석했다-옮긴이) 여기에는 상당수의 사람이 짐작하는 것보다 훨씬 더 제대로 된 근거가 있다. 어쨌든 이것은 신체가 감정에 영향을 미치는 또 다른 방법이다.

기쁨과 슬픔의 생리학

하지만 어떻게 그런 일이 가능할까? 그리고 대체 왜 소화기계 또는 다른 기관들이 뇌의 감정적인 처리 과정에 그토록 깊은 영향을 미치는 걸까?

혈당뿐만 아니라 장에서 일어나는 일들은 신체 전반의 화학적 구성에 영향을 미친다. 장은 결국 우리가 살아가는 데 필요한 모든 중요한 화학물질을 신체 내부로 흡수하는 장소다. 그에 따라 다른 기관들과 마찬가

감정이 어려운 사람들을 위한 뇌과학

지로 주변의 화학적 환경에 반응하고 대응하는 뇌에 연쇄반응이 일어날 것이다.

그리고 우리의 친구 내분비계가 있다. 유기체인 뇌는 호르몬을 생산하고 방출할 뿐 아니라 그에 반응한다. 그리고 내장, 신장, 간, 체지방을 비롯해 신체의 여러 부위가 뇌가 감지하고 반응하는 호르몬을 만든다. 그것은 호르몬이 뇌와 감정에 직접적인 영향을 미친다는 의미다.[41] 만약 누군가가 호르몬이 감정에 영향을 미칠 수 있다는 사실을 여전히 믿지 않는다면 청소년이나 임산부, 얼빠질 만큼 성적으로 흥분한 남성의 예를 들도록 하자.

하지만 신체가 뇌에 영향을 미치는 훨씬 더 직접적인 방법이 있다. 바로 미주신경을 통한 방법이다.[42] 미주신경은 귀나 눈 같은 신체의 중요 부위와 이어지는, 믿을 수 없을 만큼 중요한 12개의 뇌신경 가운데 하나다. 감각 정보 같은 중요한 신호를 뇌로 전달하는 통로이기도 하다.

미주신경은 뇌신경 가운데 가장 크다. 12개 뇌신경 대부분이 머리나 목의 일부와 연결된 데 비해, 미주신경은 아래쪽의 거의 모든 기관과 직접 연결되었기 때문이다. 미주신경은 심장, 폐, 소화기관, 방광, 땀샘을 포함해 장기와 조직에 직접적인 영향을 미치는 부교감계의 가장 큰 부분이다. 그리고 이 신경이 감정의 생리학과 매우 큰 관련이 있는 이유는 미주신경을 구성하는 뉴런과 섬유의 약 80%에서 90%가 구심성afferent이기 때문이다. 다시 말해 이 신경은 기관에서 뇌로 정보를 전달한다(반면 원심성efferent 신경은 뇌에서 장기나 조직으로 신호와 명령을 전달하는 정반대의 역할을 한다).

이것은 몸의 하부 기관(머리 아래의 기관)과 뇌 사이에 항상 직접 의사소통하는 통로가 열려 있다는 뜻이다. 기본적으로 미주신경은 주어진 특정 순간에 신체의 모든 부분에서 어떤 일이 벌어지는지 뇌가 '알고' 그에 따라 반응할 수 있도록 한다.

왜 사람들이 '무릎 관절이 아프니 비가 오겠네' 같은 말을 하는지 궁금한 적이 있는가? 무릎 관절은 비가 오기 전에 감소하는 기압에 반응했을 것이기 때문이다. 이 감각은 미주신경을 통해 뇌로 전달되고, 성능 좋은 우리의 뇌는 이런 일이 비가 억수로 쏟아지기 직전에 일어난다는 사실을 깨달아 모든 것을 종합해 그런 결론에 이른다.

그렇기에 충분히 예상 가능한 일이지만, '미주신경 긴장도vagal tone'라고 불리는 미주신경의 활동은 우리 몸에 생리학적으로 큰 영향을 준다.[43] 오늘날 장은 정신 건강에 영향을 미치는 요인으로 여겨진다.[44] 왜냐하면 여러분에게 몹시 중요한 장에 문제가 생기면 뇌가 미주신경을 통해 그것을 즉시 알게 되기 때문이다. 만약 뇌가 매우 중요한 정보원으로부터 계속해서 '뭔가 잘못됐다!'라는 신호를 받는다면, 그리고 이런 일이 자주 일어난다면 아마도 부정적인 감정 반응을 유발할 것이다.

그 때문에 미주신경 자극법은 우울증과 불안증 치료법으로 점점 더 많이 사용되고 있는데, 이 두 가지 증세는 모두 정서적 통제의 결여와 밀접하게 연관되어 있다.[45,46]

하지만 여기 고려해야 할 한 가지가 있다. 지금까지 다룬 것으로 미루어 보았을 때, 모든 사람이 동의할 수 있는 일관적인 무언가가 있다면 '감정을 만드는 것은 뇌'라는 사실이다. 비록 몸이 감정을 결정하는 중요한

감정이 어려운 사람들을 위한 뇌과학

정보들을 보내고 있을지 모르지만 그것을 생산하는 주체는 여전히 뇌다. 벽돌을 배달한 트럭이 집 짓기를 책임진다고 볼 수 없듯이, 아무리 원자재를 공급한다 해도 몸이 감정을 '만드는' 것은 아니다.

우리가 뇌 아닌 다른 기관들이 감정을 생산하기를 기대하는 이유는 무엇일까? 어디서 책임자를 찾아야 할까? 폐가 수학을 하도록 할 수 있을까? 신장에 기억을 저장하거나 방광을 이용해서 지도를 읽을 수 있을까? (화장실에 들르느라 여행이 얼마나 자주 지연되는지를 생각해 보면 그렇게 터무니없는 질문은 아닐지도 모르겠다.) 감정 연구자들이 동의할 한 가지 제언이 있다면 감정이 뇌에서 비롯한다는 것이다. 이건 확실하다. 하지만 몸이 실제로 감정을 '만드는' 책임이 있다고 주장하는 일부 과학자들이 있어서, 그 합의가 100%는 아니다.

'신체 표지 가설somatic marker hypothesis'이라는 이론에 따르면 감정은 몸으로부터 특정하게 배열된 신호를 받은 후에야 뇌에서 출력된다.[47] 어떤 일이 일어나면(예컨대 길을 건너는 동안 차에 치일 뻔했다든가), 몸은 감각이 전달한 정보를 통해 반응한다. 심박수가 증가하고 근육이 긴장하며 얼굴에서 핏기가 가신다. 이런 반응은 종종 뇌에서 일어나는 의식적인 과정이 이 일에 대해 제대로 '생각'할 기회를 얻기도 전에 벌어진다.

이러한 몸의 무의식적 신호나 심박수의 변화, 근육의 긴장은 불가피하게 뇌로 전달된다. 이것이 '신체 표지'다. 시간이 지남에 따라 뇌는 이러한 신체 표지가 생성될 때 필요한 특정한 감정적 반응을 학습한다. 그렇기에 심박수가 올라가고 근육이 긴장하게 될 무언가를 다시 마주한다면, 이 특정한 신체 표지의 조합은 뇌를 통해 공포를 경험하도록 한다.

오히려 이것은 감정이 뇌보다 몸에 의해 결정된다는 사실을 시사한다. 신체 반응의 구체적인 집합이 어떤 감정을 경험할지를 지시하고, 그 지시를 이치에 맞게 해석하는 게 뇌가 하는 일이다.

미묘한 차이일 수도 있지만 중요하다. 이전의 '집 짓기' 비유로 돌아가면, 몸은 감정을 생산하는 뇌에 벽돌을 공급하기보다는 건축가의 역할을 한다. 신체는 감정의 원자재가 아닌 청사진을 공급하며, 뇌는 몸의 지시를 따라 감정을 만든다.

이 사실을 뒷받침하는 몇 가지 증거도 있다.[48] 하지만 신체 표지 가설은 보편적으로 받아들여지지 않는다. 상당수의 과학자는 우리가 감정을 유발하는 사건 없이도 주기적으로 감정을 경험한다고 반박하며 이 이론의 한계를 강조해 왔다.[49]

누구나 한 번쯤 갑자기 뚜렷한 이유 없이, 끔찍하게 곤혹스러웠던 과거의 기억(보통 10대 시절의)을 떠올린 경험이 있을 것이다. 그러면 길을 거닐다가도 거리 모퉁이에서 움츠러들어 꼼짝도 못 하게 된다. 몸이 반응할 만한 외부적인 무언가가 없이도 말이다. 우리는 종종 이렇게 뚜렷한 '신체 표지'가 존재하지 않는 감정을 경험한다. 이런 사례가 신체 표지 가설을 어느 정도 약화할까?

이론의 지지자들은 뇌가 신체 신호를 보내는 '것처럼' 효과적으로 시뮬레이션해서 독립적으로 감정을 생성하는 '인체 루프body loop' 개념을 제안해 이 문제에 대응했다.[50] 하지만 이 과정은 다소 비효율적이다. 감정이 유도되기 전에 몸이 무엇을 하는지 시뮬레이션하려면 뇌에 '관리자 기능'을 여러 층 추가해야 한다. 일반적으로 감정적 반응이 얼마나 즉각 일어

감정이 어려운 사람들을 위한 뇌과학

나는지를 생각해 보면 개연성이 부족해 보인다.[51]

　전반적으로 볼 때, 신체 표지 가설은 신경생물학적 의미에서 감정이 어떻게 작용하는지에 관한 여러 이론 중 하나일 뿐이다. 하지만 이 가설이 이렇게 심각하게 받아들여졌다는 것은, 감정이 순전히 추상적인 과정이며 그것이 마음 그리고(또는) 뇌 안에만 전적으로 속한다는 생각은 전부 버려야 한다는 뜻이다.

　감정은 생리학적 과정에 큰 영향을 미치며 생리학 역시 감정에 크게 영향을 준다. 슬픔이 눈물의 화학적 조성을 바꾼다든지, 장 속의 세균이 기분에 영향을 끼친다든지 하는 것이 그 예다. 우리의 몸은 감정으로 가득 차 있고, 그 감정이 분명 실체가 있는 물리적 성질을 지녔다는 점은 부인할 수 없다. 어쩌면 감정은 과학이 관찰하고 기록하며 심지어 통제하고 조절할 수 있는 대상일 수도 있다.

　그 때문에 내가 무척 감정적이던 시기에 울지 않았던 것일까? 어쩌면 엉망이 된 것은 (항상 나에게 좋은 서비스를 제공했던) 뇌가 아니라 몸일지도 모른다. 결국 내가 스스로 결여되거나 부족하다고 느꼈던 것은 감정적 반응에 대한 육체적인 측면이었던 셈이다. 나는 그동안 뇌를 사용해 오면서도 몸은 그저 당연하게 주어진 무언가로 여겼다는 점을 인정해야 했다.

　재택근무를 하면서 체육관에 가는 횟수가 늘었지만, 내 몸은 이 상황을 나보다 훨씬 더 좋아하지 않았다. 몸은 꽤나 불평을 했다. 어쩌면 그래서 몸이 내게서 등 돌린 게 아니었을까? 몸이 파업을 해서 내가 감정적 반응을 가장 필요로 할 때 그런 반응을 하지 못하게 거부했던 걸까?

　하지만 이 가설은 몸과 뇌가 명확하게 분리되어 있다고 가정한다. 그리고 나는 이미 앞에서 거듭 이것이 사실이 아니라고 콕 집어 이야기했다! 내가 이 책을 쓰는 이유는 감정에 대한 내 무지함을 줄이기 위해서지 이를 강화하기 위해서가 아니었다. 더구나 이렇게 계속해서 내 몸을 나와는 별개의 실체인 것처럼 의인화한다면 곧 학위를 반납하고 과학자 자격을 박탈당할지도 모른다.

그렇다 해도 이 시점에서 감정은 내가 지금껏 이해했던 것보다 더 '물리적' 존재라는 사실을 부인할 수는 없었다. 감정은 우리 뇌라는 경계를 훨씬 넘어선다. 그렇다면 감정의 작동 원리 및 감정이 우리에게 영향을 미치는 이유와 방법을 알아내기 위해서는 적어도 특정 감정이 근본적으로 지니는 생리학적 형태에 대해 대략적인 아이디어라도 떠올릴 수 있어야 하지 않을까?

의심할 여지 없이 논리적인 주장이다. 하지만 나는 그 주장을 끝까지 따라가는 것이 꽤나 힘든 도전이라는 사실을 곧 알게 되었다. 그것이 내가 직면해야 하는 도전이었다.

감정의 근원을 찾아서

아버지가 입원했다는 소식에 많은 지인이 연락해 안부를 물어 왔다. "지금 기분이 어때?"라는 질문에 내가 할 수 있었던 솔직한 대답은 "모르겠어."였다.

엄밀하게 얘기하면 이 대답은 두 가지 측면에서 정확했다. 먼저 나는

감정이 어려운 사람들을 위한 뇌과학

기분을 어떻게 묘사해야 할지 정말로 알 수 없었다. 나는 감정이라는 미지의 세계를 헤매고 있었고 그것을 전달할 경험이나 어휘가 부족했다. 나는 일반적인 의미에서 내가 사물에 대해 어떻게 느끼는지도 몰랐다. 마찬가지로 느낌이나 감정, 뇌의 작동 방식, 그리고 그것들을 어떻게 경험하게 되는지 알지 못했다. 나는 감정에 대한 나의 무지를 어느 정도 인정하고 있었다.

물론 당시 내게 감정을 경험하는 메커니즘을 묻는 사람은 없었지만, 변명하자면 나는 정신적으로 상태가 매우 좋지 않았다. 이 상태에 대응할 방법이 지독하게 분석적이지만 해롭지는 않은 말장난뿐이라면 기꺼이 그렇게 할 것이었다!

그래도 궁금한 점이 남았다. 그 시점에서 나는 어떤 감정을 느껴야 했을까? 이 시나리오에서 올바르고 적절한 감정적 반응은 무엇일까? 당연히 슬펐어야 할까? 두려움을 느꼈어야 할까? 또는 모든 것이 불공평하다며 화가 났어야 할까? 아니면 이 세 감정 모두 느꼈어야 할까?

여러분은 이 구별되는 감정들을 뭉뚱그려 한 번에 느끼는 것이 가능한가? 아니면 '하나는 들여놓고 다른 하나는 내놓는' 방식을 따를까? 또는 실현 가능한 모든 시나리오에 특정한 감정적 반응이 따를까? 그것도 아니라면 피아노 건반으로 연주할 수 있는 제한된 음역이 서로 다른 여러 협주곡으로 만들어지는 것처럼, 일종의 '기본 음역대' 또는 '기본 범위'에 해당하는 감정이 있어서 이것들이 흥미로운 방식으로 결합될 수 있는 걸까? 이는 감정 연구 분야에서 특히 중요하고 어느 정도 논쟁적인 질문이다.

팀 로마스Tim Lomas 박사의 '긍정적인 단어 사전 편찬 프로젝트'는 특정한 감정적 경험에 대한 비영어권 단어들을 영어로 번역하지 않고 수집해 분류하는 프로젝트다.[52] '남의 불행에 대해 느끼는 기쁨'이라는 뜻을 지닌 독일어 샤덴프로이데schadenfreude는 이런 단어의 가장 유명한 예일 것이다. 그 밖에도 '햇볕이 좋은 날 밖에 앉아 맥주를 즐기는 것'을 뜻하는 노르웨이어 우테필스utepils, '너무 재미가 없어서 그저 웃을 수밖에 없는 농담'을 뜻하는 인도네시아어 제이우스jayus, 그리고 '고향이나 낭만화된 과거에 대한 특정한 그리움'을 뜻하는 웨일스어(내 모국어이기도 하다) 히어라이스hiraeth가 있다.

현재 이 사전에는 1,000개도 넘는 제시어가 포함된다. 이것은 인간이 경험하는 감정이 1,000가지가 넘는다는 뜻일까?

그럴 가능성은 적다. 이 단어들은 보다 친숙하고 '기본적인' 감정의 온갖 변형과 조합을 드러내는 게 분명하며, 여기에 대해 특정 문화권의 독특한 이름표가 붙어 그런 단어가 되었다. 예컨대 우테필스는 확실히 행복감의 특정한 표현일 뿐이다. 영어권 사용자들도 같은 감정을 느낀다. 이와 비슷하게 퍼스-가드비히어 박사는 서양에서는 두려움과 혐오가 뒤섞인 감정에 '공포horror'라는 이름표를 붙였다고 설명한다.

하지만 이런 수천 가지 감정적 경험들 모두 더 근본적인 것들의 조합이거나 변형이라면, 그 근본의 정체는 무엇일까? 우리가 감정의 기반에 도달하려면 얼마나 더 근본적인 곳까지 내려갈 수 있을까?

지금으로서는 아무도 확신하지 못하지만 이 사실이 결정적인 실마리가 될지도 모른다. 과학자들이 여러 질병의 근원은 세균이라는 사실을 발견하면서 의학과 공중 보건 분야에 엄청난 혁명이 일어났고, 문자 그대로 수백만 명의 생명을 구했다. 어쩌면 감정의 기본적인 요소들을 확립하는 작업 또한 정신적인 건강에 혁명을 일으켜 비슷한 이득을 가져다줄 수도 있지 않을까?

감정 연구자들의 커뮤니티에서는 이 문제를 두고 편을 갈라 맞서고 있다. 한쪽은 모든 인간의 뇌에는 소수의 기본적인 감정이 내재되어 있으며, 이것이 지금껏 알려진 다른 모든 감정 상태를 일으킨다고 여긴다. 반면에 기본적인 감정이라는 것이 본질적으로 존재하지 않는다고 주장하는 사람들도 있다. '정서affect'라 불리는 더욱 깊고 일반적인 무언가가 감정의 근본적인 실체이며, 우리의 뇌는 필요할 때마다 '즉각적으로' 감정을 만들어 내는 법을 배운다는 것이다. 양쪽 모두 그렇게 주장할 만한 충분한 이유가 있다.

그런데 여기서 흥미로운 사실이 하나 있다. 이런 논쟁들은 하나의 놀랄 만한 원천에서 비롯했다는 점이다. 바로 인간의 얼굴이다.

감정의 언어를 표정으로 번역하기

얼굴은 인간에게 중요하다. 우리의 뇌에는 얼굴을 인식하고 읽어 내기 위한 신경학적 전용 구역인 '방추형 얼굴 영역fusiform face area'이 있다.[53] 이것은 우리가 어떤 미소가 '진짜'인지 아닌지를 알아차리는 데 왜 그렇게 능숙한지,[54] 눈을 마주치는 것이 어째서 신뢰와 의사소통의 필수적인 요소인지,[55] 어떻게 사물의 형태에서 어떻게든 얼굴을 인식해 내는지 등을 설명한다.[56] 인간의 뇌는 여러 상황에서 얼굴을 활용하도록 진화하였으며, 끊임없이 얼굴을 인식하고 있다.

우리의 얼굴이 가진 또 다른 중요한 특성이 있다. 무엇일까? 바로 감정 상태를 드러낸다는 것이다. 얼굴은 우리가 경험하고 있는 감정들을 반영하는 표정을 만드느라 쉬지 않고 이리저리 바뀐다. 누군가 슬프거나, 화가 나거나, 행복하거나, 혐오스러워할 때 얼굴만 봐도 알 수 있는 게 바로 이런 이유에서다.

이런 과정은 보통 의식적으로 생각하지 않아도 자연히 일어난다. 오히려 경험하지 않은 감정에 대한 설득력 있는 표정을 의식적으로 골라 장착하는 것이 훨씬 더 어렵다. 여러분이 743번째로 연달아 터지고 있는 플래시 앞에서 미소 지으며 웨딩 사진을 찍어 본 경험이 있다면 무슨 말인지 이해할 것이다.

이 과정이 일관적으로, 또 비자발적으로 일어난다는 사실은 뇌와 얼굴이 신경학적으로 직접 연결되어 있음을 암시한다. 그에 따라 뇌에서 발생하는 감정이 얼굴에 반영되는 것이다(19세기에 찰스 벨과 다윈이 언급한 바와 같이[57]).

그러므로 이론적으로는 얼굴을 연구하면 뇌에서 감정적으로 무슨 일이 벌어지고 있는지 알아낼 수 있어야 한다.[58] 덤불에 남은 흔적으로 그곳을 지나간 동물에 대한 여러 가지 정보를 파악할 수 있는 것처럼 말이다. 오늘날 가장 유명한 감정 연구자 대부분은 이 전제에 의존한다.

이 분야에서 가장 영향력 있는 과학자는 폴 에크만Paul Ekman 박사다.

감정이 어려운 사람들을 위한 뇌과학

1970년대에 에크만의 연구 결과가 발표되기 전까지, 감정을 나타내는 표정은 주변인들로부터 배운다는 의견이 주류였다.[59] 마치 단어를 배우고 유창한 단계까지 언어를 습득하는 방식처럼 말이다. 그 과정은 선천적으로 타고났거나 본성의 영역이라기보다는 후천적으로 길러지는 것이다.

그렇지만 에크만의 연구는 매우 다른 문화권에 속한 사람들이 같은 감정을 표현할 때 동일한 표정을 사용한다는 사실을 보여 주었다.[60] 이 사실은 매우 중요했는데, 만약 표정이 정말로 타인으로부터 배우는 문화적인 것이라면, 표정이 같다는 건 전 세계 여러 문화권이 독립적으로 영어라는 동일한 언어를 사용하는 경우와 다를 바가 없기 때문이다. 그런 일은 터무니없이 가능성이 희박하다. 단지 옛날 〈스타 트렉〉 에피소드에서나 나올 법한 설정이다.

에크만의 발견은 감정을 드러내는 표정은 뇌에서 기본적으로 진화된 특성일 가능성이 훨씬 높다는 점을 보여 주었다. 문화적 배경에 상관없이 대부분의 사람이 손가락 다섯 개를 지닌 것처럼 우리는 모두 특정한 감정에 대해 같은 표정을 짓는다. 손가락 다섯 개가 자라도록 하는 법을 배운 사람은 아무도 없다.

구체적으로 들어가 보면, 에크만은 여러 문화 전반에 걸쳐 동일한 표정을 보이는 여섯 가지 감정을 발견했다. 행복, 슬픔, 분노, 두려움, 혐오, 놀라움이 그것이었다. 이것들은 '기본적' 감정으로 불렸으며 오늘날까지도 종종 그렇게 일컫는다.

처음에 비평가들은 여러 문화권에서 공통적인 표정이 나타나는 건 에크만이 연구한 1970년대보다 훨씬 이전에, 인류 역사 전반에 걸쳐 발생했던 문화적 교류 때문이라고 주장했다.

이 주장에 대응하고자 에크만은 고립되어 외부와의 접촉을 거의 경험하지 않은 파푸아뉴기니의 포레족을 대상으로 자신의 연구법을 적용했다.[61] 비평가들의 말이 옳다면, 대부분의 문화권이 동일한 표정을 사용하는 이유는 이들이 모두 수 세기에 걸친 상호작용을 통해 서로에게서 표정을 배웠기 때문이다. 그렇다면 포레족은 다른 문화권과는 눈에 띄게 다른 표정을 지어야 한다. 문화적 교류와 어우러짐을 거의 경험하지 않았던 만큼 그들만의 독자적인 감정 표현 방식을 지니고 있을 것이다.

하지만 여러분이 이미 알고 있듯, 포레족 사람들은 특정한 감정을 표현하기 위해 우리에게 익숙한 표정을 사용했다. 그에 따라 감정 연구 분야에서 보편적인 기본 감정에 대한 이론이 전면에 섰다. 이후로 이 여섯 가지 기본 감정 이론은 심리 평가, 안면 인식 소프트웨어를 비롯해 심지어 마케팅 알고리즘 같은 다양한 분야의 연구 개발에 영향을 미치고 기준을 정립했다.

하지만 기본 감정 이론에 문제가 없는 건 아니다. 한 가지 예를 들면, '놀라움'이 기본 감정에 포함되는 이유는 무엇일까? 이것은 대부분의 다른 감정보다 덧없으며 놀람 반응startle response 같은 보다 근본적인 과정과 연결되어 있다.[62] 게다가 '놀라움'을 과연 감정으로 간주할 수 있는지도 여전한 논쟁거리다.[63]

이 논쟁은 기본 감정 이론의 신뢰성에 좋지 않다. 자칭 대중음악사 전문가라는 사람이 호머 심슨이 비틀즈의 창립 멤버였다고 주장하는 것과 마찬가지다. 그러면 그의 다른 모든 발언에도 의심을 품게 될 것이다.

2014년 글래스고대학교에서 고급 컴퓨터 모델링을 활용해 이루어진 한 연구는 분노와 혐오, 두려움, 놀라움은 공통적인 특징을 지니며, 고로 핵심적인 하나의 감정으로 통합되어야 한다고 주장했는데 그러면 기본 감정은 네 가지만 남게 된다.[64] 이 밖에도 그동안 밝혀진 도전적인 발견들이 많다.

또 다른 문제는 비록 우리의 얼굴이 감정을 나타내긴 하지만 그렇다고 모든 기본 감정이 무의식적인 표정을 자동으로 만드는 것은 아니라는 사실이다. 자부심이나 만족감을 느끼는 사람들은 어떤 표정을 지을까? 또 '화나 보이는 표정'이란 말이 있듯이 여러분의 얼굴은 스스로 느끼지 않는 감정에 대한 표정을 짓기도 한다.

에크만 자신도 이런 점을 인정했다. 그래서 나중에는 자존심, 죄책감, 당혹감을 비롯해 표정으로 드러나지 않는 감정들을 포함하도록 기본 감정 체계를 보다 확장하기에 이르렀다.[65]

이처럼 기본 감정 이론을 지지하는 사람들 사이에도 불확실성과 논쟁, 이견이 존재했다. 이후에 드러난 사실이나 잠재적인 문제점 때문에 에크만의 기존 연구 결과와 뒤이은 주장에 대해 납득하지 못하는 사람들도 있었다.

예컨대 에크만의 연구에 사용된 표정 사진은 '겁에 질린' 또는 '혐오스러워하는' 표정을 지시받은 미국 배우들의 사진이었다. 이런 사진이 과연 표정이 감정의 표현에 어떻게 작용하는지 알 수 있는 유효한 자료일까? 앞서 언급한 것처럼, 대부분 겁먹거나 혐오감을 느낄 때 이를 표정으로 표현하기 위한 의식적인 노력을 기울이지 않는다.

감정적인 표정을 짓고 있는 사람들의 자연스러운 모습을 촬영하여 사용한 유사 연구에서는 피험자의 감정 인식률이 약 80%에서 26%로 떨어졌다![66] 그뿐만 아니라 보다 발전한 현대적 방법을 활용한 연구에 따르면, 다른 문화권의 표정과 이를 인식하고 반응하는 방식에는 결국 뚜렷한 차이가 있는 것으로 밝혀졌다.[67]

이러한 연구의 파급 효과와 해석에 대해선 긴 논의가 필요하겠지만, 적어도 얼굴을 통해 표현하고 인식되는 보편적인 기본 감정이라는 개념이 전부가 아니라는 사실이 점차 명확해지고 있으며 감정 연구에서 지배적인 관점에 도전하려는 노력도 늘고 있다.

이러한 추세를 선도하는 연구자 중 하나가 노스이스턴대학교의 리사 펠드먼 배럿Lisa Feldman Barrett 교수다. 저서 『감정은 어떻게 만들어지는가』에서 배럿은 1990년대에 촉망받는 연구자로서 감정이 자아 인식self-perception에 미치는 영향을 연구한 과정을 설명한다.[68] 당시에는 피험자들이 슬픔과 두려움, 불안과 우울을 구별하지 못하는 상황이 반복되면서 배럿의 실험과 연구는 어느 것도 효과를 거두지 못했다.

하지만 기존 이론에 따르면 이런 일이 발생해서는 안 되었다. 슬픔과 두려움은 각자 보편적인 표정을 가지고 있는 기본 감정이기 때문에 개인은 그것들을 쉽게 구별할 수 있어야 한다. 그런데도 배럿이 피험자에게 감정의 구별을 요청할 때마다 실험은 난항을 겪었다. 마침내 배럿은 비슷한 문제를 보고하는 실험과 데이터가 점차 늘고 있다는 사실을 알게 되었다. 그리고 에크만의 획기적인 기존 실험 방식을 조금만 바꾸면 매우 다른 결과가 나온다는 사실도 발견했다.[69]

기존 연구에서는 피험자에게 감정에 대한 진술과 표정을 짝지어 보라고 지시했다. 예컨대 "방금 수백만 달러를 땄다"라는 문장은 '행복함'이라는 표정과 잇는 식이다. 하지만 피험자에게 사진을 보여 주며 "이 사람은 어떤 감정을 표현하고 있나요?"라고 물으면 평균 정확도가 바닥을 쳤다.

배럿을 비롯한 수십 명의 숙련된 연구자들이 모두 심각한 잘못을 저질렀던 게 아니라면, 보편적인 기본 감정 이론 자체에 결함이 있는 셈이었다. 결과적으로 오늘날에는 기본 감정은 존재하지 않는다고 주장하는 연구자들이 점점 더 많아지고 있다. 대신 이들은 '구성적 감정 이론'을 제안한다. 이 이론은 감정, 심지어 우리가 '기본 감정'이라고 부르는 것들도 뇌에 선천적으로 배선된 것이 아니라 원시 감각 데이터, 기억과 경험, 신체 반응을 비롯해 뇌가 접근할 수 있는 모든 정보를 바탕으로 필요할 때마다 즉각적으로 생성된다고 주장한다.

비록 겉으로는 상식에 반하는 것처럼 보이지만, 이처럼 우리가 순간순간 감정을 '구성'한다는 생각은 점점 더 널리 받아들여지고 있으며 이 주장을 뒷받침하는 증거들도 그 어느 때보다 많다. (내 경험상 '상식'으로 여겨지는 많은 것들은 딱히 일반적이지도, 유난히 합리적이지도 않았다.)

한번 생각해 보라. 우리는 과연 특정한 감정을 느낄 때마다 매번 똑같은 표정을 지을까? 실력 있는 배우에게 같은 질문을 한다면 아마 절대 아니라고 답할 것이다. 우리는 동일한 대상에 대해 똑같은 감정적 반응을 경험할까? 말도 안 된다. 누군가는 엄청난 기쁨과 즐거움을 느끼는 노래나 음식, 예술품, 인물 등이 누군가에게는 본능적인 혐오감으로 다가오기도 한다.

심지어 한 사람이라고 해도 같은 대상에 항상 같은 감정적 반응을 보이는 것은 아니며, 맥락이 중요하다. 연인을 만나면 연애를 시작한 지 일주일 만에 극도의 행복감을 느끼거나, 이별 후 일주일 동안 극심한 슬픔에 잠기게 될 수도 있다.

만약 에크만의 이론대로 감정이 표정과 함께 뇌에 단단히 새겨져 있다면, 그 감정은 지금 여러 사례로 입증할 수 있는 것보다 훨씬 더 일관적이어야 한다. 따라서 뇌가 상황과 맥락에 따라 감정을 새롭게 만든다는 주장이 점점 더 힘을 얻고 있다. 설사 뇌의 감정과 얼굴의 표정 사이에 직접적인 연관성이 있다 하더라도, 그것은 매우 복잡한 태피스트리 직물을 엮는 한 가닥 실에 불과할 것이다.

게다가 우리의 뇌가 순간순간 감정을 만든다는 생각이 그렇게 터무니없지만은 않다. 예컨대 우리의 시력은 세 가지 파장의 가시광선만 감지할 수 있는 눈의 망막을 통해 뇌로 전달되는 단순한 신경 활동의 펄스pulse로부터 시작한다.[70] 기본적으로 우리의 눈은 세 가지 색깔만을 '볼 수 있는' 셈이다. 그런데도 뇌는 이 빈약한 정보로부터 끊임없이 변화하는 풍부하고 세밀한 시각적 경험을 만들어 낸다.

그뿐만 아니라 뇌는 기억에 대해서도 이와 유사한 방식으로 작동한다고 알려져 있다. 기억은 필요할 때 피질에 저장된 별개의 요소들로부터 주기적으로 '재구축'된다.[71] 이것은 우리의 기억이 시간과 상황에 따라 유연하게 변화하는 이유를 설명해 준다.

뇌가 기억과 시각을 기본 구성 요소들로부터 끊임없이 구축한다면, 감정에 대해서도 똑같이 하지 말란 법이 있을까? 이것이 구성주의적 관

감정이 어려운 사람들을 위한 뇌과학

점과 구성적 감정 이론이 기본적으로 주장하는 바다.

사실 '기본 감정 대 구성주의'의 논쟁은 아직 해결되지 않았다. 두 가지 모두 입증할 만한 증거는 많지만 실제로 뇌의 작용에서 신뢰할 수 있는 데이터를 얻기가 어렵다는 점은 물론이고, 파악하기 힘들고 제대로 정의되지 않는 감정의 특성을 고려하면 어느 쪽으로든 결론을 맺기엔 아직 멀었다.

하지만 나 자신의 감정적 무지와 무능에 대해서는 여전히 의문이 들었다. 내가 울지 못한다거나 내 감정을 인식하는 데 어려움을 겪는 것은 무엇 때문일까? 기본 감정 이론에 따르면 내 뇌의 근본적인 회로에 뭔가 이상이 생겼을 수도 있다. 하지만 구성주의적 주장이 옳다면, 나의 뇌는 그런 경험이 처음이기에 아직 '적절한' 감정 반응을 만들고 처리하는 방법을 찾지 못했을 수도 있다.

전자는 내 뇌의 회백질에 신체적 문제가 있다는 것을 의미한다면, 후자는 이 문제가 인내심과 익숙함으로 해결할 수 있는 결함이라는 사실을 암시한다. 내가 구성주의 이론에 기울지 않았다고 말한다면 거짓말일 것이다. 하지만 그때 나는 과학이 그런 방식으로 작동하지 않는다는 사실을 떠올렸다. 단지 '더 마음에 든다'는 이유만으로 어떤 주장을 선택할 수는 없었다.

하지만 감정적으로 더 안심된다는 이유로 어떤 감정 이론을 다른 이론보다 선호한다는 것은 아이러니한 일이다. 또한 내가 감정적으로 그렇게 무디지 않다는 뜻이기도 하다.

그렇다고 해서 내 과학적 원칙을 포기할 이유는 없었다. 감정적 무지와 일반적 무지를 맞바꾸고 싶지는 않으니까. 대신에 감정 지능을 탐구하면서 나는 명료한 다음 질문을 이끌어 냈다. 만약 신체가 뇌 안에서 일어나는 감정을 반영하고 있다면, 그 감정들은 실제로 뇌 어디에서 오는 것일까?

좌뇌냐 우뇌냐, 그것이 문제로다

뇌의 특정 부분을 분리해 관찰하고, 특정한 기능을 수행하는지 확인하기란 아무리 잘해도 극도로 어려운 과정이다. 찾고 있는 대상이 자신을 과학적으로 정의하려는 노력을 방해한다면 어려움은 가중된다.

혼동을 일으키는 다른 요인들도 있다. 바로 뇌에서 감정이 어떻게 작용하는지에 대한 일반적인 가정과 생각들이 그렇다. 우리는 이것이 과학적으로 타당하지 않다는 사실을 알고 있지만, 그 생각들은 〈반지의 제왕〉을 쓴 톨킨 세계관 속 엘프처럼 머리 한구석에 영원히 살아 있다. 짜증을 돋우는 청파리 같기도 하다.

가장 흔한 예는 아마 '좌뇌 대 우뇌'라는 주장일 것이다. 이 주장에 따르면 좌뇌는 논리적이고 분석적인 반면, 우뇌는 창의적이고 표현이 풍부하며 감정적이다. 따라서 내성적이고 금욕적인 성격이라면 좌뇌를 더 많이 사용하게 되고, 외향적이고 감정적이며 예술적이라면 우뇌를 더 사용하게 된다는 것이다. 이런 주장은 소셜 미디어의 여러 무의미한 문답, 가령 몇 가지 진부한 객관식 문제나 회전하는 도형을 잠시 쳐다보는 것만으

감정이 어려운 사람들을 위한 뇌과학

로 심리 분석을 해 준다는 말도 안 되는 퀴즈에 많이 등장한다.

확실히 정리하자면 이 '좌뇌 대 우뇌'를 둘러싼 주장은 틀렸다. 기껏해야 뇌가 어떻게 작동하는지를 형편없이 단순화한 견해일 것이다. 하지만 가능한 한 철저하게 비판하고 냉소적으로 반박하기 위해 노력한 결과, 나는 이 주장들 속에도 얼마간의 근본적인 과학적 진실이 숨어 있다는 사실을 발견했다. 솔직히 말하면 나는 그 점에 짜증이 났다.

먼저 짚고 넘어가자면, 인간의 뇌는 좌우 양쪽 두 개의 반구로 이루어져 있다. 마치 가운데가 붙은 한 쌍의 커다란 호두처럼 생겼다. 미라처럼 말라붙은 엉덩이로 보일 수도 있다. 어쨌든 중요한 건 뇌의 왼쪽과 오른쪽이 분명히 구별된다는 것이다.

뇌가 왜 이런 모습인지에 대한 정확한 이유는 밝혀지지 않았다. 하지만 거의 5억 년 동안 대부분 유기체의 몸은 대칭적인 형태를 고수해 왔다. 이 형태에 어떤 이점이 있는지에 대해서는 여러 가능성이 존재한다.[72] 이유가 무엇이든 간에 뇌는 좌우 반구가 뚜렷하게 분리되어 있고, '뇌량'이라고도 불리는 뇌들보corpus callosum를 통해 서로 연결되어 있다. 뇌들보는 강력한(하지만 질척거리는) 광대역 케이블처럼 정보를 전달하는 두터운 백질 관로다.

뇌들보 두께가 두꺼울수록 지능이 높아진다는 증거도 있는데, 일견 말이 된다.[73] 뇌들보가 두꺼우면 양쪽 반구에서 들어오는 정보에 접근하고 활용하는 능력이 더욱 뛰어날 것이다. 그리고 이런 특성은 높은 지능으로 나타날 것이다. 반구 간의 이런 연결은 꽤나 유용한데, 왜냐하면 양반구는 비록 데칼코마니처럼 보이기는 해도 기능적으로는 달라서 서로 다른 일을 하기 때문이다.

예컨대 좌반구는 언어 처리를 주도하는 것처럼 보이며,[74] 우반구는 어조나 음높이를 비롯한 다른 기본적인 소리를 다룬다.[75] 몇몇 연구에 따르면 좌반구와 우반구는 각각 포괄적 인식과 국지적 인식에 중점을 두는데, 다시 말해 좌반구는 '큰 그림'을 인식하는 데 더 관심을 보이고 우반구는 세부적인 사항을 신경 쓰는 경향이 있다. 좌뇌가 숲을 본다면 우뇌는 나무를 보는 셈이다.[76]

그러니 좌뇌와 우뇌가 각자 다른 일을 하는 건 사실이다. 혹은 비슷한 일을 서로 다른 방식으로 한다. 사람들은 보통 한쪽 반구의 지배를 받기 때문에 그에 따라 왼손잡이나 오른손잡이가 된다. 각각의 반구는 몸의 반대쪽 절반을 통제한다. 오른손잡이의 경우 좌반구가 지배적이고 왼손잡이는 우반구가 지배적이다. 지배적인 반구가 감정을 느끼는 능력에 영향을 미친다는 증거도 있다.[77] 결국 우반구가 모든 감정에 책임이 있다는 주장이 옳다는 뜻일까? 그렇진 않다.

뇌 스캔 기술이 막 보급되기 시작했을 때만 해도 감정이 두 반구에 따라 달리 처리된다는 생각을 뒷받침하는 증거가 더 많이 수집되었다.[78] 하지만 오늘날 더 발전된 분석과 방법론에 따르면 상황은 이보다 훨씬 더 모호하다.[79]

하지만 한 발 뒤로 물러서서 논리적으로 본다면 그렇게 큰 뇌에서 얼마나 많은 일이 벌어지고 있는지, 내부가 얼마나 밀접하게 연결되어 있는지, 그리고 뇌의 국소 부위가 얼마나 다양한 역할을 하고 있는지를 고려할 때 감정과 같은 하나의 특정한 기능을 어떤 뇌 반구 전체에 귀속시키

감정이 어려운 사람들을 위한 뇌과학

는 것은 조금 우스꽝스러운 일이다. 그건 마치 남반구에 사는 모든 사람은 춤 실력이 뛰어나며 북반구에 사는 사람들은 다들 자기 소득에 대한 세금 신고를 하느라 춤출 시간이 없다는 말과 비슷하다. 그런 주장이 터무니없듯 뇌의 좌우 반구에 대한 주장 또한 그렇다. 아무리 많은 '밈'과 인터넷 문답에서 무비판적으로 퍼뜨린다 해도 마찬가지다.

감정은 어디에서 오는가

그렇다면 만약 하나의 특정한 반구가 책임을 지지 않는다고 할 때, 감정은 뇌의 어디에서 생기는 것일까?

오랫동안 감정은 본질적으로 '파충류의 뇌'보다 위쪽에 자리한 영역인 변연계limbic system의 책임으로 여겨졌다.[80] 뇌의 가장 원시적인 부분과 과정에 적용되는 명칭인 '파충류의 뇌'(아마도 공룡 시대부터 존재해 왔기 때문에 '파충류'라는 이름이 붙었을 것으로 추정된다)는 사실 '삼위일체 뇌' 모델에서 가장 아래에 자리한다.[81] 이 모델에 따르면 뇌는 가장 아래쪽에 있는 오래된 부분부터 가장 위쪽에 놓이는 '새롭고' 정교한 부분까지 서로 구별되는 세 개의 층으로 구성되어 있다.

보다 새롭고 똑똑한 뇌 영역은 낮은 곳에 자리하는 보다 원시적인 뇌 영역에서 성장하고 진화했다. 마치 밀가루 반죽을 구우면 부풀어 큼직하고 울퉁불퉁한 머핀이 되는 것처럼 말이다. 또 나무의 나이테처럼 줄기의 중심에서 주변부로 이동하면서 더 새롭고 큰 층이 생겼다. 하지만 이 '나무'는 새로운 나이테가 생길 때마다 점점 똑똑해진다.

앞서 언급한 바와 같이 파충류의 뇌는 맨 아래층에서 호흡과 같은 기본적인 생리 기능을 담당한다. 그리고 뇌의 대부분을 구성하는 표면 꼭대기의 커다랗게 주름진 영역은 피질 또는 신피질이라 불린다(명칭은 어떤 분야에서 그 개념을 다루느냐에 따라 다르다).[82] 신피질은 뇌의 '인간적인' 부분이며 인상적인 지적 작업을 수행한다.

이 두 영역 사이에 끼어 있는 것이 변연계라고 불리는 '포유류의 뇌'다.[83] 변연계를 뜻하는 영어 단어 limbic은 경계 또는 가장자리를 뜻하는 라틴어 limbus에서 유래한다. 뇌간이 시작되기 전 피질의 가장자리에 해당하는 곳이 변연계이기 때문이다.

오랫동안 변연계는 기본적인 생리학적 과정보다 복잡하고 지적이며 정교한 모든 뇌 기능을 처리한다고 여겨졌다. 학습과 기억, 동기와 충동, 보상과 즐거움, 의식적인 움직임 제어를 비롯해 감정과 같은 것들이었다.[84] 그리고 인간의 뇌에서 가장 마지막으로 진화한 최상층은 분석, 언어, 주의, 추론, 추상적 사고와 같은 '의식적인' 것들을 만든다.

여기서 분명한 결론은 감정이란 잠재의식에서 비롯한 과정이라는 것이다. 감정은 우리가 알고 있는 의식의 영역보다 시간적으로 앞서는 변연계에 의해 생성된다. 그러니 비유적으로든 문자 그대로든 의식 아래에서 잠재의식적으로 생겨나는 것이다. 여기까지는 명확하다. 그렇지 않은가?

안타깝게도, 이번에도 역시 그렇게 쉬운 문제는 아니다. 감정이 의식적으로 또는 잠재의식적으로 발생하는지는 감정 연구 분야에서 현재 진행형인 논쟁이기 때문이다. 이 논쟁에서 중요한 사실은 감정을(그리고 더

감정이 어려운 사람들을 위한 뇌과학

많은 것들을) 처리하는 변연계의 명확한 정의가 세워진 것도 사실 130년이 넘었다는 점이다. 현대의 여러 증거와 뇌의 작용에 대한 우리의 발전된 이해에 비추어 보면, 이 개념은 유행이 조금 지났다. 물론 '변연계'는 여전히 뇌의 일반적 영역에 널리 사용되는 용어다. 그렇지만 뇌가 다른 모든 영역과 얼마나 광범위하게 연결되어 있는지를 보여 주는 증거가 속속 쌓이는 상황에서,[85] 기능적으로 잘 정의되고 자급자족하는 뇌의 한 영역이라는 개념을 계속 뒷받침하기는 점점 어려워지고 있다.[86]

특히 '감정이란 변연계에서 발생하기 때문에 잠재의식적인 것이 틀림없다'는 주장이 엉터리라는 걸 보여 주는 한 가지는, 변연계는 뇌의 더욱 높은 의식적 영역과 광범위한 양방향 연결 고리를 갖고 있어 서로 다양한 방식으로 영향을 주고받을 수 있다는 점이다.[87] 그렇기에 우리의 의식적인 뇌 영역은 변연계와의 광범위한 연결을 통해 감정을 쉽게 유도할 수 있다. 많은 연구자가 이런 일이 일어난다고 주장한다.[88] 비록 감정이 변연계를 통해 발생한다고 해도 감정이 그곳에서 비롯된다고 확실히 말할 수는 없다는 점이 중요하다. 그건 마치 여러분에게 온 모든 편지를 우체부가 썼다고 가정하는 논리와 같다. 그리고 다시 말하지만 이것은 지금 한창 진행 중인 논쟁이다.

오늘날 널리 받아들여지는 견해에 따르면, 뇌에는 특별히 감정적인 '부분'이 없을뿐더러 여러분이 '감정은 바로 여기서 나온다'고 지적할 만한 특정한 영역도 존재하지 않는다. 그 대신 모두가 알고 인식하는(하지만 정확히 묘사하기는 어려운) 감정이라는 경험을 만들기 위해 다양하고 광범위한 뇌 영역이 여러 연결망 또는 회로를 거쳐 함께 작동한다.[89]

하지만 이런 주장은 여전히 감정이 뇌의 '어디에서' 오는지, 그리고 어떤 과정을 통해 발생하는지 답하지 못한다. 감정과 그로 인한 행동과 반응이 배외측 전전두피질, 복내측 전전두피질, 안와전두피질, 편도체, 해마, 전측대상회피질, 섬엽을 포함하는 회로에 의해 처리된다는 것이 좀 더 현대적인 관점이다.[90]

상당히 구체적인 영역으로 들릴 수도 있지만 이들은 뇌에서 모든 중요한 인지 작업이 일어나는 맨 위와 앞쪽에서 시작해 중심부의 변연계까지 이어지며, 그 사이의 많은 구역까지 아우른다. 게다가 이것이 중요한 뇌 영역의 전체 목록이라고 할 수도 없고, 감정에만 특화된 것도 아니며, 기억·주의·미래 계획·고통에 대한 인식과 같은 다른 주요 과정에서도 여러 중요한 기능을 한다고 알려져 있다.

무엇보다 뇌의 특정 영역이 감정을 경험하는 데 중요한 역할을 한다고 100% 확인된다 해도 상황이 더 명확해지는 것은 아니다. 좋은 예로 측두엽에 위치한 변연계의 작은 신경학적 영역인 편도체가 있다.[91]

아주 오랫동안 편도체는 두려움이라는 감정을 처리하고 이에 반응하는 역할을 한다고 알려져 있었고 그것이 여전히 가장 유명한 기능임에는 틀림없다.[92] 하지만 시간이 지나고 점점 많은 데이터가 축적되면서 편도체의 역할이 다양하게 확장되었다. 그에 따라 오늘날 편도체는 기억의 감정적 요소를 제공하고,[93] 타인의 감정을 지각하며,[94] 심지어 우리가 어떤 것을 경험하거나 지각할 때 구체적으로 어떤 감정적 반응이 필요한지 결정하는 것으로도 알려져 있다.[95]

편도체는 이제 단일한 감정(두려움)에 대한 한 가지 역할만 하는 것이 아니라, 감정적 경험을 일으키는 핵심적인 뇌 영역 중 하나이자 '허브'로 여겨지고 있다.[96] 문제는 뇌에서 감정이 어떻게 작용하는지에 대한 이해가 점점 더 복잡해지고 있다는 것이다.

다시 말해 오늘날 한쪽 반구 전체가 감정을 처리하는 역할을 한다는 식의 설명에서 한 걸음 더 나아가긴 했지만, 여전히 모호하고 불확실한 부분이 많다. 그동안 기술적·과학적 발전이 이루어지고 수십 년에 걸쳐 수많은 데이터가 쌓였지만 '결국 감정은 뇌의 어디에서 오는가?'라는 질문에 대답하기는 매우 어렵다.

이렇게 된 이유 중 하나는 분명 감정을 정의하는 방식에 대한 실질적인 합의가 아직 이뤄지지 않았기 때문일 것이다. 두 연구소에서 서로 다른 정의를 사용할 경우 연구 방법이 같다 해도 결과까지 일치할 가능성은 적어진다. 두 연구 팀이 미국에 반려동물이 얼마나 많은지에 대한 조사를 했다고 하자. 한 연구 팀은 반려동물을 '고양이, 개, 토끼, 금붕어'로 정의했지만 다른 연구 팀은 '사람의 집에 살고 있는 모든 비인간 동물'로 정의해 해충이나 거미, 흰개미를 포함했다면 어떤 결과가 나올까?

이 두 연구는 동일한 정보를 찾고 있지만, 그것에 대해 서로 다른 정의(하나는 너무 구체적이고 하나는 너무 광범위한)를 내렸기 때문에 매우 다른 결과를 얻을 수 있다.

게다가 감정을 구체적으로 정의할 수 있다고 해도 예컨대 유쾌한 감정인지 불쾌한 감정인지와 같은 감정적 경험의 유형에 따라 뇌 속에서 다르게 나타날 것이라는 점은 거의 확실하다.[97] 서로 다른 감정이 우리에게 다른 방식으로 영향을 미칠 것이라는 데 이의를 제기할 사람은 아마 없을 것이다.

우리가 경험을 살피고 있는지, 아니면 감정에 대한 지각과 표현을 살피고 있는지에 따라서도 결과는 달라진다.[98] 인간의 뇌에서는 이들 사이에 생각보다 훨씬 더 많은 중첩이 발생한다.

이런 연구를 할 때 사용할 수 있는 기술의 한계 역시 고려해야 한다. 언론 보도만 본다면 뇌 스캐너가 뇌에서 일어나는 일을 읽어 낼 수 있다고 생각할지도 모른다. 아니면 뇌 스캔이 텔레비전 화면의 이미지를 직접 보는 것과 같다고 여길 수도 있다. 하지만 슬프게도 이 기기의 능력은 그런 정도까지 미치지 못한다.

오늘날 fMRI(기능적 자기공명영상) 스캐너는 뇌의 활동을 간접적으로 측정하기 때문에 그러한 활동의 변화를 감지하는 데 몇 초로 충분하다.[99] 하지만 인간의 감정은 그보다도 빠르다. 뇌 스캐너에서 무슨 일이 일어나고 있는지 알아내기 훨씬 전에, 그 현상을 뒷받침하는 과정은 몇 밀리초도 되지 않아 끝날 수 있다. 때때로 감정을 연구하기 위해 뇌 스캐너를 활용하는 것은 마치 경마가 끝나고 세 시간 뒤 트랙 결승선에 찍힌 발굽 자국을 연구해 어떤 말이 경주에서 우승했는지 알아내려고 하는 것과 비슷하다.

물론 그렇다고 이런 연구들이 가치가 없다는 것은 아니다. 당연히 수행할 만한 가치가 있지만 아직 갈 길이 멀 뿐이다. 이런 상황에서 우리의(더 확실히 말하자면 나 자신의) 일반적인 이해를 위해 '감정은 뇌의 어디에서 오는가?'라고 묻는 건 처음부터 잘못이 아니었을까?

그보다 더 나은 접근법은 대상의 범위를 좁히고, 인식 가능한 개별 감정의 표현을 살펴보며, 각각의 경우에 구체적으로 무슨 일이 일어나고 있는지 살펴보는 것이다. 이러한 접근 방식은 일종의 은유적인 실마리를 제공할 테고, 일반적인 관점에서 더 커다랗게 엉킨 감정이라는 실타래를 푸는 데 도움이 될 것이다.

나는 실제로 그럴 수 있기를 바랐다. 왜냐하면 그것이 바로 다음 장에서 내가 살필 주제이기 때문이다.

◦ 2장 ◦
생각은 감정에 의존해서
일어난다

감정은 이성적 사고의 장애물인가

나는 SF 소설의 열렬한 팬이다. (놀랐는가? 예고도 없이 이런 큰 비밀을 밝혀서 미안하게 되었다.) SF 장르를 충분히 파고들어 보면 특정 개념과 아이디어를 반복해 만나게 된다는 사실을 처음으로 인정하려 한다. '우리와 진화적 역사를 공유하지 않았는데도 외계 종족은 이마나 귀의 생김새가 별난 인간과 비슷해 보인다는 점'이 하나의 예이다. 어둠의 기업들이 그렇게 터무니없이 위험한 존재로부터 이득을 취하려 들지 않을 거라는 사실 역시 그렇다.

세 번째로 들 예시는 '인류는 항상 감정이 부족하거나 감정에 영향을 받지 않는 지능을 갖춘 존재에게 위협을 받거나 그들보다 열등한 존재가 된다'는 점이다.

〈터미네이터〉나 〈매트릭스〉 시리즈에 나오는 무자비한 인공지능, 로보캅이나 〈닥터 후〉의 사이버맨처럼 냉정하고 효율적인 사이보그, 그리고 〈스타 트렉〉에서 감정을 거부하는 특성을 그들 문화의 근간으로 삼는, 지적으로 우월한 종족 벌컨족이 그렇다. (〈스타 트렉〉 정본 에피소드에 따르면 벌컨족은 강력한 감정이 아예 없는 건 아니지만 거의 전적으로 이런 감정을 억제할 수 있다. 이 억제 능력은 이들이 7년에 한 번씩 '짝짓기'를 하는 동안에만 사라진다. 물론 에피소드의 줄거리상 꼭 필요할 때도 편의상 사라지지만 말이다.) 우연이든 의도적이든, SF 소설은 우리 인간의 감정이 단점이자 약점이라고 암시하는 듯하다.

물론 소설 밖에서도 이런 경향이 크게 사라지지는 않았다. 스토아학파와 불교도들은 수천 년 전부터 감정이 이성과 깨달음을 방해한다고 주장했다. 그리고 누군가에게 '지나치게 감정적'이라고 말하는 것은 결코 칭찬이 아니다.

어쨌든 감정이 이성적인 사고의 장애물이라는 것은 사람들이 일반적으로 동의하는 사실이다. 마치 우리의 뇌가 감정을 뛰어넘어 진화하기라도 한 것처럼 말이다. 하지만 감정은 여전히 우리 마음의 작용을 방해하며 존재하고 있다. 마치 심리적인 맹장염처럼 말이다.

이전에 나는 이런 관념을 디스토피아 소설 또는 사이비 지식인이 쓴 온라인 게시물에나 나올 법한 것으로 치부해 별 관심을 두지 않았다. 하지만 아버지가 몸져눕고 나니 감정적인 반응을 표현하거나 포용할 수 없다는 사실이 내 머릿속을 차지했다.

아버지의 상태는 하루하루 더욱 위중해졌고, 내가 이해하거나 처리하기 위해 고군분투해야 할 감정들 역시 아침부터 밤까지 계속해서 바뀌었다. 그건 무엇보다도 어려운 도전 과제였다. 그때 나는 정말로 내 감정

　　　　　　　　　　　　　감정이 어려운 사람들을 위한 뇌과학

이 나에게 아무런 도움이 되지 않으며 정상적인 사고 능력을 방해할 뿐이라고 느꼈다. 감정을 분리하여 어떻게든 제거하거나 차단하고, 감정에 방해받지 않은 채 사고하도록 애써야겠다고 생각할 정도였다. 그래서 나는 그 방법이 과학적으로 얼마나 현실적인지 조사했다. 결과가 어땠는지 아는가? 전혀 어림도 없는 일이었다.

우리의 감정은 사고 능력과 인식, 그리고 마음에 흥미롭고 중요한 역할을 하는 것으로 밝혀졌다. 심지어 감정은 우리가 이러한 것들을 가지게 된 이유일 수도 있다. 그런 만큼 그때 내가 '감정의 전원'을 끄지 않은 건 천만다행이었다. 나에게 심각한 해를 끼칠 수도 있었으니 말이다.

사실 나에게 그런 선택권이 존재하지도 않았다. 나는 현실 속 보통 과학자이지 영화 속 과학자가 아니었다. 하지만 만약 여러분이 감정에 대해 어떻게 생각해야 하는지 알고 싶다면, 사고 과정이 감정에 의존해서 일어나는 여러 방식을 알아 두는 게 중요하다. 바로 내가 이 장에서 탐구할 주제다.

충동과 억제의 연료

아버지가 병원에 입원하신 동안 겪은 감정들을 해결하려고 백방으로 애쓰면서, 나는 내가 끊임없이 무언가를 하고 싶어 한다는 사실을 알게 되었다. 그게 어떤 것이든 상관없었다! 예컨대 감정을 다룬 책을 쓰는 것도 그중 하나였다. 여러분이 읽고 있는 이 책 말이다.

이 깨달음은 꽤 놀라웠다. 적어도 내가 알아본 바에 따르면, 슬픔과 불안, 비탄은 사람이 매우 쇠약해지고 상실감에 빠지거나 걱정에 사로잡혀 쓸모 있는 행동을 할 수 없게 만든다는 식으로 묘사되어 왔다. 이런 현상은 부정적인 감정을 경험하는 사람들에게 동기부여가 부족하다는 믿음으로 이어질 수 있다. '동기 부족'이 우울증의 특징 중 하나라는 점을 생각하면, 이것은 타당한 가정이었다.[1] 그런데도 나는 가장 슬플 때 가능한 한 생산적인 사람이 되고 싶은 강한 충동을 느꼈다.

내 뇌에서 어떤 식으로든 배선이 잘못되었다는 또 다른 신호였을까? 다음부터는 수학 문제를 풀 때마다 뮤지컬 노래를 부르게 되는 건 아닐까? 아니면 내가 지금 처한 현실을 감정적 차원에서 아직 제대로 받아들이지 못했던 것일까? 내 마음속 이성은 이미 상황을 받아들였을지도 모르지만, 감정은 여전히 오류 메시지를 토하고 있었다. 이유가 무엇이든 간에 나는 스스로 상당한 동기부여를 경험하고 있다는 사실을 깨달았다. 그런 기분이 전혀 아닐 거라고 예상했던 바로 그때 말이다.

오늘날 기업과 관리자 들은 직원들에게 동기를 불어넣고자 끊임없이 노력하고, 광고주들은 사람들이 특정 제품을 구매하도록 동기를 부여하는 것을 전반적인 목표로 삼는다. 이렇듯 현대 생활의 큰 부분을 차지하는데도 정작 동기부여가 얼마나 복잡한 과정인지 아는 사람은 거의 없다.

과학적으로 말하면 동기부여란 우리가 특정 행동이나 활동을 하고 싶게 만드는 인지적 '에너지'다. 언뜻 간단해 보이는 이 설명은 수많은 흥미로운 방식으로 모습을 드러낸다.

배고프거나 목마를 때 뭔가를 먹고 마시며, 위험에서 벗어나려 하고,

감정이 어려운 사람들을 위한 뇌과학

번식하고 싶어 하는 충동 같은 '기본욕구'들이 사실상 모든 생물종의 행동을 이끈다.[2] 이것들은 동기부여의 유형 중 하나다. 위대한 예술 작품을 창조하거나 무에서 성공적인 사업을 일궈 내는 데 몇 년을 소비하는 헌신 역시 동기부여다. 그리고 그사이의 모든 것들, 즉 성취하려는 목표에 맞춰 행동이 이뤄지는 기본적인 '목표 지향적' 행동부터 가족과 사랑하는 사람들, 즉 타인을 부양하고자 하는 욕구 또한 동기부여다.[3]

동기부여란 사실 매우 복잡한데, 왜냐하면 본질적으로 우리의 감정, 그리고 이성적이고 논리적인 의식적 사고 과정(여러분이 더 편하게 읽도록 이것을 이제 '인지'라고 부르겠다)과 연관되어 있기 때문이다. 우리가 궁극적으로 가진 동기는 감정과 인지가 뇌에서 어떻게 얽히는지에 따라 크게 달라지는 것처럼 보인다.

한편 동기부여는 인지보다는 감정과 더 밀접하게 연관된 것처럼 보인다. 동기를 뜻하는 motivation과 감정을 뜻하는 emotion 모두 '움직이다'를 의미하는 라틴어 단어 movere에서 유래했다. 그리고 오랫동안 과학자들은 감정과 동기부여 사이의 연관성을 인정해 왔다. 지그문트 프로이트 Sigmund Freud도 우리가 쾌락을 추구하고 고통을 피하도록 동기부여를 받는다는 고전적 개념인 '쾌락적 동기부여'를 설명한 바 있다.[4]

우리는 종종 감정적으로는 유쾌하지만 논리적으로 현명하지 못한 일을 하는 데 죄책감을 느낀다. 다들 일하고 돌아온 날 밤에는 즐겁게 시간을 보내며 '술 한 잔만 더!'(또는 여러 잔)를 외치곤 한다. 이것은 감정이 인지보다 더 강력한 동기부여 요인이라는 점을 암시한다. 아무리 맑은 정신으로 일찍 귀가하는 게 도움이 된다는 사실을 머리로 인지한다 해도, 그렇게 해서 기분이 좋아지지 않는다면 그 동기부여는 실제로 실천에 옮기기 어려워지기 때문이다. 하지만 이것이 전부는 아니다.

감정을 다루는 과학 문헌에서는 '정서'라는 용어가 반복해서 등장한다. 어떤 감정을 경험할 때 여러분은 '정서적인 상태affective state'에 있다. 정서란 본질적으로 어떤 감정에 대한 경험을 일컫는다. 즉 감정이 일어났을 때 몸과 마음에서 벌어지는 일을 말한다. 모든 과학자는 감정이 우리에게 어떤 작용을 한다는 데 동의하는데, 정서란 그 '어떤 작용'을 지칭하는 하나의 방식이다.

정서는 세 가지 요소로 구성되어 있다. 하나는 어떤 감정이 여러분의 기분을 좋게 하는지, 나쁘게 하는지를 가리키는 '값'이다. 값은 긍정적일 수도 있고 부정적일 수도 있다. 예컨대 행복은 긍정적인 값을 갖고 두려움과 혐오는 부정적인 값을 갖는다.

정서의 또 다른 요소는 '자극'이다. 이것은 어떤 감정이 우리를 정신적으로, 또는 신체적으로 자극하는 정도다. 자동판매기에서 잔돈이 나오지 않을 때 느끼는 가벼운 좌절감은 낮은 자극이다. 반면에 자동차와 거의 충돌할 뻔했을 때 느끼는 극심한 공포와 공황 상태는 매우 높은 자극이다. 자극의 정도가 늘면 일반적으로 교감신경계의 활동이 증가한다.[5]

마지막으로, 정서적인 상태는 감정적 경험으로 유발되는 행동 및 반응 욕구인 '동기의 현저성' 또는 '동기의 강도'를 지닌다. 눈을 돌려 외면하고 싶은 엄청나게 혐오스러운 무언가는 동기의 현저성이 높다. 그리고 거스름돈을 삼키는 자판기는 동기의 현저성이 낮다. 하필 일이 잘 풀리지 않는 재수 없는 날이 아니라면 말이다. 즉, 모든 감정적 경험은 잠재적

감정이 어려운 사람들을 위한 뇌과학

으로 어느 정도 우리에게 동기를 부여한다. 이 사실은 감정과 동기부여가 뇌 속의 수많은 중첩된 시스템에 의해 처리된다는 증거를 뒷받침한다.[6]

한편 우리가 끊임없이 감정에 따라서 행동하는 것은 아니다. 우리는 겁을 주는 모든 대상으로부터 소리를 지르며 도망치지 않으며, 간절히 갈 망하는 것을 집요하게 탐닉하지도 않는다. 그렇게 행동하려는 충동을 느낄 수는 있지만 동시에 스스로 억제할 수 있다. 이렇게 할 수 있는 이유는 동기부여와 감정, 인지가 인간의 뇌에서 흥미로운 방식으로 얽혀 있기 때문이다.

많은 연구자가 동기부여의 허브로 여기는 뇌의 영역은 우리의 오랜 친구인 시상하부hypothalamus다. 이곳은 생명을 유지하는 데 필요한 여러 역할과 함께, 동기와 행동 측면에서도 확실한 역할을 한다.[7] 비록 전체 상황을 따져 보자면 믿을 수 없을 만큼 복잡하기는 하지만, 어떻게 보면 시상하부가 동기부여라는 현상을 '생성한다'고 할 수 있다. 시상하부는 뇌간을 비롯한 기본적인 운동 제어 영역과의 연결을 통해 특정한 방식으로 행동하고자 하는 충동을 일으킨다.[8] 이런 운동 제어 영역은 우리 몸을 꼭 두각시 인형처럼 조종하는 끈과 같고, 시상하부가 끊임없이 이 끈을 잡아 당기는 것이다.

과학자들은 그동안 주로 섭식, 생식, 방어와 관련한 본능적인 행동을 일으키는 시상하부의 특정 시스템을 연구했다.[9] 텔레비전을 보는 동안 무심코 과자 한 봉지를 다 먹어 치우는 것, 아무 생각 없이 무척 매력적인 사람을 바라보는 것, 뜨거운 무언가를 만지고 즉각 움찔해 뒤로 물러나는 것 등은 모두 본능적이고 반사적인 행동이다. 이런 행동을 할 동기는 있지만 이렇게 행동하겠다고 의식적으로 생각을 하지는 않는다. 여기에 대해 여러분의 시상하부에 감사해야 할 것이다(앞의 두 사례에 대해서 감사가 아니라 비난을 해야 할 수도 있지만).

하지만 시상하부는 뇌의 모든 부위와 연결되어 있으므로 동기부여 조절을 전적으로 책임지는 영역은 아니다.[10] 다시 말해 뇌의 다른 모든 부위도 동기부여에 관여한다.

그중에는 피질하부, 변연계, 감정 영역이 포함된다. 전두엽이나 측두엽을 비롯한 인지적 영역도 영향을 준다. 둘 다 시상하부의 충동적인 움직임을 조절하거나 제한할 수 있다. 예컨대 우리는 매력적인 사람을 대놓고 쳐다보는 행동이 무례한 짓이라는 사실을 인지적으로 알고 있기 때문에 의식적으로 쳐다보는 것을 멈출 수 있고, 일반적으로 그래야 한다. 마찬가지로 우리가 감정적 혐오감을 느낄 땐 본능적으로 식욕이 감소한다.

이러한 구조는 인지 뇌 영역의 명령 없이도 감정적 과정이 특정한 동기부여로 이어질 수 있다는 것을 의미한다. 그 반대의 경우도 마찬가지다.[11] 때때로 순전히 흥분, 두려움, 분노 때문에 평소라면 절대로 하지 않을 일을 할 수 있다. 반대로 지루한 집안일을 할 때는 의식적으로 해야 한다는 것을 알기 때문에 동기가 부여되어 감정적 개입 없이 끝내는 경우가 많다. 집안일을 하고자 하는 감정적 충동을 느끼는 경우는 드물다.

그런 의미에서 동기를 부여하는 시상하부는 자동차의 엔진과 같다. 앞 좌석에는 감정과 인지가 자리해 한쪽은 운전대를 잡고 다른 쪽은 조수석에서 지도를 든 채로, 둘 다 누가 무엇을 해야 하는지에 대해 끊임없이 왈가왈부한다.

감정이 어려운 사람들을 위한 뇌과학

그러나 감정과 동기가 근본적으로는 연결되어 있고 전자가 종종 후자를 만들어 낸다는 사실을 인정하더라도, 결국 동기는 주로 인지에 의해 부여된다. (흥미롭게도 그 반대의 경우는 거의 없다. 동기를 먼저 갖고 어떤 감정을 경험하도록 하기란 매우 어렵다. 오늘날 유행하는 온갖 밈이나 '영감을 주는' 메시지 등에서 그렇지 않다고 주장하기는 하지만, 그저 '결심'한다고 해서 행복해질 수는 없다.) 전두엽, 특히 전전두피질에서 좀 더 똑똑하고 최근에 진화한 영역은 우리에게 실행 제어executive control라는 재능을 부여한다.

실행 제어란 충동 조절, 문제 해결, 작업 기억, 자기 조절 및 평가 등을 포함한 여러 기능을 총칭하는 용어다.[12] 감정과 같은 보다 원시적이고 동물적인 특성을 이기고 이성과 논리를 사용해 생각과 행동을 이끄는 능력이 바로 실행 제어다.

이것은 우리 정신의 '지적' 일부이며, 동기부여에도 상당한 역할을 한다. 무엇인가를 결정할 때 그 과정은 단순한 이분법상의 '예 또는 아니오 선택하기'와는 거리가 멀다. 대신에 노력과 비용이 필요하고, 잠재적 보상이 무엇이며 어떤 위험이 따르는지 등의 여러 변수가 고려된다.[13,14,15] 이 모든 계산에는 독특한 신경학적 과정이 뒤따르며, 모든 것들은 궁극적으로 행동에 대한 동기를 부여하는 데에 영향을 미친다.

여러분이 컵케이크를 정말 좋아한다고 가정해 보자. 이것은 컵케이크를 볼 때마다 본능적으로 먹고 싶다는 동기가 생긴다는 것을 뜻한다. 하지만 활화산 위를 가로지르는 허술한 흔들다리의 반대편 끝에서 컵케이크를 본다면 그것을 먹고 싶다는 동기가 자연히 사라질 것이다. 여러분의 실행 제어 능력이 개입해 상황을 평가하고, 컵케이크를 가지러 간다는 쾌락을 추구하는 감정적인 동기를 무시한다.

물론 이 시나리오에는 대부분의 다른 시나리오와 마찬가지로 감정을 유발하는 여러 요인이 있으며 그것들이 자연히 일치하지는 않는다. 앞의 상황에서 '컵케이크 좋아! 컵케이크를 가지러 가!'라고 말하는 감정이 있는 반면, '뜨거운 화산에 떨어지면 다 죽어! 피해!'라고 외치는 감정도 있다. 하지만 여전히 이러한 상반된 신호를 감안해 무엇을 해야 할지 최종 결정을 내리는 것은 뇌 속의 논리적이고 인지적인 시스템인 듯하다.

안와전두피질이 감정적 충동을 이성적 의사 결정에(그리고 그에 따른 동기부여에) 통합시킨다는 강력한 증거가 여럿 존재한다. 안와전두피질의 다양한 기능 연구는 여전히 진행 중이지만, 이 영역은 특히 감정적 동기와 관련한 자기통제에 핵심적인 역할을 하는 것으로 보인다.[16]

만약 여러분이 파티에서 성적으로 끌리는 사람을 본다면 욕정, 다시 말해 그 사람과 섹스를 하고 싶은 본능적이고 감정적인 충동을 경험할지도 모른다. 그러면 목표를 달성할 가능성이 있는 행동에 관여하도록 정서적·본능적인 동기가 생긴다. 그런 행동은 매우 주관적이어서 사람마다 엄청나게 다를 테지만 말이다.

하지만 여러분이 아는 사람에게 둘러싸여 있고, 욕정을 느끼는 사람이 그들 중 한 사람과 결혼했다고 생각해 보자. 여러분의 '수작 거는 행동'은 긍정적인 감정적 경험으로도 이어질 수 있지만, 부정적인 감정적 결과(예컨대 사회적인 배척이나 가치 있는 인간관계를 망치는 일)가 그보다 훨씬 크다. 그에 따라 여러분은 성적 충동을 따르는 대신 이 충동을 억누르거나 무시하려는 동기가 생긴다.

감정이 어려운 사람들을 위한 뇌과학

이런 일을 가능하게 하는 영역이 안와전두피질이다. 이 영역은 마치 우리 어깨 위에 올라앉은 천사처럼 끊임없이 '정말 그걸 확신해?'라고 물으면서 감정적 욕구의 장단점을 따져 보고 행동으로 옮길 가치가 있는지 결정한다.

가장 기본적인 신경학적 수준에서, 동기부여는 '접근' 또는 '회피'라는 용어로 표현된다. 앞서 살핀 '화산 위의 컵케이크' 시나리오에서 여러분은 컵케이크에 접근할 수도, 회피할 수도 있다. 물론 회피하겠지만 말이다. 이것은 훨씬 더 평범한 수많은 시나리오에도 적용된다.

감정은 나의 힘

여러분은 더러운 접시들이 높이 쌓인 부엌 싱크대로 다가갈 것인가, 못 본 척 회피할 것인가? 한숨을 쉬며 고무장갑을 당겨서 손에 끼기도 하겠지만, 가끔은 집안의 누군가가 먼저 깨끗한 접시를 쓰고자 마음먹길 바라며 그대로 외면하기도 할 것이다. 접근 동기와 회피 동기가 각각 승리를 거둔 예다.

관련 연구에 따르면 접근 또는 회피 시스템에서 무엇이 더 지배적인지 결정하는 데 큰 역할을 하는 것은 우리의 감정 상태다. 즉, 이 경우에는 인지가 감정의 영향을 받는 것이지, 그 반대가 아니다.

이웃이 새벽 두 시에 시끄러운 음악을 틀어(지겹게도!) 분노가 치밀어 오르면, 우리는 관료주의적으로 문제를 해결하려 하거나 이웃에게 소리를 질러 욕설을 퍼부으려는 동기를 부여받는다.

이때 혹시 정확한 원인을 찾아 해결하는 것이 불가능하다면, 분노는 스트레스를 덜기 위해 어떤 행동이든 하도록 한다. 이럴 때 사람들은 벽을 치거나 베개에 얼굴을 묻은 채 소리를 지르고, 하필 곁에 있었던 아무 잘못 없는 다른 사람에게 욕을 퍼붓는다.

스토아학파가 지금으로부터 무려 4,000년 전에 깨달았던 것처럼 분노는 종종 부당하고 거의 논리적이지도 않지만 확실한 동기를 부여한다. 분노는 위험이나 그것에 따르는 노력, 그런 행동을 할 이유와 상관없이 무언가를 하도록 이끈다.[17] 그 이유는 분노가 전전두피질 속 '접근' 동기 시스템의 활동을 큰 폭으로 증가시키기 때문이다.[18]

두려움은 이와 반대로 작용한다. 두려움을 경험할 때는 그 대상을 피할 가능성이 훨씬 증가한다.[19] 햇살이 내리쬐는 공원을 행복하게 걸을 때면 나뭇가지가 부러지는 소리가 아무렇지도 않게 들린다. 하지만 한밤중에 어두운 숲속을 살금살금 지나가는 동안에 그 소리를 듣는다면 필사적으로 도망치고 싶어질 수 있다. 이때 여러분은 그 소리를 내는 무언가로부터 벗어나려는 강한 동기가 있다. 비록 그렇게 해야 할 합리적인 이유가 없더라도 말이다. 그건 여러분이 두려움을 경험하고 있기 때문이다.

또한 감정은 외재적 동기와 내재적 동기로 분류되는 서로 다른 능력에서도 중요한 역할을 도맡는다. 외재적 동기부여란 누군가 또는 무언가가 보상을 제공하거나(예컨대 여러분이 출근하면 고용주가 돈을 지불한다) 처벌을 약속함으로써(여러분이 출근하지 않으면 고용주로부터 해고를 당한다), 우리가 무언가를 하도록 하는 것이다. 반면에 내재적 동기부여란 우리 자신이 무언가를 하고자 원하고, 그 일로부터 즐거움이나 이득을 얻으리라는 판단에 따라 어떤 행동을 하는 동기를 얻는 것이다.[20]

누군가가 작품을 의뢰하고 돈을 지불하기 때문에 그림을 그리는 화가는 외재적 동기를 부여받는다. 예술가가 세상에 무언가를 보여 주고자 그림을 그리는 경우는 내재적 동기다. 이런 두 가지 유형의 동기부여는 종종 동일한 대상에 적용될 수 있다. 관심과 열정을 가진 주제를 글로 써서 생계를 유지하는 사람으로서 하는 말이다.

하지만 연구자들이 발견한 증거에 따르면 둘 중 더 강력하고 지속적인 것은 내재적 동기부여다. 1973년에 이뤄진 연구에서는 한 집단의 아이들에게 예술과 공예품을 가지고 노는 데 대해 보상을 준 반면, 다른 집단의 아이들은 재료만 주고 원하는 것을 하도록 방치했다.[21] 나중에 조사한 결과, 보상을 받은 아이들은 처음부터 자기만의 가치를 부여해 즐겼던 아이들에 비해 동기부여가 부족했다. 이 연구 이후로도 내재적 동기의 우위는 계속 인정받아 왔다.[22]

실제로 수많은 공연예술가는 '자기 꿈대로 살기 위해' 생계를 책임지던 직장을 그만두고 재정적으로 훨씬 위태로운 조건을 감수했다는 식의 사연을 하나쯤 품고 있다. 이것은 외재적인 것에 비해 내재적인 동기부여가 훨씬 강력하다는 것을 보여 주는 전형적인 사례다.

내재적 동기는 감정적인 차원에서 우리를 자극할 때 분명히 발생한다. 만약 열정을 불러일으키는(감정에 붙는 오래된 꼬리표다) 대상이 있다면, 우리는 종종 명백하게 보장된 보상이 없어도 몇 년간 그 대상을 추구할 수 있는 동기를 부여받는다. 이때 감정적 보람 외에 합리적이고 객관적인 이유는 없다.

상당수의 기업이 이 점을 활용하는 듯하다. 스타벅스 같은 곳을 돌아다니다 보면 고객이 '가족의 일원'임을 알리는 포스터와 브랜드 광고물에 둘러싸인다. 이들은 단지 각성용 카페인을 제공하는 데 그치지 않고 정서적 유대감까지 제공한다! 커피를 원할 뿐이지 이들에게 입양되기를 바라는 게 결코 아닌데도 말이다.

의심할 여지 없이 감정과 인지, 동기는 뇌 속에서 항상 아주 복잡한 방식으로 상호작용한다. 특히 교육과 학습 분야의 많은 연구가 이러한 상호작용을 이해하는 데 초점을 맞춘다.[23]

한낱 티끌에 불과할지라도

셰필드대학교에서 일하는 크리스 블랙모어Chris Blackmore 박사도 이런 연구자 중 한 명이다. 블랙모어는 온라인 학습 플랫폼에서 감정 요인의 역할을 연구한다.[24] 나는 그에게 감정과 동기부여가 상호작용하는 방식에 대한 가장 최신의 이해가 무엇인지 물어보았다.

긍정적인 감정과 부정적인 감정이 각각 학습에 좋거나 나쁘다는 생각은 너무 단순하다는 인식이 확산되고 있습니다. 그리고 저는 E-러닝 학습자들을 대상으로 좌절이나 불안 같은 소위 부정적인 감정들이 종종 돌파구와 변화를 이끈다는 사실을 분명히 발견했죠.

감정이 어려운 사람들을 위한 뇌과학

흥미로웠다. 좋아하는 일, 자신을 행복하게 하는 일을 하기 위해 꿈을 좇는 사람들에게는 좌절이나 스트레스를 주는 일도 동기를 부여할 수 있다. 고통이나 불편함(감정이나 다른 방식으로 나타나는)을 유발하거나 그럴 가능성이 있는 무언가를 피하는 것 또한 어떤 행동을 하는 강력한 동기가 된다.

이것은 아버지의 투병 동안 바쁘게 지내고 싶었던 나의 기이한 욕망을 설명해 준다. 내 삶에 일어나는 일을 부정하는 것은 아니었지만, 부정적인 감정의 강도가 동기를 부여하는 과정에 영향을 미쳐서 활동성을 높였다. 나는 마주한 상황의 불편함을 피하고자 무엇이든 해야만 했다.

불확실성은 인간의 뇌가 잘 처리하지 못하는 대상이다. 사람들은 종종 '기다리는 게 가장 힘들다'고 말하는데, 실제로 연구에 따르면 불쾌한 결과가 발생할지 말지 모른다는 점이 그 결과 자체보다 더 큰 스트레스를 유발했다.[25] 결과가 아무리 부정적이어도 확실성과 명확성을 보장받는 편이 나았다.

하지만 블랙모어는 이런 흐름이 사람을 쇠약하게 만들거나 파괴적이기는커녕 매우 심오한 결과를 낳는다는 사실을 알려 주었다. 인류 역사상 가장 심오한 깨달음을 얻었던 위대한 철학자와 사상가 상당수가 발견에 대한 열정이나 지식에 대한 애정보다는 일종의 실존적 두려움에 의해 동기를 부여받았다.[26] 이들은 세계와 우리 인간의 삶이 어떻게 작동하는지에 대해 근본적이고 중요한 사실을 알지 못한다는 사실에 염려하는 사람들이었다. 블랙모어가 이를 잘 요약했다.

나는 "올바른 방법으로 불안해하는 법을 배운 사람은 궁극적인 지식을 배운 셈이다." 라는 키에르케고르의 말이 옳다고 생각합니다.[27] 우리가 흔히 감정이 논리와 이성을 방해한다고 생각하는 것을 감안하면, 인류 역사상 가장 위대한 사상가들이 감정에 의해 그토록 큰 동기를 부여받았다는 사실은 이상할 정도로 놀라운 일이죠.

하지만 이런 대단한 철학자들이 살았던 시기는 종교와 미신이 지금보다 훨씬 더 지배적이었던 먼 옛날이다. 이들의 동기가 100% 합리적으로 채워지지 못한 건 그런 이유일지도 모른다. 이들과 맞먹는 위치의 현대 사상들도 마찬가지로 감정적 요인에 휘둘릴까?

이 문제에 답하기 위해 나는 이에 상응하는 분야를 찾았다. 오늘날 우주와 그것이 담고 있는 모든 것을 알아내는 입자물리학자, 천체물리학자, 우주론자들의 연구다. X(전 트위터)에서 @AstroKatie라는 계정으로 활동하며 노스캐롤라이나주립대학교에서 천체물리학을 연구하는 조교수 캐서린 '케이티' 맥Katherine 'Katie' Mack이 그런 사람이다. 맥은 우주의 궁극적인 운명을 다루는 『우주는 계속되지 않는다The End of Everything』를 저술한 과학 커뮤니케이터다. (맥을 과학계의 '스타'라고 부르고 싶지만, 그런 표현은 천체물리학자에 대한 칭찬이 아닐 것이다. 건축업자를 벽돌이라고 부르는 것과 비슷할지도 모른다.) 맥은 이렇게 말했다.

종종 우주의 종말이 다가오지 않았다고 안심시켜 달라는 사람들로부터 메시지를 받습니다. 천체물리학자로서 그럴 가능성은 매우 낮다고

감정이 어려운 사람들을 위한 뇌과학

말할 수 있습니다. 그 사실을 전적으로 보장할 수 있냐고 하면 그렇지도 않지만 말이에요.

우주가 어떻게 종말을 맞을 것인가는 분명 현대 과학에서 가장 큰 의문일 것이다. 그래서 나는 이 연구를 시작하기 위한 맥의 동기가 무엇이었는지 알고 싶었다. 맥은 자신이 깨달음을 얻었던 순간에 대해 이렇게 말해 주었다.

천문학과 학생들을 위한 디저트 파티에 학부생으로 참가한 적이 있었죠. 그러다가 한 교수님 댁에 갔는데, 교수님이 차와 쿠키를 내주며 우주의 팽창에 대해 이야기하셨어요(여러분이 과학자가 되면 흔하게 참석하게 될 사교 모임이다). 구체적으로 얘기하자면 초기 우주가 어떻게 가속도가 붙은 채 팽창해 지금 우리가 알고 있는 우주의 모습을 형성했는지에 대한 거였죠. 그리고 교수님은 이런 팽창이 왜 시작되었고 왜 끝났는지 알 수 없다고 지적했어요. 그런 사건이 다시 벌어지지 않으리라고는 장담할 수 없죠. 지금 당장이라도 가능하다는 거예요.

내가 가진 과학 지식이라고는 인간의 두개골에 관한 게 거의 전부였다. 그런 만큼 우주 전체가 갑자기 매우 다른 방식으로 움직일 수 있다는 이야기는 상당히 심오하게 들렸다. 이 사실을 알아차린 맥은 이를 조금 더 작은 규모에서 설명하기 위해 노력했다. 그런데도 여전히 행성의 소멸이라는 거대한 주제를 이야기했다는 사실은 천체물리학자들의 사고방식에 대해 많은 것을 말해 준다.

> 그건 마치 고대 운석 충돌의 증거인 분화구를 발견하는 것과 마찬가지
> 랍니다. 저에게는 제 삶과 환경을 심각하게 바꿀 수 있는 커다란 사건
> 이 일어났고, 일어날 수 있고, 실제로 일어나고 있다는 게 분명히 보여
> 요. 그리고 저는 그런 일들을 통제할 수 없습니다. 나란 존재는 단지 바
> 위에 달라붙은 조그만 티끌일 뿐이죠. 제가 매우 견고하다고 여기는 모
> 든 요인은 우주의 힘에 의해 좌우된다는 사실을 깨달았어요. 그 사실이
> 뇌리를 떠나지 않았죠.

맥을 천체물리학 분야에서 믿을 만한 대표라고 가정하면(그럴 만한 증
거가 있다), 존재 자체에 대한 근본적인 질문을 던지는 사람들은 적어도 부
분적으로는 우주가 어떻게 작동하는지에 대한 일종의 불안감에 의해 동
기를 부여받는 듯하다.

우리는 우주의 운명이나 앞으로의 움직임에 대해 아무것도 대응할
수 없을 만큼 터무니없이 무력한 존재다. 이성적 사고를 하는 사람이라면
이런 생각이 마냥 편하지 않을 것이다. 우리 존재와 존재의 작동 방식에
대한 불확실성을 줄이려 노력한다고 해서 불안한 느낌이 사라지지는 않
겠지만, 사소하거나 중요하지 않은 것이라도 통제력과 자율성을 불어넣
으면 불안을 줄이는 데 도움이 될 수 있다.[28]

하지만 어쩌면 내가 지나치게 많은 의미를 부여하는 건 아닐까? 학계
의 거물들이 왜 그런 일을 하는지 어떻게 알 수 있겠는가? 감정이 한몫할

수도 있겠지만, 우주 깊은 곳에서 답을 찾는 사람들은 아마도 감정보다는 인지에 훨씬 더 의존할 것이다. 하지만 맥 박사의 이야기는 달랐다.

> 책을 저술하기 위해 연구하는 과정에서 여러 우주론자와 대화를 나눴습니다. 저는 항상 그들에게 "우주의 종말을 어떻게 느끼시나요?"라는 질문을 던졌어요. 결국 '열죽음(우주 전체가 열평형에 도달한 상태-옮긴이)'이 닥칠 것이라는 생각, 모든 것이 암흑으로 퇴색할 것이라는 생각…. 많은 학자가 정말 우울해했죠. 심지어 어떤 사람들은 '나는 그런 일이 있을 거라 믿지 않는다'고 말했고, 우주의 종말에 대한 생각을 좋아하지 않았던 이들은 자신만의 대안적 이론과 아이디어를 만들어 내더군요.

따라서 수많은 지성인이 우주의 종말에 대한 산더미 같은 데이터와 동료 검토를 거친 증거를 마주한다 해도 그 결론을 거부할 것이다. 너무 우울하고 황량하다는 이유에서다.

맥은 존경하는 동료들이 단순히 우주가 어떻게 종말을 맞을지에 대한 감정적인 혐오만으로 동기를 부여받은 것이 아니라 실제 데이터에 기반을 둔 주장과 대안 이론을 내세웠다는 점을 분명히 했다. 물론 수조 년 후에 닥칠 일을 연구한다는 것에 상당한 불확실성이 존재한다는 건 인정한다. 하지만 이러한 감정이 연구를 구체화하고 대안을 찾도록 동기를 부여했다는 점 또한 완전히 무시하기는 어렵다.

인류는 이지적인 특성을 타고났음에도 여전히 감정에 의해 동기를 부여받을 수 있다. 특정 상황에서는 감정이 우주의 운명을 바꿀 수도 있다. 최소한 우리가 가진 모델과 이론은 바꿀 것이다. 이제 우리가 감정을 더 존중해야 할 때가 아닐까?

물론 이렇게 이야기하긴 했지만, 우주의 팽창은 규모가 무척 큰 만큼 여전히 이론적인 영역에 머물러 있다. 그래도 어쩌면 우리의 생각에 영향을 미치는 감정들은 그런 큰 문제에도 영향을 끼칠지 모른다.

다른 한편으로 감정이 눈앞의 현실적이고 실체적인 환경을 바라보는 방식에 영향을 미치지 않는 게 확실한가? 여러분은 그렇다고 여길지 모르지만 그 생각은 틀렸다. 감정은 정말로 우리 주변 세계에 대한 인식에 영향을 미친다. 내가 하려는 말이 바로 이것이다.

색깔이 우리에게 말해 주는 것들

대부분의 하루를 부모를 걱정하며 보낸다는 것은 어린 시절과 양육에 대해 생각하느라 더 많은 시간을 보낸다는 사실을 의미한다. 그때야말로 삶에서 부모님의 존재가 가장 두드러지고 중요했을 시절이다. 하지만 뇌가 어린 시절로부터 무작위적인 기억을 끊임없이 캐낸다면, 결국에는 기괴하고 초현실적이었던 경험을 떠올리고 말 것이다.

내 경우엔 저녁을 먹고 막 씻으려다가 이런 일이 일어났다. 부엌 싱크대 아래에 보관된 밝은색의 수세미 꾸러미를 바라보고 있자니 특히 이상했던 기억이 떠올랐다.

내가 거의 열여덟 살이 되었을 무렵, 무리에서 가장 나이가 많았던 친구가 부모님 집을 나와 자취를 시작했다. 그 친구는 바로 무리 전체를 자기 집에 초대했다.

당시 상황을 좀 더 얘기하자면, 우리는 스마트폰이나 인터넷이 발달하기 이전인 1990년대 후반에 사우스웨일스의 작고 고립된 옛 광산촌에서 청소년기를 보냈다. 우리의 사회생활은 주로 서로의 집에서 어슬렁대는 것이었다. 이는 곧 곁에서 공부하라고 끊임없이 잔소리하는 부모님을 참고 견뎌야 한다는 뜻이기도 했다. 그분들은 성적으로 노골적인 우리 대화를 엿듣기까지 했다(우리는 남자 청소년들이었고 테스토스테론의 힘은 강력했다). 그러던 어느 날 우리 무리 중 한 명이 잔소리를 듣지 않고도 마음대로 말하고 행동할 수 있는 자기만의 장소를 갖게 된 것이다. 더할 나위 없이 좋은 일이었다!

하지만 이 친구는 어떤 이유에서인지 새로운 집의 모든 방을 선명한 원색으로 칠했다. 응접실은 눈부신 보라색이었고 거실은 완전한 오렌지색이었으며, 부엌은 거의 형광 초록색이었다. 침실은 소방차에 쓰일 만한 빨간색이었다. 그 집은 마치 〈배트맨〉 영화 속 악당의 과장된 분위기를 띤 은신처 같았다. 지하실에 광대가 등장하는 고문실이 있다 해도 놀랍지 않을 지경이었다. 친구의 인테리어 취향을 비난하려는 것은 아니지만, 화려한 실내장식에 어지럼증이 일까 봐 술 한잔으로 긴장을 푸는 게 어려울 정도의 집이었다.

이런 어지럼증은 왜 일어날까? 결국 색깔은 망막에 부딪히는 특정 파장의 광자들에 불과하다.[29] 어떻게 이런 근본적인 것이 강력한 감정적 반응을 일으킬 수 있을까?

사실 색깔은 우리의 뇌에 흥미롭고 놀라운 영향을 미친다. 색은 감정에 영향을 주며 사고에도 영향을 끼친다. 특정 색깔이 미치는 영향과 그 이유를 연구하는 색채심리학이라는 학문이 아예 따로 있을 정도다.[30]

앞에서 언급했듯 우리 인간(그리고 다른 영장류)은 삼원색trichromatic 눈을 지녔다. 즉 우리의 눈은 빨간색, 파란색, 초록색의 세 가지 색을 감지한다. 하지만 다른 진화적 압력 아래서 발달한 일부 종은 색을 전혀 볼 수 없다. 반면에 일반적으로 조류나 해양 생물 등은 네 가지나 다섯 가지, 또는 그 이상의 색을 감지할 수 있다. 현재 이 분야의 기록 보유자는 열두 가지의 서로 다른 색을 감별할 수 있는 갯가재인데 이건 솔직히 터무니없을 만큼 많은 숫자다.[31]

말하고 싶은 요점은, 색 자체는 (상대적으로) 단순하더라도 그것을 감지하고 알아보는 우리의 능력은 매우 복잡하다는 것이다. 수백만 년에 걸쳐 진화하고 발달한 뇌의 복잡한 시스템 덕분이다.[32] 이것은 색을 감지하는 신경학적 메커니즘이 뇌의 감정 시스템과 얽힐 여지가 충분하다는 의미이기도 하다.

오늘날 도시의 도로망과 하수관망을 생각해 보자. 비록 그 둘은 매우 다른 목적을 가졌고 완전히 다른 방식으로 작동하지만 나란히 존재한다. 그리고 보통은 독립적으로 운영되지만 서로 유의미한 영향을 미칠 수 있으며 실제로 종종 그렇다. 어느 한쪽이 확장되거나 변경되면 다른 한쪽 역시 고려해야 한다. 만약 도로 밑의 하수관이 넘쳐흐른다면, 도로를 사용하는 사람들도 분명 그 영향을 받을 것이다.

감정이 어려운 사람들을 위한 뇌과학

하지만 그동안 밝혀진 증거에 따르면 우리 뇌의 색 식별 능력(색각)과 감정 처리 메커니즘은 도로망과 하수관망에 비해 훨씬 연결성이 강하다.

시각은 인간의 다른 감각들을 지배한다. 연구에 따르면 우리의 지각, 학습, 사고를 비롯한 일반적인 뇌 활동의 80%에서 85%가 어떤 식으로든 시각을 통해 이루어진다.[33,34] 그런 만큼 특정한 색깔을 보는 행위가 감정적인 반응을 유발한다는 생각이 그렇게 과장된 것도 아니다.

그래서 우리가 종종 감정적인 경험을 색깔로 묘사하는지도 모른다. 예컨대 슬픔이 주는 감정은 '파란색을 느낀다feeling blue'라고 표현한다. 분노의 감정은 '화가 나서 얼굴이 시뻘게지다red with anger'로 묘사한다. 다른 사람의 소유물이나 자질을 탐내는 행동을 '부러워서 얼굴이 초록빛이 되다green with envy'라고 표현하기도 한다. 그 밖에도 감정을 색깔로 표현하는 예는 많다.

이러한 연관성은 물론 학습되거나 문화적인 것일 수 있다. 어떤 역사적 예술가가 순수하게 미적인 이유로 화난 사람을 빨간색으로 칠했는데, 그 표현이 유행처럼 번져 이후로도 그 영향이 지속되어 왔는지도 모른다.

이런 문화적 요인들이 분명 중요한 역할을 하기도 하지만, 여러 증거에 따르면 색깔과 감정의 연관성은 더 근본적이고 '자연스러운' 듯하다. 우선 그 연관성은 여러 문화권 전반에 걸쳐 놀랄 만큼 일관적으로 나타난다.[35] 역사와 발전 단계상의 큰 차이를 고려할 때 어떤 감정이 어떤 색과 연관되는지에 대한 문화적 합의는 여러분이 생각하는 것보다 더 크다.

빨간색은 이러한 맥락에서 가장 널리 연구되는 색깔이다.[36] 사람들이 흔히 이 색깔을 분노나 위험(즉 공포)과 연관 지었다는 증거가 있다.[37,38] 파란색과 초록색이 각각 '차가움'이나 '진정'과 연관성을 갖는 색깔-감정 연합들도 반복적으로 입증되었다.[39]

이러한 연관성이 어떻게 진화했을지에 대해 여러 이론이 있다. 원시 조상들에게 누군가 흘린 피는 근처에 포식자가 있었거나 어쩌면 아직도 있다는 것을 의미했을 가능성이 높다. 그에 따라 이들은 빨간색이 위험을 의미한다는 것을 배웠을지도 모른다. 초록색이 혐오감과 연관 지어진 이유는 아마 곰팡이가 피거나 썩어서 몸에 해로워진 것들이 종종 초록색으로 변하기 때문일지도 모른다. 몇몇 사람들은 우리가 슬플 때 울고, 눈물은 물이며, 물은 '파란색'이기 때문에 파란색은 슬픔과 관련된다고 주장하기도 한다. 근거가 다소 빈약하지만 그래도 완전히 배제할 수는 없는 설명이다.

게다가 색깔과 얼굴을 관련짓는 특히 흥미로운 한 가지 가능성이 존재한다. 몇몇 연구에 따르면 영장류의 색각은 얼굴 피부의 혈류 변화가 일으키는 색의 변화에 특히 민감하다.[40] 우리 몸이 지나치게 더워지면 내부의 체온을 배출하기 위해 혈액이 피부 쪽으로 쏠리게 되고, 따라서 얼굴이 붉게 보인다. 반대로 추우면 몸에서 열 손실을 최소화하기 위해 혈액이 피부에서 멀어진다. 여기에 더해 빛의 물리적 산란, 헤모글로빈이 감소한 혈액의 화학적 조성, 혈관 수축 및 시각적 처리 과정 등 여러 요인에 의해 우리의 피부는 푸르게 보인다. 최소한 이전보다 더 파래진다.[41]

더위나 추위뿐만이 아니라 감정 역시 이런 효과를 보인다. 어떤 감정들은 고도의 각성 상태와 고에너지 상태를 의미하며, 화가 나서 얼굴이 붉어지거나 당황할 때 홍조를 띠어 '빨갛게' 변한다.[42] 반면에 두려움 같은 감정은 중요한 내부 기관으로 피를 직접 보내 싸우거나 도망칠 준비를 시키기 때문에, 얼굴에서 핏기가 가시며 하얗거나 푸른빛을 띤다. 근본적으로 감정은 우리 얼굴의 색깔을 바꾼다.

이런 얼굴색 변화는 마치 잔디밭에 몇 주 동안 방치한 아동용 물놀이 튜브 둘레의 잔디가 노랗게 되듯 단지 우연의 부산물로 보일 수도 있다. 둥글고 노란 원이 그려진 잔디밭은 아무런 의미가 없다. 계획된 것도 아니다. 어쨌든 잘 놀긴 했지만 말이다.

하지만 이러한 얼굴색 변화는 단순히 다른 과정들의 우발적인 결과라기보다는 훨씬 더 중요한 의미를 띨 수 있다. 첫째, 인간은 다른 영장류에 비해 확실히 체모가 적기는 하지만, 사실상 모든 영장류는 '몸은 털이 부숭부숭하고 얼굴은 맨송맨송한' 외형을 선호한다.[43] 몸에 털이 난 다른 동물들은 얼굴까지 털이 뒤덮고 있지만, 우리의 진화적 사촌들과 인류는 그렇지 않다.

영장류에게 얼굴의 맨살을 보는 것은 분명 중요한 일이다. 인간은 표정을 사용해 많은 정보를 전달하기 때문에 맨살이 꼭 필요하지는 않지만 말이다. 털 없는 피부가 전하는 유일한 정보는 피부색의 변화뿐이다.

그리고 앞서 언급했듯이 영장류의 색각이 피부로 가는 혈류의 변화에 따른 다양한 색조에 특히 민감하다는 사실을 보여 주는 데이터도 있다.[44] 이것은 얼굴색이 매우 중요한 무언가를 전달한다는 점을 암시한다. 어떤 정보일까?

몇몇 연구에 따르면 입과 코, 눈 주위 등 얼굴의 특정 부위는 경험하는 감정에 따라 특정한 방식으로 색이 변한다. 2018년 오하이오대학교의 연구에 따르면 피험자들은 '중립적인' 얼굴에 적용된 색상 패턴을 통해 어떤 감정을 나타내는지 알 수 있었다.[45] 이 사실이 의미하는 바는, 특정한 감정이 얼굴의 특정한 색깔 패턴으로 나타난다는 것이다.

몇몇 연구자들은 이러한 얼굴색 패턴에서 감정을 읽어 낼 수 있다는 점이야말로 영장류가 털 없는 얼굴과 정교한 색각을 진화시킨 이유라고 주장한다. 그리고 바로 여기에 특정 색깔과 특정 감정 사이의 근본적인 연관성은 단순히 우연이 아니라, 애초에 우리가 색깔을 볼 수 있는 이유 그 자체일지 모른다는 심오한 암시가 드러난다.

이것은 흥미로운 생각이지만 아직 몇 가지 문제가 남아 있다. 예컨대 모든 사람의 피부색이 같은 것은 아니다. 이 요인은 어떻게 반영되어 있는가? 그런데도 그동안 과학자들은 이 주제를 연구했고, 그 영향은 어느 정도 남아 있는 것처럼 보인다.[46]

혹은 거꾸로 생각해 볼 수도 있다. 우리 종이 특정 얼굴색으로 감정을 드러내도록 진화한 이유는 그 색깔을 가장 잘 인식하기 때문일지도 모른다. 또한 이 이론은 '우리의 표정은 기본적인 감정과 직접적으로 일치한다'는 고전적인 입장을 고수하고 있으며, 많은 사람이 믿는 만큼 흔들리지 않는 사실이기도 하다.

그런데도 우리의 뇌는 본능적으로 특정 감정을 특정 색깔과 연관시키는 것처럼 보인다. 이런 특성은 기묘한 효과를 불러일으킬 수 있다.

예를 들어 특정 색에 노출되면 얼마나 뜨겁거나 시끄러운지에 대한 인식이 달라질 수 있다.[47] 그뿐만 아니라 사람들은 자연 친화적이고 잎이 무성한 초록색 환경에서는 스트레스, 정신적 피로는 물론이고 심지어 신

감정이 어려운 사람들을 위한 뇌과학

체적 부상조차 더 빨리 회복한다.[48] 이런 현상('주의력 회복'이라 알려진)의 연구에 따르면 자연의 맥락에서 벗어난 초록색을 활용하더라도 효과를 얻을 수 있었다.[49]

파란색은 보통 차분한 색상으로 간주된다(음영에 따라 다르지만). 아마 의사나 병원 직원들이 대개 초록색이나 파란색, 중립적인 흰색 수술복을 입는 것도 그런 이유일 것이다. 걱정이 많은(충분히 그럴 법한 이유로) 환자들을 진정시키고 안심시키는 데 도움이 되기 때문이다.

반대로 밝은 빨간색 옷을 입은 의료 전문가는 절대 찾아볼 수 없다(수술이 특별히 잘못되지 않은 한). 빨간색은 분노, 위험, 위협 같은 감정과 강하게 연관되어 있다. 상당수의 경고 표지들은 그것이 무엇을 경고하는지와 관계없이 빨간색으로 표시된다.

이렇듯 본능적인 색과 감정의 연관성은 매우 이상한 방식으로도 나타날 수 있다. 몇몇 연구 결과에 따르면 빨간색 옷을 입으면 경쟁 스포츠에서 승리할 확률이 높아진다고 한다.[50] 어떻게 그럴 수 있을까? 아마도 우리의 뇌가 빨간색을 본능적으로 위협과 연관지어 주의를 기울이기 때문일 것이다. 빠르게 진행되는 고난도의 경쟁 스포츠에 참여할 때는 조금만 주의가 산만해져 결과가 달라질 수 있다.

연구자들은 이렇게 우리가 위협을 지각하면 주의를 다른 곳으로 돌리는 과정을 '목표에 대한 집중 방해goal distraction'라고 일컫는다.[51] 재미있게도 한 연구에 따르면 축구 선수들은 빨간 유니폼을 입은 골키퍼가 골문을 지키고 있으면 페널티킥을 차도 더 적게 득점하는 경향이 있다.[52] 골이라는 목표를 달성하지 못하게 방해를 받은 셈이다.

아마도 내가 눈이 부실 만큼 색감이 쨍한 친구의 인테리어를 마주하고 그렇게 부정적인 반응을 일으킨 것도 바로 이런 이유에서인 듯하다. 색깔 자체가 아니라 그것이 어떻게 드러나 있는지가 문제였다. 그 집에 쓰인 색깔은 지나치게 밝거나, 기존의 패턴이나 예상을 뛰어넘은 나머지 내가 지나치게 주의를 기울여야 했다. 다시 말해 집중하거나 긴장을 풀려면 크게 애를 써야만 했다. 뇌가 좋아하지 않는 방식이다.

중요한 것은 우리가 흥분하든 말든 색깔 하나가 감정 반응을 좌우하지는 못한다는 점이다. 뇌는 그것보다 훨씬 더 정교하다. 그뿐만 아니라 발달 단계와 경험, 주변 환경과 맥락 모두 큰 역할을 하기 때문에 전체적인 그림은 훨씬 더 복잡해진다.

예컨대 빨간색은 일반적으로 분노나 위협과 관련이 있다. 하지만 이 색깔은 성적인 자극, 따뜻함이나 아늑함과도 연관된다. 하나의 색조가 아우르기에는 꽤 넓은 범위다. 산타클로스가 언제나 화가 나서 빨간색 옷을 입는다고 말하는 사람은 없을 것이다. 내가 하고 싶은 말은, 어떤 감정을 경험하는 과정에서 색깔뿐만 아니라 다른 많은 요인이 개입한다는 점이다.[53]

하지만 앞서 살폈던 모든 사실을 고려할 때 색깔이 근본적으로 감정적·인지적 영향을 미칠 수 있다는 사실을 부인하기가 점점 어려워지고 있다. 부정하지 않겠다. 어쨌든 예전보다는 인정하고 있다.

하지만 나는 빨간색이 위험이나 위협, 공격성과 관련이 있다는 것을 보여 주는 온갖 데이터를 살피면서 뭔가 석연치 않은 인상을 받았다. 그러한 관련성이 있다 해도 여전히 사람들은 빨간색을 좋아한다. 굉장히 인

감정이 어려운 사람들을 위한 뇌과학

기가 많은 색이다. 그렇다면 수많은 사람이 부정적인 감정을 유도하는 색깔에 대해 긍정적인 감정의 연관성을 경험하는 셈이다. 하지만 감정은 원래 이런 식으로 작용하는 게 아니다. 그렇지 않은가?

아프지만, 그래도 좋아

아버지의 투병 동안 나는 '감정적 응어리'를 해소하기 위해 애썼다. 한 가지 방법은 슬픈 영화를 보고 우는 것이었다. 나는 픽사 영화를 골랐다. 아내와 나는 픽사의 오랜 팬이었고, 픽사의 영화들은 감정을 직관적으로 호소해 전달하는 데 특히 뛰어났다.

이 접근법은 한동안 효과가 있었지만 이내 난관에 부딪혔다. 당시 팬데믹으로 봉쇄령이 내려진 상태였기 때문에 나는 아이들과 함께 집에 틀어박혀 있어야 했다. 내 딸은 나와 함께 영화 보는 것을 좋아했지만 겨우 네 살이었고, 캐릭터의 발전 과정과 줄거리의 전개보다는 밝은 색감과 재미있는 장면에 더 관심을 보였다. 아이는 〈업〉에 등장하는 화려한 풍선이나 〈인사이드 아웃〉에 등장하는 무지개를 내뿜는 수레를 보며 손뼉을 치고 환호하다가도 뒤돌아서서 내가 훌쩍이는 모습을 보곤 했다. 아이가 무척 재미있다고 생각했던 장면에서 말이다.

가뜩이나 스트레스를 받는 시기에 어린 딸을 혼란에 빠뜨리는 건 아닌지 걱정스러웠다. 그래서 나는 부정적이지만 필요한 감정들을 해소할 수 있는 다른 대안을 찾기로 했다. 선택지는 무척 많았다. 세상에는 우리를 슬프게 만들기 위해 제작된 수많은 영화, 텔레비전 쇼, 책, 기사, 음악이 가득했다. 분노나 공포를 일으키는 것도 많았다. 심지어 혐오감을 유발하기도 했다.

이렇듯 기피 감정을 자극하는 오락과 예술은 기분 좋게 만드는 작품보다 오히려 더 많은 사랑을 받기도 한다. 관중을 배꼽 빠지게 웃겨서 오스카상을 가져간 영화가 아예 없지는 않지만 비교적 드물다. 하지만 여러분의 연기가 꽤 많은 사람을 울렸다면, 사람들은 줄을 서서 트로피를 건넬 것이다.

대체 왜 표면적으로 부정적인 감정 반응을 일으키는 것들이 사람들에게 인기일까? 언뜻 생각하면 꽤 직관에 어긋나는 일이다.

나는 앞에서 어떤 감정이 긍정적인지 부정적인지를 나타내는 정서적 속성인 '값'이라는 개념에 대해 언급했다.[54] 대부분의 사람들은 특정한 감정들이 기분을 더 좋게 하거나 나쁘게 한다는 데 동의할 것이다. 그리고 달리 선택의 여지가 없는 게 아니라면, 분명 부정적인 감정을 자극하는 경험을 적극적으로 찾아 나서지는 않을 것이다. 그렇다면 어째서 인간의 뇌는 결국 이론적으로 좋아하지 말아야 할 이런 대상과 경험을 좋아하게 되는 것일까?

그 이유는 상당 부분 우리의 감정과 인지능력이 상호작용하는 방식에 달려 있다. 사람들이 부정적인 대상을 좋아하는 가장 분명하고 객관적인 사례는 매운 음식의 세계적 인기다.[55] 고추에 들어 있는 화학물질인 캡사이신은 혀의 신경수용체를 자극한다. 그리고 이 수용체 가운데 일부는 온도를 감지하기 때문에 우리는 실제 온도와 상관없이 매운 음식을 뜨겁

감정이 어려운 사람들을 위한 뇌과학

다고 여긴다(냉장고에서 방금 꺼낸 할라페뇨라 해도 '뜨겁게' 매울 것이다).

하지만 매운 음식은 단지 매운맛만 내는 것이 아니라 불에 타는 듯한 느낌을 동반한다. 날고추를 썰다가 눈을 비비고 코를 긁어 본 사람들, 그리고 제발 그러지 않았으면 하지만 그대로 화장실에 가서 엉덩이를 닦아 봤던 사람이라면 누구나 매우 잘 알 것이다. 그것은 캡사이신이 통증을 전달하는 신경 수용체인 통각수용기nociceptor 역시 자극하기 때문이다.[56]

왜 우리 인류는 그렇게나 끈질기게 고통을 유발하는 음식을 즐겨 먹을까? 이 수수께끼를 풀기 위해 많은 연구가 이뤄졌다. 그리고 가능성 있는 여러 답변이 등장했다. 예컨대 고추의 항균 작용 때문에 음식에 고추를 첨가했던 역사적 관습,[57] 스릴을 추구하는 인간의 특성,[58] 남성들의 우위 행동과 과시 등이다.[59] 전반적으로 볼 때, 우리의 뇌가 문자 그대로의 고통을 경험하도록 이끄는 여러 잠재 요인이 존재한다. 이 요인은 가장 근본적이고 생화학적인 수준(DNA와 뇌 발달 과정에서 나타난 특성)에서 더 이지적이고 추상적인 것(예컨대 선호도에 영향을 미치는 문화 속 요리 전통)에 이르기까지 다양하다.

하지만 적어도 우리가 태어날 때부터 매운 음식을 좋아했던 게 아니라는 점은 꽤 확실하다. 매운맛은 후천적인 취향이다. 다시 말해 시간이 지날수록 그런 음식을 점차 좋아하게 된다. 그러니 매운 이유식이라는 건 애초에 전혀 존재하지 않는다.

후천적인 취향 이야기가 나와서 말인데, 사람들이 '불쾌한' 감각을 적극적으로 즐기는 듯 보이는 또 다른 분야는 바로 구속bondage, 훈육discipline, 가학sadism, 피학masochism과 같은 BDSM이다. BDSM은 사람들이 자신 또는 파트너에게 고통, 구속, 굴욕을 가하는 과정을 기꺼이 즐기는 성적인 행위를 말한다. 보통 열성적인 파트너 사이에서 완전히 합의된 행위지만, 일반적으로 경멸이나 의심의 눈초리를 받는 경우가 많다. '좋아하지 말아야 할 것을 좋아한다'는 특성 때문에 항상 이 분야에 대해 꽤 주목할 만한 대중적 관심이 쏠리곤 했다. 『그레이의 50가지 그림자』의 성공이 보여 주었듯 말이다. (하지만 BDSM 커뮤니티에서는 『그레이의 50가지 그림자』가 진정한 BDSM을 보여 주기보다는 오히려 타인에게 상처 입히는 행위를 즐기는 소시오패스 백만장자와 한 여성 간의 유해한 관계를 그린다고 주장한다. 나는 그 소설을 읽어 본 적은 없지만, 채찍질을 즐거워하는 사람들이 도저히 참을 수 없다고 두 손 두 발 든다면 결코 좋은 징조가 아니다.) 어쨌든 이것은 BDSM이 말 그대로 고통을 즐기는 사람들의 또 다른 냉혹한 사례를 제공한다는 사실과 연관이 있다.

이런 이유로 과학계에서도 오랫동안 BDSM에 관심을 가져 왔다. 그리고 이 연구는 고통이 뇌에서 어떻게 작용하는지에 대한 기존의 관념을 다시 생각하게 만들었다. 우리의 뇌는 정교한 통증 관리 체계를 진화시켜 왔는데, 여기에는 관련 부위에 엔도르핀이라는 신경전달물질을 방출해 통증을 제거하고 쾌락과 편안함을 주는 과정이 포함된다.[60] 엔도카나비노이드라는 신경전달물질도 비슷한 기능을 수행한다.[61] (엔도르핀은 뇌 자체에서 나오는 모르핀, 헤로인 같은 진통제 역할을 하는 반면, 엔도카나비노이드는 대마초와 비슷한 성분이다. 이 약물들이 효과가 있는 이유는 뇌의 기존 시스템을 자극하거나 대신 장악하기 때문이다.) 결론은 제대로만 하면 고통이 쾌락으로 이어질 수 있다는 것이다.

감정이 어려운 사람들을 위한 뇌과학

대표적인 예로 인간의 성행위를 들 수 있다. 성행위의 형태는 믿을 수 없을 만큼 다양하긴 하지만, 가장 평범한(BDSM 커뮤니티에서 '바닐라'라고 일컫는) 성적 행동의 표현이라 해도 강렬하고 친밀하게 육체적으로 이루어진다. 어떤 종류의 합의된 섹스이든 간에 의도하지 않았더라도 쉽게 통증을 유발할 수 있다.

하지만 다행히도 성행위가 이루어지는 동안 우리의 뇌는 수관주위회색질 같은 영역을 통해 고통에 대한 인식과 처리를 조절한다.[62] 섹스는 우리 종의 생존에 필수적이지만, 만약 지속적인 고통이 따른다면 아무도 하지 않을 것이다. 그래서 섹스를 할 때 느끼는 통증은 다른 때에 경험하는 통증과는 매우 다르다.

뇌는 기본적으로 섹스 중의 통증을 즐기게 한다. 초기 감각은 다른 방식으로 처리되어 경험을 방해하기보다는 오히려 향상시킨다. 현대인에게 날고기가 매우 불쾌하고 심지어 위험하게 느껴지지만 익히면 상황이 반대가 되는 것과 같은 이치다. 동일한 물질과 구성 요소를 가졌지만 달리 처리되기 때문이다.

이것이 BDSM의 매력을 설명해 줄까? 아마 부분적으로는 그럴 수도 있을 것이다. 하지만 이에 그치지 않는다. 인간의 성행위는 단순히 육체적인 성관계 이상의 것들을 포함한다. 강력한 감정적 요소가 대표적인 예다. 이런 측면이 부족한 섹스는 매우 불만족스러울 수도 있고 심지어 화를 돋울 수도 있다.

BDSM은 매우 강력한 감정적 요소를 가지고 있다. 참가자들은 보통 순종적이거나 지배적이다. 다시 말해 이들은 상처받거나 상처 주는 것을 좋아한다. 이를 이해하려면 타인과 상호작용하고 유대를 형성하는 것이 우리 뇌의 보상 경로를 통해 진정한 즐거움을 유발한다는 점을 생각해 보면 된다.[63]

우리가 본능적으로 반응하는 또 다른 요인은 지위다. 사회적지위가 높아져 타인보다 나아지는 것은 긍정적인 감정 반응을(행복, 만족, 자부심 등) 끌어낸다.[64] 마찬가지로 낮은 사회적지위는 인간뿐만 아니라 비인간 동물에게도 심각한 스트레스와 불안을 유발한다.[65]

BDSM은 이 모든 요인을 고조시키는 것처럼 보인다. BDSM 애호가들을 대상으로 한 연구에 따르면 순종적인 유형은 이런 경험 전반에 걸쳐 강한 쾌락을 느낀다.[66] 이들은 몸의 절대적 통제권을 타인에게 넘긴다. 이것보다 더 강력한 대인 관계를 상상하기란 어려울 정도다.

반대로 지배적인 사람들은 순종적인 파트너를 완전히 통제하는 '권력 게임'의 요소가 있을 때만 BDSM을 즐긴다. 순종적인 파트너보다 우월한 지위를 누리는 것 자체가 이들에게는 매우 즐거운 일이다. 하지만 누군가의 신체적·정신적 행복에 대해 직접 통제가 가능한 완전한 신뢰 관계를 쌓는 것은 우리 인간 같은 사회적 동물에게도 꽤 힘든 일이다.

어쨌든 BDSM은 무척이나 강한 감정적 요소를 가지고 있다. 이에 비해 신체적인 성적 접촉은 의외로 작은 부분을 차지하며, 애호가들은 정서적 유대감의 구축이 쾌락의 주요 원천이라는 사실을 정기적으로 확인한다.[67]

결국 섹스 중에 통증을 덜 느끼도록 뇌가 재처리한다는 점은 BDSM의 매력에 대한 충분한 설명이 아니다. 섹스하지 않는 관계도 종종 있기

감정이 어려운 사람들을 위한 뇌과학

때문이다. 그렇다면 강렬한 감정적 경험이 고통을 압도하는 것은 아닐까? 아니면 그런 경험이 흥미로운 방식으로 결합해 완전히 새로운 무언가를 만들어 낼 수도 있지 않을까?

실제로 몇몇 연구들은 BDSM의 경험은 마음챙김 명상 중에 경험하는 것과 비슷한 '의식의 변화'로 이어질 수 있다고 제안한다.[68] BDSM 애호가들을 현대의 수도승으로 여기는 듯해 좀 이상하기는 하지만, 지금껏 얼마나 많은 종교가 고문이나 자기희생의 측면을 수용했는지 생각해 보라.[69] 고통과 의식 강화 사이의 연관성은 사실 매우 오래되었을 수도 있다. BDSM 커뮤니티는 단지 그 연결 고리를 이용해 더 재미를 볼 뿐이다.

매운 음식과 BDSM이 아무리 흥미롭더라도 강한 고통은 대부분의 부정적이거나 불쾌한 감정적 경험을 이루는 요소가 아니다. 그런데도 사람들은 여전히 종종 고통을 유발하는 일을 통해 즐거움을 느낀다. 분명히 뭔가 더 많은 일이 벌어지고 있다.

예컨대 우리가 익스트림 스포츠나 공포 영화를 비롯해 두려움을 유발하는 무언가를 즐기는(비록 두려움의 목적은 두려움의 원인에서 멀어지게 하는 것임에도 불구하고) 것은 한 가지 이론으로 설명할 수 있다. 바로 흥분 전달 이론이다.[70]

두려운 감정이 매우 자극적이라는 사실은 부정할 수 없다. '투쟁-도피 반응'은 뇌와 신체의 활동을 전반적으로 향상시키고 각성 수준을 높여 다가올 위험에 더 잘 대처하게 한다. 그리고 이 상태는 낙하산이 착지하거나 슬래셔 영화(일명 '난도질 영화')가 나오는 텔레비전을 끈다고 해서 바로 사라지지 않는다. 따라서 그 고조된 상태에서 경험하는 일은 더 자극적이고 흥분되며 즐거울 것이다.

두려움의 원인이 사라졌다는 안도감도 있다. 우리의 뇌가 어떤 행동을 권장하고 반복해야 하는지 학습하는 방식으로서, 나쁜 것을 제거하는 일은 좋은 것을 제시하는 일만큼이나 보람이 있다.[71] 공포를 유발하는 행동이나 오락거리를 사람들이 계속 더 원하는 이유가 바로 여기에 있다.

부정적인 감정에 긍정적인 요인을 더하는 또 다른 요인은 참신함이다. 많은 동물과 마찬가지로 인간도 본질적으로 새로운 것을 좋아한다(안전하다는 보장이 있다면). 우리의 뇌는 지나치게 친숙하거나 예측 가능한 무언가를 무시하고 못 본 척하는 방법을 자연스레 배운다.[72] 그렇기에 새로운 경험은 더 자극적이다. 새로움은 뇌에서 쾌락을 생산하는 영역의 활동을 증가시킨다.[73]

그 결과 인간은 항상 새로운 경험에 끌린다. 모든 사람의 버킷리스트는 한 번도 하지 못했던 일들로 채워져 있다. 죽기 전에 하고 싶은 일로 '언제나처럼 출근하기'를 꼽는 사람은 없다.

우리가 일반적으로 부정적 감정을 유발하는 일을 기피하기 때문에, 부정적인 감정 경험은 긍정적인 것보다 보통 더 특이하고 참신하다. 따라서 불쾌한 감정이 비정형적이라는 이유만으로도 사소한 보상을 얻을 수 있다.

게다가 부정적인 감정에 인지능력이 개입되면 정말로 유익할 수도 있다. 여러분은 문득 나쁜 일을 하고 싶다는 생각을 한 적이 있는가? 답이 '그렇다'여도 걱정할 필요는 없다. 그렇다고 해서 사이코패스는 아니니까. 우리의 의식은 종종 '내가 이 절벽에서 뛰어내린다면?', '내가 낯선 사람의

감정이 어려운 사람들을 위한 뇌과학

주머니에서 돈을 빼내 도둑질한다면?', '내가 그 버려진 집에 불을 지른다면?'과 같은 불쾌하거나 불안한 시나리오들을 주기적으로 떠올린다.

우리는 그런 '거슬리는 생각'들이 잘못되었다는 사실을 안다. 가끔은 우리가 잘못되었다고 여기는 행동을 한다는 점에서 '금지된', '터부시된' 사고나 생각이라고 불리기도 한다. '거슬리는 생각'은 어두운 생각뿐만 아니라 뇌가 정기적으로 떠올리는 모든 쓸데없는 추측이나 무의미한 생각을 가리킨다. 그런 생각들은 우리를 기분 나쁘게 만든다. 하지만 이를 막을 이유는 없어 보인다. 그것들이 유용하기 때문이다. 그런 생각들이 유발하는 부정적인 감정 반응은 무엇이 옳고 그른지에 대한 우리의 생각을 강화하고, 우리가 옳다고 말해 준다.[74]

뇌는 방어가 잘된 요새와 같다. 요새에서 군인들은 방어선을 순찰하고, 적의 약점을 확인하기 위해 정탐에 나서며, 심지어 모의 공격을 준비하여 모든 사람이 경계심을 늦추지 않도록 할 수도 있다. 방해되는 생각을 하고 여기에 예상되는 감정적 반응을 일으키는 것은, 사물이 어떻게 작동하는지에 대한 이해가 여전히 견고하고 신뢰할 수 있는지를 뇌가 확인하는 방법이다. 그리고 그건 도움이 된다.

하지만 이번에도 역시 인지와 감정 간의 관계는 일방통행이 아니라 양방향이며, 우리의 감정은 인지능력에 많은 영향을 미친다. 예를 들어 긍정적인 감정은 인지 범위를 넓히는 반면, 부정적인 감정은 그 범위를 좁힌다는 사실이 계속해서 밝혀지고 있다.[75,76] 즉, 긍정적인 감정 상태에 있을 때 우리의 뇌는 한 가지 특정한 일에 집중하지 않고 모든 것을 받아들이는 경향이 있다. 반대로 부정적인 감정 상태에서는 특정한 한 가지

일에 더 집중하고, 처리하는 모든 일에 더 세심한 주의를 기울인다. '큰 그림 대 세세한 디테일' 간의 대결이다.[77]

어떤 의미에서 인지능력이 연극 작품이라면 감정은 조명에 해당한다. 긍정적인 반응은 집의 불빛을 밝혀 모든 배우, 소품, 배경을 볼 수 있게 한다. 반면에 부정적인 반응은 스포트라이트를 작동시켜 그 빛을 받는 배우들과 배경에만 우리의 관심이 집중되게 한다.

이렇게 보면 긍정적인 감정이 더 나은 것처럼 들리지만 그렇게 간단하기만 한 문제는 아니다. 우리 뇌의 주의력은 다소 한정적이다.[78] 주의력을 너무 넓게 분산시키면 무언가를 놓치게 되고, 결국 과거의 경험이나 확립된 신념, 이해와 같이 우리 뇌에 이미 있는 정보들에 의존하게 된다.

안타깝게도 이전의 경험과 이해는 부정확하거나 현재 상황과 무관할 수 있다. 기분이 좋고 긍정적인 감정 상태에 있는 사람들은 어떤 문제에 대해 다른 사람을 탓하거나, 너무 쉽게 속거나, 심지어 인종적 고정관념을 비롯한 여타 편견에 의존하는 등의 오류를 범하기 쉽다.[79]

다시 말해 행복해지면 기분이 좋을 수 있지만, 괜찮은 사람으로 성장하거나 적어도 집중력을 발휘하는 데 방해를 받을 수 있다. 이것은 마치 오늘날의 기업적 사고방식처럼 직원의 행복은 그다지 유용하지 않다는 데이터를 설명해 준다.[80]

하지만 부정적인 감정은 집중력을 높여 특정 상황에서 필요한 결정을 내리는 데 더 많은 시간을 할애하고 더 많은 신경학적 자원을 투입하게 한다.[81] 이는 부정적인 감정이 우리를 덜 속게 하고, 덜 차별적으로 만들며, 타인에 대해 더 나은 판단을 내리고, 사건을 더 잘 기억하고, 더 잘

감정이 어려운 사람들을 위한 뇌과학

소통하게 하는 이유를 설명한다.[82,83,84] 부정적인 감정들이 단순 추측이나 과거의 경험보다는 현재 상황에 대한 세부 정보를 바탕으로 행동하고 결정하면서 지금 무슨 일이 벌어지고 있는지 더 주의를 기울이게 해 주기 때문이다.

이러한 현상이 발생하는 이유에 대한 한 가지 설명은 부정적 감정이 우리의 위협 감지 시스템을 작동시켜 위협이나 위험이 닥칠 때와 같은 신경학적 메커니즘을 통해 집중도를 높인다는 것이다.[85] 어쩌면 부정적인 감정이 미치는 이 모든 (놀랍게도 유용한) 인지적 영향이야말로 고통과 창의성 사이의 연결 고리를 설명할 수도 있다.[86] 어째서 위대한 예술가나 사상가들이 그렇게 '괴로운 영혼'을 지녔었는지를 말이다.

하지만 부정적 감정의 역할은 다른 신경학적 과정에 미치는 간접적인 영향에 그치지 않는다. 부정적인 감정은 정신 건강과 행복을 위해 그 자체로 중요하며 더 나아가 필수적이라 말할 수 있다.[87]

감정의 낙인은 강력하게 남는다

감정적인 경험은 뇌에서 즉시 사라지지 않는다. 음식을 한번 삼켰다고 해서 몸에서 사라지는 게 아니고, 물리적 충격을 받은 뒤에 그것이 바로 사라지지 않는 것처럼 감정에 대한 기억과 그에 따른 영향도 고스란히 남아 있을 수 있다. 강력한 경험이라면 특히 더 오랫동안 남을 것이다.

우리는 이미 우리 뇌의 다양한 영역과 연결망, 과정들이 감정에 얼마나 관여하는지에 대해 살폈다. 감정적인 경험은 뇌 전체에 걸쳐 일어나는 만큼, 논리적으로 볼 때 뇌의 일상적인 작동에 상당한 변화를 일으킬 잠재력을 가지고 있다. 따라서 감정이 우리와 우리 뇌에 미치는 영향은 거울에 서린 김처럼 시간이 지난다고 해서 자동으로 희미해지지 않는다. 우리가 이러한 영향을 해결하고 처리해야 할 수도 있다.

여기서 '처리'라는 단어가 중요하다. 비극이나 트라우마를 경험한 사람은 흔히 '그걸 처리할 시간이 필요하다'고 말한다. '처리' 중 가장 친숙한 예로 애도를 들 수 있을 것이다.[88] 우리는 '감정 처리'를 통해 감정적 경험과 그에 따른 모든 신경심리학적 요소를 뇌의 기존 설정과 통합해 정상적인(또는 가능한 정상에 가까운) 기능을 재개하도록 한다.[89]

뇌를 바쁜 사무실에 빗댄다면, 깊은 감정적 경험은 사무실에 새로운 직원이 일하러 온 것과 같다. 그렇게 특별한 일을 수행하지는 않더라도 신입 사원은 책상과 직원 ID, 네트워크 계정, 담당 업무와 과제를 필요로 한다. 일반적인 절차이기는 해도 시간과 노력이 필요한 과정이다.

마찬가지로 우리의 뇌가 감정적 경험을 효과적으로 통합하기 위해서는 시간과 자원이 필요하다. 보통 그 과정은 무척 빠르고 효율적으로 일어난다. 일상의 감정적 경험은 신입 사원이라기보다는 기존 직원이 업무를 수행하면서 들락날락하는 것처럼 우리의 정신에 자연스레 자리 잡는다. 따로 신경 쓸 필요 없게 말이다.

하지만 강력하고 익숙하지 않은 감정적 경험이라면 어떨까? 특히 사랑하는 사람을 잃거나, 집에 큰불이 나거나, 자연재해가 닥치는 극심하게 부정적인 사건이라면 말이다. 그건 마치 이 사무실에 전혀 올 생각이 없

감정이 어려운 사람들을 위한 뇌과학

었고 일하는 것도 몹시 싫어하는 신입 사원이 단지 회사의 상무가 삼촌 친구라는 이유만으로 출근한 상황과 비슷하다. 이런 사원을 사무실에 통합시키려면 훨씬 더 많은 시간과 노력이 필요하다. 하지만 반드시 이루어져야만 하는 작업이기도 하다. 그렇지 않으면 이들은 그저 멀뚱히 서서 다른 직원들을 방해하고 불평을 일삼으며 회사 전체에 훼방을 놓을 것이다. 월급은 월급대로 받아 가면서 말이다.

우리 뇌도 마찬가지다. 강력하지만 아직 처리되지 않은 감정은 뇌의 전반적인 업무에 문제를 일으킬 수 있다. 불완전하거나 처리에 실패한 정서적 경험이 정신 건강 문제, 특히 외상후스트레스장애PTSD로 이어질 수 있는 이유다.[90] 제대로 처리되지 않고 또 정상적인 방법으로 처리할 수 없는 충격적인 감정적 경험은 혼란을 일으켜 인지나 감정, 지각, 행동, 기억 등(일반적으로 훨씬 매끄러운)의 통합을 완전히 무너뜨릴 수 있다. 대부분의 PTSD에 대한 심리 치료는 외상(또는 외상에 대한 기억)의 원인에 다른 방식으로 접근하여 두려움이나 불안을 유발하지 않는 방법을 사용한다.[91]

잠시 비유를 바꿔서, 정상적으로 기능하고 있는 뇌를 긴 터널을 통과하는 중심 도로로 생각해 보자. 터널을 통과하기에는 너무 큰 트럭이 터널을 빠른 속도로 들이받아 일대 혼란이 일어나면 도로가 막히고 터널이 무너질 수도 있다. 여기서 대형 트럭은 우리에게 닥친 충격적인 사건이고, 망가진 터널은 바로 PTSD 자체다.

여기서 트럭을 빼내려는 직접적인 시도(즉 트라우마 기억을 직접 마주하는 것)는 터널 전체를 붕괴시킬 수 있다. 그러면 우리는 정서적 트라우마를 다시 경험해야 한다. PTSD에 대한 심리 치료는 일꾼들이 와서 터널에 조심스레 보강 작업을 하고, 조금씩 길을 트고, 더는 망가지지 않게 손을 봐서 도로를 다시 개방하는 것과 같다. 불가피한 흔적이라든지 장기적인 변화가 나타날 수도 있지만, 기본적으로 정상 기능은 일단 회복된다.

이 비유가 적절한 이유는 문제를 해결하는 과정이 문제와 직접 상호작용하는 일을 포함하기 때문이다. 뇌의 감정도 마찬가지다. 유연하고 다재다능하며 광범위하게 상호 연결된 뇌 구조를 고려할 때, 감정 처리 영역은 동시에 감정 생산 영역이기도 하다. 운전을 배우려면 폐소공포증이 있어도 차에 타는 것을 피할 수 없듯이, 뇌는 처리 중인 감정이 즐겁지 않더라도 그 영역이 처리하는 감정을 완전히 회피할 수 없다.

결론은 뇌가 가진 유연하고 적응력 있는 본성 덕분에 부정적인 감정을 경험하면 이를 더 잘 처리하는 데 도움이 된다는 것이다.[92] 뇌가 감정을 처리하는 연습을 더 많이 하기 때문이다. 그리고 이때 그 감정을 방해하지 않고 충격적이지 않은 방법으로 경험하는 것이 더 낫다. 부정적인 감정을 유도하는 (아마도) 예술과 오락이 그토록 즐거움과 도움을 주는 이유가 바로 이것이다.[93] 슬픈 음악이 우리를 슬프게 하는 게 아니다. 그보다 우리는 그러한 음악을 통해 고통이나 상실감 없이 안전하고 비용이 들지 않는 슬픔을 느낀다. 뇌는 비용 없이 모든 이점을 누리는 셈이다.

슬픈 음악이 우리의 직관과는 달리 기분을 나아지게 하는 것도 이런 이유에서다.[94] 헤비메탈 같은 격렬한 음악이 우리를 더 평온하게 만드는 이유도 그렇다.[95] 내재된 위험 없이 감정을 경험하는 전반적인 카타르시스 외에도, 이러한 정서적 오락은 뇌의 감정적 능력과 회복력을 높여 주는 짧은 치료와 같다.

감정이 어려운 사람들을 위한 뇌과학

10대들이 슬프거나 격렬한 음악을 비롯한 기타 부정적인 감정 경험을 다른 연령대보다 더 많이 찾는 이유도 마찬가지다.[96] 발달 중인 사춘기 청소년의 뇌는 강한 감정을 처리하는 방법을 아직 '파악하지' 못했기 때문에, 심각한 결과를 일으키지 않는 안전한 '맥락' 속에서 지속적으로 퍼붓는 부정적인 감정을 경험할 기회가 매력적으로 느껴질 것이다. 실제로 유용하기도 하고 말이다.

　여기에 또 다른 중요한 개념이 등장한다. '맥락'이다. 슬픈 음악을 찾아 듣는 사람들은 이별을 적극적으로 즐기는 이들일까? 호러 마니아들은 피에 젖은 칼을 휘두르는 진짜 연쇄살인범을 마주하면 흥분할까? 낯선 사람이 문을 박차고 들어와 채찍질을 시작하면 피학 성향의 BDSM 애호가는 쾌감을 느낄까? 장담컨대 이 모든 질문에 대한 답은 전부 '아니오'다.

　감정의 경험, 그것이 미치는 영향, 그것을 처리하는 방식은 맥락과 깊게 관련이 있다.[97] 이것은 주변에서 일어나는 일을 인식하고 결정을 내리는 인지능력이 감정의 경험에 또 다른 중요한 역할을 한다는 사실을 보여준다. 뇌의 이성적인 영역은 이렇게 말한다. '이 상황은 안전하고 여기서는 걱정할 게 없어. 언제든 책을 내려놓거나 텔레비전을 끄면 그만이야. 그러니 이 감정적인 자극을 받아들여도 괜찮아.' 그리고 우리는 그렇게 한다.

　다시 한번 말하지만, 많은 사람의 생각과는 달리 감정과 인지 사이의 구분은 그렇게 명확하게 정의되지 않는다. 감정은 우리가 사고하고 합리화하는 방식에 중요한 역할을 한다. 그리고 인지능력은 우리가 어떤 감정을 경험하고 왜 그런 감정을 느끼는지에 대해 중요한 역할을 맡는다. 아마도 이건 구성주의를 뒷받침하는 또 다른 근거일 것이다.

그러니 여러분이 슬픈 영화나 책을 좋아한다거나 격렬한 헤비메탈을 들을 때 이상하게 보거나 나쁘게 말하는 사람이 있다면 그러지 못하게 하자. 여러분은 열정을 가지고 뇌를 위해 봉사하는 것이다. 그건 마치 자기 뇌를 데리고 헬스장에 가는 것과 비슷하다. 다만 눈물이 좀 더 날 뿐. 운동에 대한 여러분의 열정이 나의 열정과 맞먹는다면 그 정도까지는 아니겠지만 말이다.

어쨌든 지금까지 반복적으로 느낀 점이 있다면, 감정과 인지를 분리하는 게 무척 어렵다는 것이다. 나는 결국 스스로 이렇게 묻기에 이르렀다. 그 둘을 애초에 분리할 수 있을까? 그리고 꼭 분리해야 할까?

감정과 사고, 무엇이 다를까

이 장 도입부에서 나는 SF 장르의 클리셰를 언급했다. 감정이 뇌를 틀어막고 있는 나약한 인간보다, 감정을 억제하거나 제거할 수 있고 심지어는 아예 지니지 않은 채로 살아가는 존재가 우월하다는 설정 말이다.

그리고 아버지가 편찮으신 데 대한 나 자신의 감정적 반응 때문에(가끔은 그런 반응이 부족하기도 했지만), 감정을 잠시 스위치 끄듯 내려놓고 순수한 인지능력만 가동하는 게 좋지 않을까 생각하게 되었다고도 고백했다. 시간이 지남에 따라 이 선택지는 점점 더 매력적으로 다가왔다.

하지만 이 장에서 거듭 밝혔듯이 감정과 인지는 나를 포함한 많은 사람이 추측했던 것보다 훨씬 더 광범위하게 서로 얽혀 있다. 그렇다면 문제는 다음과 같다. 감정과 인지는 과연 분리될 수 있을까? 우리는 정말로 본능적인 감정을 완전히 배제하고 순수한 이성의 상태로 존재할 수 있을까? 만약 그럴 수 있다 해도 그래야만 하는 이유가 있을까? 뇌의 작동 방식을 고려할 때 그것이 실제로 좋은 생각일까?

이건 단지 엉뚱한 상상이나 쓸데없는 추측이 아니다. 그동안 여러 측면에서 감정을 연구하는 사람들은 감정의 영향을 제한하거나 아예 제거하기 위해 다양한 과학적 연구 방식을 고안해 왔다.

예컨대 과학자들은 관찰자 편향observer bias을 줄이는 실험 방법을 개발하고자 애쓴다.[98] 과학자들이 체중 감량에 도움이 되는 약을 개발하는 데 몇 년이 걸렸다고 해 보자. 모든 과정이 성공적으로 진행되고 나면, 결국 사람을 대상으로 실험할 필요가 있을 것이다. 이때 피험자들이 그 약을 먹고 체중이 감소하면 약효가 있다는 것이 입증된다. 화려한 경력, 수익성 높은 제약 계약, 국제적인 찬사와 존경 등 다양한 보상이 뒤따를 것이다.

하지만 만약 피험자들이 체중을 감량하지 못하면 약효가 없는 셈이다. 수년간의 연구와 돈, 노력이 모두 물거품으로 돌아간 것이다. 과학자들이 이런 부정적인 결과를 피하고 싶으리라는 것은 확실하다. 그런 만큼 그들은 긍정적인 결과가 나올 가능성을 높이기 위해 실험의 '균형'을 조정하고 싶은 유혹에 빠질 수 있다.

만약 모든 피험자가 식이요법을 시작하고 체육관에 등록하도록 유도한다면 실험이 끝날 때쯤 체중이 감소할 확률은 분명 높아진다. 아니면 그럴듯한 핑계를 대서 체중이 줄지 않았다는 이유로 일부 피험자를 제외할 수도 있다. 예컨대 '이 사람은 당뇨병 환자고, 이 사람은 너무 늙었고, 이 사람은 기저 질환이 있다'는 식이다. 과학자들이 원하는 결과를 얻을 확률을 높이기 위해 실험을 조작해 수행하는 방법에는 여러 가지가 있다.

문제는 이런 방법은 과학이 아니라는 것이다. 그렇게 얻은 결과는 거의 쓸모가 없을 것이다. 마치 시험지를 채점할 때 정답만 세는 교사처럼 말이다. 데이터만 보면 교사의 실력이 대단한 것처럼 보이겠지만 이 데이터는 매우 부정확할 것이다. 그 반은 조숙한 천재들로만 이루어진 것이 아니라 수치를 조작해서 그렇게 보이도록 했을 뿐이다. 만약 이 교사가 이렇게 거둔 놀라운 결과로 승진해서 학교 전체를 책임지게 된다면 그야말로 큰일이다.

과학 분야에서도 마찬가지다. 결함이 있고 왜곡된 데이터를 기반으로 한 결론이 실생활에 적용되면 심각한 문제가 생길 수 있기 때문이다. 생명이 직결된 의학과 같은 분야에서는 특히 더 그렇다.

과학자들도 이 모든 사정을 알고 있다. 하지만 그들 역시 인간의 뇌를 지닌 한 인간이기에 그들의 행동과 사고는 이성과 논리만큼이나 감정에 의해 이끌릴 수 있다. 실패에 대한 두려움, 성공에 대한 열망, 경쟁자에 대한 분노 등에 말이다. 이것은 실험을 수행하고 관찰하는 과학자들이 의식적이든 그렇지 않든 결과에 영향을 미칠 수 있다는 뜻이다. 이는 '관찰자 편향'을 유발한다. (기억하라, 우리 뇌가 연결된 방식 덕분에 감정은 인지적이고 의식적인 과정의 개입 없이 개인에게 동기를 부여할 수 있다.)

과학적 방법론에 대조군 설정, 무작위 배정, 블라인드 실험(맹검법) 등이 포함되는 이유도 바로 이것이다.[99] 이는 과학자들이 감정에 치우쳐서 행동해 연구를 망치는 일을 미연에 방지하기 위한 조치다.[100] 만약 과학자들이 잘못을 저지르고 자기 잇속만 차리는 방식으로 연구 결과를 발표하더라도, 나중에 그 사실이 밝혀지면 직책이나 지위를 박탈당하는 것은 물론 더 최악의 상황으로 몰릴 수 있다.

하지만 이것은 몇 가지 흥미로운 결과를 낳는다. 여러분은 주류 문화에서 과학자들이(혹은 그들과 비슷하게 '지성적인' 사람들이) 종종 의미 있는 대인 관계를 형성하기 위해 고군분투하는(또는 거부하는) '지나치게 똑똑한' 사람들로 묘사된다는 사실을 눈치챘는가? 아이작 아시모프Isaac Asimov의 소설에 등장하는 수전 캘빈 박사나 현대의 셜록 홈스, 드라마 〈빅뱅 이론〉의 주인공 셸든 쿠퍼에 이르기까지, 주류 문화에는 감정을 '혼란스럽게' 여기는 매우 똑똑한 사람들이 자주 등장한다.

과학 분야 특성상 수행 과정에서 끊임없이 감정을 배제하려 애쓴다는 사실을 고려하면, 이러한 고정관념도 전혀 놀랍지 않다. 하지만 이 장에서만 보더라도 실제로는 그렇지 않다. 맥 박사, 블랙모어 박사를 비롯해 과거 저명한 철학자들의 예시를 통해 우리는 위대한 과학자들과 사상가들 상당수가 감정을 억압하거나 무시하기보다는 감정 덕분에 그런 업적을 이뤘다는 사실을 알 수 있다.

특히 실험에는 일반적으로 많은 시간과 노력이 투입되기 때문에 감정적인 동기로 실험을 방해하는 것은 결코 도움이 되지 않는다. 아주 간단한 실험이라도 광범위한 계획, 자금 조달, 운영, 분석이 필요할 수 있다. 실제 과학은 그야말로 힘겨운 고투다. 단 한 번의 실험을 위해 몇 년 동안 지루한 일상을 보내야 할 수도 있고, 그로 인해 유용한 무언가가 꼭 나온 다는 보장도 없다. (내가 코미디 외에 개인적으로 경험한 또 다른 분야이기도 하 다.)

순수하게 객관적인 관점에서 볼 때 과학을 해서 돌아오는 실질적이 고 구체적인 보상은 다소 제한적이다. 특히 필요한 노력과 공부의 양을 생각해 보면 더욱 그렇다. 이 점은 약간의 역설을 자아낸다. 사람들이 생 각하는 것처럼 과학자가 완전히 논리적이고 객관적인 사람들이라면, 그 들은 결코 과학자가 되기를 선택하지 않았을 것이다. 훨씬 더 쉽고 경제 적으로도 보람 있는 다른 진로들이 있을 테니 말이다.

그런데도 수많은 사람이 과학자가 되기를 택한다. 왜일까? 동료들의 존경을 받기 위해서일까? 어떤 분야에서 최고가 되려는 야망 때문에? 사 람들을 돕거나 세상을 더 나은 곳으로 만들려는 열망 때문에? 자신의 아 이디어와 이론이 옳다고 증명하려는 강한 추진력 때문에? 불확실성을 해 결하거나 세상에 맞서는 커다란 질문에 대답하고 싶어서? 아니면 단지 연구를 통해 새로운 것을 발견하는 과정을 즐기기 때문에?

분명한 것은 순수한 논리와 이성만으로는 충분히 설명할 수 없다는 것이다. 사람들이 과학자가 되어 그 선택에 뒤따르는 온갖 단점들을 그저 참아 내는 이유는 이들이 어떤 방식으로든 그 진로에 감정적으로 투자했 기 때문이다. 그러니 궁극적으로는 과학자들에게도 감정이 필요하다. 단 지 직장에서는 감정을 표출할 수 없을 뿐이다. 우리 뇌의 인지 영역이 과 학 활동의 중심이 될 수는 있지만, 이 영역만으로는 일이 되지 않는다.

이것도 양방향으로 작용할 수 있는 또 다른 상호작용일까? 만약 감정이 우리를 이성적이고 분석적인 존재로 만든다면 우리의 이성적인 마음, 즉 인지능력이 비이성적인 감정을 경험하게 만들 수도 있을까?

실제로 그렇다. 무대 공포증이 좋은 예다. 더 과학적인 용어로는 '수행 불안performance anxiety'이 있지만 어느 쪽이든 흔하게 통용된다. 관객들 앞에서 무엇이든 할 수 있다는 가능성이 가끔은 신체적으로 아플 만큼 심각한 두려움과 불안을 느끼게 한다.[101]

언뜻 보면 무대 공포증은 감정이 잘못되어 문제를 일으키는 분명한 사례인 것처럼 보인다. 관객 앞에서 무엇을 하든 실질적으로 가해지는 신체적인 위협은 전혀 없다. (물론 권투나 종합격투기처럼 육체적인 싸움은 예외다. 하지만 이 경우에도 관객이 위협을 가한 건 아니다.) 관객들이 실망하고 가혹한 평가를 할 수도 있겠지만, 어쨌든 기본적으로는 그렇다.

그런데 우리가 아무리 의식적이고 이성적으로 그 사실을 납득하려고 애써도 무대 공포는 계속해서 찾아온다. 이 현상은 무대에 서기 며칠, 몇 주, 심지어 몇 달 전에도 일어난다. 공연을 앞두고 있다는 사실만으로도 심각한 감정적 반응이 일어날 수 있다.

게다가 안타깝게도 무대 공포증은 무대 경험이 많더라도 발생할 수 있다. 이런 높은 수준의 수행 불안은 프로 음악가 사이에서도 꽤 관찰된다.[102] 그래서 상당수의 음악가는 증상을 완화하고자 베타 차단제 같은 약을 먹기도 한다. 무대 공포증이 공연에 심각한 지장을 초래할 수도 있기 때문이다.

이 모든 것은 뇌의 감정 처리 과정에 결함이나 실패가 있음을 드러낸다. 실제로 존재하지도 않는 위험에 대해 심각한 수준의 감정 반응을 경험하는 셈이니 말이다. 우리의 이성적인 뇌 영역과 인지능력이 통제력을 되찾고자 고군분투해야 할 정도다.

인지능력이 왜 그렇게 어려움을 겪을까? 어쩌면 무대 공포증에 따른 이 모든 혼란을 일으킨 책임이 바로 인지능력에 있을지도 모른다. 말하자면 인지는 깨지기 쉬운 것들로 가득 찬 도자기 가게에서 날뛰는 황소를 통제하는 데 실패하고 있지만, 애초에 그렇게 덩치 크고 화가 난 짐승을 부적절한 장소에 데려간 장본인이자 원인이기도 하다.

몇몇 사람들은 무대 공포증이 뇌 반구 사이의 잘못된 의사소통으로 인해 발생하며, 그 결과 두 반구가 어떤 일을 효과적으로 하기 위해 협력하는 대신 서로 방해하게 되었다고 주장하기도 한다. 한 연구에 따르면 좌반구의 활동을 줄이고 우반구가 지배적으로 활동하도록 허용할 때 성과가 현저히 향상하는 것으로 나타났다.[103]

이 결과는 좌반구는 '큰 그림'을 다루는 반면, 우반구는 보다 세밀한 세부 사항을 다룬다는 견해와 일치한다.[104] 무대 위에서 좌반구는 청중(우리가 두려워하는 대상)을 더 잘 인식하고 우반구는 우리가 해야 할 과제나 공연에 집중한다. 그러니 논리적으로 볼 때 전자를 잠재우고 후자를 살려두면 도움이 된다.

또 다른 연구자들은 여키스-도드슨 곡선Yerkes-Dodson curve을 언급하기도 한다.[105] 이 곡선은 어느 시점까지는 스트레스와 불안이 성과를 향상시킨다는 점을 보여 준다. 이것은 앞에서 살펴봤듯 부정적인 감정 경험으로 인해 집중력이 향상되었던 결과와도 맞아떨어진다. 따라서 어느 정도의 스트레스는 업무 수행에 도움이 된다. 성과에 대한 불안은 실패와 당혹감으로 이어지는데, 이러한 두려움이 업무 수행에 미치는 성과 향상은 곧 실패 가능성이 적다는 것을 의미하므로 유용한 특성으로 작용할 수 있다.

그렇지만 스트레스는 특정 지점을 넘어서면 상황 대처 능력과 기능을 압도한다. 성과에 대한 불안은 우리의 성과를 떨어뜨려 상황을 악화시키고 비생산적으로 만든다. 대체 왜 그렇게 스트레스를 받는 것일까?

그건 인간이 놀라울 정도로 사회적인 존재이기 때문이다. 인류는 진화적 역사의 많은 부분을 부족이나 집단의 지원이나 친족 관계에 의존했고, 결과적으로 어떻게든 타인의 반감을 살 수 있는 모든 상황을 극도로 경계하게끔 진화했다. 뇌는 사회적 상호작용에 호의적으로 반응하는 반면, 그 상호작용을 그르치거나 망치는 데에는 민감하게 반응한다.[106] 이런 특성이 우리에게 매우 부정적인 방식으로 영향을 끼친다.[107]

이처럼 뇌는 일반적으로 사회적 승인과 사회적 거부 사이에서 아슬아슬하게 줄을 타며 걸어간다. 하지만 심각한 수행 불안(또는 다른 사회 공포증)을 겪는 사람들은 그런 균형이 무너져 있고, 타인과의 관계에서 잠재적으로 발생할 수 있는 부정적인 결과가 긍정적인 결과를 능가한다는 연구 결과도 있다.[108] 그러면 무대에 올라 공연을 할 때마다 잠자는 사자 굴에서 탭댄스를 추는 것처럼 신경이 극도로 곤두서게 된다.

물론 모든 사람이 수행 불안을 겪는 것은 아니다. 다른 사람들보다 더 불안에 떨게 되는 사람들이 있다. 신경증, 완벽주의, 통제력 상실에 대한 두려움 등 무대 공포증과 연관된 여러 성격적 특성들이 있다.[109,110] 이 공포증은 자신의 말하기 능력에 대한 왜곡된 인식처럼 상대적으로 평범해 보일 수도 있다.[111] 또한 가능성이 낮고 비합리적인 최악의 시나리오 결과에 대해 계속해서 생각하는 파국적 사고와 같은 심리적 문제도 있다. 그런 문제는 분명 무대 공포증이 생길 가능성을 높인다.

이러한 경향이나 특성은 발달 과정의 어느 시점에서 나타나기도 한다. 물론 궁극적인 개인의 성격 유형에는 유전적인 측면이 있지만, 대부분의 연구자가 개인의 발달 경험이 수행 불안(또는 그것을 유발하는 성격 특성)을 일으키는 핵심 요소라고 지적한다.[112,113]

예컨대 애착 문제가 자주 거론된다.[114] 자녀와 부모(또는 주 양육자) 간의 유대감은 아이의 전반적인 발달에 매우 중요하다. 여러분이 하는 일에 인정 표현을 하지 않는 냉담한 부모님을 두었다고 생각해 보자. 어린 시절에는 부모님의 인정을 훨씬 더 중요하게 여기게 되거나, 인정받지 못하면 이를 더욱더 심각한 실패로 느끼고 두려워하게 될 수 있다.

이 모든 일은 아직 뇌가 계속해서 형성되고 세상이 어떻게 돌아가는지 배울 무렵에 일어난다. 그러므로 이러한 어린 시절의 경험은 누군가의 인정에 대한 평생의 인식과 이해에 기초가 될 수 있다. 성인이 되어서도 여러분은 본능적으로 타인의 인정을 평균 이상으로 중요하게 여기고, 타인의 반대에 대해서는 그만큼 민감하게 반응할 것이다. 심각한 무대 공포증은 이렇게 생긴다.

지금 시점에서 분명히 해야 할 것은 무대 공포증의 원인이 결코 감정에만 있지 않다는 점이다. 만약 청중이 야유하는 상황이 현실적이고 발생 가능성이 높다고 인지능력이 판단하지 않는다면 그에 대한 두려움과 불안을 느끼지 않을 것이다. 무대 공포증은 종종 상황을 지나치게 생각하는 데서 비롯된다. 상황을 다른 방식으로 생각하여 긴장과 각성을 기분 좋은

감정이 어려운 사람들을 위한 뇌과학

흥분으로 바꾸도록 스스로 이끌어 가면 수행 불안을 줄이거나 완화할 수 있다는 연구 결과가 이를 뒷받침한다.[115]

요약하면, 무대 공포증은 이성적인 두뇌 처리 과정이 비논리적이고 도움 되지 않는 감정적 경험을 쉽게 초래할 수 있다는 점을 보여 준다.

감정과 인지의 상호작용

나는 이렇듯 감정과 인지능력이 서로 매우 근본적인 영향을 끼친다는 점을 발견할 때마다 놀라움을 금치 못했다. 내가 감정과 인지는 별개라는 가정에 뿌리를 두어 접근했기 때문이다. 그 두 가지가 뇌와 마음을 이루는 별개의 특성이라고 여긴 것이다.

하지만 사실 그렇지 않다면 어떨까? 감정과 인지능력, 즉 우리의 '실행 기능'이 같은 사무실에서 일하는 두 명의 동료라기보다는 한 사람의 팔과 다리와 같다면 어떨까? 특성과 능력은 다르지만 같은 신체의 일부라면 말이다. 이것이 사실임을 시사하는 설득력 있는 증거가 있다.

우리가 이미 알고 있듯 의식은 감정에서 진화했을 수도 있다.[116] 머나먼 과거의 원시 생물들은 생존과 관련된 사건에 대해 특정한 방식으로(즉 감정을 경험한 것처럼) 느꼈지만, 어떤 실체가 있는 '생각'을 하지는 않았다. 하지만 시간이 흐르면서 생물종의 진화에 따라 감정 처리 방식도 점점 더 복잡해지면서 오늘날 우리가 알고 있는 인지와 사고를 만들어 냈다. 이론에 따르면 그렇다.

인간이 보다 원시적인 영장류에서 진화한 것과 같은 이치다. 이렇게 말하면 진화론에 이의를 제기하는 사람들이 따져 묻곤 한다. '만약 인간이 원숭이로부터 진화했다면, 왜 아직도 세상에 원숭이가 존재하는가?' 이들은 누군가로부터 그건 말도 안 되는 헛소리라는 지적을 받기 전까지 승리를 기념하며 자랑스레 세리머니를 할 것이다.

정리하자면 인간은 원숭이로부터 진화하지 않았다. 연필과 빗자루 손잡이가 같은 나무의 목재로 만들어지는 것처럼, 인간과 오늘날의 원숭이는 공통된 조상으로부터 진화했을 뿐이다. 나무로 만들어질 수 있는 물건이 두 가지 있다고 해서 나무가 처음부터 존재하지 않았다는 의미는 아니다. (또한 '인간이 원숭이로부터 진화했는데 왜 아직도 원숭이가 있는지' 묻는 것은 '아기가 자라 어른이 된다면 왜 아직도 아기들이 있는지' 묻는 것과 같다. 그것은 진화가 작동하는 방식이 아니다. 그리고 원숭이가 존재한다는 이유로 진화를 부정하려는 어른이 있다면, 우리는 그보다는 나은 어른이 필요하다.)

물론 진화적 기원이 같다고 해서 감정과 인지가 동일하다는 의미는 아니다. 하지만 현대인의 뇌에서 감정과 인지가 생각만큼 뚜렷이 구분되지 않는다는 증거가 점차 쌓이고 있다.

일부 연구에 따르면 어릴 때의 감정적 경험이 실행 제어 능력의 발달에 필수적인 요소라고 한다.[117] 즉, 감정적 자극을 처리하고 반응하는 행위는 뇌가 중요한 인지능력을 발달시킬 수 있게 해 준다. 감정을 다루고 처리해야 하는 성장기 뇌는 자기통제나 기대, '이렇게 하면 저렇게 된다'는 식의 추론을 연습할 수 있도록 형성되고 발전한다. 이것은 통제력과 인지의 기본적인 구성 요소다.

감정이 어려운 사람들을 위한 뇌과학

반면 일부 연구는 이런 논리를 뒤집어 의식적인 자기통제와 실행 기능이 감정의 적절한 발달에 필수적이라고 주장한다.[118] 또한 여러 연구에 따르면 이런 통제와 실행 기능은 신경학적 활성의 측면에서 감정과 기본적으로 동일하게 나타난다.[119] 이런 연구들은 뇌가 감정과 인지를 쉽게 구별하지 않는다는 점을 강조한다.

'세 개의 뚜렷한 진화 층'으로 이루어진 삼위일체 뇌 모델은 뇌의 여러 영역 사이에 명확한 경계가 있으며 우리의 의식적인 자아는 이들이 결합한 결과물이라는 점을 시사한다. 마치 서로 목말을 태운 세 꼬마가 긴 트렌치코트를 걸치고 어른인 척 성인용 영화를 보러 영화관에 들어가려는 것처럼 말이다. 우스꽝스럽게 들리겠지만 꽤 정확한 비유다. 이 시나리오에서는 다른 사람들도 트렌치코트를 걸친 세 꼬마이기 때문에 아무도 상황이 이상하거나 잘못되었다고 여기지 않는다.

하지만 과학자들은 해부학적·생리학적·신경심리학적 증거에 의거해 오랫동안 뇌의 기능적 분열을 명확하게 배제해 왔다. 실제로 뇌는 서로 다른 영역의 복잡하고 광범위한 네트워크로 구성되어 있다. 그리고 종종 같은 영역이라도 서로 다른 방식으로 작동한다. 뇌 영역은 한 가지 기능을 하면서도 여러 기능을 하는 다능성pluripotent을 갖는다.

앞서 나는 감정을 일으키는 뇌의 회로와 감정을 처리하는 개별적인 방식을 설명했다.[120] 이 회로에는 전전두피질, 편도체, 해마, 전측대상회피질 등이 포함되어 있다. 우리는 이것이 얼마나 광범위하고 다기능적인지, 그리고 각 부분이 얼마나 많은 일을 하는지를 살폈다. 예컨대 편도체가 감정 처리의 중심지이며 인지 시스템과 네트워크에 광범위하게 연결되어 많은 역할을 도맡는 것처럼 말이다.

감정 회로를 이루는 또 다른 영역으로 오랫동안 감정과 연관되어 온 전측대상회피질도 마찬가지다.[121] 전측대상회피질은 의사 결정부터 통증 지각, 사회적 행동 지침에 이르기까지 광범위한 기능을 수행한다. 또한 자극에 감정을 할당하고 그 자극에 어떻게 반응하는지를 결정하는 데도 필수적이다.

이처럼 전측대상회피질은 중요하고 다양한 역할을 하는 만큼 뇌의 나머지 영역과 연결되어 감정 및 인지 정보를 모두 처리한다. 그런데 최근까지도 과학자들은 이 영역이 어떤 부분은 의식적인 것을, 다른 부분은 감정적인 것을 담당하는 식으로 정보 흐름을 명확히 구분한다고 믿었다.

그렇지만 증거에 따르면 이 주장은 사실이 아닌 듯하다. 의식적 처리에 특화된 것으로 추정되는 영역이 감정적 역할을 담당하기도 하며, 그 반대도 마찬가지라는 연구 결과를 확인할 수 있다.[122,123] 이 모든 연구 결과는 감정과 인지라는 개념이 실제로는 같은 신체의 서로 다른 부위처럼 동일한 대상에 대한 두 개의 대안적 표현에 가깝다는 점을 시사한다. 어쩌면 그보다 더 유연할 수도 있다. 두 개의 물길로 갈라졌다가 결국 바다에 도달하는 하나의 강과 같을지도 모른다. 물론 한쪽 물길은 감정이고 다른 쪽은 인지다. 그렇다면 물의 성질과 수원지는 같지만, 목적지만 다른 걸까?

이 모든 불확실성의 기저에는 이 연구 분야에서 끊임없이 제기되는 질문들이 있다. 우리가 감정이라고 말할 때 정확히 무엇을 이야기하는 것일까? 감정에 대한 반응이 중요할까? 감정이 만드는 동기는 얼마나 중요

감정이 어려운 사람들을 위한 뇌과학

한가? 그에 대한 우리의 인식은? 사고에 미치는 영향은? 감정적인 경험은 이 모든 것을 아우를 뿐 아니라 그 밖의 더 많은 것들까지 포함한다. 그렇다면 이러한 것들이 감정의 유효한 구성 요소일까? 그렇지 않다면 이유는 무엇인가? 우리는 어떻게 뇌의 '순수한' 감정 처리 과정과 부수적인 과정을 분리할 수 있을까? 현재로서는 알기 어려워 보인다.

그리고 과연… 그것들을 알아야 할 필요가 있을까? 지금껏 밝혀진 모든 사실을 고려할 때, 뇌에서 감정의 '진정한 본질'을 찾으려는 시도는 농담에서 불필요한 단어를 솎아 내 유머의 정수를 찾으려는 것과 점점 더 비슷해지는 듯하다. (물론 그럴 수 없다. 양쪽 다 그런 방식으로 작동하지 않는다.) 이 시점에서 감정과 이성적인 사고를 분리하여 후자에만 의존한다는 개념은 비현실적인 것은 말할 것도 없고 매우 현명하지 못하게 보인다.

나는 퍼스-가드비히어 박사가 이야기했던 어떤 내용을 문득 떠올렸다. 그는 자기 연구 분야의 특성을 고려해 〈스타 트렉: 넥스트 제너레이션〉의 등장인물인 데이터 장교에 주목했다. 배우 브렌트 스파이너Brent Spiner가 연기했던 데이터는 감정이 없는 첨단 안드로이드다. 확실히 그는 어떤 인간보다도 강하고 똑똑하며, 빠르고 유능하지만 감정이 부족한 자신의 특성을 개선하고 더욱 인간다운 존재가 되려고 끊임없이 노력한다.

데이터는 〈스타 트렉〉 시리즈에서 매우 인기 있고 유명한 캐릭터였다. 하지만 감정이 인간의 인지능력에서 차지하는 역할에 대해 지금까지 밝혀진 바에 따르면, 감정이 없는 자각적 지능형 기계인 실제 데이터의 모습은 드라마와는 매우 다를 것이다. 퍼스-가드비히어 박사의 설명이 기억에 남는다.

엄밀히 말해서 데이터에게 어떤 맛 아이스크림을 먹을지 고르라고 하면, 그는 고를 수 없을 거예요. 어떻게 고르겠어요?

아마도 데이터의 마음은 순수한 논리와 이성에 기반을 두고 있을 테지만 어떤 맛을 다른 맛보다 선호할 논리적인 근거는 없다. 특히 생명을 부지할 필요가 없는 기계라면 더욱 그렇다. 컴퓨터나 소프트웨어가 항상 까다로운 문제라고 간주했던 무작위적 의사 결정 방식에 의존하지 않는다면, 데이터는 여러 종류 중 한 종류의 아이스크림을 선호할 이유가 없다.[124]

아이스크림 가게의 카운터 앞에 서서 메뉴판을 하염없이 바라보고 있는 최첨단 안드로이드. 아이스크림만큼이나 얼어붙은 안드로이드 뒤로 불만을 터뜨리는 손님들이 쭉 늘어설 것이다. 상상만 해도 재미있다. 하지만 이것이 갖는 의미는 생각보다 심오하다.

우리가 이 장에서 배운 것이 있다면 인식하는 대상과 인식하는 방법, 행동에 대한 동기부여, 정보에 대해 생각하고 평가하는 방법 등에서 감정이 중요하고 종종 결정적인 역할을 한다는 사실일 것이다.

따라서 수많은 SF 소설에서 감정의 영향을 제거해야 더 똑똑하고 유능하며 무자비한 존재가 될 것이라 묘사하더라도 실제로 그런 조치는 우리를 인지적인 불구로 만든다. 그렇게 된다면 어떤 생각이나 행동도 할 수 없을 것이다.

심지어 뇌의 인지적·감정적 과정을 완전히 분리하거나 구별할 수 있다고 해도 감정을 억제하거나 제거하기란 단순히 장애물을 치우는 것과는 같지 않다. 염증이 있는 맹장을 떼어 내거나 고가의 복사기에 걸린 용지를 제거하는 것과는 다르다. 그보다는 집의 벽에서 모르타르를 모두 제거하고 벽돌을 그대로 내버려 두는 것에 가깝다. (그런 일을 어떻게 할 것인지는 별개의 문제다.) 그런다고 해도 아무것도 개선되지 않으며, 집 전체가 무너져 황폐한 잔해만 남을 것이다.

내가 감정을 머릿속에서 치워 버리려는 생각이 전혀 매력적이지 않다고 느낀 것도 그런 이유에서다. 나는 감정에 대해 무지했을 수도 있고, 인생에서 특히 어려웠던 시기에 끊임없이 혼란스럽고 산만하고 분노하고 좌절했을 수도 있다. 하지만 이제 감정이 나를 방해한다기보다는 그 자체로 나라는 사실이 아주 분명해졌다. 감정은 생각하는 존재로서 존재하기 위한 내 마음과 정체성과 능력의 필수 요소다. 나와 다른 모든 이들에게 마찬가지로 말이다.

비록 내게 감정 문제가 있었다 해도 감정을 완전히 버려야 한다는 결론으로 나아갈 수는 없다. 그건 발가락에 가시가 박혔다고 다리를 자르는 것과 마찬가지다. 차라리 다리를 자르는 게 오히려 낫다. 그 후에 그 행동이 얼마나 어리석은 짓이었는지 생각이라도 할 수 있으니 말이다. 하지만 감정을 잘라 내면 결코 그럴 수 없다.

감정이 이끄는 이 별난 여정의 끝이 어디든 감정은 내 곁에 계속 남아 있었다. 나는 결코 감정을 없앨 수 없었다. 물론 감정 삭제가 실제로 선택지였던 적은 없다. 나는 소설 속 과학자가 아니라 현실의 진짜 과학자이니 말이다.

하지만 이 시점에서 내가 찾아낸 감정에 대한 정보들이 쉽게 받아들일 수 없을 만큼 너무 많다는 것을 인정한다. 그중에서 감정이 지대한 영향을 미치는 한 가지를 꼽아 보자면 바로 기억이다. 내가 인생의 가장 잔인한 순간에 직접 찾으려 애쓰던 대상이기도 하다.

3장

기억을 지배하는 감정,
감정을 기억하는 뇌

감정으로 얼룩진 기억

2020년 4월 말, 의료진의 최선의 노력에도 아버지는 결국 코로나19로 세상을 떠났다. 그때 내가 울었던가? 그랬다. 감정을 억누르던 댐이 무너지고 온갖 것들이 쏟아져 나왔다. 이상한 시간에, 이상한 방식으로 말이다. 아버지의 임종일에 나는 기묘하게도 몇 시간 동안 무감각해졌다가 자연스럽게 엉망진창으로 무너졌다.

이런 일이 며칠 동안 계속되었다. 무엇이든 계기가 되었다. 아버지가 크리스마스에 선물한 화려한 색상의 셔츠, 아버지의 애프터셰이브 로션 냄새, 아버지가 더는 함께하지 못할 생일에 대한 대화. 아버지를 기억하게 하고, 그의 부재를 떠올리게 하는 모든 것이 나를 힘들게 했다. 아팠다.

하지만 언제나처럼 내 뇌의 분석을 담당하는 영역들은 여전히 윙윙 돌아가는 중이었고, 나는 어딘지 이상하다는 사실을 알아차렸다. 슬픔을 극복하도록 도와주려는 사람들은 나더러 '아버지에 대한 좋은 기억에 집중하라'고 조언했다. 일리가 있는 말이었지만 문제가 있었다. 좋은 기억이 떠오르다가도 갑자기 고통스러워진 것이다. 그 기억은 이내 강한 상실감에 흠뻑 젖고 말았다.

우리는 기억을 컴퓨터에 저장된 파일이나 오래된 일기장에 적힌 글귀처럼 변하지 않는 경험과 지식에 대한 고정적 기록으로 여긴다. 하지만 뇌는 그런 식으로 작동하지 않는다. 기억은 그보다 훨씬 더 유연하며 변화무쌍하다.

나는 뇌에서 복잡한 기억이 어떻게 형성되고 재생되는지가 내 박사학위 논문 주제였다는 점을 상기해 냈다.[1] 기억이 작동하는 방식에 매우 중요한 역할을 한다고 알려진 하나의 예가 있다면 바로 감정일 것이다.

하지만 나는 과학적으로 감정이 기억에 정확히 어떻게 영향을 미치는지 제대로 생각해 본 적이 없었다. 나를 비롯한 많은 동료가 당연하게 여기던 것이었고, 대신 뇌 기억 체계의 인지적인, 또는 신경학적인 측면에 더 많이 노력을 기울이곤 했다. 이제 나는 이런 일이 마치 경주에서 우승한 기수를 칭찬하는 것과 같다는 점을 깨달았다. 모두가 그렇게 하지만, 실제로 모든 일을 떠맡은 말에게는 다소 불공평한 처사다.

그래서 나는 정확히 왜, 어떻게 해서 감정이 기억에 그토록 큰 역할을 하는지 알아내기로 결심했다. 그렇게 하면 나 자신의 갈등과 혼란스러운 기억의 처리법을 알게 될 수 있을지도 몰랐다. 아니면 최소한 몇 시간은 정신을 집중해 힘든 기억에서 벗어날 수 있을지도 모르는 일이었다. 당시에 그것도 좋은 결과처럼 보였다.

감정이 어려운 사람들을 위한 뇌과학

기억을 물들이는 감정

이 글을 쓰는 지금, 아버지는 불과 몇 주 전에 돌아가셨다. 슬프게도 그 기억은 무척 선명하다. 몇 달 후 이 글을 다시 읽게 된다면 아버지의 죽음에 대한 기억이 희미해지거나 덜 고통스러워질까?

글쎄, 난 회의적이다. 나는 그 기억이 감정적으로 강렬했던 만큼 아마도 영원히 선명하게 남을 것이라고 자신 있게 예측한다. 감정적 기억은 '중립적' 기억보다 필연적으로 더 강하고 오래 지속된다.[2]

이런 일은 항상 벌어진다. 수많은 시간과 노력을 들여 시험 공부를 하거나 업무 프레젠테이션을 준비했지만, 막상 일이 끝나고 나면 학습한 정보가 그저 흐릿하게 남는 경험을 누구나 해 봤을 것이다.

인간의 뇌는 미완성된 작업과 관련한 정보는 더 잘 기억하지만 일단 작업이 완료되면 빠르게 잊어버린다. 이는 '자이가르닉 효과Zeigarnik effect'로 알려져 있는데, 일반적으로 식당 종업원들이 대규모 단체 손님의 복잡한 음식 주문을 잘 기억하고서 주문이 일단 처리되고 나면 즉시 잊어버리는 현상을 연구한 결과다.[3]

또한 일상생활에서 큰 시험이나 발표 준비는 드문 일로, 갑자기 고용된 회사의 3/4분기 매출 추정치를 떠올려야 하는 경우도 별로 없다. 이건 굉장히 틈새를 노린 막간 퀴즈다. 이런 기억이 활성화되지 않으면 잘 사용하지 않는 근육처럼 위축될 수 있다.

그런데 우리가 그런 추상적인 정보를 떠올리는 데 고군분투하는 이유는 그 정보에 감정적인 요소가 없기 때문이기도 하다. 뇌는 그런 정보를 기억하는 데 보다 어려움을 겪는다. 그 이유를 이해하려면 인간의 기억이 복잡하고 다양한 방식으로 작동하며 여러 형태를 가진다는 점을 염두에 두는 게 중요하다.[4]

어떤 정보는 우리도 알지 못하는 사이에 기억으로 저장된다. 이것을 암묵적 기억implicit memory이라고 한다. 암묵적 기억은 자전거를 타는 것과 같다. 자전거를 타는 법을 생각하지 않고서도 어떻게 타는지 알고 있는 것 자체가 절차적 기억, 또는 '근육' 기억이라고 불리는 암묵적 기억의 한 형태다.

암묵적 기억의 다른 유형으로는 매번 같은 패턴으로 이를 닦는 습관이라든지, 먹고 속이 좋지 않았던 음식을 반사적으로 거부하거나 메스껍게 느끼는 연상 반응과 조건 반응이 포함된다. 이 모든 것은 기억을 필요로 하지만 우리는 기억하고 있다는 사실을 인지하지 못한다. 정의에 따르면 뇌의 의식적이고 인지적인 영역은 암묵적 기억에 특별히 관여하지 않는다.

자전거 타기와 같은 운동 기술에 대한 절차적 기억은 소뇌cerebellum에 크게 의존한다.[5] 소뇌는 뇌간 바로 뒤편, 우리 뇌의 바닥 쪽에 자리한 주름진 돌출부다. 조건 반응이나 연상 학습은 기저핵basal ganglia의 두드러진 부위인 선조체striatum와 같은 영역에서 담당한다.[6] 선조체는 깊숙한 중앙부에 위치하며 여러 중요한 기능을 하는 신경학적 영역의 세포 집단이다. 이 영역들은 인식이 관여하지 않는 중에도 중요한 기억에 접근할 수 있다. 선조체와 소뇌는 감정과 관련해서도 여러 가지 중요한 역할을 하는 것으로 알려져 있는데,[7,8] 이는 감정이 암묵적 기억에서 모종의 역할을 한

감정이 어려운 사람들을 위한 뇌과학

다는 사실을 시사한다. 논리적으로 생각해 보았을 때, 역겨운 음식에 무의식적으로 거부감을 느낀다면 언젠가 한 번쯤 역겨움이라는 감정을 경험해 봤을 것이다.

이보다 우리에게 친숙한 기억 유형은 정보에 접근하고 그것을 호출하는 방식의 명시적 기억explicit memory이다. 명시적 기억은 해마에 의해 형성되고 전전두피질을 통해 인출된다.[9,10]

명시적 기억은 의미 기억과 일화 기억의 두 가지 유형으로 나눌 수 있다. 의미 기억은 문맥이 없는 추상적인 정보를 뜻한다. 풀어서 설명하자면, 알고는 있지만 어떻게 알고 있는지는 모르는 정보다. 예컨대 나는 몬테비데오가 우루과이의 수도라는 사실을 알지만, 그 사실을 언제 어디에서 알게 되었는지는 모른다. 그러니 이것은 의미 기억의 예다.

일화(또는 '자서전적') 기억은 삶에서 직접 경험한 것이며 기억이 형성된 맥락에 대한 정보를 포함한다. 그리고 알다시피 오래 지속되는 기억인 경우가 많다. 즐겁거나, 가슴이 아프거나, 당황스럽거나, 화가 나거나, 두렵거나, 그 밖의 강력한 감정적 경험에 대한 기억이다.

이는 감정이 뇌의 기억 체계를 직접 강화하기 때문이다. 장기적인 명시적 기억은 해마에 의해 형성된다.[11] 우리의 모든 특정 경험은 뚜렷한 요소들로 구성되어 있다. 뇌가 그 순간 받아들이는 감각적 반응을 비롯해 기분, 신체적 안락함, 우리가 얼마나 피곤하고 덥고 추운지 등 우리 내부에서 일어나는 일에 대한 모든 정보가 해마에 전달되며, 해마는 이 특정한 요소들의 조합에 대한 기억을 생성한다.

기억은 뉴런들 사이의 연결 부위인 시냅스의 특정 집합으로 뇌에 저장된다.[12] 시냅스는 기억을 구성하는 기본 요소로, 시냅스와 기억의 관계는 하드 드라이브의 비트와 소프트웨어의 관계와 같다. 특정 기억을 형성하는 시냅스의 조합을 엔그램engram이라고 한다. (우리가 가진 기술의 한계와 뇌의 당혹스러운 복잡성을 고려하면, 최근의 기술 발전이 엔그램을 증명할 수 있는 것처럼 보일지라도 여전히 기술적으로는 이론상의 개념일 뿐이다.) 따라서 해마는 성인기에도 새로운 뉴런(뇌세포)이 생성된다고 알려진 뇌의 몇 안 되는 영역 중 하나다.[13] 이곳은 새로운 시냅스, 즉 기억을 만드는 데 필요하다.

한 번의 경험으로 인식할 수 있는 요소가 얼마나 많은지 생각해 보자. 주변에서 볼 수 있는 모든 물건, 들려오는 소리, 냄새, 함께하는 사람들, 그들의 표정과 몸짓, 조명, 시간, 다리 저림 등이다. 이 모든 것과 그 이상의 것들이 슈퍼마켓의 계산대 줄에 지루하게 서 있는 단 1초 만에 뇌로 전달될 수 있다.

하지만 해마가 이 모든 요소를 전부 기억으로 바꿀 수는 없다. 아무리 뛰어난 인간의 두뇌라도 그 정도의 용량과 처리 능력을 갖추지 못했다. 심지어 그렇다고 해도 실제 경험하는 것 중에서 나중에 중요한 기억으로 남는 일이 과연 얼마나 될까? 그렇기 때문에 해마와 관련 체계는 특정한 경험을 다른 경험보다 우선시한다.

이때 시험에 합격하거나 발표를 하는 데 필요한 정보는 객관적·인지적으로 매우 중요하다. 하지만 우리의 기억 형성 체계는 그런 정보를 기억하도록 작동하지 않는다. 우리의 정교한 인지능력보다 앞서는 기억 형성 체계는 일반적으로 어떤 경험이 본능적으로 더 자극적이거나 특별한 의미를 지닐수록 기억으로 저장해야 한다고 본능적으로 판단한다. 그리고 이러한 자극과 의미는 상당 부분 감정에 의해 형성된다.

이런 작업은 감정의 처리를 위한 신경학적 영역인 편도체를 통해 일어난다. 편도체는 해마 바로 옆에 자리하며, 이 두 영역의 상호작용은 잘 알려졌듯이 기억 형성에 중요한 부분이다. 감정에 관한 기억일 경우 특히 더 그렇다.[14] 앞서 살폈듯이, 편도체는 뇌의 수많은 영역과 광범위하게 연결되어 있다. 예를 들어 여러분은 누군가의 표정을 보면서 그 표정이 드러내는 감정을 빠르게 인식하고, 심지어 그 감정을 어느 정도는 직접 느낄 수 있다. 이것은 얼굴을 인식하는 시각 피질 영역과 편도체 사이의 빠르고 직접적인 연결 덕분에 가능한 일이다.[15]

뇌로 들어가는 정보가 생산 라인의 원자재라면 편도체는 컨베이어 벨트가 지나갈 때 바로 그 앞에 서서 모든 감정 관련 재료를 '높은 우선순위'에 따라 태그하고, 앞으로 어떻게 작업해야 하는지 지시하며 목적지까지의 도달 속도를 높이는 감독관 역할을 한다.

앞서 살폈듯이 경험의 감정적 품질은 우리가 그 경험에 얼마나 집중하는지에 영향을 미친다. 연구에 따르면, 사람들은 동일한 환경에서 감정적으로 중립적인 이미지보다 뱀이나 거미의 이미지를 훨씬 더 빠르게 발견한다.[16] 이는 우리가 의식적으로 인식하기 전부터 위협, 즉 공포를 유발하는 모든 것에 주의를 기울인다는 점을 시사한다. 다른 감정들도 비슷한 영향을 미치는 것으로 보인다.[17]

흥미롭게도 행복한 기억은 불행한 기억에 비해 주변 정보, 즉 주요 사건과 관련 없는 세부 정보를 훨씬 더 많이 포함하고 있다는 증거가 있다. 예컨대 약혼자에게 청혼할 때 흘러나온 배경음악이나 깜짝 생일 파티에서 마주쳤던 웨이터의 머리 색깔 등이 그렇다. 이와는 대조적으로 부정적인 감정 기억에서는 이런 외적인 세부 사항이 부족하다.[18] 이는 긍정적인 감정이 인지적 범위를 넓히는 반면, 부정적인 감정은 그 범위를 좁힌다는 연구 결과와 일치한다. 따라서 이러한 감정적 경험에 대한 기억은 기억을 형성할 때 뇌가 이용할 수 있는 정보의 종류를 반영하는 것으로 보인다.

편도체는 기억에 감정적 요소를 삽입하는 역할을 한다. 편도체가 손상되면 감정적 기억을 형성하는 해마의 능력이 줄어들거나 아예 사라질 수 있다.[19] 해마는 편도체 없이도 여전히 감정적인 사건에 대한 기억을 형성할 수 있지만, 그 기억은 우리에게 덜 중요할 것이다.

술에 취해 매우 슬퍼하거나 화를 냈지만, 술이 깨고 나서 왜 그렇게 화가 났었는지 기억이 나지 않아 당황했던 적이 있는가? 알코올은 기억 형성을 방해하기 때문에 술에 취하면 편도체와 해마 사이의 의사소통이 원활하지 않아 경험의 감정적 측면을 기억에 통합하는 데 방해가 될 수 있다.[20] 해마는 여러분이 감정적인 반응을 보였다는 사실을 기록하겠지만 실제적인 감정 자체는 사라지고 만다.

또한 편도체는 해마와 다른 기억 처리 영역에서 관련 활동을 늘려 직접적으로 기억 형성 과정을 향상시킨다. 이것을 '조절 가설modulation hypothesis'이라고 하는데, 중요한 감정을 느낄 때 편도체가 해마(그리고 다른 영역)에서 일어나는 일들을 조절하고 변화시키기 때문이다.[21]

기본적으로 편도체는 강력한 감정을 경험할 때 모든 것이 증폭되도록 사운드 데스크(즉, 해마)의 다이얼을 전부 올리는 테크니션과 같은 역할을 한다. 이때 형성된 기억은 더 강력하고 중요하며 떠올리기도 더 쉽다.

이 관계는 반대로도 작용할 수 있다. 즉, 해마와 관련한 기억 체계는 편도체에 작용하여 우리가 경험하는 감정에 영향을 미칠 수 있다. 간단히 말하면 기억은 감정을 좌우할 수 있다.

예를 들어 보자. 비행기 타는 것을 두려워하는가? 비행기에 처음 발을 디뎠을 때 불안과 공포를 느꼈는가? 이는 편도체가 위험을 인식하고 그에 대한 반응으로 감정을 격렬히 발사하고 있기 때문이다.

왜 그런 짓을 할까? 비행기를 타 본 적이 없으니 무의식적 감정 과정이 공포 반응을 일으킬 이유는 없다. 하지만 뇌는 비행기에 가까이 다가가지 않고도 그것에 대해 배우고 이해할 수 있다. 그러므로 직접 경험하지 않은 무언가에 대한 생각만으로도 두려움을 느낄 수 있는 것이다.

바꿔 말하면 비행기에 대한 추상적인 기억과 의미는 강력한 감정을 유발하기에 충분하다. 편도체는 여느 때와 마찬가지로 빠르게 반응하지만, 이 경우에 공포 반응은 단지 감각뿐만이 아니라 기억에서 비롯한다. 따라서 감정이 기억에 영향을 미치는 것과 마찬가지로 기억도 감정에 영향을 줄 수 있다.

무대 공포증과 마찬가지로 비행 공포증의 이면에도 여러 복잡한 요소가 존재한다.[22] 그러나 과학자들은 훨씬 더 직접적인 방법으로 이 현상을 입증했다. 한 연구에서 피험자들은 파란색 사각형을 보면 충격을 받는다는 정보를 먼저 접했고, 그 뒤로 파란색 사각형을 보는 것에 대해 분명한 공포 반응을 보였다.[23] 전적으로 기억에 기반한 위험의 인지적인 표현이 감정 반응을 촉발한 것이다. 감정과 기억 사이의 신경학적 연관성은 확실히 상호적이다.

기억은 일단 형성되고 나면 효율적으로 저장되어야 하며, 기존의 방대한 기억과 정보 연결망에 통합되어 올바른 위치에 도달해야 한다. 새로 형성한 기억을 즉시 사용할 수 없다는 말은 아니다. 하지만 기억을 가능한 한 강력하고 지속적이며 효율적으로 만들기 위해서는 시간이 필요하다. 이런 과정을 기억의 공고화consolidation라고 한다.[24]

이것은 마치 트럭 한 대 분량의 새 책이 도서관에 배송되는 것과 같다. 도착하자마자 책을 읽을 수 있기는 하지만 유용한 자료가 되려면 목록을 작성하고 파일로 정리해 올바른 서가에 놓아야 한다. 뇌 역시 새로운 기억에 대해서도 비슷한 일을 한다.

공고화가 왜 그렇게 오래 걸리는지에 대한 한 가지 설명은 감정과 관련이 있다. 새로운 기억이 해마에서 필요한 곳으로 천천히 이동하는 공고화의 초기 단계는 점진적으로 진행된다. 과학자들은 이런 느린 속도가 진화된 기능이라고 여긴다. 감정적 경험은 중대한 기억의 중요한 한 측면이지만 종종 사건 이후에 발생하기 때문이다.[25]

우리가 화를 내거나, 당황하거나, 죄책감을 느끼거나, 기뻐할 때 이것이 정당한 감정 반응인지를 판단하는 데에는 몇 초 정도의 시간이 소요된다. 피자의 마지막 한 조각을 먹었는데 연인이 사실 자기가 먹고 싶었다고 말해서 죄책감을 느끼는 상황, 직장 동료가 회의 중에 했던 부정적 발언이 나와 내 업무에 대한 것이라는 사실을 몇 분 후에나 깨닫고 분노하는 상황, 두 경우 모두 감정은 사건 자체가 벌어진 이후에 발생한다. 그렇다고 해도 편도체가 상당히 빨리 반응한다는 사실에는 변함이 없다. 이러한 상황에서 사건이 벌어진 이후까지 감정적으로 반응할 것이 남아있다는 사실을 깨닫지 못했을 뿐이다.

이런 일은 화학적인 수준에서도 일어난다. 코르티솔cortisol 같은 스트레스 호르몬은 혈류로 들어가 뇌와 기억 체계에 많은 영향을 미치지만, 스트레스를 유발한 사건 이후에나 그렇다.[26]

이러한 사례들을 떠올려 보면 비록 감정을 경험한 것은 사건 이후의 일일지라도 통합하여 기억할 수 있다. 동료가 부정적인 말을 했을 때와 별다른 이유 없이 화를 냈을 때를 각각 따로 기억하는 것이 아니다. 기억의 통합은 천천히 일어나기 때문에 아직 신선한 기억에 준비되지 않은 감정적인 반응을 더하기까지 시간이 걸린다.[27] 마치 기억의 다른 요소들은 엘리베이터에 탑승해 지하층으로 내려가기를 기다리고 있지만 감정은 여전히 복도를 따라 느릿느릿 걸어오고 있는 것과 같다. 감정이 기억에 매우 중요하기 때문에 뇌는 엘리베이터 문을 열어 둔 채로 감정이 탑승하기를 기다릴 수밖에 없다.

하지만 여기서 중요한 것은 감정이 상황을 변화시키는 것은 기억을 공고화하는 즉각적인 단계에서 일어나는 현상만이 아니라는 점이다. 나는 앞에서 아버지를 잃은 후 그에 대한 모든 행복한 기억이 슬픔으로 물들었다고 말한 바 있다. 그 기억은 내 인생의 40년에 걸쳐 있다. 즉, 오랜 세월 동안 완전히 공고화되었던 오래된 기억조차 이후의 감정적인 경험으로 바뀔 수 있다.

파티에 갔다가 친구의 친구를 소개받았다고 상상해 보자. 사교적인 인사치레를 주고받겠지만, 곧바로 안면이 있는 다른 누군가와의 대화로 넘어갈 것이다. 이 친구의 친구에게 다시는 말을 걸지도, 그를 떠올리지 않을 수도 있다. 이 만남에 대한 기억은 중요하지 않은 것으로 분류되어 뇌 한구석에 먼지만 쌓인 채로 남아 있을 것이다. 그런데 어느 날 뉴스 채널에서 수족관에서 벌어진 끔찍한 살인 사건의 범인으로 그를 마주한다면, 갑자기 그에 대한 첫 기억이 매우 중요해지게 된다. 전에는 아마 그를 만났다는 사실조차 기억하기 힘들었겠지만 감정적으로 충만한 새로운 정보 덕분에 여러분은 악명 높은 '수족관 살인자'를 만났던 순간을 생생하게 기억하게 될 것이고 아마 절대 잊지 못할 것이다.

이런 현상을 '회고적 기억 향상'이라고 한다. 최근 연구에 따르면 이러한 현상은 인간의 기억 속에서 꽤 쉽게 일어나는 것으로 밝혀졌다.[28] 이것은 지금의 감정적인 경험이 오래전 기억을 향상시킬 수도 있다는 사실을 의미한다. 비록 그 기억이 감정적 경험을 하기 전까진 중요하지도 않았고 거의 쓰이지 않았다 해도 말이다.

앞서 불가능하다고 이야기하기는 했지만, 이런 현상이 우리가 경험하는 모든 것들을 전부 기억한다는 사실을 의미하는 걸까? 글쎄, 꼭 그렇지만은 않다.

감정적 기억을 억누르기

기억을 망각하는 신경학적 과정은 복잡하고 다양하다. 때로는 새로운 기억이 오래된 기억을 방해하거나 무효화하므로 뇌는 보다 새로운 기억을 기본값으로 설정한다.[29] 새로 형성된 기억을 지원하는 뉴런이 해마

감정이 어려운 사람들을 위한 뇌과학

의 연결망을 바꿔 기존 기억, 특히 해마에 의존해 접근해야 하는 기억들이 소실되기도 한다.[30]

그리고 최근 몇 년 동안 과학자들은 특화된 뇌세포들이 그동안 사용되지 않은 기억을 적극적으로 제거하는 '내재된 망각intrinsic forgetting' 현상을 밝혀냈다.[31] 이것은 계속 진행 중인 과정으로 보이며, 기억은 마치 밀물이 밀려오기 전에 해변의 모래성을 거듭해서 단단하게 다지듯이 정기적으로 공고화되고 있다.

반직관적으로 들릴지 모르지만, 망각은 뇌 기억 체계의 기본 설정이다. 해마가 모든 경험의 요소를 끊임없이 기록하기 때문에, 모든 기억을 영원히 보관한다면 뇌의 저장 용량은 빠르게 소진될 것이다. 그런 일을 막고자 우리가 필요로 하지 않거나 사용하지 않는 기억들은 계속해서 지워진다.

마찬가지로 모든 경험이 항상 새로운 기억을 형성하는 것은 아니다. 기억은 뇌의 연결을 기반으로 한다. 우리의 뇌는 기존의 모든 기억 흔적에 접근할 수 있고, 그 기억을 새로운 기억이 형성될 때 통합하여 에너지, 공간, 자원을 절약할 수 있다. 예컨대 우리의 뇌에는 배우자에 대한 특정한 전용 기억이 저장되어 있다. 그 기억은 함께했던 모든 경험의 기억과 연결된다. 배우자를 만날 때마다 완전히 새로운 기억을 만드는 것보다 훨씬 더 효율적인 시스템이다.

연결이 기억의 기초가 된다는 점은 매우 중요하다. 만약 특정 기억이 특정한 연결의 조합이라면, 나중에 더 많은 연결이 이 기억에 이어지지 못할 이유도 없기 때문이다.

아버지는 크리스마스 선물로 옷을 자주 사 주시곤 했다. 나는 특히 셔츠를 많이 받았다. 아버지가 세상을 떠난 이후로는 그 옷들을 입기만 해도 이상한 기분이 들고 우울해진다. 셔츠를 보면서 '이 셔츠는 이제 슬픔을 주는 셔츠다.'라고 생각하는 것은 아니다. 그보다는 셔츠가 아버지를 떠올리게 만들어서 슬퍼지는 것이다. 아버지의 죽음은 옷장에 걸린 셔츠의 출처에 대한 기억을 포함하여 아버지와 관련된 모든 기억에 깊은 슬픔을 불어넣었다. 변하지 않는 무생물인 옷은 이렇게 특정한 사람에 대한 기억과 연결되어 감정적 반응을 유발한다.

연구에 따르면 이것이 사람들이 기념품이나 가보를 보관하는 주된 이유다.[32] 냉장고 자석이나 스노볼이 꼭 그 자체로 우리를 행복하게 하는 것은 아니다. 이런 물건들은 우리의 기억 속에 연결된 사람이나 사건들을 떠올리는 데 도움이 된다.

이런 점은 쌓아 둔 기억은 많고 미래에 대한 기대는 줄어드는 노년기에 특히 중요할 수 있다. 노인들이 모아 놓은 사진이나 작은 장식품이 우리에게는 무의미한 잡동사니처럼 보일지 모르지만, 연구 결과에 따르면 노인들은 이런 기념품이나 수집품이 부족하면 기분이 처지거나 우울해지는 경향이 있다고 한다.[33]

이 과정은 부정적일 수도 있다. 지독한 이별을 겪고 전 연인과 관련한 모든 물건을 버리거나 심지어 태워 버린 경험이 있는 사람들이라면 누구나 아는 사실이다. 이것 역시 같은 원리다. 물건 자체를 그렇게 극도로 싫어하는 것이 아니라 그 물건이 지금 미워하는 사람을 기억하게 만들어서 싫은 것이다. 그 물건이 여러분의 기억 속에서 그 사람을 '상징'한다면 적극적으로 파괴하는 행동은 억눌린 분노를 해소할 카타르시스를 제공하기도 한다. 아무도 해치지 않는 방식으로 말이다. 물건이 무슨 죄냐 싶지만, 실제 전 연인이나 전남편에게 불을 지르는 것보다는 낫다.

하지만 여기에는 단점도 있다. 불쾌한 기억을 억압하고 회피하는 것은 공고화를 방해하고 기억을 손상시킨다.[34] 다시 말해 기억에 관련시키지 않으면 나중에 그것을 기억하기가 더 어려워진다.

물론 이런 현상이 긍정적으로 느껴질 수도 있겠다. 특히 힘들었던 이별이라면 아예 기억하고 싶지 않을지도 모른다. 하지만 감정적 기억이 매우 강력한 힘을 발휘하는 데에는 이유가 있다. 유용하기 때문이다. 힘든 이별 과정을 강렬하고 선명하게 기억하는 것은 물론 좋지 않지만, 만약 전 연인과 비슷한 성격의 사람과 새롭게 연애를 시작한다면 어떨까? 누구나 '이상형'이 있다. 지난번에 겪었던 고통을 기억하면 비슷한 실수를 다시 저지르지 않고 쓸데없는 결정을 내리지 않게 될지도 모른다. 이런 식으로 좋은 기억은 아니더라도 확실히 유용한 정보를 발견할 수 있다. 감정적 기억을 억누르는 것은 특정 음식에 알레르기가 있다는 사실을 잊어버리는 것과 같다.

그런데 때때로 뇌는 이 과정을 지나치게 밀어붙이기도 한다. 나쁜 이별을 생생히 기억한다면 앞으로의 연애에 대해 편집증적으로 굴거나 의심하게 될 수 있다. 그러면 스스로 위축되는 것은 물론 앞으로 나아가지도, 행복을 찾지도 못할 것이다. 마찬가지로, 세상을 떠난 사랑하는 사람에 대한 기억을 끊임없이 상기하는 과정은 슬픈 감정을 매우 강하게 지속시킨다. 상황에 대처하고 수용하는 능력과 앞으로 나아갈 힘을 얻지 못하게 방해할 정도로.[35] 기본적으로 감정적 기억을 억누르는 것은 나쁠 때도 있고 좋을 때도 있다. 언제 좋고 언제 나쁜지는 알 수 없다.

유연하고 상호 연결된 뇌의 작동 방식 때문에, 기존 기억은 심지어 중요한 기억일지라도 새로운 경험들로 인해 변경되거나 업데이트될 수 있다는 사실이 점점 더 분명해지고 있다.[36] 인터넷상에서 기존 비밀번호를 업데이트할 때 숫자 하나만 간단히 추가하는 것과 비슷하다. (웹 보안을 적절히 유지하는 데에는 좋지 않다고 들었기 때문에 권유하지는 않는다. 단지 비유일 뿐이다.) 비밀번호는 약간만 바뀌었을 뿐이지만 바뀐 내용은 여전히 중요하며, 이전 버전의 비밀번호는 더는 작동하지 않는다.

우리 주변의 세상은 끊임없이 변화하고 있으므로 주기적으로 사용하는 기존 기억을 적절히 수정하는 것은 진화론적으로 쓸모 있는 행동이다. 그렇지 않으면 우리는 계속 오래된 정보에 기초해 행동하고 결정을 내리게 될 것이다. 앞서 살폈던 것처럼 기억 체계는 감정의 영향을 많이 받는다. 그래서 감정적인 경험은 기억을 변화시킬 수 있는 무궁무진한 가능성을 품고 있다.

하지만 그것이 내게 어떤 의미가 있을까? 아버지가 돌아가신 후 겪은 감정들이 맑은 물에 검은 잉크 한 방울이 떨어지듯 아버지에 대한 모든 기억 속으로 퍼졌을까? 감정적 기억의 지속성은 그 기억이 계속해서 영원히 변화한다는 뜻일까? '시간이 모든 상처를 치유한다'는 말은 무슨 의미일까? 기억이 감정에 영향을 준다는 것은 이 개념이 터무니없다는 뜻일까?

다행히도 그렇지 않다. 이번에는 뇌가 이를 방지하고 우리에게 도움

감정이 어려운 사람들을 위한 뇌과학

을 주기 위한 시스템을 고안해 낸 듯하다. 이를 '정서적 퇴색 편향'이라고 한다.[37]

부정적인 감정은 일반적으로 긍정적인 감정보다 더 강력하고 영향력이 크다.[38] 대부분 알고 있듯이 인생에서 가장 즐거운 경험이 가장 고통스러운 경험만큼 깊고 오래도록 영향을 미치지는 못한다. 어떤 연기자든지 관객석에 앉은 수백 명의 웃는 얼굴 사이 단 하나의 뚱한 얼굴이 기억에 남는다고 말할 것이다.

이것은 부정적 감정이 위험 감지 기능과 연관되어 있기 때문일 수 있다. 우리는 논리적으로, 그리고 본능적으로 위협이 되는 것에 더 집중한다. 이는 부정적 감정 경험이 더욱 다양해서일 수도 있다. 여러분은 화를 낼 수도, 혐오감을 느낄 수도, 두려워할 수도, 죄책감을 느낄 수도 있다. 이에 비해 긍정적인 감정은 대부분 행복의 변형이다. 따라서 우리가 부정적인 감정을 경험할 때 잠재적으로 뇌의 더 많은 부분이 활성화되어 부정적 감정이 더욱 두드러지는 결과가 나타난다.[39]

이처럼 부정적인 감정의 기억이 더 강력할지라도, 다행히 정서적 퇴색 편향 덕분에 긍정적인 기억만큼 오래 지속되지는 않는다. 부정적 감정 기억은 상대적으로 빨리 사라지는 반면, 긍정적인 기억은 그보다 오래 남는다.[40]

이때 우리가 감정적인 사건을 잊어버리는 것이 아니라 시간이 지나면서 그러한 감정을 유발하는 기억의 능력이 감소할 뿐이다. 부당한 일에 대한 기억은 우리가 '그 문제에 화가 났다'고 생각하게 만든다. 그 이전에는 '그 문제에 화가 난다'라고 생각했을 것이다. 다른 감정적 경험도 마찬가지다. 우리는 우리가 느꼈던 것을 기억하지만, 그것을 회상한다고 해서 더 이상 그런 감정을 느끼지는 않는다.

긍정적인 감정 기억은 서로 다르며 훨씬 더 오랫동안 그 감정을 만들어 내는 경향이 있다. 대개 어린 시절의 불쾌한 사건들은 특별히 충격적인 경우가 아니라면 희미해지는 데 비해 행복했던 기억은 수십 년 뒤에도 여전히 우리를 미소 짓게 한다. 이것은 우리가 예전 일을 장밋빛으로 회상하는 경우가 왜 그렇게나 많은지 설명해 준다. 비록 과거의 경험이 그렇게 좋지 않았다 해도 사람들은 여전히 그 기억에 애정을 담아 떠올리곤 한다. 좋은 부분만이 여전히 그들의 기억 속에 메아리치기 때문이다.

몇 가지 증거에 따르면 이것 역시 행복감과 자기효능감을 지속시키고 동기를 부여하기 위해 진화된 특성이다. 장기적으로 볼 때 나쁜 기억을 버리고 좋은 기억을 유지하는 것은 논리적으로 우리가 스스로에 대해 더 긍정적으로 생각하도록 도울 것이다.

정서적 불쾌감dysphoria을 경험하는 사람들은 정서적 퇴색 편향이 훨씬 덜 두드러지거나 전혀 나타나지 않는다는 점 또한 짚고 넘어갈 만하다.[41] 정서적 불쾌감이란 우울증을 비롯한 기분 장애에서 흔히 나타나는 불안하거나 불만족스러운 상태다. 이 상태는 고질적으로 오래 지속될 수 있다. 정서적 불쾌감을 경험하는 사람들의 뇌에는 부정적 감정을 없애는 기본 메커니즘 중 하나가 손상되어 있다는 사실을 고려하면 이런 지속성은 그렇게 놀라운 일이 아니다.

부정할 수 없는 사실은 뇌가 기억을 만들어 내는 방식이 생각보다 더 유연하고 복잡하다는 것이다. 감정은 여기서 매우 큰 부분을 차지한다.

감정이 어려운 사람들을 위한 뇌과학

감정은 기억을 아주 부정적인 방식으로 바꿀 수 있지만, 그 효과가 영원히 지속되지는 않는다. 시간이 지나면 좋지 못한 기억은 사라지고 좋은 기억은 남는다. 그게 좋든 나쁘든 말이다.

사람들은 내게 아버지와의 '행복한 기억에 집중해야' 한다고 말하지만 실행하기는 어렵다. 밀려오는 슬픔의 감정이 기억을 변화시키면서 그 기억들은 이제 더는 '좋은' 기억이 아니기 때문이다.

하지만 뇌의 작동 방식 덕분에 곧 그 기억들은 다시 원래대로 회복될 것이다. 결국 시간은 모든 상처를 치유하지 않는가?

그렇지만 최근의 경험들로 미루어 볼 때, 아버지의 애프터셰이브 로션 냄새를 감정에 압도되지 않은 채 맡을 수 있기까지는 아마 좀 더 시간이 걸릴 것이다. 밝혀진 바에 따르면 여기에는 그럴듯한 이유가 있다.

기억 저편의 냄새가 불러오는 것들

최근 나는 저녁 산책길에 담배 연기를 맡고 잠시 폭발적인 행복과 안도감을 느꼈다. 이상한 일이었다. 나는 흡연자였던 적이 없었고 언제나 담배 냄새에 굉장한 불쾌감을 느끼곤 했다. 10대 시절 주변 친구들 다수가 흡연하던 시기에도 나는 유혹에서 자유로웠다. 담배를 피운 경험이 아예 없지는 않았다. 당시 나는 흡연에 내가 간과했을지도 모를 긍정적 측면이 있는지 알아보고 싶었고, 과학자의 실험 정신에 따랐다. 물론 술에 취한 학생이기도 했지만 말이다.

처음 담배를 피웠을 때 경험했던 희미한 쾌감이 기억난다. 하지만 이내 이런 시도를 강력히 반대하는 폐의 거부 반응이 터져 나왔다. 게다가 입안이 마치 요실금 걸린 오소리가 동면이라도 하는 것처럼 고약했다. 자연히 흡연의 매력은 나를 사로잡지 못했다.

나중에 완전히 술에서 깬 상태로 다시 시도해 보기도 했다. 확실히 해두고 싶었기 때문이다. 하지만 반응은 같았다. 흔히 알려진 모든 건강상의 위험을 간과하더라도 흡연은 나에게 맞지 않았다.

이렇게 흡연에 대한 부정적 경험을 압도적으로 많이 했는데도 최근 산책길에서는 담배 연기를 맡자 안심이 되고 기분이 좋았으며 묘한 만족감을 느꼈다. 이것은 기본적으로 긍정적인 감정 반응이었다. 왜 그랬을까?

나는 그 현상의 원인이 나의 기억 체계에 있다는 결론을 내렸다. 아버지의 죽음 이후 나는 아버지, 가족, 그리고 어린 시절에 대해 많은 생각을 하게 되었다. 나는 1980년대에 웨일스의 노동계급이 거주하는 광산촌의 활기찬 술집에서 자랐다. 아버지는 그 술집의 운영자였다. 영국에서 흡연 규제 정책이 내려진 건 수십 년 뒤의 일이기 때문에 담배 냄새는 내 어린 시절의 상당 부분에 배경으로 자리했다. 따라서 담배를 피우며 불쾌한 경험을 했어도 담배 냄새는 더 긍정적인 기억, 편안하고 행복했던 시간과 연결되어 있었다.

하지만 나는 신경과학을 공부하면서 그 설명이 여전히 앞뒤가 맞지 않는다는 사실을 깨달았다. 내가 흡연을 시도했을 때 본능적으로 역겨움을 느꼈다는 사실이 중요했다. 뇌의 작동 방식으로는 무언가에 역겨움을

감정이 어려운 사람들을 위한 뇌과학

느끼면 이전에 무슨 일이 있었는지에 관계없이 기억 속에 지배적 연관성이 만들어진다.[42] 만약 양젖이나 염소젖으로 만든 할루미 치즈를 좋아해서 항상 먹었다면 이 치즈에 대해 긍정적인 기억을 많이 가지게 될 것이다. 그렇지만 어느 날 상한 치즈를 한 번 먹는다면 이전에 어떤 경험을 했든 뇌는 그 기억에 집착하게 된다. 매우 강력한 과정이다.[43]

하지만 냄새에 관해서는 예외다. 불쾌한 경험을 했어도 나에게 담배 냄새는 여전히 긍정적인 감정 기억과 연결되어 있었다. 냄새는 왜 통념을 뒤엎는 것일까?

사실 많은 사람이 예전부터 특정 냄새가 다른 감각 자극보다 훨씬 강력한 감정적 반응과 기억을 유발한다는 사실을 경험으로 알고 있었다.[44] 그렇다면 후각은 뇌에서 기억이나 감정의 작용과 특별한 관계를 맺고 있을까? 답은 '매우 그렇다'이다.

사람들은 보통 후각을 그렇게 신경 쓰지 않는다. 우리의 후각이 가진 능력치는 개나 고양이 같은 동물들에 비하면 훨씬 떨어진다. 우리는 시각이나 청각에 훨씬 더 많이 의존한다.[45,46] 그런데도 후각은 사람들이 보통 알아차리지 못하는 매우 강력한 방식으로 우리에게 영향을 미치고 있다.

우리의 후각은 후각기관에 의해 만들어진다. 공기 중의 냄새 분자는 코 위쪽의 공간인 비강으로 들어간다. 후각 수용체가 많이 포함된 조직층인 후각 상피가 이 공간의 안쪽 벽을 채우고 있다. 후각 상피에 내장된 후각 신경세포는 냄새 입자를 감지하고 인식해 뇌에 관련 신호를 보낸다.[47] 후각 상피는 혀가 맛보는 것을 냄새로 맡는 역할을 한다.

후각 수용체의 감지 능력을 강화하기 위해 후각 상피를 덮고 있는 두

터운 점액층은 계속해서 보충되고 이 점액에 냄새 입자가 용해되어 들어간다. 후각 수용체에서 나온 신호는 후각망울olfactory bulb로 전달되는데, 이곳은 후각에 대한 정보를 처리하는 뇌 영역이다.[48] 뇌의 다른 영역들과 마찬가지로 이곳 역시 복잡한 여러 부분으로 나뉘며 다른 신경학적 영역들이나 연결망과 술하게 연결된다. 하지만 조금 더 깊이 파고들면 더 놀라운 사실을 알 수 있다.

후각 수용체를 암호화하는 유전자들은 우리 유전체의 3%를 차지한다.[49] 또한 후각은 진화 역사상 최초로 진화한 감각으로 여겨진다.[50] 후각보다 훨씬 더 세밀한 시각이나 청각 같은 다른 감각들을 생각하면 이것은 꽤 주목할 만한 사실이다. 하지만 지구의 초기 원시 생명체가 원시 수프나 고대의 바다처럼 화학물질이 풍부한 환경에서 화학물질 주머니에 불과한 기본 세포로부터 만들어졌다는 점을 고려하면 진화론적으로 이해가 된다. (지구상에서 생명체가 처음 나타난 곳이 어디인지는 정확히 알 수 없다. 오늘날의 생명체 가운데 그 당시부터 존재했던 것은 아무도 없다.)

이런 관점에서 볼 때 생존의 측면에서 초기 생명체가 감지할 수 있는 가장 중요한 정보는 빛, 소리, 열, 압력보다는 주변 환경의 화학적 변화였을 것이다. 우리 주변 환경에서 화학물질을 감지하는 기관은 바로 후각이 아닐까? 우리는 원시 생명체로부터 먼 길을 걸어왔다. 하지만 어떤 측면에서는 그렇게 멀리 온 것은 아니다.

후각의 중요성은 뇌에서 후각이 작동하는 방식에 대한 흥미로운 측면들을 만들어 낸다. 인간의 다른 주요 감각들(청각, 시각 등)을 다루는 신경학적 영역은 뇌의 최상층인 신피질neocortex에서 발견된다. (비록 이 감각

감정이 어려운 사람들을 위한 뇌과학

들 모두가 여전히 뇌 아래쪽 영역과 광범위하게 연결되어 있지만 말이다.) 반면 후 각 피질은 뇌의 중하부 변연계 영역에 자리하며 감정과 기억을 담당하는 영역 바로 옆에 위치한다.

사실 해마는 처음 발견되었을 때 후각계 일부라고 추정되었을 만큼 후각에 관여하는 것으로 알려진 영역과 무척 가까웠고 겹치는 부분도 있었다. 기억에 미치는 해마의 중요한 역할은 나중에 더 확실히 밝혀졌다.

이것은 우연이 아니다. 해마와 후각계는 우연히 목사 옆집으로 이사 오게 된 헤비메탈 밴드처럼 어쩌다 붙어 있게 된 것이 아니다. 지금껏 알 려진 증거에 따르면 둘은 근본적으로 연결되어 서로의 발달에 영향을 미 치며 함께 진화해 온 듯하다.

후각과 기억은 왜 그렇게 밀접하게 연결되어 있을까? 일단 해마의 또 다른 핵심 기능, 아마도 원초적 기능은 '탐색'이다.[51] 수많은 연구에서 해 마는 우리가 주변 환경에서 길을 찾는 데 필수적인 역할을 한다는 사실이 밝혀졌다. 복잡한 대도시 이곳저곳을 넘나들며 여러 해 동안 지리를 기억 해 온 런던 택시 운전사들이 평균치보다 큰 해마를 가지고 있다는 유명한 연구도 있다.[52]

길을 잘 찾으려면 자신이 어디에 있고 이전에는 어디에 있었는지 알 아야 한다. 해마는 우리 주변의 유용한 지형지물의 위치를 기록한다. 뇌 는 이 정보를 활용해서 자신의 위치를 기준으로 지형지물의 변화를 추적 하고 주변의 인지 지도를 구축하여 우리가 어디에 있고 어디로 가는지 파 악할 수 있다.[53]

기본적으로 해마는 기억과 마찬가지로 나중에 사용할 수 있도록 감각 요소의 특정 배열을 인식하고 저장하며 탐색을 지원한다. 유일한 차이점은 기억 형성이 공간 정보에만 국한되지 않는다는 점이다. 사실 우리의 전체 기억 체계는 어디로 가고 있고 어디에 있었는지 알고자 했던 원시 조상들의 욕구에서 비롯되었을 수도 있다.

후각은 여기서 어떤 역할을 했을까? 오랫동안 후각은 생명체가 가진 지배적인, 어쩌면 유일한 감각이었다. 하지만 사물을 감지하는 능력은 그 정보로 아무것도 할 수 없다면 쓸모가 없다. 즉, 생명체는 사물이 어디에 있는지 주관적으로 파악하고 사물이 좋은지 나쁜지에 따라 그쪽으로 나아가거나 거기서 멀어질 수 있어야 한다. 기본적으로는 외부 환경을 감지하는 즉시 그 정보를 활용해서 해당 환경을 탐색해야 한다.

이처럼 후각계와 해마는 오랜 세월 함께 진화해 현대인의 전체적 뇌 구조와 배치를 형성했으며, 오늘날 지배적인 다른 감각들은 나중에야 이 네트워크에 추가되었다.[54] 이런 역사를 생각하면 후각과 기억이 여러 측면에서 겹치는 건 당연한 일이다. 또한 후각계는 비강을 통해 '외부 세계'에 노출되면서 기존의 뉴런이 빠르게 퇴화하면 그에 따라 끊임없이 새로운 뉴런을 생성한다. 이것도 해마와 비슷한 또 다른 공통점이다.

후각은 발달 측면에서도 가장 오래된 감각이다. 우리는 태내에서 이 감각을 얻는데, 상당수의 연구자는 후각이 인지 발달 초기에 근본적인 역할을 한다고 여긴다.[55,56] 발달의 초기 단계에서 다른 감각들보다 중요했던 만큼 후각은 어린 시절에 더 두드러지며 그에 따라 어릴 때의 기억에 큰 영향을 미친다.

연구 결과도 이를 뒷받침한다. 시각적·청각적 단서에 의해 촉발된 기억은 10대 시절에 최고조에 달하지만 후각에 의해 촉발된 기억은 그로부터 약 10년 더 거슬러 올라가 대부분 6세에서 10세 사이에 형성된다.[57] 간단히 말하면 후각에 의해 촉발된 기억은 다른 감각적 자극에 의한 기억보다 훨씬 오래 지속될 수 있다. 특정한 냄새가 어린 시절의 생생한 기억을 불러일으킬 수 있다는 주장에는 과학적인 근거가 있는 셈이다.

또한 다른 감각과는 달리, 이전의 후각 기억이 이후의 후각 기억을 압도하는 것처럼 보인다. 어떤 이유에서인지 뇌는 처음 냄새 맡았을 때의 기억을 우선시한다.[58] 그래서 나중에 그것과 모순되는 경험을 해도 영향을 덜 받는다. 내가 흡연에 매우 부정적으로 반응했지만, 여전히 담배 연기를 유년 시절과 연관 지어서 애틋하게 생각하곤 하는 이유도 이 때문이다.

후각에 대한 기억은 일반적으로 다른 감각에 대한 기억보다 더 생생하다. 아마 후각 피질과 해마의 특별한 관계 때문일 것이다. 다른 주요 감각들은 시상thalamus을 통해 해마의 기억 시스템과 연결되어 있다.[59] 시상이란 뇌의 깊은 중앙부에 자리한 중요 부위로, 뇌의 특정 부분에서 필요한 곳으로 정보를 전달한다. 감각 정보가 생성된 곳에서 해마로 보내져 기억으로 전환되는 과정도 이 일에 포함된다.

하지만 후각은 이런 식으로 작동하지 않는다. 후각계는 진화적으로 먼 옛날부터 해마와 결합되어 있기에 시상을 거치지 않고도 기억 시스템에 직접 접근할 수 있다.[60] 마치 VIP 입장권을 가진 사람이 인기 있는 클럽에서 길게 늘어선 줄을 기분 좋게 건너뛰고 출입구로 직행하는 것처럼 말이다. 시상을 통한 신호의 번역과 전달이 없이 후각에서 바로 온 감각 정보는 해마의 관점에서 당연히 더 강력하고 중요할 것이다.

이 과정은 두 가지 방식으로 작동한다. 최근의 연구에 따르면 해마는 후각 네트워크 가운데 꽤 유명하기는 하지만 아직 상대적으로 잘 연구되지 않은 부분인 전후각신경핵anterior olfactory nucleus과 연결되어 있다. 어떤 냄새에 대한 기억이 되살아날 때 해마가 이 영역을 활성화하는 것으로 보인다.[61]

매우 복잡한 과정이지만, 우리가 어떤 냄새를 기억할 때 말 그대로 기억만을 떠올리는 건 아니다. 해마는 후각 네트워크와 특수하게 연결되어 있기 때문에 말 그대로 그 냄새를 다시 맡는 것에 더 가깝다. 후각 수용체가 특정한 냄새에 의해 다시 작동될 정도는 아니지만, 이 과정은 우리가 특정한 모습이나 소리를 기억할 때 경험하는 것에 비하면 눈에 띄게 두드러진다.

이 또한 뇌가 냄새와 관련된 모든 시냅스 연결을 통해 냄새를 처음 접했을 때의 기억을 재활성화하는 것이 더 쉽다는 뜻이다. 그러니 다시 한번 강조하건대, 후각은 기억을 형성하고 촉발하는 일에서 다른 감각들보다 유리하다.

마지막으로 후각이 기억에 매우 강력한 영향을 미치는 이유는 뇌의 감정적 과정과 매우 밀접하게 연관되어 있기 때문이다.[62] 그리고 우리가 이미 살폈듯이 기억 체계는 감정의 영향을 많이 받는다.

몇몇 과학자들은 후각이 감정과 가장 겹치는 속성을 가진 감각이라고 지적한다. 감정은 긍정적이거나 부정적일 수 있고 그 강도도 바뀌는데 우리의 다른 감각들은 그보다 더 다양하고 복잡하다(미각이 주요 감각 중 가장 관계가 약하고 후각에 크게 의존하는 것을 제외하면[63]).

특정 냄새는 현재 상황과 상관없이 사람의 특정 감정 상태를 안정적으로 유도할 수 있다.[64] 반대로, 현재 감정 상태가 냄새에 대한 인식을 바꾸거나 왜곡할 수도 있다. 실험에 따르면 어떤 냄새가 역겨울 것이라는 말을 미리 들으면 실제로 역겨운 냄새를 맡을 가능성이 높다고 한다. 이와 비슷하게 어떤 냄새가 기분 좋을 것이라는 말을 들으면 실제로 그 냄새를 매력적으로 느낄 수 있다. 두 사례 모두 동일한 중성적 냄새라는 사실은 우리 뇌가 종종 알아채지 못하는 부분이다.[65]

후각은 개인들 사이에서 감정을 전달하는 수단이기도 하다.[66] 연구에 따르면 두려움을 느끼고 있는 사람이 분비한 땀 냄새를 들이마시면 어느 정도의 두려움을 경험하게 된다고 한다. 또한 앞서 살폈듯이 인간은 울 때 정신-감정적인 눈물을 흘린다. 주변 사람이 이런 눈물을 흡입한다면 마찬가지로 감정 상태에 영향을 받는다.

이 모든 것은 우리 뇌의 후각과 기억뿐만 아니라 후각과 감정적 과정 사이의 강력한 연관성을 시사한다. 실제로도 그렇다. 후각계의 활동은 감정 반응의 중심인 편도체에 직접적인 영향을 미치는 것으로 나타났으며, 후각과 감정 처리를 담당하는 변연계의 다양한 영역들은 신경해부학적으로 상당 부분 겹친다.[67,68]

사실 후각 정보의 처리를 담당한다고 여겨지는 조롱박피질piriform cortex이라는 후각계 일부는 편도체뿐만 아니라 해마의 관련 영역을 포함한다. 편도체는 단순히 후각계와 연결된 정도가 아니라 후각계의 일부라고 할 수 있다. 그렇다고 해서 편도체가 우리의 후각에 '책임이 있다'는 것은 아니다. 뇌에 관해서는 기능적인 경계를 엄밀하게 설정하지 않는 것이 좋다. 그 경계는 수천 개의 원이 서로 겹치는 벤다이어그램에 가깝다. 다른 여러 중요 감각을 담당하는 영역들은 이렇지 않다.

다시 말하지만 이것은 진화론적으로도 근거 있는 이야기다. 앞서 살핀 것처럼 만약 탐색이 기억에 선행하는 능력이라면 감정은 인지와 사고에 선행한다. 원시 생물들은 후각을 얻고 나서 이 새로운 정보로 무엇을 해야 하는지 알아야 했다. 예컨대 나쁘고 위험한 냄새를 맡으면 그 근원에서 벗어나야 했을 텐데, 그러려면 기본적으로 먼저 두려움을 경험해야 한다. 그렇기에 많은 연구자가 후각이 최초의 감각이라면 최초의 감정은 두려움이었으리라 추측한다.[69] 그리고 잘 알려져 있다시피 두려움은 편도체의 소관이다. 다시 말해 우리는 먼 진화적 과거로부터 비롯된 또 다른 연결 고리를 발견했다. 바로 후각과 감정 사이의 연결 고리다. 이 연관성은 오늘날까지도 여전히 우리에게 영향을 미친다.

풍부한 자료에 따르면, 후각에 의해 촉발된 기억이 다른 유형의 단편적인 기억보다 항상 더 많은 감정적 내용을 포함한다.[70] 냄새를 맡을 수 없는 후각소실anosmia을 앓는 사람들은 후각을 잃기 전과 비교하여 기억에 문제가 있었다고 보고했으며, 심지어 때로는 감정 폭이 둔화되었다고도 말했다.[71] 때로는 조현병이나 우울증 같은 질환을 앓는 사람들 역시 후각 기능이 저하된다는 사실 역시 뇌에서 감정 처리와 후각 처리가 밀접하게 연관되어 있다는 사실을 뒷받침했다.[72]

후각과 감정, 기억 사이의 연관성은 무척 심오해서 문학에도 상당한 영향을 미쳤다. 『잃어버린 시절을 찾아서』는 프랑스의 유명한 작가 마르

셀 프루스트Marcel Proust의 일곱 권짜리 장편소설이다. 무의식적인 기억을 주요 주제로 삼은 이 책에서 주인공은 자신이 통제할 수 없는 외부적 만남과 감각에 의해 예상치 못하게 기억 속에서 떠오른 자기 삶의 순간들을 이야기한다. '프루스트적 순간'이라고도 불리기도 하는, 가장 널리 인용되는 부분은 이 책의 맨 앞부분에 나온다.[73] 주인공이 마들렌(케이크와 비스킷의 중간 정도인 프랑스 전통 과자)을 차에 찍어 부드럽게 만드는 장면이다. 마들렌을 담갔던 차를 한 모금 마신 주인공은 어린 시절 숙모를 찾아가 아침마다 마들렌과 차를 나눠 마시곤 했던 추억을 기억 저편에서 떠올리게 된다. (참고로 픽사 팬들에게 말해 두자면, 애니메이션 영화 〈라따뚜이〉에서 주인공 레미가 만든 요리를 먹는 순간 순식간에 어린 시절로 돌아가는 장면은 확실히 이 '프루스트적 순간'을 시각적으로 묘사한 것이다) 앞서 언급했듯 맛을 인지할 때는 미각이 아닌 후각이 지배적인 역할을 한다. 그런 만큼 20세기 문학사에서 중요한 이 순간은 후각이 우리 뇌의 기억과 감정 체계에 근본적으로 연결되는 방식에서 기원한 셈이다.

물론 내가 이 책에서 후각, 감정, 기억 사이의 근본적인 상호작용을 설명했다고 해서 이 책이 프루스트의 소설보다 훨씬 더 성공적이고 영향력 있는 책이 될 리는 없다. 하지만 세상일은 모르는 법이다. 만약 그런 일이 벌어진다면, 두말할 것도 없이 감미로운 음악처럼 기분 좋은 소식일 것이다.

말 나온 김에 이번에는 음악 얘기를 해 보자.

감정을 지휘하는 음악

나는 내 발을 보고 있으면 조금 울적해진다. 내 발은 어딘가 이상하다. 둥근 아치 형태가 아니라 발가락 달린 편평한 석판 같다. 대학생 시절에는 신경에 거슬린다는 이유로 친구들이 내가 맨발로 다니는 것을 금지했을 정도였다.

깜짝 놀랐다. 그 전에는 내 발이 정상인 줄 알았기 때문이다. 그런 생각도 당연한 것이 내가 아는 발 모양은 그것뿐이었다. 아버지의 발도 나와 비슷했고, 친척 중 상당수도 그랬다. 평발은 버넷가家 유전자의 별난 특징이다.

하지만 지금은 불행히도 발을 볼 때마다 아버지가 떠오르고, 곧이어 아버지가 돌아가셨다는 사실이 생각난다. 그동안 아무도 내게 알려 주지 않았던 기묘한 애도 방식이다. 확실히 이런 방식으로 슬퍼하는 사람은 지금껏 내가 처음일지도 모른다.

하지만 이런 과정은 불가피하다. 우리는 이제 특정 사물을 볼 때 뇌가 그와 관련된 사람에 대한 감정적 기억을 촉발한다는 사실을 확실히 안다. 그리고 유전학의 원리를 감안하면 우리는 모두 부모님과 공통된 신체적 특징을 가지고 있다. 내가 발견한 바로는 이 지점이 누군가를 잃고 애도할 때 특히 까다로운 부분이다. 그를 상기시키는 모든 것에 감정적으로 민감해지기 때문이다. 이제 면도를 할 때도 기분이 이상해진다.

잔인하게 들릴지 모르지만, 나는 차라리 아버지와의 차이점에 대해 더 곰곰이 생각하게 되었다. 아버지와 공통점이 없다는 것은 슬픔이라는 감정의 골을 예상치 못하게 자극할 무언가가 하나라도 줄어든다는 뜻이었다.

예컨대 아버지는 스포츠를 좋아하셨지만 나는 평생 스포츠에 거의 무관심했다. 또 아버지는 과학에 관심이 없었지만 나는 확실히 정반대의 기질을 가졌다. 아버지가 자동차 애호가였다면 나는 원하는 목적지까지만 데려다주면 상관없었다.

그리고 아버지는 음악을 사랑했다. 예리한 취향을 가지고 있었으며 열정적으로 감상했고, 한때 음악 분야에서 일한 적도 있었다. 나는 어땠냐고? 나도 음악을 꽤 좋아하기는 하지만 아버지만큼 강력하고 깊게 영향받지는 않았다. 솔직히 말하면 대부분 나보다는 음악을 좋아할 것이다.

사람들은 종종 자신이 가장 좋아하는 앨범이나 최고의 라이브 공연, 또는 적절한 사람, 행사, 활동에 딱 맞는 플레이리스트를 만드는 것에 대해 이야기한다. 나는 솔직히 그런 이야기를 할 때면 그저 고개를 끄덕이고 미소를 지으며 아무도 내게 뭔가 묻지 않기를 바랄 뿐이다.

별나 보여도 어쩔 수 없다. 음악에 대한 사랑은 우리 문화권에 만연해 있다. 우리 버넷가에도 노래 부르는 것을 좋아하는 열정적인 가수들이 가득하다. 이들은 고향에서 '폰 크랩스(〈사운드 오브 뮤직〉에 등장하는 폰 트랩 대령의 이름과 비슷하게 뒤에 '헛소리, 쓰레기'를 뜻하는 'crap'을 붙인 별명-옮긴이)'라고 불렸다. 그런데도 나는 항상 음악에 감정적으로 연결된 기분을 느끼지 못했다.

언뜻 생각해 보면 그런 강력한 감정적 연결은 조금 이상하게 느껴지기도 한다. 결국 음악은 소음의 연속일 뿐이니 말이다. 물론 음이 세심하게 배열되고 예술적으로 표현되긴 했지만 여전히 우리의 귓속을 때리는 공기 중의 진동으로 만들어지는 소리일 뿐이다. 감정과 이어질 이유가 없지 않은가?

여기에 대해 곰곰이 고민해 본 사람은 나 혼자만이 아니었다. 많은 과학자가 음악이 왜 감정을 느끼게 하는지 궁금해했고, 음악이 뇌에 미치는 감정적 영향에 대한 많은 연구가 진행 중이다.[74] 질문을 조금 더 세련되게 매만져 보면 다음과 같다. 음악은 어떻게 감정을 일으키는가? 음악은 뇌의 어떤 부분을 자극해서 그렇게 격렬한 감정적 반응을 일으킬까(물론 나를 제외한 다른 사람들에게)?

연구 결과에 따르면 음악은 가장 기본적인 반사 과정에서부터 정교하고 복잡한 인지 메커니즘에 이르기까지, 동시에 여러 신경학적 수준에서 뇌에 영향을 미치곤 한다. 따라서 음악은 이러한 정서적인 몰입 경험을 제공할 수 있다.

음악은 뇌의 가장 아래쪽에 자리한 영역인 뇌간을 통해 우리에게 영향을 준다. 뇌간은 눈 깜박임이나 웃음 경련 같은 즉각적이고 무의식적인 반사작용을 처리한다. 뇌간의 반사 과정은 우리의 뇌가 잠재적으로 유익하거나 해로울 수 있는 중요한 무언가를 감지했을 때 거의 즉시 촉발된다. 그리고 우리의 청각을 처리하는 청각 피질은 뇌간과 직접 연결되어 있다.[75] 즉, 우리에게 중요할지도 모를 어떤 소리를 듣는 순간 몸은 즉시 반응한다. 긴장하거나 움찔대거나 경계하거나 주의를 다른 데로 돌리는 등의 이런 모든 반응은 뇌간의 활동으로 이루어진다.[76]

특정한 소리가 우리를 자극하면 (2장에서 다룬 것처럼) 뇌에서 감정의 원료로 여기는 필수적 요소인 각성을 유발한다. 이러한 근본적인 수준에서 우리에게 영향을 미치는 소리는 보통 갑작스럽고, 시끄럽고, 불협화음이나 빠른 시간적 패턴을 특징으로 하는 것들이다.[77]

갑작스러운 소리가 영향을 끼친다는 건 이해할 만하다. 우리의 본능적인 주의 메커니즘 가운데 상당수는 예상치 못한 감각의 변화에 이끌린다. 조용한 집에 홀로 있을 때 위층에서 소음이 들리면 우리는 즉각 신경을 곤두세우고(즉, 각성해서) 그 소리에 집중하게 된다.

밝은 빛이나 자극적인 악취 같은 큰 '노이즈'는 다른 것들을 밀어내 감각 과정을 지배한다. 자연히 뇌는 그 소음에 반응해 집중한다. 마이크를 잡은 채 스피커에 너무 가까이 가면 종종 비명처럼 귀를 찢는 되먹임 소리가 들린다. 그럴 때면 재빨리 스피커에서 멀어져 소음을 멎게 해야 한다.

음악이 빠를수록 우리는 종종 더 긍정적인 방식으로 각성한다.[78] 많은 사람이 달리기를 하거나 헬스장에서 운동할 때 빠른 템포의 음악을 듣곤 한다. 빠른 음악은 근본적인 수준에서 여러분을 흥분시키고 동기를 부여한다. 그런 음악이 실제로 업무 수행 능력을 높일 수 있다는 연구 결과도 있다.[79] 다음번에 상사가 사무실에서 음악을 켰다고 나무라면 이 사실을 말해 주면 된다.

불협화음에는 화음과 조화가 부족해서 함께 들으면 소리가 서로 어우러지거나 섞이기보다는 '충돌'한다. 이런 불협화음을 들으면 거슬리고 불쾌하다고 생각하게 된다. 혼란스럽기도 하고 서로 충돌하기도 하는 즉흥 재즈 연주 사운드를 즐기는 것은 일종의 후천적 취향인 셈이다.

불협화음의 더 전형적인 사례가 있다면 건축과 건설 작업 소리, 세 살짜리 아이가 장난감 드럼을 두드리며 내는 소리를 들 수 있다. 가장 잘 알려진 예는 칠판에 손톱을 긁는 소리다. 이 소리는 '들쭉날쭉한' 불협화음으로, 뇌간에서 벌어지는 과정에 강력한 영향을 끼쳐 뼛속 깊이 몸서리치는 반응을 일으킨다.

모든 불협화음이 불쾌한 무의식적 반응을 유도하는 건 아니다. 그러기 위해선 그 소리가 특정 범위에 속해야 한다. 기본적으로 우리는 충돌하는 소리를 싫어하지만, 그 소리가 서로 너무 다르지 않을 때 그렇다.[80] 상상해 보라. 트럼펫과 드럼 소리는 매우 다르지만 우리는 두 악기의 합주를 꽤 기분 좋게 들을 수 있다. 두 소리가 아주 다르게 들리므로 우리는 그 소리를 함께 작동하는 별개의 소리로 인식한다. 하지만 충돌하는 소리들이 음향 스펙트럼에서 서로 가까이 있으면 불쾌함을 느끼게 된다.

대부분의 음악은 갑작스러운 소리 변화, 음량 증가, 빠른 템포, 화음이나 불협화음 등으로 복잡해지기 쉽다. 이 모든 요소가 뇌간을 통해 각성을 유도하기 때문에 음악은 뇌의 감정적 반응을 직접적으로 자극한다. 그뿐만 아니라 연구에 따르면 시끄러운 음악이나 불협화음이 포함된 음악은 충분히 발달한 태아의 심박수를 증가시키는 반면, 부드럽고 조화로운 음악은 심박수를 낮춘다.[81] 음악은 우리가 태중에 있을 때도 뇌간 메커니즘을 통해 영향을 미칠 수 있는 셈이다.

하지만 이것은 매우 근본적이고 비교적 단순한 메커니즘이다. 그 밖에도 음악이 뇌 속에서 감정을 유도하는 보다 정교한 경로들이 많이 존재한다. 그중 하나가 감정적 전염emotional contagion이다.[82] 우리가 음악에 감정

감정이 어려운 사람들을 위한 뇌과학

적으로 반응하는 이유는 음악 자체에 인식하고 경험할 수 있는 감정적 특성이 있기 때문이다.

느린 음악은 종종 슬픈 것으로 인식되는 반면, 대부분의 팝 음악에서 알 수 있듯이 보다 빠르고 경쾌한 음악은 더 행복하고 신나는 것으로 인식된다. 헤비메탈 음악의 근간이 되는 갑작스럽고 극명한 변화가 있는 시끄러운 음악은 공격적이고 화난 것처럼 느껴진다. 그리고 고전 영화인 〈죠스〉의 테마음악이 매우 효과적으로 보여 주듯, 낮은 소리는 불길한 느낌을 주며 공포와 두려움을 심어 준다. 조성 전환, 절과 후렴의 변화, 가사 등의 요소가 더해지면 느린 발라드조차 정신을 고양시키기도 하는 것처럼, 하나의 노래나 곡조에 모순적으로 느껴지는 여러 감정이 담기기도 한다.

감정을 감지하고 경험하는 인간의 능력은 최근 수십 년 동안 가장 중요한 신경과학계의 발견 중 하나인 거울 뉴런mirror neuron의 작용으로 여겨진다. 1990년대 짧은꼬리원숭이에 대한 한 획기적인 연구에서, 신경과학자들은 의식적인 움직임 제어를 담당하는 뇌의 일부인 운동피질의 뉴런을 살폈다.[83] 이 연구에 따르면 실험 대상인 원숭이가 아무것도 하지 않고 다른 원숭이의 움직임을 관찰하는 동안 이 원숭이의 운동피질에서 특정 뉴런이 활성화되었다. 그 원숭이가 직접 한 행동이 아니라 눈으로 본 것에 의해 활성화된 것이다.

이 뉴런들은 뇌 영역과 관련한 기능을 수행하기보다는 관찰할 때 활성화된다. 다른 개체의 활동을 거울처럼 반영하는 것이다. '거울 뉴런'이라는 이름이 붙은 이유이기도 하다.[84] 이후로 거울 뉴런의 존재를 암시하는 활동이 인간의 뇌 전반에 걸쳐 보고되었다. 인간만이 갖는 특정한 거울 뉴런은 아직 발견되지 않았다. (우리는 아직 살아 있는 인간의 뇌에서 특정 뉴런의 활동을 관찰할 기술을 발전시키지 못했다. 하지만 그 뉴런이 존재한다는 설득력 있는 증거가 꽤 많다.) 특히 전운동피질, 운동보조영역, 일차 체감각피질, 하두정피질에서 이런 활동이 나타났다.[85] 이 영역들은 움직임, 언어, 감각을 비롯해 대부분의 감정 반응에 필수적이다. 특히 인간의 자세와 표정에서 나타나는 감정적 요소를 인식하게 해 주는 하두정피질이 그렇다.[86]

거울 뉴런은 공감의 기초가 된다고 여겨지는데,[87] 이는 일리가 있다. 관찰한 활동을 모방하는 뉴런이 있다면 타인의 감정을 인식하고 뇌 속에서 같은 활동을 유도하기에 매우 유용할 것이다. 우리가 타인의 목소리나 어조, 전달 방식을 통해 그 사람을 보지 않고도 감정을 '들을' 수 있다는 사실을 생각하면 공감은 분명 청각계를 통해서도 일어난다.[88]

그리고 이 과정은 음악에 의해 촉발될 수 있다. 우리 뇌의 피질 감각 영역에 자리한 거울 뉴런은 음악의 감정적 요소를 감지해 우리가 스스로 경험하게 한다. 이것은 일종의 감정적 전염이다. 음악이 뇌에서 감정을 유도하는, 인지적으로 더 복잡한 메커니즘인 '음악적 기대감'도 있다.[89]

음악의 기초적인 문법은 구조, 패턴, 주제, 음악 이론의 형태로 나타난다. 절과 후렴, 고조되는 진행과 점층적 전개, 화성 구조, 선법(장조/단조), 박자표를 비롯해 나처럼 듣는 귀가 없는 아마추어들은 인식하지 못하는 복잡한 요소들이 존재한다. 이런 의미에서 음악은 일종의 언어다.[90]

우리는 강력한 감정적 반응을 유도하기 위해 언어를 쉽게 조작한다.

감정이 어려운 사람들을 위한 뇌과학

절묘하게 타이밍을 맞춘 농담이나 말장난은 기분 좋은 웃음을 유발할 수 있고, 잘 짜인 시는 깊은 슬픔을 심어 줄 수 있으며, 영리한 서술은 흥분과 두려움, 불안을 일으킬 수 있다. 마찬가지로 음악의 구조와 기존 관습을 교묘하게 비틀고 조작해 감정적인 반응을 불러일으키는 일도 가능하다. 이런 음악적인 기대를 통해 우리는 음악에 대해서 특정한 수준의 이해나 예상을 한다. 한 곡의 음악이 이 수준을 충족하거나 넘어설 때 긍정적인 감정 반응을 경험하게 된다.[91]

이와는 반대로 어떤 음악의 수준이 기대보다 훨씬 못 미치면 부정적 감정 반응을 경험한다. 음악 애호가들은 종종 '주류 음악'을 경멸하고 무시한다. 대량생산되어 대중들의 공통분모를 충족하는 것만을 목표로 하는 상업적 음악은 애호가들의 음악적 기대를 맞추지 못하기 때문이다.

이 현상은 우리가 음악을 감상할 때 언어의 처리와 이해를 상당 부분 담당하는 상부 신피질 뇌 부위인 브로카 영역Broca's area의 활동이 증가한다는 사실에 의해 뒷받침된다.[92] 이 결과는 음악의 감정적인 영향에 있어서 우리의 인지적인 뇌 시스템이 하부 영역의 본능적인 시스템만큼이나 관여한다는 것을 암시한다.

하지만 음악에 대해 기대하는 바는 사람마다 다르다. 와인에 비유하자면, 아주 섬세한 미각을 가진 숙련된 소믈리에는 소비뇽이나 피노, 샤르도네 같은 품종은 물론이고 와인의 병입 년도까지 알아챈다. 이들은 원료인 다양한 포도 종의 차이와 복숭아 향, 오크 향, 배나 아스파라거스의 풍미처럼 미묘한 특성까지 음미한다. 반면에 나처럼 그저 레드와인, 화이트와인, 로제와인 정도만 구분할 수 있는 사람들이 있다. 나도 와인을 충분히 좋아하지만 그런 미묘한 복잡성은 전혀 이해할 수 없다. (와인 시음과 신경과학 사이의 다소 논쟁적인 관계에 대해서는 내 첫 번째 책인 『뇌 이야기』를 참고하라.)

음악도 마찬가지다. 음악의 더 세련된 측면과 특성을 감상하기 위해 감각을 발달시킨다면 아마 인지적인 수준에서, 그리고 그에 따른 감정적 수준에서 훨씬 더 많은 것을 얻을 수 있다. 음악적 기대는 뇌가 음악에 노출되는 정도에 따라 발달하고 성장한다. 태아에게 음악을 들려주면 유아기에 보다 복잡한 음악을 더 잘 인지하고 감상할 수 있다는 연구 결과가 있는 만큼 음악 감상은 빠르면 빠를수록 좋다.[93] 또 음악 감상과 이에 따른 감정적 반응은 많이 듣고 즐길수록 긍정적인 되먹임을 일으켜 나중에 더 많은 것을 감상하고 즐기는 능력을 키울 수 있다.

불협화음으로 가득한 즉흥 재즈나 헤비메탈 음악에 대해서도 비슷하게 설명할 수 있다. 장르의 전문성과 복잡성을 인지적으로 받아들이고, 뇌간이 유발하는 보다 원시적인 혐오를 극복할 수 있는 사람들이 즐길 수 있는 분야일 것이다. (비록 무언가 객관적으로 나빠 보일지라도 우리는 여전히 감정적인 수준에서 그것을 즐길 수 있다. 앞에서 살폈던 매운 음식과 BDSM에 대해 떠올려 보라.)

기억은 리듬을 타고

뇌 스캔 연구에 따르면 음악 감상에서 기억의 역할도 중요한데, 음악이 익숙할수록 뇌는 긍정적인 감정을 통해 음악에 더 많이 반응하는 것으로 나타났다.[94] 익숙한 음악은 뇌의 변연계, 해마, 대상회피질 영역에서 더 큰 활동을 유발한다. 이곳들은 모두 감정과 기억에 대한 처리를 담당하거나 관여한다고 더 잘 알려진 뇌의 하부 영역이다.[95,96]

요점은 우리가 익숙한 음악에 대해 싫증을 느끼기보다는 오히려 좋아한다는 것이다. 우리가 어떤 노래를 반복해서 듣거나, 항상 '클래식'을 듣고 싶어 하거나, 또는 특정 장르의 음악을 선호하는 건 이런 이유에서다. 우리는 직접 인식하고 기억할 수 있는 대상을 좋아한다.

흥미롭게도 이런 현상은 의식적인 수준과 무의식적인 수준에서 모두 일어난다. 예를 들어 한 번쯤 어떤 노래를 듣고 말로 설명할 수 없는 감정적 반응을 경험한 적이 있을 것이다. 평소에 좋아하는 종류의 음악도 아니고 특별히 복잡하거나 인상적이지도 않으며 심지어 짜증이 날 수도 있지만, 어쩔 수 없이 좋아하고 즐기는 나 자신을 발견하기도 한다. 개인적으로 나는 벵가보이스를 매우 좋아한다. 1990년대 후반을 풍미한 유로팝 밴드인 벵가보이스는 노래에서 '벵가버스가 온다'는 구절을 되풀이하곤 했다. 나는 벵가보이스의 음악이 반복적이고 유치하다는 사실을 충분히 알고 있지만 그래도 그 음악은 여전히 내 마음속에서 긍정적인 감정을 불러일으킨다. 대체 무슨 일일까?

'평가 조건화evaluative conditioning' 때문이라는 설명이 가장 개연성이 있다.[97] 평가 조건화란 우리가 적극적으로 좋아하거나 싫어하는 무언가와 연관되어 경험했다는 이유로 그 대상에 대한 느낌이 변화하는 경우다.

예를 들어 이런 상황을 가정해 보자. 여러분은 서부극이라는 장르가 좋기도 싫기도 하지만, 서부극에 푹 빠져 같이 보자고 권하는 상대와 데이트하게 될 수도 있을 것이다. 결국 그와 사랑에 빠져서 결혼하게 된다면 이제 여러분은 서부극을 꽤 좋아하게 될 것이다. 기억 속에서 서부극은 엄청난 행복의 원천과 강력히 연결되어 있기 때문이다.

이런 일은 음악을 들으면서도 쉽게 일어난다. 어떤 감정적 경험 중에 흘러나오는 노래를 듣는다면 뇌는 자동으로 상황과 노래를 기억 속에서 연결 짓는다. 그래서 나중에 그 노래를 다시 들으면 이 기억의 연결 고리를 통해 감정적인 반응이 유발된다.

자동차 라디오, 길거리 버스킹 공연, 가게나 바, 호텔의 배경 음악 등 현대 사회의 어디에서든 우연히 흘러나오는 음악은 우리와의 감정적 관계에 불균형한 영향을 미친다. 그에 따라 음악을 들으면서 감정을 경험하는 것은 매우 흔한 일이 되었다. 우리의 뇌는 평가 조건화에 따라 주기적으로 두 가지를 연결한다.

이것은 변연계와 하부 뇌 영역인 편도체나 소뇌를 통해 발생하는 매우 무의식적인 과정이다.[98,99] 실제로 음악이 흘러나오는 것을 '자각'하면서 감정을 경험하는 것은 둘 사이를 연관 짓는 과정을 방해한다는 증거가 있다.[100] 음악과 우리가 경험한 감정 사이의 연관성은 다른 경험과 자극 사이에 발생하는 비슷한 무의식적 연관성과 비교했을 때 놀랄 만큼 완고하다.[101] 기본적으로 뇌는 음악을 특정한 감정과 연결할 때 이 연결 고리를 웬만해서는 무효화하지 않으려 한다.

그렇기에 여러분이 예상치 못한 노래를 들으며 긍정적인 감정 반응을 경험했다면, 그 노래는 사실 기분이 좋을 때 우연히 들었던 음악인지

감정이 어려운 사람들을 위한 뇌과학

도 모른다. 나의 경우, 수줍고 소심했던 성격에서 갑자기 훨씬 자신감 있고 외향적인 성격으로 바뀌던 10대 시절에 벵가보이스의 음악이 늘 곁에 있었다. 당연히 내 기억 속에 벵가보이스는 그 시기의 기억에 고착되어 있고, 지금도 이 밴드의 음악에 대해서는 특별한 애착이 있다.

요컨대 여러분이 왜 음악에 대한 '길티플레저(죄책감이 들지만 은밀히 즐기는 것-옮긴이)'를 가지는지 궁금해한 적이 있다면, 그것은 아마 평가 조건화 때문일 것이다. 이때 기억은 음악의 감정적 경험에 대해 더욱더 명확하고 의식적인 역할을 하는데, 그 과정은 우리의 오랜 친구인 일화 기억을 통해서 일어난다. 일화 기억과 평가 조건화의 중요한 차이점이 있다면 후자의 경우 음악이 배경에 있을 때, 즉 부수적일 때 발생한다는 것이다.

이에 비해 의식적으로 음악을 들을 때는, 예컨대 헤드폰을 끼고 방에서 음악을 듣거나 몇 달 동안 고대하던 축제에 참석할 때 우리는 음악이 자아내는 모든 감정적인 반응을 받아들인다. 이때 일화 기억의 프로세스가 관여한다. 앞서 거듭 살폈듯이 감정적인 경험은 우리의 기억 시스템을 강화하기 때문이다. 즉, 우리는 감정적이지 않은 경험보다 감정적인 경험을 훨씬 잘 기억할 수 있다.

따라서 좋든 싫든 감정적으로 우리를 자극하는 음악은 의식적으로 기억될 가능성이 훨씬 높다. 그리고 기억과 감정은 양방향으로 소통하기 때문에 음악을 기억하다 보면 그 음악과 관련된 감정을 다시 느끼게 된다. 이것은 일종의 골치 아픈 되먹임 고리다.

아마도 우리가 익숙하지 않은 음악보다 익숙한 음악에 더 감정적으로 반응하는 이유가 여기에 있을 수 있다. 익숙한 음악은 기억 시스템을 통해 앞서 본 정교한 방식으로 감정적으로 증폭된다. 반면, 우리의 기억 속에 존재하지 않았던 새로운 음악은 그렇지 않다.

또한 후각과 마찬가지로 음악이 더 강한 감정적 기억을 유발하는 경향이 있다는 점을 설명해 준다.[102] 이는 앞서 살핀 것처럼 음악을 들으면 여러 신경학적 메커니즘이 작동해 감정을 유도하는 만큼 결과적으로 기억에 더 많은 감정적 요소가 포함되기 때문이라고 추정된다.[103]

음악과 감정, 그리고 기억 사이에 형성되는 이 강력한 연결 고리는 몇 가지 특이한 효과를 가져온다. 한 가지 흔한 사례는 특정 노래의 멜로디와 가사가 머릿속에서 계속 멈추지 않고 울려 퍼지며 신경을 거스르는 '귀 벌레 현상'이다.

귀 벌레 현상에 대해 그동안 놀랄 만큼 많은 연구가 이루어졌지만 발생하는 이유에 대한 명확한 해답은 아직 없다. 몇몇 연구자들은 이 현상이 반추적 사고, 즉 귀찮은 일을 생각하거나 걱정하는 것을 도저히 멈출수 없는 것과 비슷하다고 지적한다. 이것은 스트레스를 많이 받거나 불안도가 높은 사람들이 이 현상에 더 취약할 수 있다는 뜻이며, 실제로 그렇다는 것을 뒷받침하는 연구들이 있다.[104] 그리고 이 개념은 귀 벌레 현상에 감정이 관여한다는 점을 암시한다.

한편 몇몇 연구자들은 음악의 특이한 속성이 이러한 현상으로 직접 이어진다고 설명한다. 음악은 가사에 운율이 있거나, 보다 단순하고 반복적이고 화성적인 속성이 있거나, 명백히 끝나는 지점이 없는 일종의 '무한 루프' 구조를 가지는 만큼 뇌는 계속해서 그것을 머릿속으로 연주할수 있고 또 그렇게 한다는 것이다.[105]

감정이 어려운 사람들을 위한 뇌과학

종종 어떤 소리를 듣지 않아도 귀 벌레 현상이 촉발되는 경우도 있다. 희미한 관련 기억의 간단한 단서만으로도 일어날 수 있다. 하지만 실제로 기저에 깔린 메커니즘이 무엇이든 간에 귀 벌레 현상은 기억과 감정 체계를 자극하여 지속적으로 되풀이하고 상기하도록 하며 종종 우리를 분노케 하는 음악의 한 조각이다.

음악과 기억, 감정이 어떤 식으로 상호작용하는지를 보여 주는 보다 심오한 예는 사람들이 대부분 자신의 젊은 시절, 특히 10대에 접했던 음악을 선호한다는 것이다.[106] 이런 '회고 절정reminiscence bump'은 나이가 아무리 들어도 청소년기와 20대 초반의 기억이 다른 시기에 비해 더 선명하게 남는 경향을 말한다.[107]

여기에는 여러 신경학적 요인이 영향을 미치는데, 예컨대 오래된 기억 속의 나쁜 감정들을 조금씩 제거하고 좋은 감정만 남겨 두는 '정서적 퇴색 편향'이 그렇다. 그래서 아무리 실제로는 끔찍했다 해도 '좋았던 옛날'을 그리워하는 사람들이 그토록 많은 것이다. 또한 자기통제와 인지능력을 일으키는 우리의 상부 뇌 영역들은 20대 중반이 되어서야 성숙해지는 반면, 단순한 감정 영역은 훨씬 이전부터 준비가 되어 있다.[108] 이것은 감정을 억제하는 뇌의 일부가 청소년기에도 여전히 발달 중이라는 뜻이다. 10대의 감정이 훨씬 더 격렬한 건 이런 이유에서다.

따라서 10대 시절의 기억은 감정적인 요소가 더 크기 때문에, 인지 과정이 감정을 더욱 철저히 통제하는 인생 후반에 형성된 기억보다 더 쉽게 떠올릴 수 있다. 이 무렵에는 '더욱 감정적'이기 때문에 음악은 다른 어떤 때보다 더 큰 영향을 미친다.

또한 10대 시절에는 본능적으로 또래의 승인과 수용, 신선함을 적극적으로 추구하기 때문에, 자기 표현과 인정을 위해 새로운 음악이 주는 참신함과 같은 것을 더 많이 탐색하게 된다. 하지만 청소년기 이후로 감정이나 보상 체계가 성숙하면서, 어린 시절에 좋아했던 것들은 힘을 잃는다. 그러니 우리가 익숙한 음악을 선호하지 않고 새로움을 추구하는 기간은 아마 10대 시절이 유일할지도 모른다.

요약하면 여러 메커니즘 때문에 청소년기에는 음악을 통해서 훨씬 더 강한 감정적 영향을 받는다. 그리고 기억이 작동하는 방식에 따라 이는 종종 우리의 남은 인생 전반의 음악 취향을 결정짓는다.

그러니 조금 기묘하지만, 음악은 우리가 누구인지를 형성하는 데 매우 큰 영향을 끼칠 수 있다. 그런데 여기에는 개인적인 기반뿐만 아니라 진화적인 기반도 존재한다!

연구에 따르면 음악을 듣고 보이는 쾌락 반응은 뇌의 보상 체계에서 맛있는 음식이나 섹스, 오락용 약물을 즐길 때와 매우 유사한 활동을 보여 준다.[109] 이 쾌락 보상 반응은 보통 생물학적인 무언가(우리 자신과 종족의 생존을 위해 중요한)를 설명하는 데 등장하곤 한다. 마약의 경우, 이러한 보상 체계를 탈취하듯 장악해 버린다고 여겨진다. 즉, 음악에 대한 우리의 감정적 반응은 진화적으로 깊이 뿌리내리고 있으며 예나 지금이나 음악은 인류가 지속적으로 생존하기 위해 중요한 역할을 해 왔다.

이유가 무엇일까? 널리 받아들여지는 이론에 따르면 특정한 색이나 냄새와 마찬가지로 특정한 소리는 자연의 특정한 대상들과 연관되어 있다. 우리의 뇌는 그 대상에 즉각적이고 감정적으로 인식하고 반응하도록

진화했을 것이다.[110]

불협화음에서 불쾌함을 느끼는 현상도 마찬가지다. 피식자의 비명이나 포식자가 사냥할 때 나는 울음소리는 무척 귀에 거슬리는 경우가 많으니 그러한 소리를 경계하도록 진화한 것일 수도 있다.

그뿐만 아니라 우리는 느린 리듬에서 슬픔을, 빠른 리듬에서 행복을 느낀다. 누군가의 움직임이나 말이 느리다는 것은 기분이 저조하거나 부상을 입었을지도 모른다는 신호이기 때문이다. 반면에 빠른 리듬은 흥분과 높은 에너지를 암시한다. 어쩌면 이것은 우리의 심장박동과 관련이 있을 수 있다. 우리는 무의식적으로 빠른 심장박동은 흥분을, 느린 심장박동은 고요함과 이완을 나타내는 신호임을 인식한다. 상당수의 팝 음악은 분당 100에서 120비트 범위에 속하는데, 이 속도는 평균적인 심박보다 약간 높아 '활기 넘치는' 음악으로 인식된다.

또 우리는 단순하고 뚝뚝 끊어지는 소리보다는 풍부하고 복잡한 음악을 보다 자극적이며 들을 만하다고 여긴다. 중복되는 소리가 많은 환경은 생명과 자원, 풍요로움을 암시하기 때문이다. 반면에 조용하고 부드러운 음악은 편안함을 줄 때가 많다. 주변에 어떤 일이 벌어지고 있는지를 인식하고 있는 동안에는 위험 요인이 없다는 것을 연상하기 때문이 아닐까?

한편 급작스럽고 예상치 못한 침묵은 불안을 야기할 수 있다. 아마도 근처 포식자의 눈에 띄지 않기 위해 주변의 모든 것이 쥐 죽은 듯 조용해지는 상황에 대한 고대의 반사 반응 때문일 것이다. 어떤 사람들이 침묵을 그토록 불안해하는 이유도 여기에 있는지 모른다. 이는 또한 몇몇 사람들이 일에 집중할 때 백색소음(일반적으로는 음악 소리)을 필요로 하는 이유일 수도 있다. 절대적인 침묵은 아이러니하게도 불안을 일으킨다.

심지어 악기와 인간의 목소리가 음향적인 특성을 공유하기 때문에 우리가 음악에서 감정적 특성을 인식한다는 이론도 있다. '초표현 음성 이론super-expressive voice theory'에 따르면 음악을 들을 때 뇌에서 언어의 감정적 특성을 인식하는 메커니즘이 작동한다.[111] 흥미로운 이론이기는 하지만 최근 연구에 따르면 뇌는 실제로 음악과 목소리를 분리해서 별개로 처리하는 것으로 나타났다.[112]

논리적으로 이러한 일은 우리의 뇌가 음악과 목소리를 애초에 쉽게 구별할 수 있어야 가능하다. 그렇지만 생각해 보면 항상 그럴 필요는 없다. 첼로나 바이올린, 슬라이드 바를 이용한 기타 주법을 비롯해 목관악기나 금관악기의 상당수에서 '표현력이 뛰어나다고' 여겨지는 악기들은 음표 사이를 미끄러지는 글리산도, 즉 포르타멘토(음정이 다른 다음 음으로 매끄럽게 옮겨 가는 것-옮긴이) 주법이 가능하다. 이것은 개별적인 음을 따로 연주하는 것보다 노랫소리를 훨씬 실감나게 모방하며, 이런 특성이 음악의 감정적 울림에 유의미한 영향을 미친다. 안타까움이나 슬픔을 표현하는 데 흔히 쓰이는 트롬본 음향효과('와와와왕') 또한 그렇다.

그렇기에 비록 우리의 뇌가 음악과 목소리를 처리하기 위한 별개의 시스템을 가지고 있다고 하더라도 음악의 풍부하고 유연한 특성과 그것을 만들어 내는 악기들을 생각해 보면 목소리와의 구분선은 다소 모호해질 수밖에 없다.

궁금한 게 하나 더 있다. 우리는 왜 그렇게 조화로운 화음을 좋아할

감정이 어려운 사람들을 위한 뇌과학

까? 우리 인간은 무엇보다도 사회적인 동물이고, 사회화와 상호작용을 매우 중시하기 때문에 뇌는 집단의 단결과 응집력을 높이는 것들을 매우 긍정적으로 인식한다.[113] 모든 구성원이 동시에 같은 소리를 내는 것만큼 집단의 단결성을 잘 보여 주는 게 또 있을까? 상황이 복잡할수록 더 좋다. 우리가 얼마나 마음을 합쳐 단결할 능력이 있는지 보여 주기 때문이다. 음악은 다른 무엇보다 집단을 통합하는 훌륭한 방법이다.[114]

심지어 춤을 추고자 하는 충동이나 춤을 출 때 느껴지는 즐거움을 이런 원리로 설명할 수도 있다. 음악은 운동피질을 자극하기도 해서 몸을 움직이는 충동을 일으킨다. 진화론적 관점에서 볼 때 단결된 부족보다 더 중요한 것은 그 단결력을 활용해 실제로 무언가를 하는 것이다. 따라서 진화 중인 뇌는 잘 통제되고 조화로운 방식으로 움직이려는 충동에 강하게 이끌린다.[115] 이건 춤이라는 활동에 대한 꽤 정확한 묘사다.

인류 역사상 음악과 춤이 매우 복잡한 방식으로 발전하고 수용되었다는 것은 의심할 여지가 없다.[116] 하지만 이 모든 것은 원시적인 뇌에서 시작되었을 가능성이 높다. 뇌는 자연이 끊임없이 가하는 위험에서 살아남기 위해서는 집단 구성원들이 발성과 움직임을 조화롭게 일치시켜야 한다는 것을 인식했다.

이러한 탐구는 나 자신에 대한 궁금증을 다시 불러일으켰다. 음악의 감정적 연결과 그 기원에 대해 많은 것을 알아냈지만 나는 여전히 내가 왜 대부분의 사람처럼 음악에 정서적 영향을 받지 않는지 알 수 없었다.

이해가 되지 않았다. 음악적 기대치는 얼마나 많은 음악에 노출되는지에 따라 발전하는데 그동안 나는 계속해서 음악적 환경에 노출되었으니까.[117] 부모님 모두 음악을 좋아했고 음악이 흐르는 술집을 운영하며 심지어 그곳에서 살았다. 라이브 공연이나 주크박스, 라디오 등 항상 어딘가에서는 음악이 흘러나오고 있었다.

고민하던 차에 뭔가 짚이는 게 있었다. 나는 북적이는 술집에서 자랐지만, 우리 가족이 그곳으로 이사한 건 내가 두 살 무렵의 일이었다. 작고 조용한 테라스 딸린 집에서 낯선 사람이 돌아다니는 외풍 심한 커다란 건물로 옮겨 가는 건 수줍고 소심한 두 살배기 아기에게 꽤 불쾌한 충격이었을 것이다.

그리고 바로 그런 환경에서 항상 음악이 흘러나왔다. 뇌는 평가 조건화를 통해, 듣고 있는 음악을 그때 경험하는 감정과 자동으로 연관시킨다. 그래서 뇌의 발달에 매우 중요했던 이 시기에 나의 뇌는 음악을 무섭고 거대한 변화와 곧장 연관 지었던 듯하다. 음악은 내 머릿속에서 낯선 어른들이 술에 취해 길을 못 찾고 침실에 들어오거나(놀랄 만큼 자주 벌어지는 일이었다) 거주 공간 바로 맞은편의 행사장에서 흘러나오는 시끄러운 디스코 음악에 잠 못 이루는 밤과 쉽게 연결됐다. 그 초기 경험이 성장의 주요 단계에서 음악에 대한 열정을 키울 수 있는 긍정적 감정의 연상을 막거나 약화했는지도 모른다.

아이러니하게도 이런 나의 추론이 옳다면 내가 아버지처럼 음악을 즐기지 못하는 것은 사실 아버지 탓이 크다. 술집으로 이사를 간 것은 아버지의 결정이었기 때문이다. 물론 당시의 상황을 고려한다면 아버지를 용서할 수 있을 것 같다. 나에게 물려준 평발은 여전히 짜증이 나긴 하지만 말이다.

감정이 어려운 사람들을 위한 뇌과학

어린 시절의 잠 못 이루던 밤과 두려웠던 경험들을 회상하다 보니 감정에 대한 또 다른 탐색이 시작되었는데, 이 일을 이해하는 과정은 악몽 같았다.

꿈꾸는 자아의 모험

아버지가 돌아가신 이후 나는 기묘하고 불쾌한 꿈을 꾸기 시작했다. 내가 그 꿈에 대해 말할 수 있는 것은 그 정도다. 솔직히 말해서 '내가 이런 꿈을 꿨는데'로 시작하는 말에는 사실상 아무도 관심이 없으며 듣는 사람만 따분해질 것이기 때문이다.

그래도 내가 해결해야 할 다른 감정적인 문제에 비하면 이 생생하면서도 속상한 꿈은 그저 성가신 정도다. 어떻게 보면 놀랍지 않다. 사랑하는 사람을 갑자기 잃고 나면 일상이 정서적 혼란의 안개로 뿌옇게 뒤덮이고 마니까. 그렇다면 왜 꿈은 안개처럼 희미해지지 않았던 걸까? 결국 모든 것을 관장하는 것은 같은 뇌일 텐데 말이다.

이건 나 혼자만의 일이 아니다. 코로나 팬데믹으로 인해 전 세계 사람들은 평소보다 두려움과 혼란, 불안, 분노와 스트레스를 느꼈다. 정신 건강의 전반적인 영향을 밝히고 풀어내는 것만 해도 여러 해가 걸리겠지만, 나는 온라인에서 많은 사람이 평소 꾸는 이상하고 불안한 꿈에 대해 터놓는다는 흥미로운 사실을 알게 되었다.

여기서 한 가지 분명한 결론은 우리가 깨어 있을 때 경험하는 감정이 잠잘 때 꾸는 꿈에 상당한 영향을 미친다는 것이다. 물론 모든 감정이 좋지만은 않다. 어떤 것은 매우 부정적인 꿈과 악몽으로 이어진다.

우리는 누구나 한 번쯤 악몽을 경험한다. 악몽은 매우 무섭고 불쾌하지만 놀라울 정도로 흔한 꿈이기도 하다. 데이터에 따르면 2%에서 6%의 사람이 일주일에 한 번꼴로 악몽을 꾼다.[118]

이유가 뭘까? 부정적인 감정은 유용하고 종종 긍정적인 감정보다 자극적이지만, 동시에 우리 뇌는 그런 감정의 효과나 영향을 억누르거나 제한을 두기 위해 열심히 일한다. 정서적 퇴색 편향이 바로 그런 예라고 할 수 있다. 즉 우리가 무엇을 피해야 하는지를 뇌가 알아차리는 방법이 두려움과 같은 감정이라면, 뇌가 꿈에서 두려움을 일으키는 이유는 뭘까? 이 당혹스러운 기능에 목적이 있을까? 뭔가 잘못되고 있다는 신호일까?

사람들이 누군가의 꿈 내용에 관한 대화를 지루하게 여기기는 해도, 과정으로서의 꿈은 다행히 많은 사람의 관심을 끄는 주제다. 그래서 꿈과 악몽이 어떻게 작동하는지에 대한 연구들이 다수 진행되고 있다. 비록 구체적인 특성과 작동 원리는 여전히 논의 중이지만 뇌가 기억과 감정을 다루는 데 꿈이 중요하고, 어쩌면 필수적일지도 모른다는 사실은 널리 인정받고 있다.

수면은 각각 구별되는 네 단계로 나뉜다. 비렘수면 1, 2, 3단계 뒤로 렘수면이 이어진다.[119] 렘REM은 '빠른 안구 운동rapid eye movement'의 약자다. 꿈은 렘수면 중에 발생한다(약간의 예외가 있지만).[120] 렘수면 시간이 길어질수록 더 많은 꿈을 꾸게 되고, 일반적으로 렘수면 단계는 밤에 주기를 거듭할 때마다 더 오래 지속된다. 즉 수면 주기가 끝날 때쯤 렘수면이 가장

감정이 어려운 사람들을 위한 뇌과학

오래 지속되기 때문에 우리는 아침 알람을 듣고 꿈에서 깨게 된다.

한편 꿈을 꾸는 이유에 대한 더 중요한 질문은 우리의 뇌가 기억과 감정을 어떻게 다루는지와 관련되어 있다. 꿈은 기억력을 강화하는 데 중요한 역할을 한다.[121] 결국 기억을 단단히 강화하는 데 가장 좋은 시점은 새로운 기억이 형성되지 않을 때, 즉 무의식 상태다. 반면, 우리가 깨어 있는 동안에 기억을 공고화하기란 자동차가 주행하는 동안 도로를 수리하려는 것과 같아서 할 수는 있지만 훨씬 어렵다.

꿈을 꾸는 동안 뇌는 새로운 기억을 통합하고 기존의 오래된 기억들과 연결하면서 어느 정도 '재경험'하는 수준까지 활성화한다. 이 과정은 우리가 깨어 있는 동안에도 규칙적으로 일어나지만 두뇌의 활동 대부분을 실시간 의식이 차지한다. 그러다 잠이 들면 의식과 감각은 한꺼번에 '셧다운'된다. 그러면 꿈을 꾸는 동안 촉발된 기억과 그것에 수반되는 경험들이 뇌를 독차지한다. 꿈속에서 여러 경험을 할 때 그게 '진짜'처럼 보이는 건 바로 이런 이유에서다. 꿈은 기억을 활성화하지만, 실시간 의식이 그 기억을 가리지 않기 때문에 훨씬 더 실감 나게 우리를 몰입시킨다.

하지만 앞서 살핀 바에 따르면 각각의 기억은 여러 요소가 혼합된 결과물이다. 구체적으로는 꿈의 밑밥이 되는 일화 같은 기억들을 말한다. 기억은 특정한 감각, 감정, 인지적 경험의 조합이며 시냅스 연결의 모음으로 뇌에 저장된다. 그렇게 하면 특정 요소를 여러 기억 장치에 사용해 뇌의 공간과 자원을 절약할 수 있다.

이는 또한 우리가 꿈을 꿀 때 기억의 모든 요소가 활성화될 필요는 없다는 것을 의미한다. 기억의 요소는 개별적으로 활성화되며 다른 요소

들과 연결되어 기억에 저장된 재료들의 통합과 다용성, 유용성을 강화한다.[122]

이것은 꿈에서 벌어지는 일이 종종 왜 그렇게 이상한지 설명해 준다. 꿈은 기존 기억의 독특한 측면이며, 비정상적이고 특이한 패턴으로 합쳐지고 촉발된다. 이전에 만난 다른 사람들이 합쳐져 꿈속에 나오기도 하고 깨어 있는 동안 방문한 장소들이 이리저리 결합하여 꿈의 배경으로 만들어지기도 한다.

기억의 어떤 부분들이 연결되는지에는 현실의 논리가 전혀 필요하지 않다. 예컨대 꿈꾸는 상태의 뇌는 노래한 기억과 물속에서의 기억을 한꺼번에 활성화할 수 있다. 비록 인간의 생리적인 특성과 물리법칙이 허용하지 않지만, 꿈에서라면 우리는 물속에서 노래할 수 있다.

하지만 꿈이 이상한 시나리오들을 펼쳐놓을 때 꿈꾸는 자아는 특이한 일이 일어나고 있다고 거의 깨닫지 못한다. 그럴 수밖에 없다. 만약 꿈이 전적으로 기억 요소들로만 구성된다면 뇌는 꿈속에서 새로운 무언가를 전혀 경험하지 못할 것이다.

수면과 꿈이 기억 처리와 공고화 과정에 미치는 중추적인 역할은 몇 가지 흥미로운 연구에서 입증된 바 있다. 그중 후각의 힘을 이용한 한 연구에서는 피험자들이 특정한 학습 과제를 수행하는 동안 장미 향기를 맡게 했다. 그 후 실험실에서 하룻밤을 보내게 해서 일부 피험자의 방에만 장미 향기가 퍼지게 했는데, 다음 날 그들의 학습 평가 성적이 훨씬 좋은 것으로 나타났다.[123]

공부하는 동안 향초를 피우고 자는 동안에도 같은 초를 계속 피운다면 정보를 더 잘 기억할 수 있다는 뜻일까? 이 실험에 따르면 답은 '그렇다'이다. 방에 불을 켜 놓고 자는 것은 추천하고 싶지 않지만 말이다.

마찬가지로 어려운 문제나 결정에 직면했을 때 '하룻밤 자며 잘 생각해 보라'는 조언은 과학적으로도 근거가 있는 듯하다. 연구에 따르면 렘수면 중에 잠에서 깬 사람은 비렘수면 중에 일어난 사람보다 복잡한 문제를 해결하는 데 훨씬 더 뛰어나다.[124] 렘수면 중 꿈을 꿀 때 뇌가 '유연한' 상태가 되어 기억과 기억의 처리 과정 사이에 연결이 더 쉽게 발생하기 때문이다.

꿈을 꾸는 것이 앞서 설명했던 기억 공고화 과정과 관련되어 있다면 당연히 예상할 수 있는 일이다. 뇌는 무작위적이고 비정형적인 연결이 더 쉽게 일어나도록 스스로 변화해야 한다. 그러니 어려움을 겪고 있는 문제나 골칫거리가 있다면 일단 잠을 한숨 자는 게 큰 도움이 될 수 있다. 문제와 관련된 최근의 모든 기억은 기존의 신경학적 설정과 더 잘 통합되고, 문제와 해결책 사이의 연결 고리를 찾아낼 가능성이 더 커질 것이다.

이는 비교적 간단한 '연속성 가설'과도 관련이 있는데, 밤에 꾸는 꿈이 주로 그날 축적한 경험에 의해 형성되고 결정된다는 가설이다.[125] 다른 기억보다 가장 최근 기억을 처리하고 공고화할 필요성이 가장 크기 때문에, 꿈을 꾸는 동안 최근 기억이 우선권을 갖는 것도 놀라운 일이 아니다.

하지만 이 가설은 논리적으로 보이기는 해도 꿈이 매우 혼란스럽고 예측할 수 없는 이유는 설명하지 못한다. 그래도 꿈꾸는 뇌가 무엇을 하고 있는지 더 자세히 살펴보면 이런 문제를 설명하는 데 도움이 될 수도 있다.

예컨대 해마는 꿈을 꾸는 동안 훨씬 더 활동적인데, 이것은 꿈이 기억을 처리하는 데 중요한 역할을 한다는 점을 더욱 강조한다.[126] 하지만 꿈을 꿀 때 해마의 활동은 깨어 있을 때의 활동과는 다르다.[127] 꿈이 매우 초현실적이고 기묘한 이유는 해마의 이 특이한 행동 때문이라는 게 널리 받아들여지는 설명이다. 그에 따라 이 '예전과 다른' 상태에서 형성된 기억 회상 능력은 왜곡되고 손상된다. 꿈에서 깨고 나면 내용을 기억하기 어려운 이유이기도 하다.

이처럼 꿈과 기억 사이의 연결 고리는 잘 확립된 것처럼 보인다. 하지만 감정에 대해서는 어떨까?

비록 실제 메커니즘에 대한 이론들이 다양하고 복잡하지만, 일반적으로 감정이나 감정적 경험은 꿈을 통해 처리된다고 여겨진다. 이런 개념은 최근 들어 갑자기 만들어진 게 아니다. 이미 120년 전에 지그문트 프로이트가 꿈과 그 의미에 관한 유명한 책을 썼다.[128] 프로이트는 꿈이 우리의 성적 충동으로 인한 불안을 억누르고 처리해 수면을 계속 유지하는 뇌의 수단이라고 여겼다. 그렇지 않으면 잠에서 깰 것이기 때문이다. 그리고 프로이트에 따르면, 우리의 성적 충동이 마조히즘의 성향을 띠면서 매우 불쾌하고 화가 나는 악몽을 꾸게 되는 것이다.

오늘날에는 대부분의 정신분석이 모든 것을 불온한 성적 충동과 연결하는 데서 벗어났지만, 꿈이 감정 발달의 핵심적인 측면이며 악몽은 그 특정한 표현이라는 데는 여전히 합의가 이루어지고 있다. 또는 그 감정 발달 과정이 틀어지는 곳이기도 하다.[129]

신경학적 증거가 이를 뒷받침한다. 해마뿐만 아니라 편도체도 렘수

감정이 어려운 사람들을 위한 뇌과학

면 중에 더 활동적이다.[130] 이것은 꿈에서 어떤 일이 일어나든 간에 감정이 매우 중요한 부분이라는 점을 암시한다.

기억의 감정적 요소는 그 자체로 별개의 존재들이라는 것을 떠올리면 이 모든 것이 더 이치에 맞게 생각된다. 편도체의 분열이나 손상이 일어나면 사건의 다른 세부 사항들은 기억에 보존되지만 어떤 감정적 측면은 보존되지 않을 수 있다. 감정적인 경험이 따로 분리될 수 있다는 것은 분명해 보인다. (이는 '감정과 인식은 분리할 수 없다'는 2장의 전체적인 결론과 모순되는 것처럼 보일 수도 있다. 하지만 우리의 뇌에서 무언가가 생성되는 것과 그것들이 우리에게 인식되고 기억에 저장되는 것에는 큰 차이가 있다.) 이것이 본질적으로 꿈에서 벌어지는 일이다.[131]

우리 모두 감정적 경험이 우리 곁에 머물면서 계속해서 영향을 줄 수 있다는 사실을 잘 안다. 이는 어떤 사건의 기억이 여전히 관련 감정을 일으키고 있다는 사실을 암시한다. 그리고 기억과 감정이 뇌에서 어떻게 작용하는지에 대한 복잡한 상호적 특성이 되먹임 고리를 만들 수 있다. 감정은 그 감정과 강하게 연관된 기억을 활성화하고, 그러면 그 감정이 더 강하게 촉발되며 그에 따라 그 기억이 다시 활성화되는 식으로 계속 이어진다.

앞서 살폈듯이 슬프거나 화나는 음악을 듣는 것과 같은 행동은 우리가 씨름하고 있는 까다로운 감정을 처리하는 방법이 될 수 있다. 관련한 잠재적인 기억(들)을 반드시 활성화하지 않고서도 감정을 촉발시킬 수 있기 때문이다. 이렇게 하면 우리 뇌의 다른 영역들이 그 감정에 관여할 수 있으므로 스스로 연결 고리나 연관성을 찾을 수 있다. 즉, 강력한 감정은 그 원인이 된 사건의 기억으로부터 다소 '분리'되며, 그 효과는 뇌 전반에 퍼져 그 감정의 위력을 줄이고 뇌의 '처리' 능력을 향상시킨다.

이는 여러 측면에서 꿈을 꿀 때 벌어지는 일과 같다. 우리의 뇌는 기억의 감정적인 요소들을 효과적으로 받아들이고, 유사한 감정적 특징을 가진 다른 기억과 연결해 그런 감정에 대한 인식과 처리 방식을 개선한다. 이렇게 함으로써 원래의 감정적 기억이 가졌던 잠재적이고 파괴적인 영향을 줄일 수 있다.

많은 연구자가 이것이 꿈의 더 중요한 기능이라고 여기고 있으며, 어쩌면 이 현상으로 나는 물론이고 팬데믹 속에서 죽음과 씨름하는 사람들의 변화된 꿈의 경향까지도 설명이 가능할 것이다. 낮부터 잠자리에 들기 전까지 우리의 감정 상태는 우리가 꾸는 꿈에 강력한 영향을 미친다.

그러니 만약 우리가 일이나 인간관계로 스트레스를 받는다면 뇌는 꿈을 꾸는 동안 새로 형성된 기억으로부터 이러한 감정적 요소들을 가져가 비슷한 특성을 가진 기억들과 연결한다. 심지어 스트레스를 의식적으로 억누른다 해도 뇌는 잠재의식 속에서 그 사실을 매우 잘 인식하고 있다. 뇌가 꿈속에서 스트레스 해결을 위해 노력하기 때문에 뇌가 품고 있는 부정적인 감정들이 꿈을 통해 퍼진다.

그리고 여기서부터가 흥미로운 부분이다. 비록 프로이트를 비롯한 여러 학자들이 악몽을 꿈의 일반적이고 불가피한 측면이라고 여기지만, 진화심리학을 비롯한 최신 이론에 따르면 악몽이야말로 사실상 우리가 꿈을 꾸는 이유의 전부이다. 적어도 원래는 이런 이유였다는 것이다.

예를 들어 위협 시연 가설threat simulation theory에 따르면, 꿈은 자는 동

감정이 어려운 사람들을 위한 뇌과학

안 뇌가 위협과 위험을 시뮬레이션하는 수단으로 처음 진화했다.[132] 그러면 우리가 이미 '연습'한 대로 실제 세계에서 사건이 벌어졌을 때 더 잘 대처할 수 있다. 뇌가 발달하면서 더욱 복잡하고 감정적으로 다양한 꿈이 생겨났는데, 악몽을 꾸는 것은 뇌가 두려운 요소에 관여하고 이를 피하는 생존법을 배우기 시작했음을 뜻한다.

이것을 뒷받침하는 근거 중 하나는 우리가 젊을 때 훨씬 더 많은 악몽을 꾼다는 점이다.[133] 젊고 경험이 부족한 뇌는 아직 위험을 인식하고 대처하는 방법을 찾지 못했기 때문에 더 많은 시뮬레이션을 실행해야 한다. 즉, 더 많은 악몽을 꾸어야 한다.

이 가설은 언뜻 보기에 흥미롭긴 하지만, 나를 포함한 꽤 많은 연구자는 그 근거가 충분하지 않다고 생각한다. 예컨대 이 가설이 옳을 경우, 악몽을 많이 꿀수록 정신 건강은 더 좋아져야 하지만 실제로는 전혀 그렇지 않다고 반박할 수 있다. 꽤 강력한 반론을 하자면, 논리적으로 뇌는 스트레스와 불안을 유발하는 것들을 처리하고 다루는 데 더 많은 시간을 보낸다.

악몽 같은 시나리오

다수의 정신 건강 문제, 특히 감정적 성격을 가진 문제들은 악몽을 많이 꾸는 현상과 관련이 있다.[134] 사실 심리학자들은 악몽을 둘로 나누는데 하나는 특발성 악몽이고 다른 하나는 외상 후 악몽이다. 전자는 많은 이들이 종종 꾸는 꿈이고 후자는 깊은 감정적 외상을 경험했을 때 매우 자주, 그리고 아주 강렬하게 발생한다.[135]

PTSD나 이와 유사한 증상을 보이는 사람이라면 당연히 부정적인 감정이 많이 축적되어 있고, 이 감정을 처리해야 할 필요가 있을 것이다. 악몽이 이 감정을 처리하는 수단이라면 도움이 될 것이라 기대할 수 있다. 하지만 악몽의 증가와 반복은 정신적·감정적 건강 악화의 신호인 반면, 악몽의 감소는 장기적으로 더 나은 회복의 신호탄이다.[136]

그렇다면 악몽이 도움은 되지 않더라도 동시에 필요한 수단일 수 있을까? 모순적으로 들리지만 인간의 뇌는, 특히 감정과 관련해서는 이런 식으로 다재다능한 능력을 보여 주곤 한다. 악몽이 도움이 되는지 그 반대인지는 다른 여러 감정적인 것들과 마찬가지로 상황이나 맥락에 달려 있을 가능성이 크다.

실제로 악몽의 발생 과정과 이유에 대한 오늘날의 이론들은 '축복인 동시에 저주'라는 관점을 채택하는 듯하다. 한 가지 좋은 예가 정서적 네트워크 기능 장애 모델AND, affect network dysfunction이다. 이 모델에 따르면 악몽이 발생하는 이유는 두려운 기억을 지워 내는 일이 특히 어렵기 때문이다.

뇌는 두려웠던 요소들을 최대한 기억하려 한다. 우리가 두려움을 경험하는 건 스스로 위험을 인지시키기 위함이다. 그런 만큼 무서운 기억을 잊지 않는 능력은 오래전부터 생존에 필수적이었다. 그 결과 무서운 기억은 끈질기게 뇌리에 남아 잊기 어렵게 된다. 설사 잊는다고 해도 나중에 쉽게 '재활성화'될 수 있다.[137]

감정이 어려운 사람들을 위한 뇌과학

하지만 뇌 속에 강력한 두려움을 일으키는 기억을 계속 갖고 있는 것도 좋지 않다. PTSD를 겪어 본 사람이라면 누구든 그 이유를 너무나 잘 알 것이다. AND 모델은 바로 이 지점에서 나쁜 꿈과 악몽이 발생한다고 주장한다.

악몽은 기존의 공포스러운 기억을 억누르거나 제거하기보다는 다른 무언가로 '대체'하는 방식에 가깝다. 나쁜 꿈과 악몽은 우리 뇌의 불안한 기억으로부터 강력한 공포 요소를 분리하고 이를 연상시키지 않는 다른 기억들과 다시 연결 짓는다. 그렇게 해서 악몽은 처리하기 까다로웠던 경험과 통합한 수많은 '새로운' 기억을 원래의 기억 위에 쌓아 올린다.

하지만 강렬한 공포와 엮인 이 새로운 기억은 깨어 있을 때 겪는 원래의 경험만큼 강력하고 견고하지 않다. 그만큼 자극적이지 않을 뿐 아니라 이미 앞에서 확인했듯 꿈속 경험은 잊지 않고 그대로 기억하기가 더 힘들다. 그렇기에 꿈을 꾸는 과정에서 파괴적인 기억을 새로운 기억 조합으로 덮어 제대로 '부착하기' 위해서는 여러 번의 시도가 필요한 경우가 많다.

이런 시도는 마치 마음에 들지 않는 패턴 벽지로 도배된 새집에 이사하는 것 같다. 불쾌한 벽지 위로 페인트칠을 하더라도 패턴이 매우 대담한 색깔인 데다가 페인트가 얇게 발리기 때문에 제대로 덮기 위해서는 칠을 여러 번 해야 한다. 꿈을 꾸는 동안 만들어진 새로운 기억과의 통합도 비슷하다. 깨어 있는 동안의 강력한 기억에 비하면 '얇아서' 골치 아픈 기억을 제대로 칠하려면 여러 번 시도해야 한다.

반복적인 꿈(또는 악몽)의 존재 이유와 하룻밤에 여러 번 비슷한 꿈을 꾸게 되는 이유도 이를 통해 설명할 수 있다. 뇌는 꿈을 꾸는 동안 특히 강력한 감정적 기억을 처리하려 노력하며, 효과적인 처리를 위해서는 여러 번의 렘수면 주기가 필요하다.

이 과정은 상당히 섬세하다. 부정적 감정이 얼마나 강력할 수 있는지를 고려할 때 뇌는 상대적으로 과부하에 걸리기 쉽다. 이는 악몽을 꿨을 때의 대표적 특징 중 하나로 잠에서 화들짝 놀라 깨는 행동을 꼽을 수 있다는 점에서 명백하게 드러난다.[138] 뇌가 감정적 기억을 건강한 방식으로 처리하기 위해서는 잠이 필요하다. 악몽 때문에 잠을 자지 못하면 그런 처리를 수행할 수 없을 테고, 또 무언가 잘못되기 시작할 것이다.

실제로 외상 후 악몽을 겪는 사람들은 대부분 만성적인 수면 부족과 수면 장애를 호소한다. (그런 이유로 PTSD는 우리에게 지속적으로 파괴적인 영향을 끼친다. 수면은 뇌에 닥친 문제를 해결하도록 돕지만 동시에 그 문제는 수면을 방해한다.) 또 두 종류의 악몽 모두 사지 운동 증가와 관련이 있는데, 이것은 우리 뇌와 신체가 정상적으로 '잠들지' 못했다는 뜻이다. 이런 점 때문에 많은 연구자가 악몽이 불안이나 감정적 문제에 따른 증상이 아니라 그 자체로 수면 장애로 분류해야 한다고 주장하고 있다.

이 모든 것을 고려할 때, 악몽은 결국 무언가 잘못되고 있다는 신호처럼 보인다. 꿈은 분명 잠자는 동안 뇌가 겪는 중요한 사건이기도 하며, 뇌가 한가한 때 기억과 감정이 적절하게 처리되는 장소이기도 하다. 꿈은 기억 요소들이 개별적으로 활성화되어 다른 기억 요소들과 새롭고 독특한 조합으로 결합하는 과정이기 때문에 종종 기괴하고 터무니없다. 하지만 이때 우리의 기억에 내재한 감정적 경험들이 뇌의 나머지 영역에 퍼지고 보다 잘 통합될 수 있다. 꿈이 본질적으로 그렇게 감정적일 수 있는 이유다.

하지만 악몽은 이 중요한 과정을 훼방 놓는다. 악몽은 너무 무섭고 강렬해서 종종 뇌가 잠과 꿈을 완전히 포기하게 만들기 때문에, 기억에 쌓인 감정이 제대로 처리되지 않은 채로 남아 더 큰 문제를 일으킨다.

이런 점에서 악몽은 정말 필요하면서도 도움이 되지 않는 것처럼 보인다. 여러분은 이제 이 문장이 앞서 접했을 때처럼 모순으로 보이지 않을 것이다. 만약 우리가 여기서 나쁜 꿈과 악몽을 구별한다면 어떨까? 나쁜 꿈은 잠자는 동안 뇌가 부정적인 감정 기억을 효과적으로 처리하는 데 성공한 사례다. 반면 악몽은 끝내 실패하는 경우인데, 기억 속에 부정적인 감정이 너무 많아 뇌의 처리 능력에 과부하가 걸렸기 때문이다.

살다 보면 엄청나게 강렬한 감정에 사로잡히는 경우가 종종 있는 만큼 많은 사람이 이따금 악몽을 꾸는 것도 결코 놀라운 일이 아니다. 뇌가 더 강력한 감정을 만들지만 감정을 처리하는 연습이 덜 된 어린이와 청소년이 더 많은 악몽을 꾸는 것도 이런 맥락에서 이해가 된다.

적어도 내겐 어느 정도 안심이 되는 이야기다. 아버지가 돌아가신 이후로 꿈이 괴롭고 즐겁지 않게 되었지만, 지금까지 꿈 때문에 잠을 못 이루거나 깬 적은 없다. 그러니 나는 아직 악몽보다는 '나쁜 꿈'을 꾸고 있는 것 같다.

나는 충격적인 상황에서 아버지를 잃은 지 얼마 되지 않았다. 그리고 코로나 팬데믹 때문에 몇 달 동안 가족, 친구들과 떨어져 있어야 했다. 그러니 내가 직면해야 할 부정적인 감정들이 많다는 것은 부정할 수 없는 사실이었다. 하지만 적어도 지금까지는 처리하기에 무리가 되는 양은 아니다.

물론 내 뇌 속 감정 배선에 문제가 있는 게 아니라면 말이다. 하지만 아직 그 길로는 가지 않겠다. 당장 처리해야 할 것들도 충분히 많으니 말이다.

물론 모든 사람이 매일 밤 편안하고 평화롭게 잠들길 바라지만, 비극적이고 속상한 경험을 하고 나쁜 꿈을 꾸는 사람이 나 혼자가 아니라는 사실을 알게 되어 안심하기도 했다. 나와 비슷한 경험을 한 다른 사람들의 사례를 보니 묘한 위로가 되었다. 게다가 이렇게 암울한 시기에 겪었던 감정적인 혼란을 빠짐없이 글로 남기고 독자 여러분과 나누는 일도 확실히 큰 도움이 되었다.

나는 확실한 결론에 도달했다. 감정을 경험하는 건 전체 과정의 일부일 뿐이라는 것이다. 감정적인 존재인 우리 인간에게는 감정의 공유와 타인과의 소통이 그만큼 중요하다.

감정이 어려운 사람들을 위한 뇌과학

4장

우리는 타인의 감정에
어떻게 사로잡히는가

공감은 뇌에서 어떻게 작동하는가

슬픔을 겪는 건 힘든 일이다. 누구나 아는 사실이다. 그래서인지 내가 겪은 경험이 감정적으로 힘들었다는 사실은 전혀 놀랍지 않았다.

그보다 놀라웠던 건 경험이 다양한 방식으로 내 감정을 혼란스럽게 했다는 점이다. 텔레비전에서 봤던 것처럼 일단 강렬한 슬픔이 길게 이어지리라 생각했지만, 실제로는 그렇지 않았다. 아버지가 돌아가신 직후 나는 대체로 무감각해졌다. 그러다 마침내 강력한 슬픔이 찾아왔을 때, 파도처럼 밀려오는 슬픔에 이따금 낮게 흐느끼는 일도 있었다. 하지만 곧 슬픔 사이에 이유 없이 터져 나오는 분노와 좌절감이 끼어들었다.

어떤 날들은 기분이 괜찮았다. 심지어 좋기도 했다. 하지만 이내 죄책감과 부끄러움을 느꼈다. 아버지가 돌아가신 지 얼마 되지 않았는데 이렇게 쾌활하다고? 이렇게 무정한 사람이 어디 있을까! 감정적으로 전혀 타격이 없는 것처럼 말이다.

결국 나는 내가 '제대로' 애도하지 못하는 게 아닌지 걱정하기 시작했다. 이 모든 여정은 내 감정 처리 과정이 어떤 식으로든 잘못된 게 분명하다는 걱정에서 출발했다. 별나고 이상해 보이는 애도 방식과 함께.

문제는 이런 경험을 처음 한다는 것이었다. 나는 이 슬픔이 어떻게 진행되어야 하고 어떻게 해결되어야 하는지 정말 몰랐다. 만일 가족이나 아버지의 친구들이 곁에 있었다면 훨씬 더 좋은 아이디어가 나왔을 것이다. 그들 역시 슬픔에 잠겨 있던 만큼, 우리는 아버지에 대해서 대화하고 감정을 나누면서 서로를 안심시킬 수 있었을 테니. 상실을 경험하면 가까운 사람들이 모여서 위로하고 고통을 나누어 극복할 수 있도록 돕는 것이 보통의 과정이다. 하지만 나는 그럴 수 없었다. 혼자서 슬픔을 감당해야 했다. 팬데믹으로 인한 폐쇄 조치로 모든 사람이 각자의 집에 격리되어 있었고, 더군다나 바이러스로 아버지를 잃은 나는 상황을 심각하게 받아들여 친구들과 가족을 멀리했다.

하지만 감당이 쉽지 않았다. 감정에 관해서는, 감정이 하는 모든 일이 그렇듯 타인이 인지할 수 있는 방식으로 공개적으로 표현하는 기능이 확실히 중요하기 때문이다. 그렇지 않다면 어째서 우리 뇌와 신체의 상당 부분은 감정을 묘사하고, 감지하고, 공유하는 능력에 할애되고, 그것에 좌우되겠는가.

사실 감정적 경험에서 타인의 느낌과 감정적 반응은 놀랄 만큼 큰 부분을 차지한다. 이런 기능이 없다면 우리 자신의 감정적인 삶은 마치 색이 제거된 영화를 보는 것처럼 축소된다.

나는 나에게 이런 일이 일어나고 있다는 것이 걱정스러웠다. 감정적

감정이 어려운 사람들을 위한 뇌과학

으로 힘든 시기에 아끼는 사람들과 연락이 끊어지면 슬픔을 경험하고 처리하는 능력이 손상될 것이다. 다른 감정들도 마찬가지다. 긍정적인 감정은 우울한 감정을 피하는 데 도움이 될 수 있다. 함께 웃을 사람이 있다면 좋았던 시간을 떠올리며 웃기가 확실히 더 쉬운 법이다.

그런 만큼 나는 다른 무엇보다 우리가 누구이고 어떻게 기능하는지와 관련해 감정의 소통과 공유가 얼마나 중요한지 알아보며, 실제 과학적으로 밝혀진 바를 살피고자 했다. 알고 보니 그 영향은 꽤 컸다.

사실 슬픔을 느끼던 시기에 내가 완전히 혼자였던 건 아니다. 물론 내 인생에서 가장 감정적으로 고통스러웠던 시기에 집에 틀어박혀 다른 이들과 단절되었던 것은 사실이다. 그래도 다행히 아내와 두 아이는 함께였다. 이들 없이는 잘 해낼 수 없었을 것이다.

그런데도 내가 내 감정을 혼자 품겠다고 다짐했던 만큼 여전히 슬픔을 혼자서 감당하는 것처럼 느껴질 때가 많았다. 물론 멍청하게 들리겠지만, 단순히 '남자다운 척'을 했던 게 아니라 나름 타당한 이유가 있었다.

당시에 내 아이들은 아직 어렸기 때문에 어떻게든 그들에게 어른의 슬픔을 쏟아붓지 않으려 했다. 그리고 그때는 확실히 좋은 시절이 아니었다. 아이들은 팬데믹 때문에 학교, 친구, 가족, 여행, 그리고 무엇보다도 사랑하는 할아버지를 빼앗겼다. 설상가상으로 여기에 나의 슬픔을 더해 부담을 준다는 건 두려운 일이었다.

물론 상상할 수 있는 한 가장 지적이고 관대하고 유능한 아내가 곁에 있었다. 아내는 내가 필요로 할 때 언제든 곁에 머무를 것이라고 거듭 말했다. 하지만 나는 가족의 생계를 위해 야외 사무실에서 일했고, 아내는 집안 살림을 하면서 아이들의 주 양육을 도맡았다. 아내는 원래 하던 일을 포함해 이미 정규직 세 개에 해당하는 일을 하고 있었다. 게다가 아이들이 집에 무기한으로 틀어박히게 되면서 아내가 해야 할 일은 급격하게 늘었다.

내가 필요로 할 때 곁에 있겠다던 아내의 말이 진심이라는 건 알았지만, 솔직히 말해 더 부담을 주고 싶지는 않았다. 내게는 나 자신의 행복뿐만 아니라 아내의 행복도 중요했다. 아내가 감당하는 가뜩이나 과중한 일들을 처리하는 것 외에도 내 슬픔을 흡수하는 유일한 스펀지 역할을 하도록 했다면, 나는 죄책감에 시달려 기분이 훨씬 저조해졌을 것이다. 그러면 어떻게 해야 할까? 나는 내가 직면한 슬픔을 혼자 감당하기로 결심했고, 가족들에게 내가 잘 지내고 있다고 안심시키기 위해 열심히 일했다.

그래도 나는 누구도 속이지 않았다. 아내는 슬픔이 나를 언제 강타하는지 분명히 알고 있었고, 그럴 때면 아이들의 주의를 돌리고 각종 일을 처리해 내가 감정적 혼란을 극복하는 데 필요한 공간을 마련해 주었다. 내 아들도 필요할 때 나에게 포옹을 아끼지 않았고 여덟 살 아이가 현실적으로 할 수 있는 배려로 자기 몫을 다했다. 심지어 더 어린 딸도 아빠의 기분을 감지하고 어떻게든 도우려 했다. 비록 네 살 아이답게 매우 솔직한 말투로 "아빠, 행복하세요!"라고 외치며 자신 있게 엄지손가락을 치켜세울 뿐이었지만 말이다. (그런 행동을 본 나는 히스테리적인 웃음을 터뜨리며 조금씩 누그러졌고, 아이는 자기가 한 일이 효과가 있다고 확신했다. 엄밀히 말하면 틀린 건 아니지만 나쁜 선례이기는 했다.)

돌이켜보면 가족들에게 슬픔을 감추려는 나의 시도가 생각대로 되지

감정이 어려운 사람들을 위한 뇌과학

않은 것은 잘된 일이다. 슬픈 감정을 전적으로 혼자 감당했다면 의심할 여지 없이 심각한 정신적·정서적 해를 입었을 것이다. 하지만 그렇다고 하더라도 나의 한심한 실패는 매우 명백하다. 최선을 다해 감정을 숨기려고 노력했지만, 여전히 어린아이도 알아챌 듯한 방식으로 슬픔을 드러냈으니까. 감정의 소통과 공유가 우리 인간에게 얼마나 깊숙이 자리한 근본적인 것인지 드러나는 부분이다.

우리는 모두 인간의 의사소통 상당 부분이 비언어적이라는 것, 말과 언어는 빙산의 일각에 불과하며 그 아래 훨씬 더 큰 무의식적 의사소통이 자리하고 있다는 진부한 은유에 익숙하다. 이 무의식적인 의사소통 대부분은 감정과 관련이 있다. 비록 감정에 대한 우리의 이해는 막연하고 모호하지만 감정을 소통하기는 의외로 쉽다. 우리는 노력하지 않고 일상적으로 감정을 소통한다. 아니면 내가 그랬듯, 감정을 소통하지 않으려 적극적으로 애쓰기도 한다.

물론 우리는 감정을 전달하기 위해 언어를 사용할 수 있다. 그렇게 할 수 있다는 건 분명하다. 예컨대 아무에게나 '나는 행복하다, 슬프다, 화가 난다, 겁이 난다'라고 얘기할 수 있고, 사람들은 기분을 이해할 것이다. (반드시 신경을 써 주리라는 법은 없지만, 적어도 이해는 할 것이다.) 하지만 감정을 소통하기 위해 언어가 꼭 필요한 건 아니다. 뇌는 감정을 암시하는 모든 감각적 정보를 감지하고 해독하는 데 매우 능숙하기 때문이다. 그리고 인간들은 그런 정보를 많이 만들어 낸다. 땀과 눈물 속 화학물질, 목소리의 어투와 크기, 음조, 속도, 웃음소리나 좌절의 탄식, 몸의 자세, 몸의 움직임, 제스처나 표정(안색이나 이목구비의 위치) 따위다.[1,2,3] 종종 무의식적이기는 해도 우리는 언제나 현재 느끼는 감정을 알리는 광범위한 다감각적 신호를 외부에 드러낸다.

타인의 감정을 감지하고 인식하는 것은 시작에 불과하다. 게다가 우리는 감정을 공유한다. 누군가 우울해하는 것을 보면 슬퍼지곤 하는 경험이 있지 않은가. 누군가 겁을 먹으면 덩달아 두렵거나 불안해진다. 웃고 있는 사람들 주변에 있으면 훨씬 더 많이 웃게 된다.[4] 이 외에도 많은 사례가 우리가 타인의 감정을 이해하고 공유하는 공감 능력을 지녔다는 사실을 보여 준다.

공감은 인간이 살아가는 데 필수적인 요소다. 공감은 우리의 뇌와 정신 능력을 진화시켰다.[5] 언어보다 앞서 등장한 공감 능력은 우리가 효과적으로 의사소통하고 타인과 유대감을 쌓게 해 준다.[6] 누군가 긍정적인 감정을 경험하게 해 준다면 그 사람 곁에서 머물고 싶어진다. 데이트 앱 프로필에 '괜찮은 유머 감각'이라고 적어 놓는 사람들이 많은 것도 그런 이유에서다. 타인의 감정을 감지하고 공유하는 능력이 SF 소설 속 설정처럼 들릴 수도 있지만, 사실 공감은 뇌의 주요 영역에 퍼져 있는 신경학적 영역들의 정교한 연결망을 통해 이루어진다.

이 연결망의 핵심 기능은 뇌가 특정 행동의 표현을 만들어 내는 이른바 '행동 표현'이다.[7] 이 정보는 어떤 행동에 해당하는 자발적 운동을 안내하고 영향을 주는 데 사용된다. 행동 표현은 우리가 특정한 움직임을 생각할 때도 발생할 수 있지만, 그보다 타인의 움직임을 관찰할 때 특히 중요하다. 그래야 우리가 그 행동을 모방할 수 있기 때문이다.

이 설명이 조금 어렵고 전문적으로 느껴진다면 이렇게 생각해 보자.

감정이 어려운 사람들을 위한 뇌과학

셜록 홈스가 범죄 현장에서 미묘한 단서(손톱, 누군가 사용한 성냥, 스웨터에서 나온 실밥)들을 전부 수집한 다음, 어떤 일이 일어났고 누가 연루되었는지 머릿속 퍼즐을 맞춰 사건을 해결한다고 말이다. 행동 표현은 이 셜록 홈스의 신경학적 버전이다. 뇌는 누군가 행동하는 장면을 관찰해 모든 감각 신호를 축적하고, 그 신호들을 일관성 있게 하나로 합쳐서 그것이 무엇을 뜻하거나 표현하며 어떻게 이루어지는지 알아낸다.

모방은 우리의 성장과 발달에 큰 부분을 차지한다.[8] 그래서 우리의 뇌는 종종 방금 관찰하거나 알아낸 행동을 모방한다. 앞서 얘기한 셜록 홈스의 비유가 여기서 붕괴된다. 탐정이 방금 해결한 범죄를 모방한다는 것은 다소 자기 모순적인 행동일 테니 말이다. 어쨌든 간단히 말하면 '행동 표현'은 행동이 무엇이고 그것이 무엇을 의미하는지, 어떻게 수행하는지를 뇌가 인식하는 과정이다.

인간 두뇌의 초기 발달 단계를 예로 들어 보자. 여러분이 고대의 호모 사피엔스라고 상상해 보라. 여러분은 코코넛을 깨기 위해 돌을 사용하는 동료 부족을 보았다. 이 '행동'을 관찰할 때 여러분의 뇌 안에서는 다음과 같은 일이 일어날 것이다.[9]

먼저 코코넛을 깨려고 시도하는 동료를 보면서 뇌가 얻는 시각 정보는 시각적 공간 인식을 위한 핵심 영역인 상측두피질로 전달되며, 이곳에서 자기중심적 관점과 대상 중심적 관점을 통합한다.[10] 간단히 말하면 상측두피질은 나와 관련 있는 대상들이 어디에 있는지, 그것이 무엇을 '하고 있는지' 시각적으로 알아낸다.

이렇게 함으로써 상측두피질은 방금 본 것에 대한 쓸모 있는 '복사본'

을 만들어 낸다. 사진을 스캔해서 하드 드라이브에 저장하는 것과 같다. 이 기능은 보다 용이하게 어떤 작업이나 활용을 할 수 있도록 정보를 제공한다.

그런 다음 이 정보는 두정엽(피질의 위쪽 중간 영역)에 자리한 거울 뉴런으로 전송된다. 이는 후두정피질이 주로 관여하는데, 이 영역은 감각과 운동을 결합하고 의도를 형성하는 것을 포함한 여러 기능을 한다.[11] 특히 관찰 중인 실제 동작과 신체의 한 부분이 어디로 이동하는지를 인식해 암호화한다(예컨대 돌을 들고 있는 팔을 천천히 들어 올린 다음 빠르게 내리는 동작). 내가 같은 동작을 내 몸으로 어떻게 할지 추정한 다음 그렇게 하도록 자극을 주는 것도 이 영역의 결정적인 역할이다.

그런 다음 이 정보는 중요한 역할을 하는 또 다른 영역인 하전두피질의 거울 뉴런으로 보내진다.[12] 이번에는 뇌의 앞쪽에 자리하는 영역이다. 하전두피질이 행동 표현에 관여하는 일은 주로 눈에 보이는 행동의 결과 또는 '목표'를 예측하는 것이다. 원시인이 동료가 돌로 코코넛을 내려치는 장면을 처음 목격한다면 '아, 껍질을 부수고 맛 좋은 과육을 얻으려고 하는구나.'라고 생각할 것이다. 앞서 언급한 두 영역으로부터 정보를 얻은 다음 하전두피질을 통해 이러한 합리적인 결론이 나온다. 하전두피질은 관찰된 행동의 목적이 무엇이고, 그 목적이 모방할 가치가 있는지를 알아낸다.

즉, 누군가가 어떤 행동을 하는 것을 볼 때 우리의 뇌는 그 행동에서 '형태', '방법', '동기'를 파악해 스스로 모방법을 찾아낸다. 우리의 상측두피질은 관찰된 행동의 신경학적 표현을 조합해 '형태'에 대한 답을 제공한다. 그리고 후두정피질은 모방에 필요한 물리적 움직임을 추정해 '방법'에 대한 답을 준다. 마지막으로 하전두피질은 그 동작의 궁극적인 의미와 그것이 모방할 가치가 있는지를 밝혀내 '동기'에 대한 답을 제공한다.

이후 이 정보는 모든 과정이 시작된 후측두피질 영역으로 다시 전달된다. (사실 앞서 살핀 이 모방 과정에 책임이 있는 모든 영역은 우반구에 위치한다. 반면에 좌반구의 영역들은 언어나 의식적인 의사소통에 관여한다.) 이 영역은 현재 우리가 보고 있는 동작을 해석한다는 사실을 기억하라. 이 과정을 반복하면서 뇌는 그 행동이 예측되었던 모습과 실제로 관찰된 모습을 비교할 수 있다. 우리의 뇌는 기본적으로 다음과 같이 생각한다. '이 행동으로 일어날 것이라 예측했던 모습이 여기 있네. 그리고 이런 식으로 일이 벌어지고 있군. 두 가지는 일치할까?'

만약 일치한다면, 그것은 우리의 행동 표현 연결망이 일을 올바르게 해결했다는 뜻이기에 행동을 모방할 수 있다. 앞의 예시에서 돌을 내려치는 동료의 행동이 코코넛을 깨기 위한 것이라고 추론한다면, 그 결과가 실제로 일어나는지 지켜보면서 코코넛을 깨는 새로운 방법을 배울 수 있다. 이 과정은 믿을 수 없을 만큼 중요하다. 힘들고 종종 위험한 시행착오 단계를 거치지 않고도 새롭고 쓸모 있는 기술을 습득할 수 있기 때문이다.

물론 예측 결과와 실제 결과가 일치하지 않으면 모방의 필요성이 없어진다. 만약 돌을 내려치던 사람이 실수로 손을 찧어 비명을 지르는 모습을 본다면, 우리의 뇌가 만든 예측 결과와 일치하지 않게 된다. 다행히

하전두피질에는 행동을 억제하는 기능이 있어서 모방하려는 어떤 자극에 대해서든 제동을 걸 수 있다.[13]

전반적으로, 거울 뉴런이 관여하는 영역의 이 다채로운 연결망은 뇌가 행동을 관찰하고 나서 '이게 무엇이고 무엇을 의미하며, 내가 어떻게 해야 하는가?'라는 질문을 던지게 해 준다. 이 과정은 의식적인 입력값 없이 매우 빠른 속도로 처리되며, 인간의 학습과 발달에서 기본적이다.[14]

원점으로 돌아가자면 이 연결망은 공감 능력에서도 중요한 역할을 한다. 행동 표현과 모방, 공감 사이의 연결은 뇌의 깊은 중심부에 자리한 또 다른 영역인 섬엽insula을 통해 발생한다. 섬엽은 광범위하게 기능하고 응용되는데, 그중 많은 부분이 감정과 긴밀히 연관되어 있다. 예컨대 섬엽은 혐오에 필요한 핵심적인 뇌 영역이다.[15]

섬엽의 일부인 이질과립구역dysgranular field은 후두정피질, 하전두피질, 상측두피질과 밀접하게 연결되어 있으며, 이 영역들과 행동 표현, 모방을 담당하는 연결망을 형성한다.[16] 그뿐만 아니라 감정에 대한 섬엽의 수많은 역할 덕분에 이질과립구역은 변연계와도 밀접하게 연결되어 광범위하게 감정 영역에 관여한다.

가능한 한 단순하게 설명하자면 이질과립구역은 모방을 담당하는 신경학적 영역과 감정을 담당하는 영역을 연결하는 중추 역할을 한다. 그 결과, 우리의 뇌는 관찰하는 대상이 수행하는 신체적인 행동뿐만 아니라 그로 인한 감정적인 신호들 또한 해석하고 이해하며 모방할 수 있다.[17] (상측두피질은 시각적인 의미의 관찰뿐만 아니라, 소리가 처리되는 영역인 청각 피질도 포함한다. 후각이 정서적 영향을 준다는 점은 후각계도 관여한다는 사실을 암시

감정이 어려운 사람들을 위한 뇌과학

한다.) 따라서, 우리는 공감 능력을 얻게 된다.

그리고 이런 중요한 신경 회로들의 연결이나 영향, 활동성 측면에서 나타나는 다양성은 공감 능력이 사람마다 상당히 다른 이유를 설명해 준다.[18] 하지만 일반적으로는 공감이 빠르고 지속적이며 대부분 무의식적인 과정이라는 것을 의미한다. 우리는 배우지 않아도 공감할 수 있다.

우리의 공감 능력이 고착되어 있다는 의미는 아니다. 공감 능력은 학습과 경험을 통해 발전하고, 개선되고, 향상할 수 있다.[19] 하지만 아기라도 공감을 할 수 있다는 점에서 공감 능력이 본능적이라는 것은 부정하기 어려운 사실이다.

아기들은 어른의 감정 상태에 민감하게 반응하곤 한다.[20] 심지어 자신의 녹음된 울음소리를 들려줄 때와 다른 아기들의 울음소리를 들려줄 때 다르게 반응하기도 한다.[21] 이 반응은 아기들이 자신의 감정이 아닌 다른 사람의 감정을 인식하고 있다는 걸 보여 준다. 그래서 아기들은 다른 아기가 우는 소리를 들으면 따라 울면서 같은 반응을 보이기도 한다. 분명한 것은 인간의 뇌에는 때어날 때부터 어떤 형태로든 공감 능력이 존재한다는 점이다. (자폐스펙트럼장애 환자처럼 신경 다양성을 가진 사람들이 감정과 공감을 어떻게 처리하는지는 나중에 살펴볼 더 중요한 문제다.)

타인의 고통을 느끼기

모방과 공감, 신체적 단서가 서로 강하게 연결되어 있다는 점을 더욱 잘 보여 주는 것은 우리가 의사소통하는 대상의 버릇이나 동작을 모방하려는 무의식적인 경향이다. 팔짱을 낀 사람과 이야기하면서 어느덧 똑같이 팔짱을 끼고 있는 자신을 발견한 적이 있지 않은가? 같은 방식으로 몸을 기울였을지도 모른다. 이것은 우리 뇌의 모방 시스템이 '감독받지 않은' 상태로 방치될 때 일어나는 일이다. 우리는 상호작용하며 벌어지는 일과 관계 맺고 관여한다.

하지만 이 이상한 경향에는 이유가 있다. 사람들은 자신을 모방한 사람에 대해, 즉 자신이 모방당했다는 사실에 긍정적인 감정 반응을 경험하는 것으로 보인다.[22] 결과적으로 모방한 사람에게 더 긍정적으로 행동하며 타인에게 더 긍정적으로 행동하는 경향이 있다. 보다 전문적으로 표현하자면 이들은 더 친사회적인 행동을 보인다.[23] 실제로 공감 능력이 뛰어난 사람은 무의식적으로 타인을 더 자주 모방하는 경향이 있으며 이는 유대감과 친사회적인 행동으로 이어진다. 이것을 '카멜레온 효과'라고 부른다.[24]

모방은 무의식적이면서 자발적으로 일어날 수도 있다. 의도적인 모방은 신뢰를 얻기 위한 방법으로 잘 알려져 있기도 하고, 그 대상이 마음을 더 터놓는 결과를 낳기도 한다.[25] 사이코패스들은 종종 이 점을 이용해서 타인을 조종하기에 이 과정이 항상 긍정적인 것만은 아니다.[26] 그래도 일반적으로 볼 때 누군가의 감정과 동작을 읽고 그것들을 차례로 모방해 드러내는 모든 과정은 대체로 무의식적으로 이루어진다.

이것은 놀라운 결과를 가져올 수 있다. 누군가와 대화하는 동안 우리의 뇌와 신체는 여러 방식으로 고유하게 대화에 참여하고 있으며, 그에

감정이 어려운 사람들을 위한 뇌과학

따라 우리는 훨씬 더 즉각적이고 심오하고 감정적인 수준에서 느낌을 형성할 수 있다. 어쩌면 이것이 어떤 사람들이 서로 공통점이 거의 없는 게 분명한 상황에서도 낭만적으로 맞물리듯 이끌리는 이유일 것이다. 지성 수준이나 이념이 아예 다를 수도 있지만, 기저의 감정과 신체적 측면이 무척 일치할 수 있으며 그에 따라 까다로운 상부 뇌의 영역이 관여하지 않으면서도 강한 감정적 연대를 이룰 수 있다. 모든 로맨틱코미디물의 클리셰를 실생활에서도 충분히 흔하게 볼 수 있는 이유가 여기 있을 것이다.

이는 또한 내가 가족들에게 슬픔을 숨기는 데에 왜 그렇게 완전히 실패했는지를 설명해 주기도 한다. 내 인지적인 마음은 가족에게 슬픈 감정을 숨기고 싶었지만 무의식적이고 감정적인 뇌는 그런 말도 안 되는 행동을 할 여유가 없던 것이다.

하지만 공감이 항상 긍정적인 것만은 아니다. 우리가 누군가의 불편함과 고통, 아픔을 함께 느낄 수 있다는 뜻이기도 하기 때문이다. 실제로 공감의 근본적인 특성은 타인의 고통을 인식하고 공유하는 행동을 통해 종종 확인된다.[27]

어렸을 때 날아오는 그네에 입을 맞아 혀를 깨물었던 경험을 누군가에게 얘기한다면, 그 사람은 아마 공포에 질려 눈에 띄게 움츠러들고, 어쩌면 손으로 자신의 입을 틀어막을 수도 있다. (이 사례는 실제로 내가 유년 시절의 같은 경험을 얘기했을 때 사람들이 어떻게 반응했는지에 기반을 두고 있다.) 우리는 타인의 고통에 특히 민감하기 때문에, 누군가의 심각한 부상을 보거나 들으면 마치 자신에게 일어나는 일인 것처럼 움츠러든다. 실제로 우리에게 직접 벌어지는 일이 아닌데도 말이다.

'네가 아프면 나도 아프다'라는 말은 그저 별 의미 없는 진부한 표현이 아니다. 누군가 신체 특정 부위에 통증을 느끼는 모습을 관찰하거나 그런 얘기를 들을 때, 뇌 속 감각 운동sensorimotor 영역에서 신체의 동일한 부위에 해당하는 영역 활동이 증가한다.[28] 쉽게 말해, 누군가의 왼발에 가시가 박힌 것을 보게 되면 우리 뇌는 왼발에 비슷한 일이 일어난 것처럼 활동한다. 이처럼 우리가 타인의 고통을 직접 경험하듯 반응하는 건 흔한 일이며, 어느 정도 사실이다.

물론 공감하는 사람이 느끼는 고통은 고통을 직접 겪는 사람보다는 훨씬 덜하다. 이는 진화론적으로 설명할 수 있다. 만약 우리가 다친 사람과 같은 고통을 경험한다면, 머나먼 과거에는 포식자가 사람 한 명만 물어 가도 부족 전체가 무력화되었을 것이다. 부족의 나머지 사람들도 고통속에서 몸부림을 쳤을 테니 말이다. 좋은 생존 전략이라고는 할 수 없다.

하지만 여기에 흥미로운 점이 하나 있다. 사실 우리가 공감하기 위해 꼭 누군가의 고통을 느낄 필요는 없다는 것이다.

유전학·생화학·신경학적인 이유로 몇몇 소수의 사람은 부상에도 고통을 그다지 느끼지 않거나 아예 고통을 경험하지 않는다.[29] 만약 여러분이 이런 사람들에게 타인의 부상 장면을 보여 주고 그 사람이 얼마나 고통스러운지 추측해 보라고 한다면 별다른 성과를 얻지 못할 것이다. 그 사람들은 방금 본 것과 비교할 만한 비슷한 경험을 한 번도 겪지 않았기 때문이다.

그런데도 이들은 다른 사람들처럼 부상자의 감정적 반응으로 그 강

감정이 어려운 사람들을 위한 뇌과학

도를 능숙하게 추측해 낼 수 있다. 예컨대 표정이나 동작, 신음을 통해 여전히 타인의 감정적 고통에 대해 공감할 수 있다.[30] 그리고 이 점은 우리가 감각적 경험을 공유하지 않았더라도 감정 상태를 공유할 수 있다는 중요한 사실을 보여 준다.

마찬가지로 우리는 타인의 표정을 인식하기 위해 꼭 같은 표정을 지어 봐야 할 필요도 없다. 선천적으로 안면 마비를 일으키는 신경 퇴행성 장애인 뫼비우스 증후군을 앓더라도 타인의 표정을 인식하는 데 거의 어려움을 겪지 않는다.[31]

이는 공감이 단지 자아나 자기 보호를 위한 진화적 부산물이 아니라, 인간 본성과 감정에 대한 뿌리 깊고 근본적인 과정임을 보여 준다.

그렇다면 공감의 목적은 무엇일까? 우리에게 어떤 이점이 있을까? 공감이 어떤 형태로든 인류보다 훨씬 더 먼저 자연계에 존재해 온 것으로 보이는 만큼 공감은 매우 유용한 능력임에 틀림없다.[32]

많은 사람이 공감이 이타주의와 관련이 있다고 주장한다. 만일 타인과 감정을 공유할 수 있다면 분명 누구나 타인의 감정 상태와 행복에 훨씬 더 많이 마음을 쓰고 투자할 것이다. 타인의 감정이 자기에게 직접적인 영향을 미치기 때문이다. 비록 생명의 진화 과정이 근본적으로 '서로 먹고 먹히는 것', '모두 자기만을 위해 행동하는 것', '적자생존'이라고 주장하는 사람들이 많지만, 우리 인간을 비롯해 다른 사회적인 종들이 유전자적 수준에서도 협력적이고 의사소통에 능하며 이타적으로 배선되어 있다고 주장하는 증거들도 많다.[33]

하지만 꽤 많은 연구자가 직관적으로 볼 때는 이타적인 우리의 성향이 사실은 이기적인 것이라고 주장한다.[34] 언뜻 들으면 모순적이지만 그렇지 않다. 우리의 이타적인 성향은 보통 친족들이나 적어도 감정적으로 유대가 있는 사람들을 대상으로 나타나기 때문이다. (대부분의 종과 다르게 강력한 성능을 가진 인간의 뇌는 유전적으로 연결되거나 짝짓기 상대가 아닌 타인에게도 가치를 부여하고 우선순위를 높게 매긴다. 그에 따라 우리는 타인을 친구, 동료, 팀원 등으로 나눈다.) 우리는 거의 모든 시간을 그런 사람들과 함께 보낸다. 그리고 우리가 그들을 위해 희생한다면 비슷한 성향의 타인들 역시 이런 호의에 보답하려는 경향이 훨씬 더 강해진다. 본질적으로 우리의 이타적 성향은 관계 맺고 있는 사람들에 대한 일종의 감정적 투자라고 할 수 있다. 언젠가 보답이 따르고, 이자까지 붙으리라 기대하는 일종의 투자다.

이러한 과정 덕분에 친족 이외의 사람, 아무런 유대감 없는 사람을 만나면 적대적일 정도로 그들을 훨씬 경계하게 될 수도 있다. 우리는 그들에게 감정적인 투자를 하지 않았기 때문에 그들을 믿을 이유가 없다. 인간의 이타적인 성향이 오히려 본능적인 외국인 혐오를 강화한다는 주장도 있다.[35]

개인적인 차원에서도 공감은 어느 정도 이기적으로 보일 수 있다. 누군가가 행복해하고 여러분이 그 행복감을 공유하고 있다면, 그를 더 행복하게 만들려는 동기가 발생한다. 그러면 여러분이 더 행복해지기 때문이다. 마찬가지로 만약 누군가 슬퍼하거나 부정적인 감정을 겪을 경우, 여러분은 자신의 기분을 위해 타인의 불쾌함을 해소하게끔 도우려는 동기가 발생한다.[36] 그러니 전반적으로 볼 때 이타주의라는 개념 자체가 근본적

감정이 어려운 사람들을 위한 뇌과학

인 수준에서 이기적이라고 할 수 있다. 혼란스러우면서 우울한 사실이다.

하지만 인간다움에 대한 희망을 버리지는 말라. 논리적인 반론이 있긴 했지만, 상당수의 연구가 이타적 행동은 사실 자신의 행복이 아니라 타인의 행복에 더 관심이 있기 때문이라는 것을 밝히고 있다. 예컨대 누군가를 돕는 사람들은 개인적으로 아는 사이가 아니라 해도, 그 사람을 도우려는 노력이 지속적인 효과가 없다는 것을 알더라도 그들을 돕고, 이후에도 그들의 안녕에 오랫동안 관심 갖는 경향이 있다고 한다.[37]

여기에는 깊은 의미가 있다. 우리가 타인을 도우려는 본능적인 욕구와 함께, 타인의 안녕에 대한 관심을 쭉 이어 간다는 뜻이기 때문이다. 도움을 받은 타인이 호의를 되돌려줄 가능성이 전혀 없고, 그들을 도우려는 노력이 궁극적으로 실패로 돌아간다 해도 그렇다. 긍정적인 감정을 공유한 관계도 아니고 갚아야 할 감정적인 빚이 없어도 그렇다. 즉, 우리는 다른 사람을 행복하게 해 주었을 때 얻을 수 있는 것이 없더라도 종종 이타적으로 행동한다.

이는 공감이 타인을 배려하게 만든다는 점을 암시한다. 아마도 우리가 원래 그런 존재이기 때문이지 않을까? 공감은 타인을 더욱더 쉽게 배려하게 만들고, 심지어 그렇게 하도록 강요할 수도 있다. 기존에 연결 고리가 없던 사람들을 대상으로 이루어지는 것들이다. 그렇다면 이미 마음속으로 깊이 아끼는 사람을 위해서라면 사람들은 어떤 행동을 할까?

다행히 나는 그 질문에 대해 상상하지 않고도 답을 알 수 있었다. 내 인생에서 가장 어려운 시기에 아내와 아이들이 그 답을 거듭해서 보여 줬기 때문이다. 결코 잊지 못할 기억이다.

우리는 타인의 감정에 어떻게 전염되는가

방에 들어갔는데 냉랭한 분위기 때문에 긴장되고 어색했던 기분을 느낀 적이 있을 것이다. 방에 있는 사람들이 직전에 크게 싸웠기 때문일 수도 있겠다. 하지만 여러분은 알 도리가 없다. 자리에 없었을뿐더러 아무도 말해 주지 않았기 때문이다. 심지어 자리에 있던 사람들이 평소처럼 말하고 행동하려고 해도 무언가가 일어났다는 사실을 직감할 수 있다. 그런 분위기를 느끼는 감정적 반응이 있기 때문이다. 하지만 그런 반응이 어디에서 왜 나타났는지는 모를 것이다.

나는 아버지의 장례식에서 이런 분위기를 절실히 느꼈다. 예상대로 쓸쓸하고 우울한 행사였고, 이미 슬퍼하고 있던 나는 더욱 슬퍼졌다. 하지만 여기서도 나의 이성적인 뇌는 내가 왜 더 슬퍼하는지 궁금해하며 윙윙 돌아가고 있었다. 분명 내가 아버지의 죽음으로 인해 감정적으로 큰 충격을 받은 건 사실이지만 장례식 자체는 거의 2주 뒤에 치러졌기 때문에 그 슬픔은 '새로운' 일이 아니었다. 게다가 나는 특별히 종교적이거나 영적인 사람이 아니기 때문에 그런 측면이 나를 성가시게 괴롭히지도 않았다.

장례식에서 슬픈 기분이 드는 이유는 슬픈 사람들로 가득 차 있기 때문이다. 그런 분위기가 우리에게 영향을 미친다. 비록 고인을 개인적으로 알지 못하고 단지 일손을 돕고자 참석했다 하더라도 말이다.

왜 이런 일이 벌어지는지 논리적으로 추측하자면 이것은 단지 공감의 또 다른 사례일지도 모른다. 하지만 그 추측은 틀렸다. 냉랭한 긴장감

감정이 어려운 사람들을 위한 뇌과학

이 느껴지는 방에서 어슬렁대는 동안, 여러분은 자신이 공감하는 특정한 개인을 정확히 짚어 낼 수 있는가? 여러분은 어떤 이야기가 오갔는지, 누가 옳았는지, 누가 도리를 어겼는지 알 수 없다. 단지 감정적인 분위기나 낌새가 전반에 깔려 있을 뿐이다. 바로 여기에 문제가 있다. 만약 여러분이 누구에게 공감하는지 그 대상을 정확히 짚을 수 없다면, 그것은 정의상 공감이 아니다.

우리는 앞에서 공감을 일으키는 신경학적 메커니즘이 타인의 행동을 인식하고 그 행동이 무엇을 의미하는지, 우리 스스로 그 행동을 어떻게 할 것인지 알아내는 뇌의 능력에 달렸다는 사실을 살펴보았다.[38] 여기서 핵심적인 요소는 타인, 즉 '다른 누군가'다. 우리는 또 다른 개인이 어떤 행동을 수행하고 있다는 것을 인식한다. 즉, 공감은 주로 무의식적인 감정적 과정이지만, 자신의 행동이나 감정과는 다른 타인의 것을 의식적으로 인식해야 한다는 점에서 인지적 요소를 포함한다.

타인이 나와 구별되는 내면과 정신 상태를 지닌 개인이라는 사실을 인식하고 이해하는 것은 인간을 비롯해 극소수만이 가진 능력이다. 이것은 인간의 주요한 인지적 성과로, 이를 촉진하기 위해 특정한 뇌 영역이 진화한 것으로 보인다. 구체적으로 들어가자면 전전두피질의 일부인 곁띠고랑paracingulate sulcus 주변 영역이 의도를 다루는 데 중요한 역할을 한다.[39] 기본적으로 우리는 타인이 행동하는 이유를 알아내기 위한 특수한 뇌 영역을 가지고 있다.

이 영역은 여러 방추세포spindle cell를 포함한다. 방추세포란 긴 돌출부로 뇌의 여러 영역을 연결하는 뉴런의 한 종류다.[40] 이 세포는 감정과 인지 모두에 관련된 광범위한 활동을 조정하는 데 관여하는 것으로 보이며, 이는 타인의 생각과 느낌을 이해하는 데 매우 유용한 기능이다.

이 방추세포 뉴런은 지금까지 유인원과 인간에게서만 발견되었다.[41] 그건 인간을 포함한 똑똑한 영장류 사촌들에게, 다른 누군가가 어떻게 생각하고 느끼는지 알고 그들의 감정을 자신의 것과 구별하는 것이 중요한 진화적 이점이라는 뜻이다. 이번에도 감정과 연관된 요소가 우리를 지금과 같은 인간으로 빚어냈다.

즉, 공감은 우리가 경험하는 감정들이 내 마음속에 있는 것이 아니라 타인에게서 비롯되었다는 의식적 인식을 요한다.[42] 하지만 여기에 중요한 점이 있다. 우리는 의식적으로 감정이 타인에게서 왔다고 인식하지 않고서도 여전히 '외부의' 감정을 감지하고 경험할 수 있다. 다만 그건 '공감'이 아니라, 감정적 전염이다.[43] 이 두 가지는 뇌에서 필연적으로 상당 부분 겹치지만 중요한 차이점도 있다.

감정적 전염은 공감의 보다 원시적인 형태거나, 또는 공감의 구성 요소일 수도 있다.[44] 감정적 전염은 타인의 감정을 공유하는 하나의 수단이지만, 자기와 타인을 구별하는 데 필수적인 요소가 결여되었다. 그런 요소 없이는 공감을 경험하지 못한다. 사실 앞서 음악에 대해 다뤘던 3장에서 '감정적 전염'이라는 용어가 이미 등장했다. 우리는 음악의 독특한 감정적 특성을 확실히 인지하지만, 음악이 어떻게 '느껴지는지'는 인식할 수 없다. 음악은 애초에 느낌이 아니기 때문이다. 궁극적으로 음악은 단지 소리일 뿐, 공감할 수 있는 대상이 아니다. 하지만 우리는 여전히 음악에 감정적인 영향을 받을 수는 있다. 음악은 감정적 전염이 가능하기 때

감정이 어려운 사람들을 위한 뇌과학

문이다. 노래가 두드러지는 음악은 감정이 특정 인물에게 귀속되어 공감을 불러일으킬 수 있다는 점을 지적할 필요가 있지만 말이다. 핵심적인 차이는 공감의 경우에는 누구와 감정을 공유하는지 알 수 있지만 감정적 전염은 그렇지 않다는 것이다.

분위기가 냉랭한 방에 들어가는 앞선 예에서, 말다툼 직후 요동치는 감정을 없애려고 최선의 노력을 다해도 적대감과 긴장감의 흔적은 신체와 행동에 남아 영향을 미친다. 뇌는 이 모든 것들을 인지한다. 거울 뉴런은 우리가 타인의 행동으로 인식하는 것들에 의해서도 활성화되며, 거울 뉴런이 감지하는 감정적 정보는 변연계로 옮겨져 비슷한 감정을 경험하게 한다. 하지만 이 경우에는 그 정보가 상위의 인지 영역으로 공유되지 않기 때문에 여러분은 새로운 감정을 경험하더라도 그 감정이 왜, 어디에서 오는지 의식적으로 깨닫지 못한다.

이런 일이 항상 벌어지는 것만은 아니다. 우리가 시선 안에 머무는 모든 사람의 감정 상태를 무의식중에 자동으로 공유하지는 않는다. 감정적 전염은 강력한(매우 자극적이고 주목도가 높은) 감정을 동일하게 경험하는 다수의 사람에게 노출될 때 일어날 가능성이 가장 높으며, 그 감정은 더 쉽게 감지되어 사람들에게 영향을 미친다. 하지만 여러 사람이 같은 감정을 표현한다는 것은 우리 뇌가 그 감정을 특정인에게 고착할 수 없다는 뜻이다. 그러니 이것은 공감이 아니다. 그 때문에 공황에 빠진 집단에 속하면 그 두려움의 대상이 무엇인지 사실상 전혀 알지 못하더라도 두려움을 느낀다. 고인을 알지 못하더라도 장례식장에서 슬픔을 느끼는 것 역시 같은 이유에서다.

우리의 감정이 매우 감정적인 상태에 놓인 타인에 의해 강요될 수 있다는 사실이 꽤 걱정스러울지도 모른다. 똑똑한 두뇌를 지닌 우리 인간은 영리하고 독립적인 개인이 되어야 하지 않는가? 물론이다. 하지만 여러분은 하품하는 사람 앞에서 어떻게 행동하는가? 원하든 원하지 않든 하품을 따라 하게 된다. 하품의 전염성은 부인할 수 없는 사실이다. 인간만 그렇지도 않다. 침팬지나 개를 비롯한 여러 다른 종들도 하품에 전염되고, 서로 다른 종을 넘나들며 전염되기도 한다. 아무리 턱 구조가 완전히 다르다 해도 개가 하품하는 모습을 보면 따라 할 수밖에 없다. 실제로 하품을 하려는 충동을 억누르고자 하는 노력 자체가 더 강한 하품을 하게 만든다.[45] 하품은 매우 강력한 반사작용이기 때문이다.

우리가 하품하는 이유와 하품이 전염되는 이유는 하품을 일으키는 신경학적 메커니즘과 마찬가지로 아직도 밝혀지지 않고 있다. 하지만 최근 연구 결과에 따르면 하품은 웃음과 마찬가지로 우리의 내적 상태를 전달하는 하나의 방식으로, 피로를 표현하는 것일 수 있다고 한다.[46] 집단 구성원의 피로도가 높아 역량을 제대로 발휘하지 못한다는 사실을 인지하는 건 생존을 위해 서로 의존해야 하는 사회적 종에게 중요한 정보다. 그 정보에 반사적으로 소통하고 신속하게 반응하는 것은 매우 유용한 특성이다. 간단하게 정리하자면, 하품은 우리의 내부 상태에 의해 유발되는 무의식적인 신체 동작이다. 하품은 우리의 기분을 타인에게 보여 주고 타인 역시 똑같이 행동하고 느끼도록 한다. 그리고 이 모든 과정은 우리 뇌의 인지 영역이 관여하지 않고도 일어난다.

하품의 예는 우리에게 다음과 같은 두 가지 사실을 알려 준다. 첫째,

감정이 어려운 사람들을 위한 뇌과학

감정적 전염은 그렇게 무리한 개념이 아니다. 우리가 어떤 행동을 하고 어떻게 느끼는지에 대해 타인이 강력하면서도 무의식적인 영향을 미치는 건 지극히 정상적인 일이기 때문이다. 둘째, 하품을 비롯한 감정적 전염은 쓸모 있고 도움이 되기 때문에 발달했다. 뇌가 행동의 중요성을 반복적으로 학습했기 때문에 그렇게나 자주 아무렇지도 않게 할 수 있는 것이다. 감정적 전염을 통해 우리는 복잡한 인식을 거쳐 힘겹게 이해해야 하는 과정 없이 타인의 감정을 통해 상황에 빠르게 적응하고 동조할 수 있다.

본능적으로 우리 주변의 행복한 사람들과 함께 웃거나 기뻐하는 것은 타인과의 유대에 도움이 되기 때문에 무엇보다 중요하다.[47] 두려움이나 불안 상태에 있는 사람 사이에서 겁을 먹고 동요하면 우리는 두려움을 불러온 무언가에 대처할 준비를 할 수 있다. 반면에 이런 과정이 없다면 위협을 파악해 논리적으로 해결하고자 노력해야 하고, 그러는 동안 그 대상이 어둠 속에서 뛰쳐나와 우리를 공격할지도 모른다.

하지만 이런 감정적 전염에도 어두운 면이 있다. 사람들이 무리를 지으면 개인보다 비합리적이고 덜 이성적으로 생각하며 행동하는 경우가 꽤 많다. 그리고 타인에 대한 배려가 우리의 자연스럽고 본능적인 성향이기도 하지만, 동시에 아무런 잘못 없는 타인에게 더 적대적이고 파괴적이며 공격적인 태도를 취하는 감정적 전염의 사례도 셀 수 없이 많다. 어떻게, 그리고 왜 이런 일이 일어나는 걸까?

강력한 감정은 사물에 집중하고 논리적으로 평가하는 능력을 방해할 수 있다.[48] 예컨대 행복에 눈이 멀면 실제로 감당할 수 없는 것들에 대한 대가를 거의 생각하지 않는다. 공포에 사로잡히면 무해하거나 별것 아닌 자극에도 움츠러든다. 게다가 화가 머리끝까지 치솟을 때는 자신의 행동을 거의 통제하지 못해 정말이지 무시무시한 존재가 된다. 뇌의 인지적 출력과 감정적 출력 사이에 유용하고 섬세한 상호작용이 존재하기는 해도, 감정이 지나치게 강력해지면 문제가 생긴다. 다 된 일에 초를 치고 인지능력(즉, 감정을 통제하는 능력)을 제대로 발휘하지 못할 수 있다.

그렇다고 인지와 감정이 서로 상충하는, 근본적으로 다른 것이라는 뜻은 아니다. 단지 뇌의 기본적인 물리적 한계 때문일 수 있다. 뇌가 어떤 일을 할 때 이 과정을 담당하는 부분들이 '활성화'된다. 그리고 뇌는 무척 인상적인 존재이기는 해도 어쨌든 생물학적인 기관이라, 한 영역이 활성화되면 보다 많은 에너지를 사용한다. 따라서 더 많은 생물학적 자원, 즉 세포를 작동하게 할 물질인 포도당과 산소가 필요하다.

다른 기관들과 마찬가지로 이런 생물학적 자원은 혈액을 통해 공급된다. 하지만 뇌는 촘촘하고 섬세하며 신진대사가 까다로운 신경조직으로 이루어졌기 때문에 혈관이 넉넉하게 들어갈 공간이 거의 없다. 이로 인해 뇌에 공급되는 혈액의 양이 제한적이기 때문에, 뇌에서 혈액과 자원을 특별히 필요로 하는 곳에 전달하는 것이 매우 어렵다는 점이 문제다.[49]

뇌는 마치 손님으로 꽉 찬 테이블이 100개 놓인 식당과 같다. 뇌에 공급되는 혈액은 식당에서 일하는 웨이터 역할을 한다. 안타깝게도 웨이터들이 동시에 처리할 수 있는 테이블의 수는 다섯 개뿐이다. 여섯 번째 테이블에 신경을 써야 할 일이 생기면 그 테이블을 무시하거나, 관리 중인 다른 테이블 하나를 포기해야 한다.

감정이 어려운 사람들을 위한 뇌과학

한 번에 뇌의 모든 부분을 '활성화'하는 것이 대사 작용의 측면에서 불가능하다는 뜻에서 이러한 비유를 들었다. 그렇기 때문에 독서를 하면서 노래를 작곡하거나, 세부 사항을 논의하면서 복잡한 암산을 하는 건 정말 어렵다. 운전 중에 다른 일을 하는 게 법적으로 금지된 것도 이 때문이다.[50]

이렇듯 뇌 속에서 논리적 사고와 강렬한 감정적 경험이 상당 부분 겹치지만 별개의 신경 영역에 의해 지원된다는 점을 감안했을 때, 두 영역은 제한된 양의 혈액이 실어 나르는 제한된 자원을 공급받기 위해 서로 경쟁할 것이다.[51] 실제로 연구 결과에 따르면 강렬한 감정은 뇌의 관련 영역(편도체 같은)에서 신경 활동을 예측 가능한 정도로 증가시키는 반면, 배외측 전전두피질 같은 중요한 인지 영역의 활동은 감소시킨다.[52]

이것은 왜 감정과 인지가 대부분 평화롭게 협력하면서도, 감정이 너무 강력해져 뇌의 자원을 독차지하기 시작하면 인지능력이 떨어지게 되는지 설명해 준다. 인지능력은 더 적은 자원으로 많은 일을 해야 하기 때문이다.

감정적 전염이 더해지면 상황은 더 심각해진다. 뇌는 주변의 타인으로부터 감정을 흡수해 자신의 감정을 강화하고 심지어 증폭하기 때문이다. 그래서 감정적 전염은 소위 '군중심리'로 이어지기도 한다. 군중심리란 감정적 수준이 높은 집단에 속할 때 자기 인식과 자제력을 잃기 쉽다는 점을 보여 준다. 그렇게 되면 결코 평소에는 전혀 하지 않던 방식으로 행동하고 생각하기에 이른다.

이 현상이 일어나는 정확한 메커니즘과 과정('몰개성화'로 알려진)은 여전히 상당한 논쟁거리다.[53] 하지만 아무도 이의를 제기하지 않는 한 가지가 있다면, 감정이 이런 몰개성화에서 중요한 역할을 한다는 것이다. 그건 확실히 말이 된다. 강렬한 감정은 이성적으로 사고하려는 우리의 능력을 방해하는 것처럼 보이기 때문이다.

　조금 더 구체적으로 설명하자면 전전두피질은 스스로 생성한 반응을 평가하고 내부에서 생성된 정보를 모니터링하는 행동에 관여한다.[54] 쉽게 얘기하면 우리가 어떤 행동이나 생각을 할 때 전전두피질은 '내가 왜 그랬을까?', '그 생각이 어디에서 왔을까?', '그게 좋은 생각이었을까?', '다시 그렇게 해야 할까?'라고 생각한다. 이 과정은 감정을 가다듬고 통제하는 중요한 역할을 한다.[55] 만약 이 능력이 약해지거나 중단되었을 때에는 마치 군중에 휩쓸릴 때처럼 예측 불가하고 충동적으로 행동하며, 자각과 자제력이 현저히 저하된다.

　군중심리는 집중해야 할 외부의 위협이나 경쟁 집단이 존재할 때 더욱 강력해지는데, 쉽게 인식할 수 있는 외부 초점(또는 '목표물')이 주어지면 군중 자체의 단결과 결속력이 향상되고 견고히 유지된다.[56] 라이벌 관계의 축구 팬들이 격렬하게 충돌하거나, 폭도들이 경찰 대열로 돌격하거나, 성난 마을 사람들이 쇠스랑과 횃불을 들고 괴물로 추정되는 사람을 추격하는 오래된 공포 영화의 장면을 떠올려 보라. 이런 상황에서 사람들은 주변인에게 지나치게 감정적인 자극을 받은 나머지 '반대편'에 있는 사람들의 생각과 감정을 인식하고 이해하는 능력을 상실하게 된다.[57] 아이러니하게도 감정적 전염이 극단으로 치달으면 오히려 공감 능력이 떨어지는 셈이다. 군중이 그렇게 위험할 수 있다니 놀랍지 않은가?

감정이 어려운 사람들을 위한 뇌과학

감정적 전염이 나쁘다는 말을 하려는 건 아니다. 실제로는 그렇지 않은 경우가 많다. 하지만 이 개념은 우리가 어떤 감정을 느끼고 표현하는 사람들 사이에서 반사적으로 함께 슬프거나 행복하거나 화가 나거나 겁을 먹는 이유를 설명해 준다. 방금 말다툼이 일어난 상황이라든가 성난 군중 속에 있을 때, 가슴 아픈 장례식에 참석했을 때 그렇다.

우리의 감정적 경험이 종종 이상하고 혼란스러운 건 당연하다. 때때로 감정은 실제로 우리 자신이 느끼는 것이 아니기 때문이다. 이 시점에서 나는 조금 궁금해진다. 우리가 스스로 할 수 있는 게 있기는 할까?

감정노동: 일터의 감정들

사람들은 일을 부당한 형벌처럼 여긴다. 우리는 스스로 고된 일을 일상적으로 한다고 여기고, '주말을 기다리는 삶'을 산다. 그리고 '일과 생활의 균형'을 큰 장점으로 생각한다. 왜 그럴까? 인생에는 아주 부정적인 감정 반응을 일으킬 만한 것들이 꽤 많지만, 직장 업무처럼 '기본적으로' 부정적으로 간주하는 경우는 거의 없다. 어떻게 된 일일까?

나 이전에도 많은 심리학자, 직업 관련 상담가, 자기계발서의 작가들이 이 질문에 답하려고 애써 왔다. 하지만 나는 아버지가 돌아가신 후 이 질문에 새로운 관점으로 접근하기 시작했다. 내가 애도의 과정에서 정서적으로 혼란스러웠던 이유가 (적어도 부분적으로는) 내 이력 때문이었음을 깨달은 것이다. 조금 이상하게 들리겠지만 지금부터 설명하도록 하겠다.

신경과학 분야로 박사학위를 받기 전, 나는 의과대학에서 해부학 기술자로 일했다. 나는 시체를 방부 처리 하는 일을 맡았다. 사전에 시신을 기증하기로 동의한 사람의 몸을 안전히 화학 처리 해 의대생들이 해부학을 익히고 수술 기술을 연마하는 데 사용할 수 있도록 하는 게 내 일이었다. 나는 대략 2년 동안 사망한 사람들의 시신을 절단하고 방부 처리 하는 일을 일상적으로 했다. 얼마나 즐겁고 쾌적한 작업인지는 여러분의 상상에 맡긴다.

그 일은 나에게 지속적으로 영향을 준다. 여전히 나는 피를 보거나 수술과 관련한 모든 일에 아무렇지도 않으며, 술자리에서 최악의 직무에 대해 토론을 시작하면 누구에게도 지지 않았다. 하지만 아버지를 잃고 감정을 처리하려 애쓰면서, 나는 예전의 암울한 직무가 내 감정을 도움이 되지 않는 방식으로 변화시킨 게 아닌지 궁금해졌다.

시체를 다루는 일은 감정적으로 힘들었다. 매년 의대 신입생 몇몇은 이 과정을 견디지 못해 금방 학교를 자퇴하곤 했다. 의대 입학을 위해서는 수년 간의 고된 공부와 좋은 성적이 필요하다. 이 모든 것을 백지화하고 해부실을 거부하는 학생들의 선택은, 가장 지적이고 의지가 대단한 사람들에게도 시체가 무척 강력한 감정적 반응을 일으킬 수 있다는 사실을 보여 준다. 불행히도 나는 고용된 직원이라 그런 선택권이 없었지만 말이다. 나는 내가 느끼는 불편한 감정들을 어떻게든 처리하고 일을 계속해야 했다. 내가 선택한 방법은 인지적 능력을 활용해서 가능한 한 감정을 억제하면서 일하는 것이었다. 그리고 지금 다루는 대상은 비록 겉모습은 이럴지라도 '사람'이 아니라 하나의 불활성 물체일 뿐이라고 끈질기게 스스로를 설득했다. 가장 좋은 방법은 아닐지 몰라도 효과는 있었다.

내가 지나쳤던 걸까? 마치 잠옷 바지의 탄력 있는 허리 밴드처럼 말이다. 이런 밴드는 쭉 펴면 제자리에 '탁' 하고 돌아올 테지만 너무 많이 당기거나 세게, 오래 당기면 탄성한계를 넘어서기 때문에 늘어나고 만다. 그리고 한번 늘어나면 다시 돌아오지 않고 늘어지며 잠옷 바지를 탄탄히 잡아 주지 못한다. 나는 이런 일이 나에게 일어났을까 봐 걱정했다. 잠옷보다는 내 뇌 속의 감정 처리 과정에 초점을 두어 말이다. 이런 일이 내게 일어났다면, 직장 생활이 얼마나 끔찍한지와 상관없이 다른 사람들에게도 일어날 수 있을까?

이 질문에 답하기 위해 가장 먼저 고려해야 할 사항은, 직업의 본질 때문에 다른 곳에서는 거의 일어나지 않는 일을 경험해야 했던 것은 아닌가이다. 예컨대 친구 하나가 여러분을 앞에 앉혀 놓고 지난 1년 동안 여러분이 저지른 모든 실수를 나열한 뒤, 우정을 유지하려면 어떤 점을 더 보완해야 하는지 설교한다고 상상해 보자. 아주 감정적인 경험이 될 것이다. 여러분은 화가 나고 굴욕을 느낀 나머지 당장 친구와 연을 끊을 게 분명하다.

다행히도 친구라면 서로 이렇게 대하지 않는다. 하지만 연례 평가나 성과 검토를 경험해 봤다면 누구나 알 수 있듯, 오늘날의 직장에서는 매우 흔한 일이다. 그리고 이 끔찍한 의식이 불러일으키는 불쾌한 감정은 평가가 끝났다고 해서 그냥 사라지지 않는다. '평가 이론'이라는 적절한 이름이 붙은 신경학적 메커니즘 덕분에 평가는 우리에게 지속적이면서도 근본적인 영향을 미친다.[58]

평가 이론은 사람들이 왜 같은 대상에 대해 다른 감정 반응을 보이는 경우가 많은지 설명하기 위해 개발되었다. 사극을 보고 눈물을 글썽이는 사람이 있는가 하면, 옆자리에 앉은 사람은 지루해할 수 있다. 또 어떤 사람은 스카이다이빙을 좋아하지만 어떤 사람은 스카이다이빙 생각만 해도 패닉에 빠질 수 있다. 많은 연구자가 주장했던 것처럼, 감정이 뇌에 똑같이 배선된hard-wired 메커니즘에 의해 만들어졌다면 논리적으로 우리는 모두 어떤 대상에 대해 같은 두려움, 호불호를 느껴야 한다. 하지만 그런 일은 일어나지 않는다. 평가 이론은 그 이유에 대한 한 가지 가능한 설명이다. 이 이론에 따르면 감정 반응은 뇌가 실제로 무언가를 경험하며 그것이 우리에게 무엇을 의미하는지 평가한다. 그리고 적절한 감정 반응을 알아내기 위해 그 평가 결과를 사용한다.

예컨대 여러분을 향해 털이 복슬복슬한 덩치 큰 개가 달려오고 있다고 상상해 보자. 뇌는 이렇게 생각할지도 모른다. '큰 개가 다가오네. 나는 개를 좋아하지. 게다가 저 개는 장난기가 있어 보이니 여기서 적절한 감정은 행복과 흥분이야.' 반면에 이렇게 생각할 수도 있다. '큰 개가 다가오는군. 나는 어렸을 때 개에 물린 적이 있어서 개를 좋아하지 않아. 그런데 저렇게 큰 개가 오고 있다니. 여기서 최선의 감정은 공포야.' 두 가지 모두 여러분의 뇌가 상황을 평가하여 관련한 감정 반응을 전개하는 예이다. 어떤 것이 옳을까?

둘 다 옳다. 비록 상반되는 감정 반응을 만들더라도 둘 다 완전히 유효한 반응이다. 우리 뇌의 평가는 사람마다 상당히 다른 기억, 이해, 가정에 기초한다. 간단히 말하면 우리가 경험하는 내용이 감정 반응을 결정하는 게 아니라 뇌가 경험을 어떻게 해석하는지에 달려 있다. 그리고 이러한 해석은 개인마다 천차만별이다.[59]

여기서 흥미로운 점은 우리의 평가에 영향을 미치는 기억이나 과거 경험 자체에 감정이 포함된다는 것이다. 그러므로 우리가 과거로부터 회상하는 감정은 현재 경험하는 감정에 영향을 준다. 그에 따라 많은 과학자가 1차 평가와 2차 평가를 구별한다. 1차 평가는 우리의 초기 감정 반응과 관련한 것으로, 누군가가 여러분을 비판하면 뇌가 이를 일종의 인신공격이라고 판단하여 화를 내는 것이다.

반면에 2차 평가는 1차 감정 반응의 결과를 평가하고 이를 향후 평가에 반영하는 것이다. 위 사례에서 비판을 받고 나서 느낀 분노가 보복의 동기가 되어 비판자를 공격했다고 가정해 보자. 불행하게도 그 비판자는 중요한 회의 중이던 여러분의 직속 상사였고, 1차적인 감정 반응 때문에 여러분은 실업자가 될 것이다.

여기서 2차 평가를 수행하면 1차 평가가 부정적인 결과를 낳았다는 사실을 뇌가 학습할 수 있다. 확실히 실제 뇌에서는 이 과장된 사례에 비해 빠르고 더 섬세한 평가가 이뤄지지만 기본적으로 결과는 동일하다. 다음에 여러분이 비슷한 경험을 할 때면(즉, 누군가가 여러분을 비판할 때), 인지적 평가와 그에 따른 감정은 더 많은(그리고 바라건대 더 나은) 정보에 기반할 것이다. 이는 이상적으로 더 유익한 감정 반응을 이끌어 내는 결과를 낳는다.

이 메커니즘은 일이 감정에 심오하고 지속적인 여러 영향을 미칠 수 있음을 설명하는 데 도움이 된다. 단지 일에만 국한된 게 아니라, 어떤 맥락에서든 새로운 감정적 경험에 적용될 수 있다. 독특하고 낯선 감정적 경험을 다루는 것만이 반드시 나쁘지만은 않다. 우리가 감정적 능력을 향상하도록 감정적 이해와 능력을 확장하는 데 도움이 된다.[60] 실제로 2차 평가는 스트레스 대처 능력의 중요한 부분이다. 흥미롭게도 이 주장을 뒷받침하는 여러 데이터가 심리학 연구를 통해 밝혀졌다.[61]

내가 거친 소름 끼치는 직업 외에도 감정을 억제하는 태도가 도움이 되며, 심지어 필수적으로 요구되는 다른 일들도 많다. 어수선한 교실에서 좌절감에 못 이겨 소리를 크게 내지르는 교사는 가르치는 일을 그다지 오래 하지 못할 것이다. 피를 보고 겁에 질려 기절하는 구급대원은 목숨이 경각에 달린 사람들에게는 쓸모없는 존재다. 독성 폐기물처럼 위험한 물질을 다루는 일을 하는데 위험 요소가 근처에 있을 때 패닉을 일으키고 초조해한다면 그야말로 골칫거리가 아닐 수 없다.

하지만 만약 감정의 통제가 업무에서 필수적으로 요구되는 사항이라면, 이런 경향은 오랜 시간 동안 학습되어 퇴근하면서도 내려놓을 수 없다. 간호사나 구급대원을 아는 사람이라면 그들이 얼마나 흔들림 없고 쉽게 동요하지 않는 성격인지 알 것이다. 그리고 만나는 사람이 교사인지 아닌지를 쉽게 알 수 있는 경우가 있는데, 그들이 이상하게 권위적인 '아우라'를 발산하는 경향이 있기 때문이다. (내가 만난 스탠드업 코미디언들은 전직 교사 출신이 많았다. 자신이 하는 말에 전혀 관심이 없는 소란스러운 사람들로 가득 찬 실내를 통제하는 능력은 코미디언으로 전직해도 여전히 가치 있는 기술이다.) 사람들이 '일과 삶의 균형'을 잘 유지해야 한다고 말하는 건 괜찮을지 몰라도, 사실 우리는 두 가지 일에 동일한 뇌를 사용하기 때문에 각각의 경우 서로 영향을 미칠 수밖에 없다.

이제 우리의 일반적 인식으로 돌아와야 한다. 아무리 자신의 직업을 사랑한다 해도, 그 일이 원망스럽거나 힘들거나 단순히 하고 싶지 않은 날들이 종종 있을 것이다. 그리고 자기 일을 사랑하는 사람은 전 세계 노동자들을 통틀어 극소수일 것이라 자신 있게 말할 수 있다. 실제로 '번아웃'이라는 단어는 그렇게 자주 쓰일 만한 이유가 있다.[62] '과도한 장기간의 스트레스에 따른 정서적·신체적·정신적 피로감'으로 정의되는 번아웃은 대개 우리가 더 이상 정상적인 기능을 할 수 없다는 것을 의미한다. 대부분의 번아웃은 직장에서 부정적 감정을 과도하게 경험하면서 일어난다.[63] 어째서 우리의 일은 더는 감당할 수 없을 정도로 부정적인 감정들의 원천이 되고 말았는가?

그 이유 중 하나는 대부분의 업무 환경에서 감정이 제대로 고려되지 않기 때문이다. 스프레드시트를 편집하거나 벽을 쌓는 일을 하는 경우, 파일이나 벽돌이 일으키는 감정은 보통 업무와는 상관없다. 미소 지으며 일을 하든 눈을 부릅뜨고 하든 그것도 중요하지 않다. 문제는 이와 상관없이 직장에서 계속 감정을 경험하게 된다는 것이다. 여러분의 끔찍한 상사가 직원들을 마음이 없는 잡역부라 여긴다 해도 정말 직원들에게 마음이 없는 건 아니다.

실제로 일은 인간의 뇌에서 특히 민감하게 느끼는 방식으로 스트레스를 유발한다. 우리는 직장에서 자율성 상실(상사가 작은 것까지 간섭할 때), 사회적지위 상실(무례하고 불쾌한 고객에게도 굽신거려야 할 때), 인력 낭비(몇 달 동안 노력한 프로젝트를 비용을 절감하겠다며 폐기했을 때)를 비롯한 많은 것들을 일상적으로 경험한다.[64,65,66] 이 모든 것들은 우리의 뇌가 좋아하지 않는 것들이기 때문에 부정적 감정이 확실하게 따른다.

그리고 불행히도 대부분의 직장에서는 이런 감정들을 건강한 방식으로 처리하거나 다룰 기회를 주지 않는다. 누군가가 화나게 할 때 벽을 칠 수도 없고, 화를 참지 못해 시원하게 비명을 지르거나 울 수도 없으며, 끔찍한 고객이나 상사에게 무시당했을 때도 친절하게 응대해야 한다. 부정적인 감정들은 마치 운전 중인 자동차의 배기가스가 새어 나오는 것처럼 처리되지 않은 채 뇌에 쌓여만 간다.[67]

다행히 오늘날의 많은 직장에서는 직원들이 겪는 감정을 신경 쓰기 시작했다. 몇몇 곳은 회복력 훈련을 통해 근로자들이 스트레스나 부정적 감정을 다루는 방법을 가르치는데, 이것은 정신 건강과 행복에 매우 긍정적인 영향을 미칠 수 있다.[68] 그뿐만 아니라 오늘날 고용주들에게는 직원들의 행복을 중시하는 경향이 보다 커졌다.[69] 근로자들의 감정을 분명하게 인식하는 흐름이 생긴 것이다.

그렇다 해도 번아웃과 직장 내 스트레스, 낮은 직원 만족도는 여전히 커다란 문제다. 그에 따라 매년 기록적인 수의 근로자가 업무에 몰입하기 어려워하고 직장에 만족하지 못한다.[70] 여기에 대한 한 가지 가능한 설명은, 회사나 조직을 담당하는 사람들의 실제 의도가 무엇이든 근로자들의 정서적 행복을 최우선 순위로 삼지는 않는다는 것이다. 어떤 종류의 업계나 사업이든 '수익'이 보통 최우선이다. 근로자들은 결국 그 목적을 위한 수단에 불과하다.

건전한 수익과 직원의 건강이 양립하지 못한다는 뜻은 아니다. 만약 근로자들이 직장에서 몸이 쇠약해질 만큼 스트레스를 받는다면 일을 할 수 없기에, 그런 감정적인 부담을 해결하는 건 재정적인 관점에서도 합리적이다. 하지만 고용주나 상사들은 종종 이에 냉소적인 반응을 보인다. 회복력 훈련, 마음챙김 워크숍은 꽤 유용할 수도 있지만 비현실적인 작업 부담이나 장기간의 근무, 저임금 같은 문제를 해결하는 데는 실질적으로 아무런 도움이 되지 않는다. 게다가 수많은 사람의 증언에 따르면 상당수의 고용주는 이러한 훈련을 일종의 백지수표처럼 취급해, 애초에 직원들의 정서적 행복을 해친 문제가 해결되지 않았더라도 더 많은 업무 부담을 줄 수 있다고 여긴다. 이제 직원들은 훈련을 마치고 회복력을 갖췄으니 뭐든 할 수 있다고 여기는 것이다.

하지만 실제로는 괜찮지 않다. 오히려 그런 훈련은 근로자 개개인에게 훨씬 많은 스트레스를 가중하고, 힘든 업무로 인한 부정적인 감정에 대처하는 방법을 본인의 책임으로 돌린다. 이는 시간과 노력이 필요한 일인데, 현재 상태로는 충분한 공급이 부족한 경우가 대부분이다.

그와 달리 직장은 직원을 행복하게 만들기 위한 노력을 기울이기도 한다. 보통 행복한 노동자들이 더 생산적이라는 것을 보여 주는 '행복하고 생산적인 노동자' 가설에서 비롯하는데, 이 이론에 따르면 행복한 노동자들은 경제적 추가 보상 없이도 일을 더 많이 한다.[71] 이를 원하지 않는 고용주도 있을까?

물론 예상대로 그렇게 간단한 문제는 아니다. 감정에 대한 평가 이론에 따르면 대규모의 다양한 개인들을 지속적으로 행복하게 하는 것, 즉 같은 대상에 대해 동일한 감정 반응을 경험하도록 하기란 사실상 불가능하다. 이렇게 보면 고용주들의 노력은 다소 단순해 보인다. 캐주얼 복장이 허용되는 금요일이라든지 이달의 직원상 수여, 팀의 사기 진작 훈련, 연간 보너스, 안마 의자(이것이야말로 진짜 행복을 준다는 많은 이들의 간증이 있긴 하지만) 같은 접근법은 일부 직원들을 잠시 행복하게 할 수도 있지만 전반적으로 자동차 엔진 전체를 기름에 담가 놓고 성능 향상과 최상의 결과를 기대하는 것과 같다.

또한 사람들은 감정적으로 조종당하는 것을 좋아하지 않는다. 인간은 무언가를 해야 한다는 말을 듣거나 선택권을 빼앗기는 것을 본능적으로 싫어한다는 점을 보여 주는 여러 연구 결과가 있다.[72] 기분이 언짢을 때 '힘내'라는 말을 들은 적이 있는가? 이런 원치 않는 충고는 종종 정반대의 효과를 불러온다. 그 누구도 여러분의 감정을 지시할 권리는 없으니 말이다.

요약하자면 일은 우리에게 요구하는 일의 본질적 특성상 부정적인 감정을 경험하게 할 가능성이 높다. 여기에 조직의 이익을 위해 근로자의 감정을 적극적으로 조작하고 강제하려는 고용주의 지속적인 노력이 더해지면, 우리가 일을 부정적으로 생각하는 경향이 있다는 건 전혀 놀랍지 않다.

일이 현대인의 삶에서 부정적인 감정을 자주 경험하게 하는 다른 측면들과 다른 점이 있다면, 그러한 감정을 억제하도록 적극적으로 장려된다는 것이다. 감정을 느끼는 것은 어쩔 수 없지만 그 감정을 우리가 근본적으로 진화한 방식대로 소통하거나 공유하지 못하는 경우가 많다. 직장의 규칙과 기대치 때문이다.

　　　　　　　　　　　　　감정이 어려운 사람들을 위한 뇌과학

이것은 결코 좋은 상황이 아니다. 감정 처리와 인지 평가의 작동 방식을 고려해 보면 뇌는 직장에서 감정을 억제하는 습관을 쉽게 개발할 수 있다. 그리고 감정이 우리에게 얼마나 중요한지를 고려할 때, 이러한 습관은 매우 도움이 되지 않는 결과를 초래할 수 있다. 수면과 기분, 가정생활을 비틀고 방해할 수 있다.[73] 중요한 인간관계에 부담을 안기기도 하고, 심지어 우울증 발병과도 관련이 있다.[74,75,76] 상당한 수준의 감정 억제가 필요한 직종의 근로자들은 우울이나 불안 증세를 더 쉽게 일으킬 수 있다. 서비스직이나 콜센터 업무는 사람들을 상대하는 대표적인 직종인 만큼 가장 자주 인용되는 사례다. 즉, 근무 중 감정을 표현하거나 소통하지 않는 것에 대한 논리적인 이유가 있을 수도 있지만, 이러한 행동은 장기적으로 개인에게 해로울 수 있다.

노동으로서의 감정 표현

하지만 조금 더 생각해 보자. 만약 감정을 표현하고 전달하는 것이 직업이라면 어떨까? 그렇게 흔하지 않지만 그런 직업이 존재한다. 가장 확실한 예는 연기로, 어떤 캐릭터의 특정한 감정 상태를 묘사하는 것이 주된 일이다. 지금까지 살펴본 바에 따르면 전문 배우들은 일하는 동안 감정을 표현할 수 있는 만큼 누구보다도 가장 감정적으로 건강하고 밝은 사람들이어야 할 것이다.

하지만 관련 연구에 따르면 연기 관련 직업에 종사하는 사람들은 일반인에 비해 불안 증세나 우울증과 같은 문제에 더 취약한 것으로 나타났다.[77] 이는 내 예측과 정반대였다.

연기자들에게 무슨 일이 벌어지고 있는지 알아보기 위해 나는 배우이자 작가인 동시에 진짜배기 웨일스인인 캐리스 엘러리Carys Eleri와 무대 뒤에서 연기가 실제로 어떻게 이루어지는지에 대해 대화를 나눴다. 캐리스는 그동안 많은 역할을 맡았는데 그중에는 2015년부터 2018년까지 방영된 웨일스 드라마 〈파치Parch〉의 주인공 미판위 엘페드 목사 역할이 있다. 캐리스의 말에 따르면, 자신이 하고 싶은 연기를 하고 있다 해도 감정적으로 상당한 타격을 입을 수 있다고 한다.

미판위 목사 역할은 모든 배우의 꿈이었죠. 주인공인 데다가 충실하고 다채로우며, 흥미롭고 극적인 배역이었거든요. 처음 캐스팅되었을 때 정말 기뻤어요. 하지만 실제로 연기해 보니 달랐어요. 세상에, 정말 힘든 일이었죠.
일단 촬영 외의 생활이 없는 것처럼 느껴졌죠. 저는 개인 생활을 무척 중시하는데도 말이에요! 주연배우로서 감사할 줄 모르는 모습을 보이고 싶진 않았기에 정말 고민이 많았어요. 이런 매력적인 드라마에 주인공 역을 꿰차게 되어 하늘을 둥둥 떠다니는 기분이었지만, 사실 화면 밖에서는 정말 피곤하고 스트레스를 받아 불행했어요. 일주일에 하루 이틀 정도 쉬는 날에는 침대에서 거의 일어나지 못할 정도로 녹초가 돼 있었거든요.

감정이 어려운 사람들을 위한 뇌과학

나는 캐리스에게 배우라는 직업에 요구되는 독특한 형태의 감정노동에 대해 물었다. 가슴이 찢어질 듯 아프거나 감정적으로 잔인한 장면을 연기해야 하고, 장시간 부정적인 감정을 지시받은 대로 전달해야 하는 그런 일들을 말이다.

> **병원 촬영이 잡혔다면, 촬영지에 오래 머물지 못해요. 하루나 이틀 안에 가슴 아픈 병원 신을 전부 촬영하고 나서 나중에 올바른 순서로 편집해야 하죠. 가끔은 9시간이나 10시간 연속 촬영을 하기도 했는데, 울거나 정신을 잃는 장면을 찍는 경우도 여러 번 있었어요. 지칠 대로 지치죠. 체력도 고갈되고요.**

캐리스 같은 배우들을 더욱 힘들게 하는 것은, 앞서 살폈듯 인간의 뇌는 수많은 미묘하고 복잡한 신호를 통해 감정을 인식하는 데 아주 능숙하다는 점이다. 만약 이러한 신호나 단서가 누락되거나 왜곡되면, 본능적으로 잘못된 것으로 인식하여 부정적으로 반응하게 된다. 그래서 인위적인 웃음소리나 가짜 웃음소리가 매우 거슬리고, 초기 컴퓨터 그래픽 캐릭터가 소름 끼치며, 실력 나쁜 배우들이 쉽게 눈에 띄는 것이다.

여기서 중요한 점은 우리가 감정을 느낄 때 보여 주는 여러 신체적 신호에는 근육의 움직임이라든지 의식적으로 통제하지 못하는 신체 반응들이 포함된다는 것이다. 우리는 마음대로 얼굴을 붉히거나 머리카락을 곤두세울 수 없다. 전 세계의 모든 웨딩 앨범은 지시에 따라 자연스럽게 미소 짓는 것이 얼마나 어려운 일인지를 쉽게 보여 준다.

실력 좋은 배우는 어떻게 이 난감한 상황을 헤쳐 나가곤 할까? 답은 그들이 묘사해야 할 감정을 진정으로 느끼는 것이다. 몇몇 배우들이 연기 학교에서 연기력을 향상시키기 위해 고통스러운 경험과 기억을 경험하고 재현하도록 하는 경우가 많다고 언급한 바 있다. 아마도 이런 연습을 통해 캐릭터 묘사에 필요한 감정적인 경험을 더 쉽게 떠올리고 불러일으킬 수 있기 때문일 것이다. 캐리스 또한 이러한 접근 방식에 많이 의존했다고 한다.

> 나는 꽤 감정이입을 잘하는 사람이죠. 그동안 암에 걸려 세상을 떠난 친구들도 많고, 운동신경질환으로 아버지를 잃은 적도 있어요. 많은 이들과 함께 극심한 고통과 슬픔을 겪었죠. 하지만 그 덕분에 극적인 역할을 맡게 되면 어떻게 연기해야 하는지, 상실감이나 비통함을 어떻게 느끼는지 알게 되었죠. 대부분 내가 직접 경험한 것들이기 때문이에요.

실제 감정과 '가짜' 감정을 구분하는 것은 정말 중요하다. 배우들은 일상적으로 배역의 일부로서 스스로 부정적인 사고방식에 빠져야 하기 때문이다. 이 상태에서 벗어나기 어려워서 촬영이 끝나고 모두가 집으로 돌아간 뒤에도 여전히 화가 나거나 슬프고 두려운 감정이 가시지 않을 수도 있다. 캐리스 역시 〈파치〉의 첫 번째 시즌을 촬영하는 동안 정확히 그런 경험을 했다.

> 지난 4개월 동안 나는 하루에 14시간씩 촬영하면서 '내가 죽어 가고 있

다'고 스스로를 설득했어요! 촬영이 끝날 무렵에는 완전히 배역에 이입해서 내가 더 이상 사랑하지 않는 남편과 살고 있으며, 아이가 둘 있고, 때 이른 죽음을 향해 나아가면서 장의사에게 꽤나 성적 호감을 느끼고 있다고 확신할 수 있었어요. 일하는 게 정말 편했죠!

배우들이 겪는 흔한 문제이기도 하다. 역할에 깊이 빠져들고 휘말리는 직업 특성상 감독의 '컷' 사인 이후에도 그들이 겪는 감정적 혼란은 멈추지 않는다. 대부분의 사람들에게 부정적인 감정의 영향은 정서적 퇴색 편향을 겪으면서 희미해질 수 있지만, 배우들은 다양한 캐릭터와 연기를 통해 부정적인 감정을 되살리고 재현한다. 그에 따라 부정적인 감정들을 장기적으로 활발하게 유지하게 된다. 이것이 잘 알려진 PTSD의 일환 중 하나라는 것은 이런 배우들의 감정적 혼란이 정신 건강에 좋지 않은 문제임을 시사한다.[78]

오늘날 연기자들이 겪는 정신적·정서적 긴장이 현재 많은 연구를 통해 인식되고 있으며, 이로 인한 피해를 완화하는 개입 방법이 업계의 여러 분야에서 연구되고 시행되는 중이다.[79,80] 예컨대 많은 배우가 일단 연기가 끝나면 '기존의 역할에서 벗어날 것', 즉 공연과 현실 사이의 명확한 구분을 나타내는 의식이나 규칙적인 제스처를 수행하여 자신의 캐릭터(그리고 그로 인한 감정적 요구)를 분장실에 남기고 떠나도록 권장받는다.[81] 오랫동안 연기를 하면서 캐리스 역시 이 방법을 익혔다. 캐리스가 그 누구보다도 밝고 친절한 사람이라는 점은 드라마 속의 극적인 역할이나 경험이 그녀에게 지속적인 감정적 피해를 주지 않았음을 드러낸다.

그뿐만 아니라 모든 연기가 스트레스와 부정적인 감정을 기반으로 하지는 않는다는 점도 지적해야 한다. 연기와 공연은 여러 방법으로 정서적·정신적 행복에 도움을 줄 수 있다. 예를 들어 연극 치료는 안전하고 통제 가능한 방식으로 감정적 신경증과 문제를 표출하고 해결할 수 있도록 도와주는 유용한 치료법이다. 이 요법은 슬픈 음악을 들을 때와 같은 방식으로 감정 처리를 돕는 것으로 추정된다.

이런 과정은 배우들이 정상적으로 직업 생활을 영위하는 데도 도움을 준다. 캐리스는 드라마 촬영 당시 공동 주연을 맡았던 재능 있는 배우 한 사람을 아직도 기억한다. 사적으로 엄청나게 힘든 시간을 보내고 있었지만, 촬영을 하지 않을 때에도 완벽하게 명랑하고 침착해 보였던 사람이었다.

카메라가 돌아가는 순간 그 배우의 대사 한 마디마다 감정이 내면 깊숙이 끓어오르는 것을 느낄 수 있었죠. 저도 모르게 눈물이 흘러내렸어요. 대체 어떻게 장면마다 그렇게 할 수 있냐고 묻자 그녀는 이렇게 대답했습니다. "이건 하나의 치료예요. 저는 지금 너무 고통스러워서 이 모든 일을 위해 정신을 바짝 차려야 해요. 이 장면에서 저의 모든 것을 쏟고 있어요." 저는 그 배우의 말이 사실이라는 걸 마음 깊이 알고 있었어요. 그녀는 나와 같이 대본을 수도 없이 읽고 연구해서 연기하는 여성일 뿐 아니라 엄청난 고통과 스트레스, 책임감을 안고 있는 사람입니다. 그런 여자가 예술과 창의력을 통해 자신의 감정에 진정으로 몰입할 수 있는 순간이 바로 여기라는 것을 알고 내가 울었던 것 같습니다.

감정이 어려운 사람들을 위한 뇌과학

어쩌면 진짜 문제는 일 때문에 감정을 억누르는 것뿐만 아니라, 잘못된 감정을 전달하도록 강요받는 경우가 많다는 것이다. 일하는 동안 우리는 실제 감정과 상반된 태도를 유지해야 한다. 상사의 지독한 농담에도 웃어 주고, 공격적인 고객들 앞에서 고개를 끄덕이며 미소 짓고, 힘든 일이나 불가능한 마감 앞에서도 침착하고 자신 있게 대처한다. 그동안 우리 내면의 감정 상태는 우리가 전달하는 감정과는 완전히 다르다.

그 때문에 배우에게 감정 표현이 '허용'된다고 해서 업무로 인한 감정적 피해로부터 보호받을 수 있는 것은 아니다. 배우들은 종종 그들이 연기하지 않았다면 결코 느끼지 못했거나 느껴서는 안 될 감정들을 표현하고 보여 준다. 그리고 뇌는 항상 감정을 외부 세계로 전달할 때 일어나는 일에 따라 감정적 과정을 관찰하고 학습하며 조정하기 때문에, 업무로 인해 왜곡된 감정 효과가 쌓여서 상황을 혼란스럽게 하고 전반적인 행복에 영향을 미칠 수 있다.

많은 직장과 일터에서 노동자들의 정서적 행복을 진심으로 염두에 두고 배려하는 조치를 도입하고 있다. 하지만 이것은 비교적 최근에 나타난 현상으로, 아직 기본적으로 자리 잡은 규범은 아니다. 언젠가는 우리 모두 직장에서 자신의 감정을 정확하게 표출하는 것이 허용될지도 모른다. 하지만 표준적인 규범이 되기까지는 수많은 노력이 필요할 것이다.

또 다른 흥미로운 점은 감정 표현이 허용되는 노동자도 있는 반면, 그렇지 않은 노동자들도 있다는 점이다. 이는 감정 소통의 세계에서도 모든 사람이 평등하지 않다는 것을 보여 준다. 관련 자료를 더 깊이 파고들수록 이 사실은 분명해진다.

상호 보완하는 감정

팬데믹으로 인한 아버지의 사망 이후 거의 모든 사람과 물리적으로 단절되었지만, 현대 기술 덕에 다른 사람들과 여전히 쉽게 연락할 수 있었다. 나는 사람들로부터 깊은 동정, 사랑과 지지, 도움의 손길을 표하는 많은 메시지를 받았다. 모두 매우 감동적이었으며, 당연하게도 감정이 북받쳤다.

하지만 불행히도 내가 반응했던 감정은 분노였다. 이런 메시지들은 나를 화나게 했고, 그에 대한 내 반응은 별로 아름답지 않았다. "내가 도울 수 있는 일이 있다면 좋겠다."라는 말도 소용없었다. 누군가 도울 수 있는 일 같은 건 없었으니까. 우리는 봉쇄 조치를 당했고 상대는 수백 킬로미터 떨어진 곳에 살고 있다. 그런 말은 순전히 그 말을 한 사람의 기분이 나아지기 위해 존재한다. 엿이나 드시지! "상심이 크겠군요. 정말 유감입니다."라고? 당신이 책임질 것도 아니면서 왜? 책임을 지는 게 아니라면 가뜩이나 부족한 내 시간과 정신적 에너지를 낭비하는 것뿐인데!

이쯤에서 당시 나에게 메시지를 보냈던 모든 사람이 100% 좋은 의도를 가졌다는 점은 분명히 밝혀 둔다. 내 반응은 완전히 불공평하고 부당하며 비현실적이었다. 다행히도 실제로 입 밖으로 내뱉지는 않았지만, 단지 내 생각은 그랬다. 내 머릿속은 그런 생각들로 차 있었다. 변호하자면 이런 분노는 사람들이 느끼는 슬픔의 일반적인 단계 중 하나다.[83] 특히 비극적인 상황에서 가까운 누군가를 잃는 경험을 하면 재앙을 당한 듯 불공평함을 느끼게 되고, 이렇게 인식된 불공평은 뇌의 근본적인 수준에서 분

감정이 어려운 사람들을 위한 뇌과학

노를 유발한다.[84] 따라서 분노는 1969년 정신과 의사 엘리자베스 퀴블러-로스Elizabeth Kübler-Ross가 주창했던 그 유명한 '슬픔의 5단계 모형'에서 한 단계를 차지한다. 슬픔에는 부정, 분노, 두려움, 협상, 수용의 5가지 연속적인 단계가 있다고 주장하는 모델이다. 하지만 신경과학자로서 슬픔과 같은 심오하고 복잡한 감정적 경험이 모든 사람에게 정확히 같은 방식으로 작용할 것이라는 주장은 억지스럽게 여겨진다. 물론 퀴블러-로스 박사가 모두에게 이 5단계가 빠짐없이, 또 같은 순서로 일어날 것이라 주장하지는 않았지만 시간이 지나면서 같은 방식으로 진행된다는 의견이 일반적으로 자리 잡고 말았다. 이유가 무엇이든 간에 나는 많은 사람의 슬픔과 애정에 답하지 않았다. 대신에 분노를 느꼈다.

이 결과는 놀라웠지만, 나는 매우 중요한 사실을 깨닫기에 이르렀다. 인간의 뇌가 다른 사람이 전달한 감정을 공유할 수 있다고 해서 반드시 그러리라는 보장은 없다는 것. 공감이나 감정적 의사소통을 뒷받침하는 신경학적 과정은 인간의 뇌에서 근본적으로 이루어지지만, 이를 방해하는 다른 많은 일도 일어나고 있다.

가장 명백한 문제 중 하나는 우리에게 각자의 감정이 있다는 사실에서 비롯한다. 이 감정은 분명히 우리의 공감 능력을 가로막을 수 있다. 내 사례가 좋은 예다. 불특정 대상을 향한 나의 분노는 다른 사람들이 표현하는 연민과 슬픔에 대한 나의 인식을 확실하게 왜곡시켰다.

2013년 막스플랑크연구소의 타니아 싱어Tania Singer 교수가 진행했던 연구가 정확히 이 현상을 입증한다.[86] 이 실험에서 피험자들은 유쾌하거나 불쾌한 자극을 받았다. 부드럽고 포근한 물건을 만지면서 강아지를 보는 게 유쾌한 자극이었고, 역겹고 끈적이는 물질을 만지면서 구더기를 보는 게 불쾌한 자극이었다. 그런 다음 피험자들은 자신이나 다른 사람의 감정 반응을 평가해야 했다. 만약 두 피험자에게 같은 자극(예컨대 징그러운 것)이 주어졌을 때, 피험자들은 상대의 감정 상태를 추정하는 데 탁월한 능력을 보였다. 반면에 두 피험자에게 각자 다른 자극이 주어지면(예컨대 한 사람은 솜털과 강아지, 다른 한 사람은 역겨운 구더기) 그들은 공감에 어려움을 겪고 상대의 감정 상태를 정확히 추정하는 데 매우 서툴게 굴었다.

뇌는 에너지와 자원을 많이 필요로 하지만 검소하다는 사실을 기억하라. 즉, 변연계에서 이미 특정한 감정을 만드는 데 관여하고 있다면, 이 감정을 타인에 대한 공감으로 바꾸기 위해서는 에너지와 노력이 필요하다. 만약 나와 타인이 서로 비슷한 감정 상태를 가졌다면 일은 훨씬 쉬워진다. 길을 하나 건너는 게 마을을 가로질러 운전하는 것보다 훨씬 더 쉬운 법이다.

이로 인한 한 가지 결과는 우리의 공감 능력이 결국에는 자기중심적 편견으로 이어질 수 있다는 것이다. 우리는 기본적으로 '내가 이렇게 느끼니 다른 사람도 이렇게 느끼겠지'의 프로세스로 생각한다. 감정이 공감 능력에 영향을 미치기 때문이다. 다행히도 우리의 뇌는 타인의 감정과 자신의 감정을 구분할 수 있어서, 골프 선수가 바람 속에서 스윙의 방향을 조절하는 것처럼 공감의 과정에 이를 반영할 수 있다.

2013년 타니아의 연구(그리고 다른 연구들)에 따르면, 이 능력은 또 다른 중요한 뇌 영역인 우측 모서리위이랑supramarginal gyrus에서 비롯한다.[87] 연상회緣上回로도 불리는 이 영역은 공감을 담당하는 연결망이나 영역과

감정이 어려운 사람들을 위한 뇌과학

도 많이 겹친다.[88] (다시 말하지만, 구체적으로 뇌의 우반구에 있는 모서리위이랑을 말한다. 좌반구에 있는 해당 영역은 단어 인식을 비롯한 유사한 과정에 더 관여하는 것으로 보인다.) 따라서 다른 감정을 경험하는 사람들에 대한 피험자의 공감 능력은 우측 모서리위이랑이 손상되거나, 조정할 시간이 너무 부족하거나, 자신의 감정 상태가 이미 압도적일 때 급격히 감소한다. 물론 그렇다고 하더라도 이에 대응하기 위해 특정한 신경학적 메커니즘을 진화시켰을 때 감정이 공감 능력을 방해할 수 있다는 점을 부인하기란 어렵다.

상대방이 나타내는 감정을 느끼는 이유도 중요한 요소다. 공감은 누군가 느끼는 행복을 함께 나누고 싶은 마음을 의미한다. 하지만 그가 행복한 이유가 여러분이 아직 사랑하는 전 애인과 데이트를 하기 때문이라면 어떨까? 아니면 여러분이 큰 프로젝트의 성공을 위해 밤낮없이 일했는데, 성공의 보상을 그 사람이 받아서 누리는 행복이라면? 두 경우 모두 그 사람의 입장에서는 행복을 느껴야 할 타당한 이유가 있다. 하지만 여러분에게는 매우 슬프거나 화가 날 만한 타당한 이유가 있다.

이처럼 타인의 감정을 공유하기보다는 자신의 다른 감정으로 상대방의 감정에 반응하는 여러 상황이 존재할 수 있다. 이런 감정은 상호보완적인 감정이다. 여러분의 반응은 타인의 감정과 동일하지 않은, 그 감정에 대한 반응이다. 반대로 여러분이 타인의 감정 상태를 공유할 때는 상호적인 감정이다. (또한 나쁜 일이라는 것을 알면서도 행복감을 느꼈을 때 수치심이나 죄책감을 느끼게 되는 것처럼, 자신의 감정에 대해서도 보완적인 감정을 경험할 수 있다. 감정은 종종 다른 감정으로 이어진다.)

이 구분에서 핵심적인 사항은 뇌가 우리의 감정과 타인의 감정을 처리할 때 매우 다양하고 복잡한 요소를 고려한다는 점이다. 감각 신호(신체 언어나 말투, 표정 등)는 우리의 감정 상태를 드러내는 데 도움을 줄 수 있지만, 그 밖에 주변에서 벌어지는 일이나 상황에 대한 지식과 기억, 함께 있는 사람, 그들이 나타내는 것 등에 대한 외부적인 세부 사항들도 있다. 처리하기가 꽤 힘든 만큼 이 모든 것에 관여하는 신경학적 영역이 꽤 여럿 존재할 것으로 추정된다. 그중 상당수가 우리의 궁극적인 감정 반응에 영향을 미친다.

그런 영역 중 하나가 신뢰할 수 있는 감정 중추, 편도체다. 편도체는 여러 기능 중에서도 뇌가 현재의 사회적 상황이 가진 감정적 측면을 빠르고 효과적으로 판단하여 타인과 관계를 맺을 때 어떤 감정을 경험하는지 결정하는 데 도움이 된다.[90]

예를 들어 낯선 사람이 "이거 당신 차인가요?"라고 물어 온다면 그는 자동차에 대해 감탄하고 있는 걸까, 아니면 그 차의 주인인 여러분에게 감탄하는 걸까? 아니면 당신의 차가 그의 개를 치고 지나갔기 때문에 화가 났을까? 우리의 뇌는 상대방의 말투와 태도를 통해 이를 인식하지만 편도체는 이 정보를 통합한 다음에 어떤 감정 반응이 가장 적절한지 결정해 우리가 기뻐해야 할지, 사과하고 두려워해야 할지 판단한다.

하지만 이것은 여전히 상황의 감정적인 측면일 뿐이다. 자세히 들여다봐야 할 사항들이 더 많다. 예컨대 이런 질문을 던져 보자. 여러분은 어디에 있는가? 어떤 상황인가? 주변에 어떤 사람들이 있는가? 이러한 요소들을 비롯한 여러 가지를 뇌의 다양한 영역에서 처리하기 때문에 감정과 공감에 상당한 영향을 미칠 수 있다.

감정이 어려운 사람들을 위한 뇌과학

우리는 왜 누구에게는 공감하고
누구에게는 그러지 않는가

인지와 감정 사이의 관계는 복잡하고 탄력적이어서, 상황이라든지 이용 가능한 정보에 따라 바뀌고 조정된다. 하지만 이 방식에 오류가 없는 건 아니다. 슬퍼하는 친구를 농담이나 유머러스한 말로 격려하려고 노력하다가 상황을 훨씬 악화시킨 적이 있는가? 아니면 누군가 여러분에게 로맨틱한 의도로 접근하고 있다고 잘못 판단해서 그 사람을 상당히 당혹하게 했을지도 모른다. 간단히 말하면, 타인이 느끼거나 생각하는 것에 대해 우리의 뇌가 내린 결론은 틀릴 수 있다. 그리고 이 결론에 근거해서 감정이나 다른 방식으로 반응을 보이기 때문에 그 반응 역시 엇나간다.

우리의 정교한 뇌조차 언제나 상황에 대한 올바른 해석을 내리지 못하는 이유 중 하나는, 타인의 감정과 생각이 항상 일치하지는 않기 때문이다. 지금까지 살펴본 바로 우리는 공감 능력 덕분에 타인의 감정을 공유할 수 있다. 하지만 타인의 생각, 즉 그들이 왜 그런 일을 하는지 알아내는 데는 또 다른 과정이 필요하다. 바로 정신화mentalising다. '마음 이론' 또는 '관점 파악하기'라고도 하는데, 여기에 어떤 이름표를 붙이든 본질적으로 다른 사람의 인지적 입장이 되어 보는 은유적 사고 능력으로 귀결된다.

공감과 정신화 과정은 상당 부분 뇌 속에서 겹치지만, 서로 다른 신경계에 의해 지원된다.[91] 정신화는 공감을 지원하는 것으로 알려진 영역(예컨대 상측두피질 같은)과 동일한 영역을 일부 활용하기도 한다.[92] 그렇지만

그보다는 내측 전전두피질이나 측두극, 복내측 전전두피질 같은 뇌 영역에 더 많이 의존한다.[93]

정신화와 공감 능력은 서로에게 불리하게 작용하기도 한다. 예컨대 우리가 정신화를 통해 타인의 악의적 의도를 파악한다면 우리는 그들이 슬프거나, 상처받거나, 행복해한다 해도 공감하지 않을 것이다. 반대로 누군가에게 매우 감정적으로 몰입되어 있다면 우리는 그들에게 상당히 많이 공감하는 경향이 있고, 이는 상대방의 생각을 이성적으로 파악하는 능력을 엉망으로 만든다.[94] 보통 사랑하는 사람이 사악한 의도나 동기를 가진다고는 상상하지 못하기 때문에(또는 그러고 싶지 않기 때문에) 연인에게 조종당하거나 이용당하는 친구를 보는 건 우울할 정도로 익숙한 경험이기도 하다.[95] 따라서 공감 능력과 정신화는 협력하는 경우도 많지만 쉽게 서로를 훼방 놓기도 한다.

간단히 정리하자면 우리의 뇌는 타인이 자신만의 고유한 감정을 가지고 있다는 것을 인식하는 능력이 뛰어나지만, 그런 감정들이 무엇인지를 알아내고 이 정보를 우리의 반응과 행동에 통합하는 것은 더 크고 까다로운 작업이다. 우리는 타인의 감정과 생각에 직접적으로 접근할 수 없는 만큼, 관찰을 통해 수집된 정보를 평가해서 간접적으로 그 문제를 해결해야 한다. 그렇지만 우리는 자신의 감정적 경험과 기억에는 직접 접근할 수 있으며, 이 결과물이 종종 타인에 대한 공감을 형성하거나 거기에 영향을 미치곤 한다. 그런데 사람들은 매우 다양하기 때문에 공감 능력이 제대로 발휘되지 않을 수도 있다. 공감 능력이 수많은 대인관계의 기반이 된다는 점을 고려하면 문제가 될 수도 있는 부분이다. 누군가에게 제대로

감정이 어려운 사람들을 위한 뇌과학

공감하지 못한다면 연결과 소통이 힘들어질 수 있다.

자폐스펙트럼장애 환자가 비환자와 상호작용할 때 발생할 수 있는 '이중 공감' 문제가 대표적인 예다.[96] 자폐증이 있는 뇌와 그렇지 않은 뇌가 서로 다른 방식으로 작동한다는 건, 각자의 경험이라든지 이를 통해 얻은 기억들이 상대방이 생성하는 감정적 신호를 해석하는 데 특별히 도움이 되지 않는다는 뜻이다. 아직 배우는 중인 언어로 서툴게 감정을 표현하는 것처럼 말이다. 누구의 잘못도 아니지만, 상호작용을 하는 두 사람의 뇌는 각각 개인적이고 주관적인 경험에 지나치게 의존한 탓에 상대의 행동을 이해하지 못할 수 있다. 따라서 공감 문제가 이중으로 발생한다.

마지막으로 이것은 다소 불편한 문제로 이어진다. 자신의 감정이라든지 더 넓은 주변 상황, 결함 있는 인지적 평가를 제쳐 두고라도 우리가 왜 타인에게 공감하지 못하는지 설명하는 더 간단한 방법이 있을 수 있다. 그 이유가 편견이든 미지에 대한 두려움이든 간에, 우리는 그저 누군가에게 공감하려 들지 않을 때가 있다. 그들이 우리 마음에 들지 않는 방식으로 우리와 다르다는 이유에서다.

슬프게도 이것은 한 번의 폭로에 그치지 않는다. 오늘날 모든 뉴스 기사와 그에 따른 온라인 댓글을 보면 알 수 있는 현실이다. 인간이 근본적으로 결함 있고 고칠 수 없는 존재라고 치부하며 간단히 넘어갈 수도 있지만 그보다 더 많은 것들이 존재한다.

우리는 앞서 인간의 공감 능력이 본질적으로 이타적이라는 증거를 보았다.[97] 인간은 생판 모르는 낯선 사람에 대해서도 지속적인 공감을 보여 주기 때문이다. 하지만 이것은 '낯선 사람'의 유형에 따라 달라진다. 그들이 익숙하고 잘 알려진 집단이나 공동체, 민족 출신인가? 만약 그렇다면 여러분은 그 집단에 대한 인상을 이미 갖고 있지 않은가? 낯선 사람의 외양과 언어가 가족이나 친구처럼 보인다면 그들과 더 긍정적인 관계를 맺을 수 있을 것이다. 하지만 반대로 그들이 다른 민족이나 문화권 출신이거나 이전에 부정적인 느낌을 받은 적이 있는 집단의 일원이라면, 이것은 경계심과 불신으로 이어지고 그들에게 공감할 수 있는 능력과 동기가 감소한다.

조금 더 전문적으로 말하자면, 내집단의 구성원들(우리가 소속감을 느끼는 사람들이나 공동체)에게 공감하는 것이 외집단의 구성원들(우리의 집단과 구별되는 공동체)에게 공감하기보다 훨씬 쉽다.[98] 예컨대 내집단의 한 구성원이 고통을 받는다면 공감하고 슬픔을 느낄 가능성이 높아진다. 하지만 만약 외집단의 구성원이라면 공감보다는 '샤덴프로이데(남의 불행을 고소하게 여기는 것을 뜻하는 독일어 단어-옮긴이)'에 가까운 감정을 경험할 수도 있다.[99]

불쾌하게 느껴질 수도 있지만, 이렇듯 내집단과 외집단을 구별하는 경향은 우리 뇌 깊숙한 곳에서 비롯된 것일 수 있다. 예컨대 우리의 무의식적인 편향 중 더 잘 알려진 '교차-인종 효과cross-race effect'가 그렇다.[100] 이 효과는 우리가 자신과 다른 인종의 얼굴과 비교해 같은 인종의 얼굴을 더 잘 인식하고 구별하는 경향성을 설명해 준다. 이는 종종 무의식적인 인종 차별의 징후로 간주되기도 하지만(예컨대 "다른 인종 사람들은 전부 다 똑같이 보여."라는 말이라든지), 이것은 제대로 된 근거를 지닌 현상인 듯하다.

대부분의 사람은 가족에 의해 양육되고 공동체의 일원이 되는 과정

감정이 어려운 사람들을 위한 뇌과학

에서 대체로 같은 인종과 만난다. 따라서 우리의 뇌는 다른 인종보다 같은 인종의 구성원들을 구별하는 연습을 더 많이 한다. 얼굴은 인식과 감정 표현에 필수적이기 때문에, 다른 인종 사람들에 대한 공감 능력에 영향을 미칠 수 있다.[101]

하지만 이 효과는 단지 양육 과정에서 나타난 우연한 결과가 아니다. 먼 옛날부터 내려온 진화적 역사 덕분에 우리의 반사 체계는 여전히 뇌의 하부 영역을 방황하는 중이다. 그 때문에 외집단에 속한 누군가를 만나면 편도체에서 재빠른 반응을 유발해 위협을 감지하는 투쟁-도피 반응을 활성화할 수 있다.[102] 그렇기에 '안전한' 내집단 바깥에서 누군가를 감지하는 순간, 감정 체계는 이미 두려움과 경계심을 만들고 전반적인 감정 반응을 부정적으로 왜곡한다.

물론 이것이 인종차별이나 편견에 대한 변명이 될 수는 없다. 우리의 더 정교한 인지 체계는 이런 무의식적 편견들을 통제하고 무시할 수 있다.[103] 우리가 그런 체계를 기꺼이 활용한다면 말이다.

또 뇌는 내집단과 외집단을 어떻게 정의해야 하는지와 우리가 그들과 공감할 가능성에 대해 의외로 정확히 파악하기 어려워한다는 점도 중요하다. 인종이나 성별 같은 명백한 신체적 차이에 근거한다고 가정하기 쉽지만, 우리 자신의 발달 과정과 배경, 경험은 그러한 것들을 무의미하게 만든다. 여러 연구에 따르면 다문화 공동체의 구성원들은 다른 인종에 속한 개인들의 감정을 인지하는 데 큰 어려움을 겪지 않는 것으로 나타났다.[104] 본능적인 수준에서 우리가 좋게 생각하지 않는 외집단이 없다는 뜻은 아니지만, 이러한 외집단의 정의는 선천적인 것보다 개인적 경험과 태도에서 더 많이 나타날 수 있다.[105] 그리고 이것은 어떤 사람이 다른 인종 사람과 아무 문제 없이 잘 지내더라도, 응원하는 축구 팀의 라이벌 팀 팬들을 열정적으로 깎아내릴 수 있는 이유를 설명한다.

또한 우리가 외집단의 누군가에게 아예 공감할 수 없는 것은 아니다. 상황에 따라 달라질 수 있다. 그들과 공통점을 발견할 수도, 여러분이 속한 집단이 외집단에 대한 공감을 장려하고 보상할 수도 있다. 이웃 집단이라고 해서 모두 자동으로 경쟁자가 되는 건 아니다. 친구나 동맹이 될 수도 있다. 우리가 '다른' 사람과 공감해야 할 이유는 많다. 심지어 외집단 사람들에 더 많이 노출될수록 친밀도가 높아져서 이들에게 공감을 표시할 가능성이 증가한다는 증거도 있다.[106]

공감을 절제하는 사람들

이 시점에서 몇 가지를 명확하게 짚고 넘어갈 수 있다. 우리는 만나는 사람 모두에게 공감하지 않는다. 우리의 뇌는 많은 것들을 고려하기 때문이다. 하지만 동시에 우리의 공감을 막는 무언가도 자연히 발생하는 것이 아니다. 이 모든 것은 우리 뇌의 다양한 수준에서 작용하는 여러 가지 요인들에 의해 결정되기 때문에, 다소 혼란스럽고 예측할 수 없다. 게다가 그런 결정은 시간이 지나서 경험이 공감 능력을 변화시키기 때문에 바뀔 수 있다. 하지만 이러한 변화가 항상 좋은 것만은 아니다. 나 자신의 혼란스러운 감정 반응이, 공감하고 타인의 감정을 살피는 능력을 어떻게 가렸

감정이 어려운 사람들을 위한 뇌과학

는지를 생각해 보면 확실히 알 수 있다.

그렇지만 이런 특성이 본질적으로 나쁜 것만은 아니다. 공감 능력이 유용할 때도 많지만 공감의 부족이 오히려 유용할 때도 많다. 우리의 뇌는 타인을 통해 경험할 수 있는 감정의 양을 제한하고 있으며, 이런 방법이 최선의 선택인 경우도 많기 때문이다. 성난 군중에 휘말리는 것은 좀처럼 긍정적인 결과로 이어지지 않는다. 여러분이 군인들을 이끄는 지휘관이거나 울부짖는 다섯 살배기 아이들을 관리하는 보육 교사라고 가정해 보자. 일에 대한 책임감의 두려움과 고통을 타인과 공유하게 된다면 필요한 일을 하는 데 심각한 지장을 초래할 수 있다.

공감을 지나치게 많이 하는 것과 지나치게 적게 하는 것 사이에 균형점을 찾을 수도 있다. 그렇다면 타인의 감정에 더 마음을 열도록 노력해야 할까? 아니면 더 이상의 감정적 혼란으로부터 스스로를 보호하기 위해 공감을 덜 해야 할까?

이러한 고민 끝에 나는 의사와 상담하기로 결심했다. 감정적 소통이나 공감 능력 향상, 감정 관리, 감정적 경험, 직장 내 번아웃에 대한 논문을 들여다보면 상당수가 의학계를 대상으로 하거나 의학계에서 연구된 것이었기 때문이다.[107]

일단 합리적인 생각이다. 의사를 비롯한 간호사, 물리치료사 등의 의료인들은 맡은 일을 적절하고 전문적으로 하기 위해 수많은 환자로부터 감정적 거리를 유지해야 한다. 상당수의 의학적 개입은 여전히 꽤 위험하고 불쾌해서 정서적으로 강한 유대 관계를 형성한 개인에게 이런 개입을 시행하기란 매우 어려운 일이다. 실제로 의료인들을 대상으로 그들의 감정과 개인적 관점이 업무에 방해가 되지 않도록 하는 공식적인 지침도 존재한다.[108] 직장에서 감정적인 긴장이 과도해지면 건강에 매우 좋지 않을 수 있으므로, 환자들에게 계속해서 깊이 공감하는 것은 스트레스나 번아 웃, 정신 건강 문제로 이어지는 지름길이 될 수도 있다. 의료 교육 과정에 서 의사 지망생들에게 직업의 일부로서 직면하는 감정적인 경험을 조절 하거나 억제하거나 회피하도록 하는 요령을 알려 주는 것도 당연한 일이 다.[109]

반면에 감정적으로 거리를 두거나 냉담한 태도를 취하는 것 역시 위험한 접근 방식이라는 인식 또한 점점 늘어나고 있다. 환자들은 이런 태도에 부정적으로 반응하는 경향이 있어서 의사의 일을 더 어렵게 만든다.[110] 감정은 생각과 정체성, 행복의 큰 일부분이기 때문에 환자들의 감정적 요구를 무시하는 건 문제를 오히려 키우곤 한다. 많은 병원에서 예배당을 비롯한 종교적 장소를 갖추고 미사를 집전하는 것도 그런 이유에서다.[111]

대체로 의료계에서 일한다는 것은 감정을 너무 적게 느끼거나 너무 과도하게 느끼는 것, 그리고 환자들에게 지나치게 공감하는 것과 지나치게 적게 공감하는 것 사이에서 줄타기를 하는 과정 같다. 의료인들은 어떻게 이 균형을 유지할까?

여기에 대해 알아보고자 나는 경험이 풍부한 중환자실 담당의이자 『의학의 최전선에서』의 저자 매트 모건Matt Morgan 박사와 이야기를 나누었다.[112] 모건 박사는 환자와의 감정적 상호작용과 유대감, 특히 환자나 가족에게 얼마나 많은 감정을 드러내야 하는지에 대한 의학적 딜레마와 관

감정이 어려운 사람들을 위한 뇌과학

련해 많은 글을 써 왔다.

> 환자들 앞에서 눈물을 보이는 것은 우리가 얼마나 그들을 살피고 있는
> 지 보여 줄 수 있어 상황에 도움이 되기도 합니다. 하지만 해야 할 역할
> 이 뒤바뀐 것과 같죠. 의료진은 환자들을 보살펴야 하는 사람인데, 의
> 료진이 울면 환자들에게 보살핌을 기대하는 것처럼 보일 수 있습니다.
> 나쁜 소식을 전할 때 차갑고 냉담한 표정만을 짓는 것도 잘못된 인상을
> 줄 수 있습니다.

감정적 관여의 적절한 선이 어디까지인지는 분명 개인의 상황에 따
라 다르다. 하지만 모건 박사는 상당수의 의료 전문가들이 직장에서 감정
을 절제하는 보다 원론적인 이유에 대해서도 지적했다.

> 시간이 부족하다는 게 그 이유 중 하나입니다. 오늘날의 의료 현장에서
> 는 해야 할 모든 일을 수행할 시간이 충분한 경우가 거의 없어요. 우리
> 가 겪은 일, 특히 감정적으로 다루기 힘든 일에 대해 회복하고 머릿속
> 으로 처리할 시간 또한 아예 없거나 없는 거나 마찬가지예요.

의료 시스템 안에서 부정적인 경험을 한 사람들이 의사가 무관심하
다고 불평하는 것을 들을 때마다 항상 떠오르는 지적이기도 하다. 그런데
과연 '의사들이 제대로 보살피지 않는' 것일까, 아니면 '보살필 시간이 없
는' 것에 더 가까울까? 모건 박사의 사례에서 알 수 있듯 의사들은 실제로

환자들의 감정적 요구에 관심을 기울인다.

> 나는 누군가에게 나쁜 소식을 알려야 할 때마다 같은 의식을 치릅니다. 항상 손바닥에 그 사람의 정확한 이름을 적고, 실내를 확인한 뒤, 옷이나 신발에 아무것도 묻지 않았는지 확인합니다. 혹시 이름을 잘못 말할 가능성이 없는지, 라디오 소리나 신경을 흩뜨리는 잡음이 배경으로 흘러나오지는 않는지 확실히 확인하고자 합니다. 이러한 사소한 세부 사항들 때문에 누군가는 자신이 듣게 될 최악의 뉴스가 몰고 올 감정적인 영향을 특별히 의미심장하게 여기고 더 속상해질 수 있습니다. 내가 하는 말은 누군가의 영원히 잊히지 않는 기억이 될지도 모릅니다.

감정이 기억 형성에 얼마나 강력한 영향을 미치는지를 고려하면 이것은 매우 예리한 지적이다. 안타깝게도 의사가 가능한 한 감정적으로 배려하며 소통하고 싶어도 그들은 그런 일을 할 만한 여유가 없는 경우가 많다.

> 의사가 환자에게 말할 때는 가능한 한 명확해야 합니다. 환자가 죽었을 때 가족에게 '더 좋은 곳으로 가셨다'거나 '세상을 떠났다'고 말할 수는 없습니다. 가족들은 '대체 어디로 갔다는 걸까?'라고 생각할 수 있기 때문입니다. '더 좋은 곳이라니, 다른 병동인 걸까? 그럼 잘된 것 아냐?'라고 여길지도 모릅니다. 의사들은 굳이 그런 오해를 사지 말아야 합니다.

감정이 어려운 사람들을 위한 뇌과학

누군가는 비웃을지도 모르지만 그래도 꼭 기억할 필요가 있다. 강한 감정은 우리의 생각을 흐리게 만든다. 투병 중인 사랑하는 이의 소식을 듣고자 목을 빼고 기다리는 가족들은 감정적 중립 상태에 있지 않을 것이다. 이것만큼은 확실하다.

의사도 항상 이런 점을 의식하고 결정을 내리지는 않는다. 중증 환자들과 그들을 걱정하는 가족과 친구들로 가득한 중환자실에서 일할 때 누가 깔깔 웃고 농담하는 소리가 들린다면 정말 거슬릴 것이다. 그래서 의사는 그렇게 하지 않는다. 그들은 단순한 감정적 전염을 통해 환경의 분위기에 순응한다. 즉 의사들은 종종 울적하고 슬픈 기분을 느낀다. 모건 박사의 말처럼 의사들도 정신적 피해를 입을 수 있다.

의학계에서 감정적으로 상처 입은 사람들을 많이 봅니다. 그동안 의료 현장에서 일하다가 자살로 삶을 마감한 사람들이 내가 아는 것만도 여럿입니다. 이상하게도 겉으로 보기에 가장 행복하게 보였던 사람들이 종종 그런 선택을 합니다.

앞서 살펴본 바와 같이, 감정을 억누르는 것은 행복을 해치는 일이다. 우리가 실제로 느끼는 것과 다른 감정을 표현하도록 강요받으면 더욱 상황이 악화된다. 의료계처럼 험난하고 어려운 분야에서 일할 때, 행복을 해치는 것이 생명을 위협할 만큼 심각할 수 있다고 가정해도 결코 무리가 아니다. 그렇다면 모건 박사는 어떻게 대처했을까? 그가 택한 방법이 다른 분야에서 일하는 우리에게도 도움이 될까?

"시간이 지나면 익숙해질 것이고, 이내 자신의 일부가 됩니다." 모건 박사는 이렇게 말했다. 나도 여기에 공감한다. 시체를 방부 처리 하는 작업을 했을 때도 비슷한 일을 겪었다. 하지만 나는 이런 접근법이 가장 건강하다고는 말하고 싶지 않다. 나는 아직도 그 당시의 일이 내게 어떤 영향을 미쳤는지 잘 모른다. 하지만 여기에 대해 모건은 이렇게 덧붙였다.

> **나는 내가 직장 밖에서 즐거운 일들에 더 감정적으로 반응한다는 사실을 알게 되었습니다. 나는 삶을 더욱 음미하게 되었습니다. 힘든 하루를 보냈거나 근무 시간에 감정적 부담을 주는 일이 일어났을 때 쉽게 반응하지 않고 통제력을 유지하며 내 일을 할 수 있게 되었습니다. 집에 도착하면 나는 딸을 껴안고 어머니와 이야기를 나눕니다. 그때나 되어서야 이전에 있었던 일의 감정적인 영향이 비로소 드러납니다. 안전하고 문제 없는 방식으로. 그건 아주 좋은 일이죠.**

이게 답일까? 어쩌면 나는 아버지의 죽음 이후로 쌓인 감정들을 모두 처리할 수 없었던 게 아닐지도 모른다. 아직 처리하지 못했을 뿐이다. 친구나 가족들과 감정을 공유하지 못했기 때문이기도 하다. 우리와 연결된 다른 사람들과 감정을 공유하고 공감하는 것은 인간의 감정 경험에서 큰 부분을 차지한다.

하지만 지금 당장 그렇게 해야 할까? 어쩌면 타인의 감정에 영향을 받으면 이 혼란스럽고 암울한 상황을 온전하게 헤쳐 나가는 데 방해가 되지는 않을까? 다행히도 이런 상황이 영구적인 것은 아니다. 모건 박사가 밝혔듯이(그리고 일이 발생한 뒤 수년이 지나 감정적 문제를 해결한 사람들에 대한 광범위한 논문에서 드러나듯이[113]) 감정과 그로 인한 번거로움에 대처하는 데 한계란 존재하지 않는다.

내가 이 글을 쓰는 지금도 팬데믹은 진행 중이지만, 아마 영원히 유행하지는 않을 것이다. 내 감정을 더 잘 파악하기에 지금은 괜찮을까? 뭐든 좋을 것이다. 다만 내가 아끼는 사람들, 내가 겪은 모든 일을 기꺼이 도와줄 사람들과 정기적으로 밀접하게 교류한다면 상황은 달라질 수 있고 달라져야 할 것이다.

그 시기가 언제가 될지는 모르지만 한 가지는 확실하다. 그것은 감정적인 과정일 것이다.

타인과의 관계가 극적으로 재구성될 수도 있지만, 감정적 관계와 연결은 대부분의 사람이 생각하는 것보다 훨씬 중요하기 때문에 이 점을 경계해야 한다.

○ 5장 ○
죽음도 감정과의 유대를
갈라놓지 못한다

부모 자녀 관계가 감정을 형성한다

한번은 아버지와 일요일마다 늘상 하던 대로 구운 고기 요리를 해 먹고 근황 얘기를 나눈 적이 있었다. 아버지는 파킨슨병으로 쇠약해진 늙은 친척을 돌보느라 많은 시간을 보냈다. 아버지는 결코 생각을 절제하면서 얘기하는 사람이 아니었기에, 이야기는 돌봄노동자들의 노동력이 얼마나 말도 안 되게 과소평가되고 있는지에 대한 길고 열정적인 불평으로 이어졌다. 아버지의 말에 따르면 24시간 내내 누군가를 헌신하며 돌보는 일은 엄청난 노력과 희생을 필요로 한다. 사회에서는 종종 무시되곤 하는 일이지만, 그래도 어떤 사람들은 여전히 그 일을 한다.

"네 다음번 책에 그런 내용을 쓰는 게 좋을 거야." 아버지가 말했다. 솔직히 나는 그 말이 일리 있다고 생각했다. 사람들은 보상이 거의, 또는 아예 없는 경우에도 특정한 누군가를 위해 엄청난 희생을 하기도 한다. 여기에는 무언가가 있었다.

이후로 나는 아버지와 나누었던 이 대화를 거듭 떠올리게 되었다. 팬데믹 이후 간호사나 간병인이 하는 역할과 그들의 노동이 얼마나 인정받지 못하는지의 문제가 주류 담론으로 올라왔기 때문이다. 아버지는 훨씬 앞서 이 문제를 생각했던 것이다.

하지만 내가 이 대화를 생생하게 기억하는 주된 이유는 이것이 아버지와 눈을 마주치며 나눴던 마지막 이야기였기 때문이었다. 그로부터 3개월도 채 지나지 않아 아버지는 세상을 떠났다. 이후로 나는 누군가에게 마음을 쓴다는 것의 어두운 면을 경험하게 되었다.

아버지가 돌아가신 후 몇 주 동안, 내게는 다른 모든 사람의 평범한 삶이 모욕적으로 느껴졌다. 어떻게 감히 발효된 빵 반죽을 굽고, 줌으로 시험을 보고, 햇볕을 받으며 산책을 한단 말인가? 우리 아버지가 방금 돌아가셨는데 이 사람들은 아무렇지도 않은 듯 모든 게 정상인 것처럼 행동하고 있다니! 많은 사람의 사랑을 받은, 허풍 심하던 그 양반이 이렇게나 일찍 우리 곁을 떠났는데 모두 그가 아무 의미도 없었던 것처럼 행동하고 있다니! 생각만 해도 괘씸하고 무례했다. 사실 세상은 이렇게 돌아가는 게 맞지만 말이다.

아버지가 돌아가신 사건은 나라는 세상의 토대에서 기둥이 뽑히는 것과 같았다. 여기서 핵심 단어는 '나'이다. 나는 아버지와 크게 감정적으로 연결되었던 만큼 강렬한 감정 반응을 보였다. 하지만 대부분의 다른 사람들은 그렇지 않았다.

아버지는 정말 많은 사람의 애정을 한몸에 받는 유명인이었다. 그런데도 대부분의 사람들은 아버지의 죽음에 슬퍼하지 않았다. 아예 신경을

감정이 어려운 사람들을 위한 뇌과학

쓰지도 않았는데, 애초에 아버지가 세상에 존재했다는 것을 몰랐기 때문이었다. 내가 화를 내고 불만스러워한다 한들 이 냉혹한 현실이 바뀌지는 않았다.

이 일은 내가 전에는 생각하지 못했던 감정과 공감의 핵심 요소를 강조했다. 우리가 어떤 사람에게 감정적으로 반응하고 관여하는지는 그 사람을 얼마나 중요하게 여기는지에 달려 있다.[1] 모든 사람은 그 자체로 가치가 있다고 말할 수도 있지만(실제로 그렇다) 일단 우리 모두에게는 '각별히' 가까운 친구, 가족, 사랑하는 사람이 있다.

인류 전반에 대한 여러분의 생각이 어떻든 간에 감정은 언제나 우리가 선택한 특정한 개인과 친밀한 관계를 쌓도록 이끈다. 그에 따라 우리의 감정적 반응과 행동이 변화할 수 있다.

기본적으로 볼 때 감정이란 것을 이해하기 위해서는 우리가 왜 타인에게 그렇게 신경을 쓰는지 이해할 필요가 있었다. 아버지의 말처럼 말이다.

아버지의 죽음 이후로 내가 느낀 감정을 파악하기란 뭐랄까, 고역이었다. 여러 면에서 그동안 내가 몰랐던 영역이었다. 그래도 자신 있게 얘기할 수 있는 한 가지가 있다면, 내가 누군가의 아빠가 아니었다면 모든 게 훨씬 더 어려웠을 것이라는 점이다. 물론 아버지를 잃은 경험이 내 '감정에 대한 무지'를 분명하게 드러냈지만, 내가 아이를 갖기 전에는 감정적으로 더 무지했다.

그렇다고 내가 더 젊고 아이가 없던 시절에 사람들과 거리를 두고 감정적으로 냉담했다는 뜻은 아니다. 나는 일상적인 일로 화를 내거나 슬퍼하고 겁을 내기도 했다. 가족과 아내를 사랑했고, 표현이 필요하다고 느껴질 때는 기꺼이 그렇게 얘기했다. 요점은 바로 이것인데, 나는 나만의 방식으로 감정을 표현했다. 정확하고 통제된 방법으로 말이다. 그 밖의 다른 방식은 나에 대한 통제권을 포기하는 것처럼 느껴졌다. 결국 나는 과학을 전공한 '이성적인' 사람이었기에, 내 감정에 신세를 지는 걸 도저히 그대로 넘길 수 없었다. 다른 사람들이라면 어떻게 생각할까? (내가 해부학과에서 근무한 시간들이 이런 사고방식에 일부 기여했을지도 모른다.)

하지만 지금쯤 분명히 하고 넘어가야 하는 것은, 우리의 감정은 '사용의 편의성'과 상관없이 제멋대로 일어난다. 그리고 우리 뇌의 작동 방식으로 볼 때 감정을 경험하고 처리하고 표현하는 것은 별개의 일이 아니다. 그렇지 않다고 주장하는 것은 건강과 행복에 해롭다.[2] 아버지가 돌아가셨을 때 내가 이전의 사고방식으로 생각했다면 훨씬 더 큰 충격을 받았을 것이다.

그런 점에서 나를 변화하게 만들어 준 내 아이들에게 감사한다. 의료진의 축하와 함께 작고 연약한 한 생명체를 내 품에 안았을 때 받은 감정적인 영향을 결코 무시할 수 없다. 정말이지 강렬했다. 나는 히죽대고, 당황하고, 웅얼대고, 안달복달하고, 말문이 막힌 동시에 어떻게든 뭐라 말을 했고, 잔뜩 긴장했으며, 이보다 더 많은 반응을 보였다! 여러 해 동안 쌓아 온 엄격한 감정적 통제는 아이 앞에서 막대 모양 빵으로 벽을 쌓아 화물열차를 멈춰 보려는 시도처럼 와르르 무너지고 말았다.

내가 부모가 된다는 것에 대해 머리로만, 지적인 차원에서만 이해하고 있었기 때문이다. 나는 유모차와 턱받이를 샀고, 학군에 대해서도 조

감정이 어려운 사람들을 위한 뇌과학

사했으며, 태교 수업에도 참석했지만 처음으로 아이를 품에 안고 나서야 '진짜'를 느꼈다. 우리 삶에 아이의 의미가 구체적으로 드러나기 시작하면서 그제야 감정이 밀려들었다. 적어도 나의 경우엔 그랬다.

예상을 저버리지 않고 부모가 되었을 때 가장 크게 다가온 감정은 행복이었다. 아이가 태어난 지 몇 주 뒤, 나는 아들의 기분 전환을 위해 아이를 안아 들고 집 여기저기를 돌아다니다 문득 지금이 금요일 밤이라는 사실을 깨달았다. 보통은 친구들과 한창 어울리던 시간이었지만, 나는 그날 더할 나위 없이 행복했던 것만 기억난다. 오늘날까지도 생생한 감정이다.

우리는 왜 부모가 되면서 그렇게나 강렬한 긍정적 감정을 경험할까? 아기들은 별로 하는 일이 없다. 자리에 누워서 까르륵거리거나 울음을 터뜨리기나 하고, 여러분의 수면을 망치고, 계속해서 먹을 것을 찾고, 유독한 배설물을 생산할 뿐이다. 이런 나날이 수년간 반복된다.

게다가 아기를 갖는 것은 객관적으로 볼 때 엄청난 부담을 안긴다. 심리적·신체적(엄마의 경우에 특히 더)·감정적으로 말이다. 우리의 자율성과 독립성이 급격히 사라지고, 에너지와 경제적 능력에 대한 요구치가 현저하게 늘어나며, 잠을 편히 잘 수도 없고 불안증을 겪게 된다. 이것들은 모두 우리의 뇌가 몹시 싫어하는 스트레스 요소들이다. 엄마들에게 산후 우울증이 그렇게 흔한 건 이런 이유에서일 것이다.[3] 심지어 아빠들도 겪는 일이다.[4] 그러니 부모가 될지도 모를 가능성에 대해 걱정하고 두려워하며, 심지어 적극적으로 피하는 사람들이 많은 것도 당연하다.

그렇다 해도 부모와 자식 사이의 애정은 아마 인간과 인간 사이에 존재할 수 있는 가장 강렬하고 지속적인 감정적 연결일 것이다. (항상 그렇듯

이 반드시 모든 사람에게 적용되는 사항은 아니다. 뇌는 사람마다 상당히 다르며 각 개인의 뇌에서 벌어지는 일이 매우 중요하다. 그런 만큼 가끔은 부모와 아이 사이에 감정적인 연결이 존재하지 않거나, 통상적으로 기대되는 수준이 아닌 경우들이 생긴다. 관련된 사람들에게는 매우 안된 일이지만 슬프게도 삶에서 피할 수 없는 부분이다.) 이건 순전히 이성적인 관점으로 보면 말이 안 될 수도 있지만, 감정과 이성은 좀처럼 의견이 일치하지 않는 법이다. 나는 아기에 대한 무언가가 우리 뇌의 감정 시스템을 조작하거나 영향을 미쳐 부모와 아기의 유대를 촉진하고 긍정적인 면을 키우는 동시에 부정적인 면을 억누르는 것이 아닌가 추측했다.

하지만 실제로는 정반대였다. 아기들이 우리 뇌의 일반적인 감정 과정을 이용한다기보다는 아기 때문에 그 과정들이 존재한다. 예컨대 우리는 앞서 공감이나 감정적 전염 같은 현상 뒤에 숨겨진 복잡한 신경학적 과정들을 살핀 바 있다. 하지만 아직 언급하지 않은 중요한 화학적 요인이 있는데, 바로 옥시토신oxitocin이다.

옥시토신은 시상하부에서 생성되고 뇌하수체에 의해 혈류로 분비되는 비교적 단순한 펩티드(둘 이상의 아미노산 분자로 이뤄진 화학물질-옮긴이) 분자인데, 뇌에서 옥시토신의 사용을 촉진하는 수많은 신경학적 연결이 존재한다.[5] 따라서 옥시토신은 신경전달물질이자 호르몬으로 작용하는 신경 호르몬이다. 옥시토신은 뇌와 신체의 여러 조직과 영역에 수용체를 가진다.

여러분도 이미 옥시토신에 대해 들어 봤을 것이다. 널리 알려진 이 물질에는 종종 '포옹' 또는 '사랑' 호르몬이라는 이름표가 붙는다. 여기에는

감정이 어려운 사람들을 위한 뇌과학

그럴 만한 이유가 있다. 옥시토신의 수치는 초기에 열정을 불태우는 커플에게서 더 높게 나타나기는 하지만, 장기간의 로맨틱한 애착 관계를 이어가는 데에도 필수적인 것으로 보인다.[6,7] 또한 성적인 활동 중에도 다량 분비되며 성적 흥분, 발기, 오르가슴을 비롯한 성욕의 심리적이고 생리적인 측면에 모두 관여한다.[8] 또 옥시토신을 남성에게 투여하면 여성 파트너를 더 세심하게 배려하고 보호하며 심지어 파트너를 더 매력적으로 느끼는 것으로 밝혀졌다.[9,10]

하지만 옥시토신의 역할은 친밀하고 로맨틱한 상호작용에만 국한되지 않는다. 옥시토신은 타인과의 모든 긍정적인 상호작용에서도 분비되며, 그에 따라 우리는 소중한 사람의 얼굴을 보는 것만으로도 보상을 받는다.[11] 말 그대로 옥시토신은 뇌 속 보상 경로의 활동을 자극할 수 있고 실제로도 자극한다. 이는 인간이 타인과 함께 있는 것을 즐거워하는 이유를 설명한다.

하지만 옥시토신이 긍정적인 애착 감정을 만들어 낸다고 말하는 것은 잘못된 설명이다. 그보다 옥시토신의 작용은 우리가 타인과 관련해서 경험하는 감정을 증진하고 증폭시켜 다른 사람에게 더 많이 투자하게 한다.[12] 즉, 우리가 타인과 더 많이 상호작용할수록 더 많은 옥시토신이 분비되고, 이는 우리가 그들과 함께하는 것을 더욱 즐긴다는 뜻이기에 긍정적 강화positive reinforcement의 고리가 형성된다. 여기에 더해 옥시토신은 우리의 기억 시스템에 의해 긍정적인 사회적 경험을 기호화한다.[13] 전반적으로 옥시토신은 관계를 맺고 유지할 대상과 감정적 애착 형성 여부를 결정하는 데 핵심적인 역할을 한다고 결론 내릴 수 있다.

비유하자면 과학 시간에 전선을 이용해 작은 전구에 배터리를 연결한다고 생각해 보자. 어린 시절에 그런 경험 있잖은가. 전구에 불이 들어오면 기본적이지만 잘 작동하는 전기 회로를 성공적으로 구성한 것이다. 수업이 너무 성공적이었던 나머지 장난꾸러기 반 아이들 중 몇몇이 회로에 배터리를 하나만 연결하라는 법이 없다는 사실을 깨닫고 더 많이 추가하기 시작한다. 어느 순간 작은 전구에 전원을 공급하는 배터리가 다섯 개나 연결된 회로가 완성되고, 이 전구는 예상했던 희미한 빛을 내는 것이 아니라 태양의 한 조각처럼 강렬하게 빛난다.

만약 원래 회로가 두뇌의 사회적 감정 시스템을 나타내고 전구의 출력이 타인과 감정적으로 교류할 수 있는 능력이라고 한다면, '추가된 배터리'는 옥시토신과 그 효과를 나타낸다. 이때 전력이 지나치게 많이 공급된 전구가 더 빨리 소모되고, 바라보거나 만질 때 고통을 줄 수 있는 것처럼 옥시토신의 작용도 항상 긍정적인 것만은 아니다.

옥시토신의 효과는 감정, 상황, 그리고 주변 사람들에 따라 상당히 달라진다.[14] 예컨대 옥시토신은 우리에게 친숙한 것들을 우선시하는 감정과 행동뿐 아니라, 남의 불행을 고소하게 느끼는 감정이나 질투를 촉진하는 것으로 드러났다.[15] 동시에 모르는 사람에 대해서는 더 의심하고 방어적인 태도를 취하게 했다.[16] '옥시토신이 우리를 인종차별주의자로 만든다'라고 말한다면 다소 지나칠 수도 있지만, 특정한 시나리오에서는 그런 흐름으로 이끌기도 한다.

한편 리처드 퍼스-가드비히어 박사는 옥시토신을 '소속감 엔진' 속에 들어가는 연료라고 설명한다. 그에 따르면 옥시토신은 극도로 부정적인

감정이 어려운 사람들을 위한 뇌과학

감정 같은 몇몇 상황에서는 진짜로 심한 고통을 야기할 수 있다. 내가 아버지의 죽음 이후 다른 사람들이 평소와 다를 바 없이 행동하는 모습을 보면서 경험한 감정도 그런 예다.

좋든 싫든 간에 다른 사람과 감정적으로 의사소통하고 유대를 맺는 인간의 능력은 인간 기능의 중요한 측면이며, 인간이 지구를 지배하는 종으로 살아가는 방법과 이유의 중요한 부분이다.[17] 그리고 옥시토신은 이러한 감정적 능력을 증폭하고 유지한다. 어떻게 단순한 화학물질이 이렇게나 중요한 역할을 하게 되었을까?

첫 번째로, 옥시토신의 역할이 중요하고 많은 관심을 받기는 해도 이 호르몬이 우리의 감정적 상호작용과 연결에 영향을 미치는 유일한 화학물질은 아니다. 그 밖에도 다양한 여러 물질이 관여하는데 그중 꼭 짚고 넘어가야 할 것은 바소프레신vasopressin이다. 바소프레신은 구조적으로나 (화학적으로 놀랄 만큼 비슷하다) 기능적으로 볼 때 옥시토신과 자매 호르몬으로 여겨질 수 있다. 비록 바소프레신은 옥시토신만큼 관심을 많이 받지는 못하지만, 사회적 감정 처리 과정에서 두 호르몬의 역할이 상당수 겹치며 많은 상호작용을 한다.[18] 예컨대 바소프레신은 남성이 장기적인 일부일처 관계를 형성하는 데 필수적인 물질로 보인다.[19]

둘째로 옥시토신은 하늘에서 뚝 떨어지지 않았다. 진화적으로 보면 이 호르몬은 지난 수억 년 동안 어떤 형태로든 이미 존재해 왔다. 우리가 알고 있는 거의 모든 동물 종에 비슷한 화학물질이 존재하며, 이 물질들은 세포의 수분 균형을 조절하는 등 광범위한 기능을 지닌다.[20] 하지만 우리가 옥시토신과 바소프레신으로 인지하는 특정 화학물질은 하나의 집

단에서만 거의 독점적으로 발견된다. 바로 포유류다.[21]

포유류를 다른 종들과 구별하는 특성은 무엇일까? 털과 더불어 경첩이 달린 것처럼 맞물려 닫히는 턱 구조 외에도, 포유류가 갖는 주된 특징은 번식 방법에 있다. 포유류는 물고기나 파충류처럼 알을 낳지 않으며, 여기저기 어슬렁거리면서 새끼가 자기 혼자서 먹고살도록 내버려 두지도 않는다. 포유류는 어미가 태반을 통해 영양분을 공급하며 모체 내에서 새끼를 키운다. 그리고 출산 후에는 어미 몸에서 유선을 통해 분비되는 우유로 새끼를 돌본다. 그러니 포유류는 '제대로 된' 옥시토신을 활용하며, 동시에 새끼를 낳고 기르는 유일한 존재다. 이 두 가지 사실이 서로 연관되었다고 생각하는 건 비약이 아니다.

정서적으로 유쾌한 사회적 상호작용이 옥시토신 수치를 높인다면 출산과 모유 수유는 댐의 문을 열고 그 수치를 지붕 끝까지 치솟게 한다.[22] 출산과 수유에서 두드러진 옥시토신의 역할은 인간에게 가장 먼저 인식된 것 중 하나이다. 실제로 '옥시토신'이라는 단어는 '빠른 출산'을 뜻하는 그리스어에서 비롯했다.[23]

옥시토신은 분만 과정을 시작하는 데 도움을 주며 분만 중에 분비된다. 이 호르몬은 출산 중인 산모의 몸속에서 흘러넘치는데, 이는 아마도 신체적 고통과 불편함을 일부 상쇄하기 위한 것으로 추정된다. 어떤 경우에는 이 효과가 지나쳐 출산 과정이 고달프고 고통스러운 동시에 기괴하지만 행복한 기분을 주기도 한다.[24] 그뿐만 아니라 옥시토신은 모유 수유의 감각을 통해서도 분비되어 산모의 모유가 잘 공급되어 나오도록 한다.[25]

진통을 일으키지만 완화하기도 하고, 수유를 할 때 젖 분비를 자극하는 이 화학물질은 포유류에게 명백한 진화적 이점을 준다. 하지만 출산은 단지 신체적이고 감각적인 과정만이 아니라 어미와 새끼 사이의 감정적인 유대를 형성하는 정신적인 측면도 있다. 분명 우리가 이룰 수 있는 것 가운데 가장 강력한 유대감일 것이다. 다른 여러 포유류처럼, 인간의 뇌는 어머니들이 자손들에게 극도로 감정적으로 애착을 갖게 하는 체계를 갖추고 있다. 자손이 매우 어리고 취약할 때 특히 더 그렇다. 옥시토신은 이러한 체계의 필수적인 부분이다.[26]

그리고 이 과정은 양방향으로 이루어진다. 출산 과정에서 산모의 몸은 옥시토신으로 가득 차게 되는데, 아기에게는 두 배로 영향을 미친다. 출생은 아기의 뇌가 처리해야 할 최초의, 그리고 의심의 여지 없이 혼란스러운 경험이다. 따뜻하고 어두운 액체 주머니에서 차가운 공기와 밝은 빛, 그리고 이해할 수 없는 소음으로 가득한 세계로 나가 도저히 알 수 없는 도구들을 휘두르는 덩치 큰 사람들에 둘러싸이는 일이 어떻게 충격이 아닐 수 있을까?

다행히 신생아의 몸에는 어머니의 몸보다도 훨씬 더 많은 옥시토신이 분비된다. 옥시토신은 스트레스, 불편함, 고통을 줄여 주기도 하지만 이 호르몬의 가장 중요한 역할은 우리를 보다 감정적으로 개방적이고 민감하게 만드는 것이다.[27] 그에 따라 어머니와 아기 모두 감정적 유대감을 형성하기 위해 최대한 준비를 한다. 이것은 특히 아기에게 중요한데, 어머니와의 유대는 아기가 태어나서 처음으로 형성하는 유대감일 뿐 아니라 사실상 처음으로 경험하는 완전한 유대감이기 때문이다.

옥시토신은 감정적 유대감을 유지하고 강화하는 데 관여하며, 피부 접촉에 반응해서 생성되므로 일반적으로 출산 후 어머니와 아기의 피부 접촉이 먼저 이루어진다.[28] 이 과정을 거르면 산후 우울증의 원인이 될 수 있다.[29] 또 모유 수유를 하면서 분비되는 옥시토신은 이 감정적 유대감을 더욱 튼튼하게 심화하는 데 도움이 된다.

이러한 긍정적인 효과는 어머니에게만 국한되지 않는다. 연구에 따르면 남성과 여성 모두의 뇌에는 돌봄 행동을 조절하고 개시하는 복잡한 네트워크가 존재한다.[30] 이 네트워크는 변연계와 피질 영역을 이용하는데, 이는 복잡한 사고나 계획, 보상, 반사, 동기부여뿐만 아니라 감정 생성과 조절의 기초가 되는 메커니즘이 포함된다는 뜻이다. 이 모든 뇌의 과정들이 함께 작용해 우리가 그 대상을 잘 돌보려는 마음이 들게 만든다. 여기에 아기들이 보여 주는 감각 신호들은 보살핌 본능에 대한 가장 든든하고 강력한 방아쇠가 된다.[31]

기본적으로 우리의 뇌는 아기들의 특정한 신체적 특징(커다란 머리와 눈, 웃음과 울음소리, 심지어 냄새)을 감지하는 데 강한 감정적 방식으로 반응하도록 진화한 듯하다. 이것은 그 자극의 원천을 돌보고 관여하고자 하는 본능적인 추진력을 만들어 낸다.[32] 옥시토신이 여기에 큰 부분을 차지한다.[33]

감정이 어려운 사람들을 위한 뇌과학

귀여움의 뇌과학

기본적으로 우리의 뇌는 아기를 향해 강한 감정 반응을 보이도록 설계되어 있다. 다른 여러 포유류도 이런 특징이 있기는 하지만, 인간은 훨씬 더 극심하다.[34] 인간의 아이들은 대부분의 포유류에 비해 훨씬 취약하고 연약한 상태에서 태어나 완전히 성숙하기까지 훨씬 오랜 시간이 걸리기 때문에(무거운 인간 뇌의 생물학적인 요구 사항 때문으로 추정된다[35]), 유아기 인간은 비교적 오랜 기간에 걸쳐 더 많은 보살핌을 필요로 한다. 그에 따라 필연적으로 우리의 뇌는 자식에 대한 애착과 보살핌 본능을 특히 강력하게 만들어 이 과정을 촉진하도록 진화했다. 하지만 그에 따른 몇 가지 기묘한 결과가 뒤따랐다.

예컨대 내 가족 중 아직 언급하지 않은 구성원이 있는데, 바로 고양이 피클이다. 피클은 사람들의 말에 따르면 '한 성격 하는' 고양이다. 물론 고양이를 키우는 사람이라면 누구나 그들의 터무니없는 행동에 대해 이야기하지만, 심지어 경험 많은 고양이 집사들도 피클은 '약간 과하다'고 말할 정도였다. 예를 들어 우리 가족은 이 지역 학교에서 모퉁이만 돌면 보이는 가까운 곳에 살았다. 피클은 체육 수업, 운동회, 학예회, 교직원 회의, 추수 감사절마다 참견했는데, 특히 교장의 차에 침입한 사건이 기억에 남는다.

그뿐만 아니라 피클이 자신의 반려동물, 심지어 덩치가 피클의 여덟 배나 되는 시베리안허스키를 '괴롭힌다'며 불만을 토로하는 이웃이 있었다. 우리 가족이 동네에서 가장 많이 듣는 인사가 "아, 그 고양이가 이 집

고양이인가요?"일 정도였다. 게다가 아침 일찍 거실 카펫에서 난자된 야생동물 사체를 종종 선물 받는다는 사실까지 더해지면, 우리 가족이 이런 고양이를 키워서 대체 뭐가 좋은 건지 고민하는 것도 어느 정도는 용서받을 수 있으리라.

그래도 다행히 우리가 이 고양이를 좋아하는 놀랄 만큼 단순한 이유가 있다. 고양이는 재미있고 사랑스러울 뿐 아니라 무엇보다 귀엽기 때문이다. 하지만 이유가 뭘까? 왜 우리 인간들은 이 털 많은 동물이 우리를 업신여기거나 다른 동물을 살육하는 장면을 보고도 계속해서 '귀엽다'고 생각하는 걸까?

한 가지 설득력 있는 이론은 고양이의 작은 몸집에 비해 상대적으로 큰 눈과 머리, 부드러운 털, 제한된 인지능력, 장난기 많은 성격 등이 우리가 본능적으로 인간 아기에 부여하는 여러 특성과 같기 때문이라는 것이다.[36] 고양이뿐만 아니라 우리가 반려동물로 취급하는 다른 동물들도 마찬가지다. 어쨌든 이것이 기본적으로 신경학적인 수준의 '귀여움'이다. 인간 아기와 비슷해 보이는 대상에 우리는 본능적으로 반응한다.[37] 그에 따라 그 대상은 아기와 비슷하게 감정적인 보살핌의 반사작용을 일으키고, 우리의 마음을 녹이며 곁에서 상호작용하고 싶게 한다. 본질적으로 인간의 뇌가 아기들을 보고 일으키는 감정적인 반응은 매우 강력해서, 완전히 다른 종들에게도 향하는 것이다!

그리고 이 현상은 또 다른 이상한 현상으로 이어진다. 아기나 고양이, 강아지처럼 지나치게 귀여운 대상을 보면 어떤 기분이 드는가? '깨물어주고 싶어!'라든가 '꼭 쥐어짜거나 꼬집고 싶어!'라는 충동이 들지 않는가?

감정이 어려운 사람들을 위한 뇌과학

여러분이 이런 기분을 경험하지 않았다 해도 주변의 누군가가 그런 경험을 하는 걸 지켜본 적은 있을 것이다. 너무 흔한 일이라 이상하게 여겨지지도 않는다.

하지만 잘 생각해 보면 이상하다. 귀여운 대상은 언제나 작고 약해서 보통의 성인 인간에게 위협이 되지 않는다. 그렇다면 이들에게 물리적인 피해를 주고 싶은 충동은 어디에서 오는 걸까? 확실히 여러분이 존 스타인벡John Steinbeck의 소설 『생쥐와 인간』 속 등장인물 레니가 아니라면(소설에서 레니는 생쥐를 애지중지한 나머지 죽여 버린다-옮긴이) 사람들은 보통 이런 충동을 따르지 않는다. 새끼 고양이를 아주 귀엽게 여기는 사람들은 고양이를 짓밟지 않는다. 하지만 아무리 쉽게 무시될 만한 충동이라 해도 그런 충동 자체가 흔히 존재한다는 사실은 객관적으로 매우 이상하다.

이 현상은 '귀여운 공격성cute aggression'으로 알려져 있다.[38] 사실 양립할 수 없는 것처럼 보이는 감정 반응이 동시에 나타나는 건 그리 드문 일이 아니다. 사람들은 종종 긍정적인 감정적 경험에 대해 부정적 경험을 할 때처럼 반응하곤 한다. 예컨대 사람들은 극도로 행복할 때 울음을 터뜨리고, 심하게 흥분했을 때 비명을 지른다. 10대 소녀들이 한창 인기몰이하는 팝스타를 만났을 때 보이는 반응이 전형적인 예다. 그렇다면 우리가 귀여운 것을 봤을 때도 같은 현상이 나타나지 않을까?

증거에 따르면 이러한 시나리오에서 귀여운 대상을 보고 있으면 인지 시스템이 압도될 정도로 강력한 감정 반응이 유발된다.[39] 우리의 신경학적 메커니즘은 감정의 홍수를 따라잡을 수 없다. 그래서 사람들은 혼란스러워진 나머지 결국 부정적이고 공격적인 종류의 '강력한 감정 반응'을 일으키게 된다. 그런 반응이 이 상황에서 필요하지 않은데도 말이다.

하지만 자세히 살펴보면 이 명백한 혼란에는 생각보다 많은 질서가 있다는 사실을 알 수 있다. 이는 부분적으로 바소프레신의 분비에서 비롯한다. 바소프레신은 여러 기능을 하지만 무엇보다 방어적인 보호 반응을 자극한다. 우리가 보통 옥시토신이 분비될 때 보이는 편안하고 포근한 반응과는 다르다.

옥시토신과 바소프레신은 상호작용하고 서로 영역이 겹치는 부분이 많기 때문에, 아기나 유아를 비롯해 강한 감정적 연결 고리를 느끼는 대상에 반응할 때 두 호르몬이 모두 작용한다.[40] 그리고 여기에 따르는 한 가지 특이점은 교감신경계와 부교감신경계가 동시에 활성화된다는 것이다.

요약해서 설명하자면, 교감신경계는 위협이나 위험을 비롯한 스트레스 유발 상황에 대한 반응의 고전적인 물질적 요소들을 통제하는 말초신경계의 한 부분이다. 이 모든 것은 '투쟁-도피 반응'의 일부이기도 하다. 반면에 부교감신경계는 정반대다. 교감신경계가 양이라면 부교감신경계는 음이다. 이 신경계는 우리가 더 편안하고 만족을 느낄 때, 즉 '쉬면서 소화하는' 상태일 때 우리 몸을 진정시키고 교감신경계의 활동을 감소시키기 위해 작용한다.

보통 이 두 가지는 서로 상반되며 상호 배타적이다. 하지만 다시 한번 강조하지만, 뇌와 감정에 대해 '어떤 경우에도 변함없는' 규칙은 없다. 연구 결과에 따르면 귀여움을 경험하고 선천적인 보살핌의 경향이 촉발될 때 옥시토신과 바소프레신이 모두 방출된다. 그에 따라 동시에 양립할 수 없는 것처럼 보이는 두 신경계의 반응이 동시에 활성화된다.[41]

감정이 어려운 사람들을 위한 뇌과학

우리의 보살핌 본능은 아기가 너무 어리고 아무것도 모르기 때문에 아기를 돌보도록 강제한다. 이때 옥시토신은 아기의 필요에 감정적으로 민감하게 반응하도록 만든다. 더 느긋해지고, 더 민감하게 대하고, 보다 몰입하고, 덜 불안해하도록 말이다. 나아가 온갖 체액이나 귀에 거슬리는 울음소리처럼 유쾌하지 않은 요소들을 덜 신경 쓰게 한다.

하지만 아기들은 너무나 작고 부서질 것처럼 연약해서 양육과 보살핌 이상의 것, 즉 보호가 필요하다. 우리는 소중한 아기에게 위협을 끼칠 수 있는 잠재적인 위험 요인을 찾아내고 대처해야 한다. 이때 바소프레신이 분비되어 우리가 방어적인 마음가짐을 갖게 하고, 그러면서 동시에 투쟁-도피 시스템을 활성화해 도전과 위험에 대비하도록 한다.

그렇다면 우리는 긴장을 푸는 동시에 긴장해야 한다는 말인데, 가능한 일일까? 우리 뇌를 과소평가해선 안 된다. 논리적으로 이해가 되지 않는다고 해서 할 수 없다는 뜻은 아니기 때문이다. 따라서 아기를 비롯한 귀여운 대상들은 우리에게 깊은 근본적 반응을 일으켜, '오오오!'와 '으아악!'이 동시에 나타나는 감정을 경험하게 한다. 언뜻 들었을 때 기묘해 보이는 '귀여운 공격성'은 이렇게 발생한다.

바소프레신은 남성에게서 더 중요한 역할을 하지만(보통 젊은 남성들이 자기 자신을 방어하려는 경향과 관련이 있다), 여성에게도 당연히 존재한다. 앞서 우리는 돌봄과 양육의 측면에서 어머니와 아기의 관계를 살폈지만, 아기에게 해를 끼치는 것처럼 보이는 대상이라면 무엇이든 박살 내 버리겠다는 어머니의 본능 역시 중요한 측면이다. 적어도 포유류의 특정 종에서 가장 위험하고 공격적인 개체는 새끼를 보호하려는 어미인 경우가 많

다. 그 이면에는 확실히 바소프레신의 작용이 깔려 있다.[42]

또한 옥시토신과 바소프레신에 대한 민감성 유전자는 양육이나 환경, 삶의 경험 등에 쉽게 영향을 받는다는 사실에도 주목해야 한다.[43] 이는 이러한 호르몬의 영향과 그에 따른 감정과 행동이 종, 성별, 개인에 따라 상당히 다를 수 있다는 것을 뜻한다.

꽤 많은 사람이 아이에게 관심이 없는데, 심지어 자신의 아이에게도 관심 없는 경우가 있다. 이런 경향성에는 대부분 그들 삶의 성장 단계, 양육 환경, 주변 환경이 많은 영향을 미친다. 하지만 근본적인 수준에서는 단지 다른 사람들이 아기에게 강력하고 복잡한 감정 반응을 보이도록 만드는 화학적인 영향이 이들에게 부족하다는 점이 중요한 요인일 수 있다. 이는 단점이나 결점이 아니다. 우리가 원래 그렇게 만들어졌을 뿐이다.

하지만 문제는 아기와 보호자 사이의 애착이 뇌와 마음의 발달 과정에서 필수적인 요소로 간주된다는 것이다.[44] 영유아기에 주 양육자와 쌓은 감정적인 연결 고리는 종종 우리가 무엇을 경험하고 어떻게 느끼는지를 결정한다. 이는 뇌, 성격, 정체성의 형성 방식에 직접적으로 영향을 미친다.

그렇지만 부모와 아기의 감정적 유대가 미치는 영향은 그보다 훨씬 더 깊다. 우리는 자신의 아이나 부모가 아닌 다른 사람과도 보람 있는 감정적 유대를 형성할 수 있고, 그들을 신뢰하곤 한다. 또 좋은 친구들과 평생 우정을 유지할 수 있고, 특정한 공동체에 소속되고자 상당한 수준의 감정적 투자를 할 수 있으며(가끔은 우려스러울 만큼), 종종 스스로 깨닫지 못한 채로 같은 생각을 하는 낯선 사람들의 무리와 감정적으로 연결되어

감정이 어려운 사람들을 위한 뇌과학

있다고 느낀다. 이 모든 것은 포유류가 새끼와 아기들을 돌보도록 진화한 기존의 메커니즘에서 비롯한다.

진화의 단계에서 꽤 자주 일어나는 일로, 진화는 무자비하지만 효율적인 과정이기도 하다. 만약 어떤 종이 새로운 어떤 특징이나 능력을 필요로 한다면 처음부터 만들기보다는 이미 존재하는 것을 변형하고 수정하는 것이 빠르고 쉬운 경우가 많다. 따라서 원시 인류에게 지속적으로 감정적 연결 고리를 만드는 것이 유용한 생존 전략이 된 상황에서, 무작위 돌연변이와 자연선택을 통해 새로운 뇌 메커니즘이 만들어질 때까지 굳이 수백만 년의 시간을 기다릴 필요가 없었다. 그 대신 진화는 우리가 자손과 유대감을 갖는 기존의 과정을 들여와 본질적으로 확장시켰다.

인류라는 종 자체가 이러한 진화적 경향의 한 예이다. 잘 알려져 있다시피 인류는 침팬지와 DNA의 약 96%를 공유하지만 신체적으로나 신경학적으로 침팬지와 매우 다르다. 하지만 호모 사피엔스는 침팬지 새끼들과 놀라울 정도로 닮았다. 털이 없고, 직립보행을 하며, 몸에 비해 머리의 비율이 크고, 눈이 더 큰 특징을 가진다. 이것은 인지적인 특성에도 적용되어 인류는 새끼 침팬지처럼 성체 침팬지에 비해 덜 공격적이고 호기심이 많으며 더 많은 정보를 기억한다. 많은 연구자가 이러한 진화의 특성 덕에 인류가 똑똑하고 성공적인 종이 되었다고 주장한다.[45]

옥시토신에 의한 부모-자식 간의 유대감을 활용해서 종을 더 사회적으로 만드는 진화적 도약이 그리 드문 일은 아니다. 이런 경향은 여러 설치류 종을 포함한 다른 사회적 종에서도 관찰된 바 있다.[46] 그렇다 해도 인간이 그런 경향성을 극단으로 사용한 것은 사실이다. 인류는 그야말로 초^超사회적인 종이다.⁴⁷ 타인과의 협력과 상호작용은 우리가 하는 일의 상당수에서 핵심적인 역할을 한다. 그리고 그런 특성 대부분은 감정, 나아가 감정을 소통하고 공유하는 능력, 그리고 주변 사람에게서 감정을 느낄 수 있는 능력에 뿌리를 둔다.

누군가에게 감정적으로 더 많이 투자할수록 우리는 더 많이 공감하고 협력하며 더 많은 것을 성취한다. 옥시토신과 애착을 형성하는 능력이 없었다면 오늘날 우리가 알고 있는 인간의 뇌는 존재할 수 없었다는 주장도 있다.[48] 이 모든 것의 핵심에는 아기와 유대를 쌓고 돌보며 보호하려는 뇌 속의 근본적이고 본능적이며 감정적인 충동이 자리한다. 마찬가지로 우리 자신도 어렸을 때 부모나 보호자들과 유대감을 형성하고자 한다.[49]

그 때문에 부모님을 잃는다는 것은 일반적으로 최악의 방식으로 매우 큰 감정적 충격을 준다. 그것은 단지 여러분이 알고 있고 아끼는 누군가를 잃는 경험과 다르다. 태어날 때부터 인생의 토대를 이루던 감정적 유대가 사라지는 일이다. 그런 유대감은 여러분이 누구인지, 그리고 어떻게 그런 사람이 되었는지에 필수적인 요소다. 좋든 나쁘든 간에 말이다.

나는 아버지의 죽음에 대해 내가 느꼈던 감정을 어떻게든 이해하고 탐색하려고 애썼다. 쉬운 일은 아니었지만, 이제는 최소한 내가 왜 그런 감정을 느꼈는지는 이해할 수 있다. 부모와 자식 간의 유대는 우리의 뇌가 만들 수 있는 가장 강력하고 영향력 있는 무언가다. 그것은 또한 내가 왜 아이를 가지면서 감정적으로 큰 충격을 받았는지, 지난 여러 해 동안 좋은 것이라고 여겼던 보호막이 왜 깨졌는지를 설명해 주었다.

솔직히 말해서, 나는 내가 아버지의 죽음에 대해 더 감정적으로 대처할 수 있게 해 준 아이들에게 고맙다. 하지만 더 나아가 우리 종이 진화해 온 역사를 볼 때, 나는 내가 애초에 감정을 갖게 되었다는 사실에도 감사함을 느껴야 할 것이다.

물론 자신의 감정에 대해 이렇게 개방적인 남성이 있다는 사실을 이상하게 여기는 사람들이 많을지도 모른다. 하지만 그것은 우리가 탐구해야 할 전혀 다른 별개의 문제다.

남성의 뇌와 여성의 뇌는 다르다?

나는 앞서 아버지가 병원에 입원했을 때 내가 울지 않았다고 얘기했다. 그런데 훨씬 더 부끄러운 사실이 있다. 아버지의 장례식에서도 그렇게 많이 울지 않았다는 사실이다. 누가 봐도 인생에서 가장 슬픈 날이었던 만큼, 나도 내가 이상했다. 나는 내가 울어야 한다고 생각했고, 적극적으로 그렇게 하고 싶었다. 그런데도 나는 그날 저녁 늦게 아내와 아이들이 잠든 뒤에야 혼자서 울 수 있었다.

이 일은 나를 불안하게 했다. 내 뇌가 이상하게 작동하는 게 아닐까? 최근에 겪었던 이 모든 일로 뇌가 손상을 입었던 걸까?

하지만 그 암울했던 시기를 돌이켜보면 나만 그런 건 아니었다. 꽤 명확하게 드러나는 패턴이 있었다. 여동생들과 새어머니, 숙모들은 대놓고 엉엉 울었다. 하지만 삼촌과 나, 즉 남자들은 그렇게 울지 않았다. 여기에는 노골적인 성차가 있었다.

장례를 치르고 나서, 나는 이것에 대해 곰곰이 생각했다. 왜냐하면 줄곧 이야기했던 것과 달리 아버지와 나의 관계는 좀 이상했기 때문이다. 물론 유해하지는 않았지만 우리는 매우 달랐다. 나에게 아버지는 그저 '옛날 사람'이었다. 아버지는 하나뿐인 아들인 나와 함께라면 동정심이나 배려심을 보이기는 했지만 유약함이나 약점을 내보이려 하지는 않았다. 특히 아버지에게 다른 사람 앞에서 감정을 공개적으로 표출하기란 자기 자식 앞이라 해도 꺼려지는 일이었다. 기성세대의 수많은 아버지가 그러듯이 말이다.[50] 이에 비해 나는 그래도 '요즘 사람'이었다. 남자들은 감정적이면 안 된다는, 그런 시대에 뒤떨어진 생각에 전혀 동의하지 않았다! 하지만 아버지가 감정을 말로 표현하지 않는 것을 더 편하게 느낀다 해도, 우리 둘 다 서로를 잘 알고 있었기 때문에 별다른 문제가 되는 일은 없었다.

하지만 정작 아버지의 장례식에서 울음이 나지 않자 나는 스스로에 대해 의문이 생겼다. 내가 나를 속였던 걸까? 감정에 대한 나의 선입견 중 상당수가 이미 완전히 뒤집혔던 만큼, '여자는 감정적이고 남자는 이성적'이라는 시시한 고정관념 또한 잘못되었을 것이다. 그렇다 해도 내가 감정을 표현하는 데 어려움을 겪었던 반면, 여성인 가족 구성원들은 그렇지 않았던 사실을 설명해 줄 만한, 남성과 여성의 뇌가 가진 어떤 근본적인 차이가 존재할까?

결국 유의미한 감정적 관계를 탐구하고자 한다면 그 대상 중 상당수가 이성 사이, 또는 두 성별의 조합 사이에서 일어나는 관계일 것이다. 만약 남성과 여성이 서로 다른 방식으로 감정적인 문제에 대처한다면, 이는

감정이 어려운 사람들을 위한 뇌과학

우리가 관여할 수 있는 감정적 인간관계와 그에 대한 경험에 상당한 영향을 미칠 것이다. 하지만 남성과 여성의 뇌가 감정을 처리하는 방식에 정말로 상당한 차이가 있을까?

우선 남성과 여성 간에 명백한 차이가 있는 건 사실이다. 남성과 여성은 대체로 덩치와 신체의 생김새가 다르고, 생식기도 다르며, 체모의 분포도 다르고, 수명에도 차이를 보인다.

하지만 이들 중 상당수는 표면적인 특징이며, 개인차가 엄청나 서로 중복되는 범위가 상당하다. 예컨대 많은 여성들이 남성들보다 키가 크다. 또 여성들보다 오래 사는 남성들도 많다. 어떤 남성들은 얼굴에 털이 나지 않고 어떤 여성들은 털이 난다. 이런 점을 염두에 두면, 겉으로 드러나는 특성보다는 세포나 화학적 수준 같은 기본적인 부분에 초점을 맞추는 게 도움이 될 수 있다.

사람의 몸에는 성호르몬, 에스트로겐, 테스토스테론을 비롯해 호르몬과 관련된 수많은 화학물질이 있다. 이런 물질은 우리의 성별과 성 정체성의 큰 부분을 차지한다. 남성들에게는 정말로 그렇다. 수정될 무렵 모든 인간의 '디폴트 상태'는 여성이다. 하지만 이 태아의 DNA에 Y 염색체가 있다면 9주 뒤 테스토스테론을 생산하기 시작한다.[51] (그리고 이 호르몬은 남성화를 유발해 남성의 특성을 획득하고 발달시키도록 이끈다. 그러니 여러분이 만약 수정이 일어나면서부터 생명이 시작된다고 믿는 남성이라면, 여러분이 존재해 온 어느 한 순간에 여성이었다는 사실을 받아들여야 한다.) 남성 신체의 테스토스테론은 사춘기가 시작되면서부터 치솟아 뼈대가 발달하고 근육량이 증가하며 체모가 돋고 목소리가 굵어지는 전형적인 남성성의 발달로 이어진다. 반면에 에스트로겐은 여성의 발달 과정에서 매우 비슷한 역할을 해서, 여성의 전형적인 신체적 특징을 비롯해 특히 2차성징이 나타나도록 촉진한다.[52] 즉 남성의 수염과 넓은 어깨, 여성의 영구적으로 부풀어 오른 가슴 등 생식 과정에 직접적으로 관여하지는 않지만 '짝을 유혹하는 데 도움이 되도록' 진화한 신체적 특징들이 드러난다.

하지만 이 중요한 호르몬들(그리고 관련 화학물질들)은 한쪽 성별에만 한정적으로 나타나지 않는다. 에스트로겐이 남성에게서도 발견되고 테스토스테론이 여성에게서도 발견되며, 둘 다 중요한 기능을 담당한다. 하지만 테스토스테론은 남성의 발달에 더 중요한 역할을 하며, 여성의 에스트로겐도 마찬가지다. 또 우리가 앞서 살핀 것처럼 옥시토신과 바소프레신 역시 둘 다 인간의 뇌와 몸에서 활발한 역할을 하지만 남성은 바소프레신을, 여성은 옥시토신을 더 많이 사용하는 경향이 있다.

따라서 화학적 수준에서도 남성과 여성은 생각만큼 뚜렷하게 구별되지 않는다. 이처럼 상당 부분이 겹쳐진다면 신경학적 수준에서도 비슷하지 않을까? 경험에 비추어 볼 때, 우리의 뇌는 나머지 신체에 비해 훨씬 더 유연하고 가변적으로 작동한다. 뇌와 몸을 형성하는 화학물질의 측면에서도 그렇다.

그런데도 남성과 여성은 상당히 다르며 아예 다른 뇌를 가졌다는 믿음은 상당히 보편적이고 완고한 생각이다. 우리 문화의 뇌와 그 너머의 성차에 깊이 뿌리박힌 무수한 가정들로부터 증거에 기반한 과학적 실재를 분리해 내려면 아예 책을 따로 써야 할 것이다.

하지만 다행히도 이미 그런 책을 쓴 사람이 있다. 바로 인지신경과학

감정이 어려운 사람들을 위한 뇌과학

분야의 전문가이자『편견 없는 뇌』의 저자, 그리고 애스턴대학교의 연구자인 지나 리폰Gina Rippon 교수다.[53] 이 책은 남성과 여성의 뇌가 얼마나 다른지, 그리고 이런 믿음들이 실제 과학적 증거가 암시하는 바와 얼마나 극적인 차이를 보이는지 눈을 뜨게 해 주는 매우 유용한 내용을 담고 있다.

리폰 교수는 이러한 기존의 믿음이 우리 사회에 얼마나 깊이 자리 잡고 있는지 잘 알고 있었다. 그런 믿음은 온갖 시트콤과 광고, 수많은 영화와 책들, 끝없이 이어지는 관습적 코미디 연기를 비롯해 곳곳에서 발견된다. 리폰 교수의 지적에 따르면 불행히도 이런 점은 가상의 세계에만 국한되지 않는다.

> 뇌의 성차에 대한 연구가 발표되면 주류 언론에서 이를 보도하는 방식은 매우 분명합니다. 항상 '마침내 남성과 여성의 뇌가 갖는 진정한 차이가 드러났다'라거나 '과학자들이 남성과 여성의 뇌가 다르다는 사실을 발견했다' 같은 문구가 헤드라인을 장식하죠.
>
> 언론 보도에서 드러나는 이런 표현은 근본적인 가정을 깔고 있습니다. 남성과 여성의 뇌는 확실히 다르고, 이러한 차이를 정확하게 파악하는 것이 중요하다는 가정이죠. 하지만 문제는 이런 생각을 뒷받침할 과학적 증거가 놀랄 만큼 적다는 것입니다. 너무나 익숙하고 널리 퍼진 믿음을 정당화하기에 증거가 충분치 않다는 건 확실해요. 하지만 안타깝게도 뇌의 명백한 성차를 암시하는 연구는 그렇지 않다고 주장하거나 미묘한 차이를 보여 주는 연구에 비해 언론에 보도될 가능성이 훨씬 높습니다.

과학적 증거에도 불구하고 수많은 사람이 남성과 여성의 두뇌가 다르다고 믿고 있다. 하지만 인류의 역사를 돌이켜보면 이런 믿음이 과학적 증거에도 굴하지 않고 존재한다기보다는 과학 때문에 존재한다고 말하는 게 더 타당할 것이다. 어느 정도는 말이다.

적어도 서양에서는, 다양한 문화적 요인으로 인해 오랫동안 과학이 기득권 백인 남성들에 의해 지배되고 형성되었다.[54] 그러한 사람들에 대해 어떻게 생각하든, 일반적으로 진보적이고 평등주의적인 사고와 연관되어 있다고 보긴 어렵다. 어쨌든 한 분야가 매우 제한된 특성을 가진 사람들에 의해 지배되는 것은 언제나 좋지 못한 일이다. 공동체의 구성원들이 그 집단의 태도나 믿음에 부합한다는 이유로 논리적이거나 합리적이지 않고 증거에 기반하지 않은 것들에 대해 생각하고 믿게 되는 '집단 사고'로 이어지는 결과를 초래할 수 있기 때문이다. 이것은 이미 잘 알려진 현상이다.[55]

이러면 부유한 백인 남성들로 이뤄진 과학계가 강력한 증거가 없는데도 오랫동안 남성과 여성의 두뇌가 다르다고 믿었던 이유가 설명된다. 실제로 과학의 역사 자체가 아이러니하게도 남성과 여성의 내재적 차이를 증명하는 증거로 인용되는 경우도 많다. 세상을 바꾸었던 가장 유명한 과학자들이 전부 남성이었다면, 분석이나 추론 같은 과학에 필요한 자질에서 남성이 선천적으로 더 뛰어나다는 것이다.[56] 이것은 남성들이 과학에 더 적합한 두뇌를 가지고 있으며 여성들은 그렇지 않다는 점을 시사한다. 그게 논리적으로 타당한 결론이다. 그렇지 않은가?

물론 그렇지 않다. 이 결론이 말이 되려면 더 넓은 맥락을 완전히 무시해야 한다. '역사적으로 과학자들의 대다수가 남성이었으니 남성은 여성보다 과학에 능하도록 타고났다.'라고 주장하는 건 다음과 같이 말하는 것과 진배없다. '돈은 성공에 대한 보상이며, 억만장자의 자손들이 일반적으로 가장 많은 돈을 가지고 있다. 그러니 그들은 분명 다른 사람들보다 더 똑똑하고 열심히 일할 것이므로, 우리는 모두 그들의 말을 존중하고 그들이 정부를 운영하도록 해야 한다.' (하지만 나는 이런 주장이 오늘날 전 세계적으로 종종 현실이 된다는 사실을 알고 있다. 말도 안 되고 우울한 현실이다.) 이런 결론은 그것을 초래하는 수많은 요인과 변수를 간과하고 있다.

어쨌든 과학계는 오랫동안 증거가 충분하지 않은데도 남성과 여성이 근본적으로 다른 뇌를 가지고 있다는 사실을 '확인'했다. 그러니 사회에서 과학의 역할과 인식을 생각할 때 이런 믿음이 사람들 사이에 이토록 흔하고 확고한 것도 당연하다.

그리고 이런 믿음이 일으키는 진짜 문제는 남성과 여성의 뇌가 어떻게 다른지가 아니라 남성의 뇌가 더 우월하다는 관념이다. 여성이 신체적으로, 그리고 정신적으로 남성에 비해 열등하다는 가정은 인류 역사의 곳곳에 스며 있다.[57] 예컨대 여성들은 투표할 만큼 똑똑하다고 여겨지지 않았으며 여성이 책을 읽으면 불임이 될 것이라 여겨지기도 했다.[58,59] 또 내 아내가 다녔던 학교는 영국에서 여성에게 수학을 가르쳤던 최초의 교육기관 중 한 곳인데, 그 이전에는 수학이 여성들의 뇌를 '과열시킬' 것이라고 여겨졌다. 이런 예는 끝도 없다.

물론 이러한 믿음들은 오늘날 우스꽝스럽게 보일지 모른다. 그렇지만 과학계에서 여성의 '열등함'이 받아들여지면서 여러 끔찍한 결과를 초래했다. 히스테리hysteria를 예로 들어 보자. 현재 이 용어는 지나치게 감정적이고 비이성적인 누군가의 특성을 묘사하기 위해 구어적으로 쓰이고 있다. 하지만 한때는 공식적인 진단명이었으며 그리스어로 자궁을 뜻하는 히스테라hystera에서 비롯했다. 고대 그리스인들은 젊은 여성들의 자궁이 분리되어 몸 이곳저곳을 떠돌며 엉망진창으로 만드는 과정에서 건강이 나빠지고 정신적인 혼란이 찾아온다고 믿었다.

이 터무니없는 관념은 수백 년 동안 유럽 전역의 과학계에서 사라지지 않고 살아남았다.[60] 그리고 논리적으로, 자궁이 몸속을 떠돌며 문제를 일으키는 만큼 여성만이 히스테리를 일으킨다고 여겨졌다. 그래서 남성이 아무리 주기적으로 '히스테리적' 특성을 보인다 해도 이는 히스테리로 여겨지지 않았고, 대신에 여성의 자궁에 해당하는 '축 늘어지고 쇠약한 고환'이 그런 증상을 일으킨다고 간주했다.[61]

여기서 끝이 아니다. 과학사의 또 다른 어두운 페이지였던 전두엽 절제술lobotomy의 사례를 보자. 이 수술은 전두엽과 나머지 뇌 사이의 연결을 끊는 수술로, 표면적인 이유는 심각한 정신병이라든지 유사한 상태의 파괴적인 증상이나 문제를 완화하기 위해 시행되었다.

사실 전성기 시절에도 전두엽 절제술은 항상 논란을 몰고 다녔다. 물론 이 수술이 정신병의 전형적인 파괴적 측면을 감소시키기는 했지만, 말 그대로 뇌를 잘라 냈다는 점에서 환자의 상태를 전반적으로 더 나쁜 상태로 악화시키는 경우가 많았기 때문이다. 정비사에게 고장 난 자동차를 가져갔더니 엔진에서 거슬리는 소리가 난다고 아예 엔진을 들어내는 것과 같은 일이다. 물론 차는 훨씬 조용해졌을 테지만, 그가 실제로 뭔가를 '고쳤다'고는 할 수 없다.

그런데도 여러 저명한 과학자들은 이 수술을 지지하고 옹호했다. 내가 이 수술에 대한 이야기를 하면 사람들은 무척 놀란다. 환자의 안와를 통해 꼬챙이를 억지로 찔러넣어 뇌 기저부를 휘젓는 것이(실제로 전두엽 절제술의 상당수가 이 방법으로 시행되었다) 효과적인 의료 행위라고 주장하는 사람이 있다면 경멸이나 조롱의 대상이 되고 과학계로부터 주의를 받을 만하기 때문이다. 누군가 이런 수술을 반복해서 집도한다면 노벨상을 받기는커녕 경찰에 체포될 것만 같지만, 실제로 이 수술법을 고안한 의사가 노벨상을 수상하기도 했다.[62]

그럴 수 있었던 연유는 이렇다. 전두엽 절제술이 실시되던 시대에 정신과 환자들은 대부분 남성이었지만, 전두엽 절제술은 실제로 여성들에게 훨씬 더 많이 시행되었다.[63] 여기에는 논리적인 정당성이라고는 없는, 여성과 여성의 뇌가 보다 열등한 '소모품'이라는 견고한 가정이 있었다. 여성은 더 열등하고, 따라서 그렇게 취급될(폐기될) 수 있기 때문에 전두엽 절제술을 해도 잃는 바가 더 적다는 것이다.

다시 말하지만 달밤에 수상쩍은 구름을 보고 악마를 쫓아낸다는 핑계로 여성들의 머리를 찔러 죽인 것은 미신에 빠진 원시인들이 한 일이 아니었다. 당대의 자격 있고 영향력 있고 존경받던 과학자들의 일이었다. 하지만 이들은 여성이 열등하다고 믿었던 문화권에 속해 있었고 그 믿음을 공유했으며, 그들의 연구와 영향력을 통해 이러한 믿음을 검증하고 유지했다.

정신 건강과 정신의학의 역사는 슬프게도 이와 같은 것들로 가득 차 있다.[64] 오늘날의 과학계 또한 수십 년 전에 비하면 훨씬 더 합리적이고 증거에 기반을 두고 있지만, 여전히 이 분야에서 일하는 여성들이 편견의 대상이 되거나 해고되는 사례들이 많다. 종종 논리나 증거보다는 뿌리 깊은 편견에 따라 행동하는 남성 동료들로부터 비롯되는 일들이다.

여성의 열등함에 대한 이런 유해한 시각이 과학계 내부에만 국한되고 과학적 실천으로 파급되지 않았다면 그나마 나았을 것이다. 하지만 안타깝게도 현실은 그렇지 않았다. 여기에 대해 리폰 교수가 강조했던 사례는 자폐스펙트럼장애가 '극단적인 남성적 뇌'의 결과물이라는 영향력 있던 이론이었다. 그 이론은 주로 사이먼 배런-코헨Simon Baron-Cohen 교수의 연구에 의해 소개되어 널리 퍼졌다.[65] 리폰 교수는 다음과 같이 설명했다.

> **이 이론은 '남성의 뇌'와 같은 개념을 분명히 가정하고, 그런 뇌에 전형적인 남성적 특징이라든지 자폐증의 특징과 더욱 관련 있는 행동상의 특정 측면들이 선천적으로 연결되어 있다고 가정한다.**

보다 구체적으로, 이 이론은 사람들의 뇌가 체계화(패턴을 분석하고 추론하거나 인식하고 구성하며, 본질적으로 사고의 체계를 구축하는 능력을 일컫는다)나 공감 능력에 뛰어난데, 자폐증 환자들은 종종 공감 능력보다는 체계화 능력이 훨씬 뛰어나다고 주장한다.[66] 그리고 남성의 뇌, 즉 남성은 체계화에 뛰어난 능력을 발휘하는 반면, 여성의 뇌는 공감 능력이 뛰어나기 때문에 자폐증 환자의 뇌는 '극단적인 남성적 뇌'로 설명할 수 있다는 것이다.

감정이 어려운 사람들을 위한 뇌과학

언뜻 들으면 이 설명이 논리적으로 들릴 수도 있지만, 상당수의 연구자가 이 주장의 전체적인 근거와 그 근거가 어디서 나왔는지에 대해 심각한 우려를 표명하고 있다. 몇몇 연구자들은 이 이론이 기반으로 하는 연구가 결함이 있거나 부적절하다고 지적한다.[67] 이론의 전제 자체가 매우 의심스럽다고 주장하는 사람들도 있다. 왜냐하면 체계화 능력과 공감 능력은 개인마다 천차만별이기 때문이다.[68] 만약 어떤 식으로든 한 성별마다 정말로 뇌에 타고난 '배선'이 있다면 개인 간의 차이가 훨씬 작아야 할 것이다. 결과적으로 많은 연구자가 전형적인 자폐적 특성을 '남성적'이라고 일컫는 데에 강하게 반대한다. 여기에 대해 로절린드 리들리Rosalind Ridley 박사는 2019년에 다음과 같이 말했다.[69]

> 자폐증 증상을 보이는 여성이 '극단적인 남성적 뇌'를 가졌다고 말하는 것은 철학적으로 봤을 때 키가 아주 큰 여성을 '극단적인 남성적 키'를 가졌다고 묘사하는 것과 다를 바가 없다. 단지 남성이 평균적으로 여성보다 키가 크다는 이유만으로 말이다.

여기서 요점은 비록 자폐증 환자들이 보통 남성에게서 더 흔하게 발견되는 특성을 보인다 해도, 그들이 특별히 '남성적인' 특성을 가졌다는 의미는 아니라는 것이다. 여성은 남성보다 오래 사는 경향이 있지만 장수하는 남성이 있다고 해서 '여성적인 수명'을 가졌다고 말할 수는 없다.

그런데도 이 '극단적인 남성의 뇌' 이론은 자폐증을 이해하려는 사람들 사이에서 매우 영향력이 있다. 이것은 여성에게는 자폐증이 거의 없다는 뿌리 깊은 가정처럼 우리에게 도움이 되지 않는 결과로 이어졌다. 그에 따라 여성 자폐증 환자는 종종 간과되거나 오진의 대상이 되고 아예 무시되곤 했다. 내가 아는 여성들 가운데 상당수는 이 문제에 무척 익숙하다. 그들은 놀랍게도 꽤 늦은 나이에 자폐증 진단을 받았으며 그 증상과 싸우느라 10년 이상 애써 왔다.[70] 논쟁의 여지가 있기는 하지만 만약 '극단적인 남성의 뇌' 이론만 없었더라면 이런 일은 생기지 않았을지도 모른다.

그리고 나는 마침내 여기에 수 세기 동안 여성들이 매우 불공평한 믿음과 태도의 대상이 되었다는 공통 주제가 자리 잡고 있다는 사실을 깨달았다. 여성들이 과학을 비롯한 지적인 노력에 '부적합'하다는 추정(SF 소설이나 컴퓨터 프로그래밍의 선구자들이 대부분 여성이었다는 사실은 이런 주장이 제기될 때 거의 언급되지 않는다. 이상한 일이다.), 자폐증에 대한 '극단적인 남성적 뇌' 이론, 히스테리에 대한 가설들, 이 모든 것의 저변에는 하나의 가정이 깔려 있다. 여성이 남성보다 근본적으로 더 감정적이라는 것이다.

문제는 그 가정이 터무니없고 비논리적이며 유해하다는 사실이 증명되었는데도 계속해서 수면으로 올라오고 있다는 것이다. 어쩌면 그 가정에는 무언가 근본적인 진실이 있지만, 단지 적용 방식이 해로웠던 걸까? 핵무기는 무서운 것이지만 그렇다고 핵물리학이 틀렸다는 의미는 아니다. 남성과 여성이 감정을 다루는 방식이 다르다는 생각도 마찬가지일까? 아버지의 장례식에서 겪었던 내 경험은 감정에 대한 일종의 성차가 존재한다는 것을 암시했고, 아마 꽤 많은 사람이 이 생각을 지지할 것이다. 그렇다면 남성과 여성이 감정을 처리하는 방식에 과학적으로 근거 있

감정이 어려운 사람들을 위한 뇌과학

는 차이가 존재할까?

만약 그렇다면, 그것은 남성과 여성의 뇌의 감정 체계에 실질적인 차이가 있다는 점을 암시한다. 희망컨대 우리가 감지하고 관찰할 수 있는 차이라면 좋을 것이다. 그렇지만 이러한 차이를(그런 게 있다고 가정한다면) 파악하기 위한 시도는 다양한 이유로 인해 실현하기 어려운 것으로 판명되었다.

예컨대 많은 연구자가 남성과 여성의 뇌를 스캔해 주목할 만한 편차가 있는지 조사했다. 그리고 실제로 꽤 자주 그런 차이를 발견한다. 잘되었군, 그렇다면 끝난 것 아닌가?

사실 그렇지 않다. 남성이 여성보다 일반적으로 덩치가 크기 때문에 남성의 뇌는 평균적으로 여성보다 더 큰 경향이 있다.[71] 따라서 남성의 편도체를 여성의 것과 비교한다면 보통 남성의 편도체가 더 클 것이다. 우리가 편도체에 대해 알고 있는 바에 따르면 이것은 남성이 여성보다 더 감정이 더 풍부하다는 점을 시사하지 않을까? 그 반대가 아니라 말이다.

이번에도 역시 그렇지 않다. 수많은 데이터에 따르면 뇌의 크기가 정신적 능력에 미치는 영향은 기껏해야 미미하게 감지할 수 있을 정도이다.[72] 보다 최근에 수행된 여러 연구에 따르면, 남성과 여성의 뇌 구조가 갖는 차이를 암시하는 결과들은(전부는 아니지만) 단지 남성의 뇌가 더 크기 때문이라고 설명할 수 있다.[73] 그 때문에 남성과 여성의 뇌 크기와 배치, 구성 요소를 똑같이 비교하는 것만으로는 알 수 있는 바가 적다.

특히 감정적 능력에 대해 이야기할 때는 더욱 그렇다. 우리는 인간 뇌의 여러 부위에서 감정이 생성되고, 변형되며, 영향을 받고 여러 반응을 일으킨다는 사실을 확인했다. 감정을 담당하는 특정한 신경학적 영역을 콕 집어 말하려는 것은 뿌연 안개 속을 돌아다니면서 정확한 중심부를 찾으려는 시도와 같다. 그에 따라 남성과 여성의 뇌가 갖는 감정적 능력에 대해 유의미한 비교를 하기란 훨씬 어렵다.

하지만 그렇다고 과학자들이 연구를 그만두지는 않았다. 그리고 몇몇 연구는 특정한 감정 능력과 특성, 특히 공감에 초점을 맞추면서 흥미로운 결실을 맺기도 했다. 이런 연구들은 공감을 비롯한 감정적 능력이 요구되는 상황에서 남성과 여성의 뇌에서 벌어지는 일이 현저하게 다를 수 있다고 주장한다.

화성인과 금성인:
남자와 여자는 감정을 다르게 느낄까

한 연구에 따르면 아기들이 울거나 웃을 때 여성은 전측대상회피질의 활동이 감소했지만 남성은 그렇지 않았다.[74] 전측대상회피질은 감정을 인식하고 공유하며 의식적으로 반응하기를 포함해 감정과 관련한 여러 역할을 하는 중요한 영역이다.[75] 이 시나리오에서 전측대상회피질의 비활성화 현상의 의미는 일반적으로 감정을 담당하는 영역에서 자신의 감정을 우선시하지 않는 것, 즉 아이를 달래려 하는 등 자신의 욕구보다 아이의 욕구를 우선시하는 경향이 커질 수 있다는 뜻이다. 남성과 여성의 이런 반응 차이가 모든 여성이 가지고 있다고 여겨지는 이른바 '모성 본능'

감정이 어려운 사람들을 위한 뇌과학

을 증명하고 설명하는가? 확실히 그런 것은 아니다. 하지만 분명 꽤 그 방향으로 기울어져 있다.

남성과 여성이 감정을 조절할 때 뇌의 다른 영역을 사용한다는 사실을 발견한 연구도 있다. 감정을 더 잘 조절하는 남성들은 배외측 전전두피질에 회백질(일을 처리하고 제대로 돌아가게 만드는 과정을 주로 담당하는 신경조직)을 더 많이 가지고 있었다. 반면, 감정 조절에 더 능숙한 여성들은 왼쪽 뇌간에서 왼쪽 해마, 왼쪽 편도체, 섬엽까지 확장된 일련의 영역에 회백질이 상대적으로 더 많은 것으로 나타났다.[76]

이 결과에 대해서는 많은 해석이 가능하다. 그중 한 설명에 따르면 복잡한 인지 영역에 회백질이 더 많은 남성은 감정을 조절하는 데 의식적이고 의도적인 메커니즘을 사용하는 반면, 무의식적인 변연계 영역에 회백질이 더 많은 여성은 보다 본능적으로 감정을 조절한다는 것이다. 말하자면 '원천적으로' 다르다. 즉 이 연구는 여성들이 근본적으로 감정을 더 잘 만들어 내는 반면, 남성들은 감정을 통제하거나 억제하는 데 더 뛰어나다는 점을 암시한다.

또 비슷한 연구에 따르면 여성들은 부정적인 감정 자극에 반응해 편도체 활동이 더 활발한 반면, 남성들은 반대로 긍정적인 감정 자극에 반응하여 편도체가 더 활발히 활동한 것으로 나타났다.[77] 이것은 여성들이 부정적인 감정에 더 민감하며 그런 감정에 영향을 더 많이 받는다는 뜻일 수 있다. 아니면 편도체의 활동이 두려움이나 위험과 가장 자주 연관된다는 사실을 고려했을 때, 남성들이 긍정적인 감정을 위협의 일종으로 여긴다는 것을 의미할지도 모른다. 아마도 이것은 왜 나와 같은 남성들이 감정을 표현하는 것을 취약하다고 여기며 그토록 폐쇄적으로 구는지를 설명해 줄 것이다.

여기서 우리의 오랜 친구들인 에스트로겐과 테스토스테론은 어떤 역할을 할까? 뇌에는 감정의 조절과 처리에 관련된 여러 구조가 존재한다. 그리고 그것들 대부분이 공유하는 한 가지 특징은 에스트로겐에 특히 민감하게 반응한다는 것이다. 이것은 에스트로겐이 뇌의 감정 처리 영역의 활동에 강한 영향을 미친다는 뜻이다.[78] 그뿐만 아니라 에스트로겐은 옥시토신의 활동을 자극하고 촉진하는데, 앞서 봤듯이 옥시토신은 감정적 결합과 연결 고리를 만드는 데 아주 중요한 역할을 한다.[79]

한편, 연구 결과에 따르면 테스토스테론은 전전두피질의 이성적이고 자기통제적인 과정과 편도체의 더 근본적인 감정 활동 사이의 연관을 떨어뜨릴 수 있다.[80] 어쩌면 이것은 남성이 어려움을 겪을 때 보다 공격적이며 덜 이성적으로 행동한다는 진부한 관념 뒤에 숨은 근거일지도 모른다. 남성의 테스토스테론 수치가 증가해서 감정의 자기통제력이 감소한 것이다.

테스토스테론이 감정적인 개방과 참여보다는 방어적이고 보호적인 행동을 유도하는 옥시토신의 자매 분자, 바소프레신의 발현과 작용을 자극한다는 사실도 이와 관련이 있다. 이는 여성들은 더 감정적으로 표현하는 반면, 남성들은 폐쇄적이라는 일반적 주장을 뒷받침한다.

이 모든 것을 종합하면 남성과 여성이 정말로 다른 뇌, 다른 감정 메커니즘과 능력을 가지고 있다는 것이 분명해 보인다. 그리고 최고의 과학자들을 포함한 많은 연구자가 이 결론에 동의한다.

감정이 어려운 사람들을 위한 뇌과학

하지만 나는 아니다. 뭐든지 자세히 들여다보면 현실은 결코 사람들이 바라는 것처럼 명확하지 않기 때문이다. 무슨 말인가 하면, 방금 설명한 연구들은 남성과 여성의 실질적인 차이를 암시하는 매력적인 결과물을 찾기 위해 내가 의도적으로 '체리피킹(불리한 것을 숨기고 유리한 것만 보여 주거나 고르는 태도를 말한다-옮긴이)'해 얻은 결과였다. 하지만 이렇듯 남성과 여성의 뇌가 보이는 감정적 특성에 차이가 있다고 주장하는 모든 연구에 대해 그렇지 않다고 맞서는 연구들이 존재하는 만큼 전체적인 상황은 아직 불투명하다.

이 문제를 해결하기 위해 수행된 2017년의 한 연구에서는 여러 관련 실험을 검토하고 모든 실험에서 수집된 데이터를 평가해 보다 명확한 추세가 나타나는지 확인하고자 했다.[81] 그 결과 일부 연구들이 감정적 과제와 자극에 대한 남성과 여성 사이의 실질적인 차이를 보여 주었지만, 그 결론은 일반적으로 실험 수행 방식에서 기인한 것일 수 있었다. 구체적으로 남성과 여성 사이의 명확한 차이를 보여 주었던 실험들은 어떤가? 이런 실험에서는 참가자들이 자기가 감정에 관한 연구에 참여하고 있다는 사실을 알고 있는 경우가 많았다.

이 점은 꽤 중요하다. 왜냐하면 우리는 남성과 여성이 서로 다른 감정적 성향과 능력을 가지고 있다고 가정하고 기대하는 문화권과 환경에서 자랐기 때문이다. 그리고 고도로 발달한 사회적 본성과 적응력이 뛰어난 두뇌 때문에 우리는 스스로 깨닫지도 못한 사이에 이러한 기대에 순응하곤 한다.[82] 그에 따라, 남성과 여성이 감정적인 측면에서 다르다는 믿음이 만연한 나머지 그것을 제대로 연구하려는 노력을 적극적으로 방해하는 아이러니한 상황이 펼쳐진다! 어떤 의미에서 이런 현상은 화학적 수준에도 적용된다.

테스토스테론으로 다시 돌아가 보자. 모두 테스토스테론이 남성에게 어떤 영향을 미치는지 잘 알고 있을 것이다. 이 호르몬이 많으면 많을수록 더 남자다워진다. 다시 말해 테스토스테론은 우리를 공격적이고, 자신감 넘치고, 경쟁적이며, 폭력적으로 만든다. 왜냐하면 남자들은 타인과 투쟁하고 그들을 지배하는 방향으로 진화했기 때문이다. 본성을 자제하라는 사회의 기대 때문에 이러한 본능을 억누르고 있을 뿐이다. 테스토스테론은 그런 본능을 들끓게 하고 우리 남자들이 깊은 이면에 있는 것들에 더욱 가까워지게 한다. 그렇지 않은가?

2016년에 이뤄진 한 연구에서는 남성 피험자들이 타인의 행동에 대해 벌을 주거나 보상을 주는 게임을 하도록 했다. 일부 피험자들은 사전에 테스토스테론 주사를 맞았다. 기존의 관념에 따르면 이렇게 테스토스테론 주사를 맞은 사람들은 타인에게 벌을 더 많이 주고 보상은 더 적게 줄 것이다. 하지만 실제론 그렇지 않았다. 대부분의 시간 동안 이들은 테스토스테론 주사를 맞지 않은 사람들보다 더 공정하게 경쟁자들을 대우했다.[83]

오늘날의 연구에 따르면, 테스토스테론의 주된 효과가 사실 남성을 보다 공격적이고 '마초적'으로 만드는 것이 아니라 단지 자신의 지위를 더 잘 인식하고 보호하도록 만드는 것이기 때문이다.[84] 우리의 뇌는 끊임없이 자신을 타인과 비교하고, 사회계층의 사다리에서 스스로의 위치를 계산하고 있다.[85] 이때 테스토스테론은 우리의 사회적지위에 대한 인식을

감정이 어려운 사람들을 위한 뇌과학

증폭하고 이를 보호하거나 발전시키려는 동기를 부여한다.

만약 우리가 침팬지와 같이 수컷들끼리 서로를 끊임없이 때려눕히면서 지위와 지배력을 확립하는 종이라면, 실제로 테스토스테론이 지위를 더 민감하게 인식하도록 하고 우리를 보다 공격적이고 폭력적으로 만들 것이다. 하지만 우리는 침팬지가 아니다. 우리는 인간이고, 침팬지보다 인지적으로 복잡하고 초사회적인 종이다. 사회적지위를 달성하는 데에는 직접적인 폭력과 공격 말고도 훨씬 더 많은 선택지가 있다(비록 선택지에 불과할 뿐이라도). 우리의 뇌는 지성과 협동심, 친화력, 능력 같은 것을 인식하고 가치 있게 여긴다.[86] 이러한 특성이 우리의 진화를 일궈 냈다.

우리는 본능적인 차원에서 다른 사람을 배려하는 행동을 좋아한다. 그 행동의 감정적인 가치 때문에 좋은 평가를 내리기도 한다. 그래서 테스토스테론은 공정성과 정의를 중시하는 우리의 진화된 경향을 강화하여, 우리를 더 배려하고 존중하게 만들 수 있다.[87] 이러한 친사회적 행동은 우리의 사회적지위를 높이거나 강화하기 때문이다.

이 현상에 대한 연구는 매우 흥미로운 결과를 낳았다. 이 연구에서도 역시 테스토스테론을 투여받지 않은 사람들과 비교해 피험자들이 타인을 어떻게 대하는지 평가했다.[88] 예상대로 테스토스테론을 투여받았다는 말을 들은 사람들은 기회가 생길 때마다 타인에게 공격을 가하고 과도하게 징벌적으로 행동했다.

하지만 여기에 뜻밖의 결말이 숨어 있다. 비록 피험자 중 상당수가 테스토스테론을 투여받았다는 말을 들었지만 실제로는 투여받지 않았다. 이들이 지나치게 공격적인 행동을 하도록 이끈 유일한 요인은 테스토스테론이 사람을 더 공격적으로 만든다는 그들의 믿음이었다. 한편 테스토스테론을 투여받았다는 말을 듣지 않았지만 실제로는 투여받았던 피험자들은 타인에게 더 공정하고 사려 깊은 행동을 했다. 테스토스테론이나 남성성에 대한 기존의 편견이 개입되지 않을 때, 테스토스테론은 우리를 더 친절한 사람으로 만드는 듯하다.

그리고 또 하나의 반전이 있다면 이 연구의 모든 피험자가 여성이었다는 점이다(다른 연구에서 남성에게도 동일한 효과가 나타났다).[89] 이 점은 매우 중요하다. 성호르몬이 남성과 여성에게 다른 양으로 존재하고 그 영향력의 정도도 다르지만, 본질적으로 감정과 행동에 같은 방식으로 영향을 미친다는 사실을 보여 주기 때문이다. 이것은 양성의 뇌가 다르다기보다는 비슷한 점이 많다는 것을 강력하게 암시한다. 왜냐하면 여성의 뇌에 테스토스테론을 인식하고 반응하는 데 필요한 신경학적 영역과 수용체가 없다면 결코 이런 영향을 줄 수 없기 때문이다. 남성의 뇌에서 에스트로겐도 비슷하게 작동한다.

물론 이것이 남성의 뇌와 여성의 뇌에 아무런 차이가 없다는 의미는 아니다. 앞서 살폈던 것처럼 수많은 연구에서 여러 차이가 실제로 드러났다. 하지만 여기에서도 왜 그런 차이가 생기는지는 명확하지 않다. 인간의 뇌는 매우 유연하고 적응력이 있는 기관이며, 성숙한 성인의 뇌는 수십 년에 걸친 삶의 경험으로 형성된다. 그리고 그중 상당 부분이 감정과 성별 또는 성 역할을 포함할 것이고, 전부 포함할지도 모른다. 이러한 차이가 수백만 년에 걸쳐 진화한 것인지, 아니면 이러한 차이가 존재한다는 가정하에 우리의 유연한 뇌가 만들어 낸 결과인지 어떻게 확신할 수 있을

감정이 어려운 사람들을 위한 뇌과학

까? 다시 말해 타고난 것일까, 양육된 것일까?

남성이 여성보다 감정을 더 의식적으로 잘 통제한다는 데이터를 살펴보자. 남성의 뇌가 그렇게 하도록 더 잘 설정되어 있기 때문일까? 아니면 우리 현대인들은 직접적이든 무의식적이든 계속해서 감정을 통제하라는 말을 듣기 때문에, 시간이 지나면서 뇌가 이에 적응한 게 아닐까?

이것은 런던 택시 운전사들의 해마가 평균치보다 훨씬 크다는 고전적인 연구와 맥을 같이한다.[90] 이 연구는 뇌가 근육과 같아서 얼마나 많이, 또는 얼마나 적게 사용하는지에 따라 모양과 구조가 변한다는 것을 입증했다. 하지만 아무도 그 택시 운전사들이 원래 해마가 커서 그런 직업을 갖게 되었다고 주장하지는 않았다. 그건 마치 8주 연속 복권에 당첨되었는데도 매번 복권이 번개에 맞아서 당첨금을 한 번도 받지 못한 상황에 비견할 만큼 도저히 믿기 힘든 우연의 일치일 것이다.

언젠가 자금, 자원, 기술, 윤리에 관한 제한 없이 원하는 모든 실험을 할 수 있다면 어떤 실험을 하고 싶냐는 질문을 받은 적이 있다. 곰곰이 생각한 끝에 나는 결국 '남성의 뇌 대 여성의 뇌' 문제를 완전히 해결하고 싶다는 결론을 내렸다. 내가 생각한 방법은 다음과 같다.

실험실에서 인간의 태아를 만든다. 통계적으로 유효하려면 개체를 1,000개쯤 만들어야 할 것이다. 그리고 그중 반은 여성, 반은 남성이 되도록 하고 싶은데, 아직은 태아에 불과하므로 이 시점에서 그들이 XX 염색체를 가졌는지 XY 염색체를 가졌는지 확인해야 할 것이다. (구체적으로 어떻게 해야 하는지는 잘 모르지만 기술적인 한계가 없는 사고실험인 만큼 문제가 되지는 않는다.) 그런 다음 첨단 인큐베이터에 넣어 이들을 완전한 인간으로 성장시킨다. 각각의 아이들은 똑같은 화학물질과 영양분을 같은 시간에 공급받으면서 같은 과정을 거친다.

아이들이 충분히 자라면 이제 개개인을 영화 〈매트릭스〉처럼 시뮬레이션 영상에 연결한다. 여기서 아이들은 실제와 구별이 불가능한 가상현실을 경험한다. 그리고 그 속에서 다들 똑같은 인생을 산다. 같은 집, 같은 부모, 같은 문화, 같은 시점에 겪는 삶의 중대사들, 같은 주변 사람들을 갖추며, 주변 사람들은 모든 상황에서 각각의 아이들에게 똑같은 방식으로 행동하거나 가능한 한 그렇게 대한다.

그런 다음 25년에서 30년쯤 지난 뒤 나는 모든 피험자를 대상으로 뇌의 구조를 상세하게 스캔해 남성의 뇌와 여성의 뇌를 비교할 것이다. 각각의 뇌가 똑같은 삶을 경험했던 만큼 그들은 정확히 같은 방식으로 발달하고 형성되어야 한다. 그런데도 만약 남성의 뇌와 여성의 뇌 사이에 여전히 일관되고 중요한 차이가 있다면, 그것은 양육의 결과가 아니라 선천적이고 근본적인 본성일 가능성이 훨씬 높다.

물론 이런 실험은 기술적으로 불가능할 뿐 아니라 설사 가능해도 도덕적으로 혐오스럽기 때문에 아무리 나의 선택지 중에 있다 해도 실제로 수행하지는 않을 것이다. 이런 실험을 할 수 없으니 지금 우리는 남성과 여성의 뇌가 감정적으로(그리고 그 밖의 모든 것들에 대해) 어떻게 다른지에 대해서 막연한 불확실성에 갇혀 있다. 리폰 교수는 이 문제를 다음과 같이 완벽하게 요약한다.

남성과 여성의 뇌 사이에 전혀 차이가 없는 건 아닙니다. 분명 차이점

감정이 어려운 사람들을 위한 뇌과학

이 있기는 하죠. 하지만 구조적인 차이는 기능적인 차이와 같지 않습니다. 중요한 건 남성과 여성의 뇌에 차이가 있다는 점을 지적하는 입수 가능한 모든 과학적 데이터가 정확하다 할지라도 그것은 여전히 남성과 여성이 어떻게 다르게 생각하고 행동하는지에 대한 모든 가정과 믿음을 검증하기에는 절대 충분치 않으리라는 것입니다.

나는 이것이 문제의 핵심이라고 생각한다. 설령 남성과 여성의 뇌가 감정을 처리하는 방식에 명백한 차이가 있다 하더라도, 이런 차이는 각각의 성별에 대한 서로 다른 감정적 기대를 설명하고 정당화하기에는 절대 충분하지 않다. 그런데도 이러한 기대들은 우리 사회에 깊이 뿌리내려 사실상 자생력을 가지고 있다. 경험 없는 어린 뇌는 자기가 관찰하고 경험하는 바에 반응해 발달하며 적응할 테고, '넌 여자라서 너무 감정적이야', '너는 남자니까 감정을 드러내면 안 돼' 같은 메시지를 평생 귀에 못이 박히도록 접한 뇌는 이 메시지에 따라 형성될 것이다.

그리고 이런 상황이 여성에게 수많은 부정적 결과를 가져온 것은 분명하지만, 남성에게도 결코 호의적이지는 않았다. 인구의 절반이 감정을 통제하고 억제하도록 강요하는 건 건강에 좋지 않은 결과를 초래할 수 있다. 부정적인 경험에 대한 감정의 억제는 자살을 유발하는 큰 위험 요인이다.[91] 연구 결과에 따르면 비록 여성이 남성에 비해 우울증 같은 증상을 많이 겪는다고 알려졌지만, 자살로 사망할 가능성이 훨씬 더 높은 쪽은 남성이다.[92,93] 남성과 여성이 감정을 처리하는 방법에서 근본적인 차이를 보이기 때문일까? 아니면 단지 남성과 여성에 대한 광범위한 믿음과 편견의 결과일까?

논리적으로 봤을 때, 자신의 잘못이 아닌데도 수많은 편견과 고된 투쟁에 시달렸던 여성의 삶은 더 많은 우울증 사례를 초래할 것이다. 한편 남성이 자신의 감정을 적극적으로 표현하기를 단념하게 되면(그 감정이 분노가 아닐 경우에 그렇다. 분노는 어떤 이유에서인지 '남성적'인 것으로 간주되기 때문이다.) 자신이 '취약한' 것처럼 보이는 것을 두려워한 나머지 우울증을 인정하고 도움을 구할 가능성을 낮출 뿐 아니라, 나쁜 일이 발생했을 때 부정적인 감정을 더 잘 처리할 기회를 얻지 못한다. 감정을 해소하고 드러내는 것이 그 처리 과정의 핵심이기 때문이다. 따라서 남성은 비극이나 충격적인 경험의 감정적인 여파를 처리하는 데 보다 서툴러지고, 그들의 삶을 완전히 끝장내는 치명적인 선택을 더 많이 하게 되는 결과로 이어질 수 있다. 이것은 확실히 우울증 및 자살과 관련한 통계를 설명할 수 있는 또 다른 메커니즘이다.

하지만 확실한 증거가 이처럼 부족한데도 남성과 여성의 뇌에 대한 기존의 믿음은 금세 사라질 기미가 보이지 않는다. 사람들의 머릿속에 너무 깊이 뿌리박혀 있기 때문이다. 심지어 오늘날 꽤 많은 과학자가 여전히 그 믿음이 본질적으로 옳다고 확신하며 이를 입증하기 위해 열심히 연구하고 있다. 그런데 이 과학자 중 상당수는 남성이며, 남성은 감정적이지 않다는 자신의 견해가 반박당했을 때 불쾌해하거나 화를 내곤 한다. 꽤 재미있는 아이러니가 아닐 수 없다. (실제로 남성과 여성의 뇌가 다르다는 주장을 공개적으로 비난하는 사람들에게 지속적으로 분노에 찬 위협용 이메일을 보내는 미국인 남성 교수도 있다. 나 역시 이 교수로부터 몇 통의 메시지를 받았는

감정이 어려운 사람들을 위한 뇌과학

데, 이 책이 출판된 이후에는 더 많은 메시지를 받으리라 예상된다. 이런 행동을 대의를 위해 헌신하는 열정으로 설명할 수도 있다. 하지만 이 행동이 과연 완벽하게 이성적일까? 그건 아니다. 확실히 많은 감정이 개입되어 있다.)

다른 한편으로 내가 그동안 배운 한 가지는 남성과 여성이 감정을 다르게 처리한다는 생각을 경솔하게 기각하지는 말아야 한다는 것이다. 우리의 삶이 뇌를 형성하고, 남성과 여성이 할 수 있는 일과 기대받는 일에 대해 서로 다른 경험을 한다면, 뇌는 이 경험을 반영할 것이다. 그리고 이것은 이 문제의 핵심을 파악하기 위한 나의 노력이 도저히 해결될 수 없는 '닭이 먼저냐, 달걀이 먼저냐'의 상태에 다다랐다는 뜻이었다.

즉, 나는 궁극적으로 나와 같은 남성들이 신경학적 수준에서 여성과 마찬가지로 감정적일 수 있고 또 그래야 한다는 사실을 받아들이고 있지만, 여전히 미묘하고 노골적으로 그에 반하는 메시지를 강화하는 수많은 경험으로 가득 찬 삶을 살아왔다. 따라서 나는 남자로서 냉정하고 강해야 하며 감정을 드러내지 말아야 한다는 메시지를 내면화했다. 아버지의 장례식에서 아무도 나를 보지 않을 때가 되어서야 울음을 터뜨렸던 것처럼, 이런 종류의 프로그래밍은 내 내면 깊숙한 곳에서 진행되고 있었으며 나의 뇌에 설치된 장벽을 극복하기란 예상보다 훨씬 어려웠다.

내 생각에는 내가 남성이라서 감정이 발달하지 않은 것은 아니다. 그보다는 내가 남성이기 때문에 사회가 내 감정을 억제하는 것이다. 그리고 사회 전반에 걸친 문제라면 한 사람이 아닌 여러 사람이 나서야 한다. 훨씬 많은 사람이 말이다.

그래도 나는 내가 할 수 있는 일을 하는 중이다. 어쩌면 이 책이 사람들, 특히 남성들이 감정적으로 좀 더 개방적이고 보다 건강한 방식으로 스스로를 인식하는 데 도움이 될지도 모르겠다. 개인적인 바람일 뿐이지만 말이다. 그리고 아직 해야 할 일이 더 남았다. 사실 이번 원고를 집필하면서 이런 경험을 글로나마 처음 털어놓게 되었다. 다른 사람들과 얼굴을 마주하고 공개적으로 공유할 용기가 나지 않았을 뿐이었다. 아마 우리 가족 중 상당수가 이 책을 읽고 놀라서 나와 얘기를 나누려 할 거라고 예상한다.

그렇게 된다면, 적어도 지금의 나는 준비가 되어 있다.

사랑은 복잡한 감정

가장 암울할 때에도 긍정적인 무언가를 찾는 건 인간의 본성인 것 같다. (가끔 사람들은 고통받는 타인에게 긍정적이거나 좋은 기억을 찾아 마음을 편하게 먹으라고 말한다. 하지만 나는 개인적으로 그렇게 말하는 사람들이 마치 "네 슬픔은 어색하고 괴롭게 느껴지는데 나는 어떻게 고쳐 줘야 할지 모르겠으니, 그만 좀 해 줄래?"라고 말하는 것처럼 느껴진다. 그런 마음이 어디서 비롯했는지는 이해하지만, 상대에게는 전혀 도움 되지 않는다.) 나 역시 예외가 아니다. 이 모든 경험을 겪으면서 나는 나 자신과 내 감정에 대해 많은 것을 배웠고, 그러니 이런 일이 다시 일어난다면 쉽게 헤쳐 나갈 수 있으리라고 스스로 되뇌었다. 하지만 이런 긍정적인 마음을 뒤덮는 또 다른 어두운 사실은, 정의상 아버지를 잃는 건 일생에 한 번 있는 일이라는 거였다. 이런 나쁜 일

감정이 어려운 사람들을 위한 뇌과학

은 또다시 나에게 일어나지 않는다. 그렇지 않은가?

그렇지 않다. 나는 증거를 먼저 확인하지도 않고 어떤 주장을 하는 사람이 아니다. 과학적으로 보면 이보다 더 나쁜 운명이 여전히 나에게 닥칠 수 있다. 1967년에 정신과 의사였던 토머스 홈스Thomas Holmes와 리처드 라헤Richard Rahe는 스트레스와 질병의 발병 사이의 연관성을 알아보기 위해 5,000여 명에 달하는 환자들의 의료 기록을 조사했다. 그리고 이들은 그 연관성을 발견해 43가지의 인생 경험을 스트레스가 가장 큰 것부터 작은 것까지 순위를 매겨 목록으로 정리했다. 이 목록은 오늘날 '홈스와 라헤 스트레스 척도'로 알려져 있다.[94]

이 척도에서 '가까운 가족의 죽음'은 100점 만점에 63점을 받아 5위에 올랐다. 4위인 투옥 역시 63점이었다. 그리고 3위, 2위, 1위를 차지한 별거, 이혼, 배우자의 사망은 각각 65점과 73점, 그리고 최고점인 100점을 받았다. 이 목록은 모든 경험을 아우르지 않으며, 보통의 사람이 경험할 가능성이 높은 것들만 뽑았다. 예컨대 전쟁이나 대형 사고, 부상, 자연재해 같은 것들은 통계적으로 제1세계 선진국에 사는 사람들의 의료 기록에 나타날 가능성이 낮아 이 척도에서 제외되었다.

이 척도가 갖는 의미는 분명하다. 동일한 조건하에, 연인을 잃는 것이야말로 여러분에게 일어날 수 있는 최악의 사건이다. 이것은 과학적 결과이지 슬픈 발라드 음악 가사가 아니다. 별거란 파트너를 잃을 가능성이 확실한 상태를 말하며, 이혼을 통해 공식화된다. 그리고 배우자의 죽음은 궁극의 상태다. 사랑하는 사람이 관계뿐만 아니라 이 세상에서 완전히 사라졌기 때문이다.

고백하건대 나는 이 결과에 조금 놀라움을 느꼈다. 물론 연인의 죽음은 이루 말할 수 없이 끔찍한 경험이다. 여기에 대해 이의를 제기하지는 않겠지만, 그것이 부모님을 잃는 것보다도 훨씬 더 끔찍한 이유는 무엇일까? 부모님은 여러분을 키웠고, 평생 여러분의 세계에 없어서는 안 될 존재이며, 여러분을 지금의 모습으로 만든 사람이다. 부모님을 대신할 사람은 세상에 없다.

여기에 비하면 아무리 오래된 연애라 해도 관계가 깨지는 건 흔한 일이고, 수많은 현대인이 살아가며 여러 번의 연애를 경험할 것이다. 이런 점을 염두에 두면, 이혼과 별거가 부모님을 잃는 것보다 더 충격적인 이유가 무엇일까? (이 척도는 특히 성인에게 적용된다. 아이들과 10대를 위한 '홈스와 라헤 스트레스 척도'에서는 부모의 죽음이 맨 위에 자리한다.) 대체 왜?

누군가와 사랑에 빠지는 것이 상당한 감정적 보상이 된다는 것은 자명하다. 애정 관계의 유무는 보통 행복과 삶의 만족도를 예측할 수 있는 좋은 지표다.[95] 일반적으로 결혼하는 것만으로도 행복 지수가 높아진다.[96] 여러 관련 연구들이 구체적으로 딱 집어 '결혼'을 언급하지만, 당연히 법적으로 미혼인 장기 연애에서도 동일한 감정적·심리적 영향이 존재한다. 그 결합이 법적으로 인정받는지 여부는 상관없다.

내가 겪은 경험에 대한 생각만으로도 아버지를 다시 잃은 것처럼 고통스러웠지만, 그래도 나는 조금씩 극복하는 중이라는 것을 깨달았다. 대가를 치렀지만 나는 여전히 여기 존재하며 앞으로 나아가는 중이었다. 하지만 반면에 만약 아내를 잃었다면 나는 내가 파멸했을 것이라고 100% 확신한다. 지금 이 글을 쓰고 있지도 않을 것이다. 아내는 내게 있어 세상

감정이 어려운 사람들을 위한 뇌과학

에서 가장 중요한 사람이며, 그녀가 존재하지 않는다는 생각 자체가 뇌의 거부 반응을 일으킨다. 그건 아마 내 인생의 대부분의 시간 동안 그녀의 파트너이자 남편이었던 만큼 그렇지 않은 나 자신을 상상하기 어렵기 때문일 것이다.

하지만 생각해 보면 나는 평생 아버지의 아들이었다. 이것은 내가 아내를 더 사랑한다거나 아버지를 그렇게 많이 사랑하지 않았다는 뜻일까? 아니면 내 아내가 어떻게든 아버지에 대한 내 사랑을 빼앗았던 걸까?

그건 아니다. 사랑은 그런 방식으로 작동하지 않는다. 사랑은 단순히 뇌 속에 있는 유한한 자원이 아니다. 즉, 가장 많이 가져간 사람이 여러분의 감정 점수판에서 맨 윗자리를 차지하는 방식이 아니다. 사랑은 그보다 훨씬 복잡하다.

일단 사랑이란 무엇인가? 아마도 대부분의 사람들이 사랑은 감정이라고 대답할 것이다. 아무래도 내가 이 책에서 줄곧 감정에 대해 말하고 있으니 말이다. 물론 대부분의 과학자들도 사랑이 감정이라는 데에 동의할 것이다. 그렇지만 사랑은 더 흔하고 '단순한' 감정들이 갖지 못한 여러 특징을 갖고 있다.

예컨대 우리는 어떤 감정을 유발하는 일이 일어난 직후에 화를 내거나 두려워하거나 행복해하거나 슬퍼할 수 있다. 그렇지만 수많은 소설 속 묘사와는 달리, 만약 우리가 사랑에 빠진다 해도 첫눈에 즉시 반하는 건 매우 드문 일이다. 물론 여러분은 한눈에 아름다운 사람을 찾아내거나 육체적으로 그들에게 끌릴 수 있다. 하지만 뇌 속에서 실제로 일어나는 사랑은 강렬하고 부담이 큰 과정이다. 순식간에 사랑에 빠진 뇌는 파리가 창문에 부딪힐 때마다 건물을 완전히 봉쇄하는 복잡한 보안 시스템과 비슷하다. 누군가를 진정으로 사랑하기 위해서는 보통 그 대상에 대해 충분히 알고, 그들의 특성을 깨닫고, 그들이 매우 매력적이라는 결론에 도달해야 한다. 단순히 한 번만 마주하고 이 목표를 달성하기란 어렵다.

그뿐만 아니라 사랑은 다른 감정들에 비해 더 집중적이다. 어떤 사건이 우리를 화나게 할 때 분노는 그 너머로 확산되어 전혀 관련 없는 것을 향해 분풀이를 하게 만든다. 마찬가지로 좋은 소식이 우리를 행복하게 했다면 그 행복은 종종 하루의 나머지 시간 내내 우리의 생각과 행동에까지 넘쳐흐른다. 하지만 사랑을 경험하는 사람들은 보통 꽤나 들뜨거나 행복을 느끼기는 해도 웅덩이나 껌, 주차 단속원 같은 임의의 대상과는 사랑에 빠지지 않는다. 사랑은 일반적으로 특정한 사람을 향하며, 그들만을 대상으로 한다.

또한 사랑은 다른 감정들에 비해 더 오래 지속되는 듯하다. 우리는 한동안 화가 나거나 슬프고 두려울 수 있지만 아무리 그래도 비교적 빨리 중립적인 감정 상태로 돌아간다. 하지만 우리가 누군가를 사랑하면 그 감정은 몇 주, 몇 달, 몇 년은 물론이고 인생 전체를 두고 지속될 수 있다.

사랑을 경험할 때 우리의 뇌에 통상적인 감정들보다 더 많은 것들이 존재하는 것은 분명하다. 그렇기에 많은 과학자가 사랑을 '복잡한 감정'이라고 말한다.[97] 사랑이 강력한 감정적 요인을 가진다는 점은 부인할 수 없지만, 그 요인들이 뒤섞이며 여러 측면이 더 생겨나기까지 한다. 사실 너무 복잡한 나머지 과학 논문에서는 사랑을 몇 가지 유형별로 분류할 정도다.

'사랑'이라는 단어를 들으면 아마도 대부분 제일 먼저 로맨틱한 사랑, 즉 친밀한 관계가 된 두 사람 사이의 사랑을 떠올릴 것이다. (물론 둘 이상이 될 수도 있지만 말이다. 인간의 뇌는 완전히 개방적인 관계나 다자연애를 할 수 있다. 하지만 기본적으로는 일부일처제다.) 우리가 보통 부모님을 사랑한다고는 하지만 부모님과 사랑에 빠졌다고는 말하지 않는다. 이런 표현이 이상하게 들리는 이유는 부모님과의 사랑은 그와 같은 종류가 아니기 때문이다. 사실 우리가 사랑에 대해 사용하는 어법 자체를 봐도 대부분의 사람이 '로맨틱한 사랑'만이 유일하지 않다는 사실을 인정하고 있다.

먼저 친구들 사이의 동료애나 우정, 즉 긍정적이고 애정 어린 관계를 쌓은 사람들 사이의 사랑이 있다.[98] 여러분은 친구들과 함께하는 시간을 즐기고 그들의 통찰력이나 행복을 소중하게 여긴다. 하지만 이 관계에서 낭만적인 요소나 육체적 친밀함에 대한 매력이나 욕구는 필요하지 않다.[99] 그런 생각 자체만으로 혐오스러울 수 있다.

또 모성애도 있다.[100] 어머니가 자녀에게 갖는 이 깊고 근본적인 사랑은 낭만적인 사랑만큼 강렬할 수 있고, 분명 그럴 것이다. 우리는 앞서 뇌의 진화 과정에서 옥시토신 같은 화학물질이 어떻게 강력한 감정적 유대감과 동기를 유발하는지, 그리고 그러한 애착이 아이들의 발달 과정에서 어떻게 핵심적인 요소가 되는지를 살폈다.[101]

이런 여러 사랑을 비롯해 그 밖의 살짝 변형된 종류의 사랑들은 우리의 삶과 정서적 행복에 큰 영향을 끼치는 것이 분명하다. 그렇다면 로맨틱한 사랑에는 뭐가 그리 특별한 것이 있기에 파트너를 잃는 경험을 그렇게 중요하고 충격적인 일로 만드는 것일까?

한 가지 분명한 요인은 육체적인 끌림이다. 우리는 보통 특정한 사람을 추상적이고 낭만적으로 사랑하는 다른 유형의 사랑과는 달리 그 대상에 대해 욕정을 품는다. 욕정은 짝짓기와 번식에 대한 근본적인 충동이 뇌를 기반으로 해서 나타난 결과다. 그에 따라 뇌는 무의식적으로 '나는 내가 관찰하고 있는 이 사람의 특성에 성적으로 흥분해 육체적으로 친밀한 행동을 하고 싶어 한다'라는 생각을 하게 된다.

분명히 우리가 그 단어들을 정확히 머릿속에 떠올리는 건 아니다. 사실 정욕에 관해서 전혀 생각하지 않는 경우도 많다. 성적 자극, 특히 생식기 같은 곳의 생리적 변화는 척수의 뉴런에서 비롯한 반사 과정을 통해 뇌의 제대로 된 관여 없이 일어날 수 있다.[102]

그런데도 뇌는 성적 매력이나 욕망에 종종 중요한 역할을 한다. 누군가에게 욕정을 느낄 때면 편도체, 해마, 시상 등의 영역에서 활동이 증가한다.[103] 이곳은 모두 여러 뇌 영역에 중요한 부위로 감정의 처리와 경험에 크게 관여한다. 몇몇 연구자들은 심지어 욕정을 '충동'이나 '욕구'보다는 그 자체로 하나의 감정 상태라 분류해야 한다고 주장한다.[104]

하지만 섹스나 성적 끌림은 누군가에 대한 로맨틱한 사랑을 발전시키고 경험하는 과정 중 하나의 단계일 뿐이다. 우리는 성적으로 매력적인 사람들을 어디서나 마주한다. 오늘날의 미디어 환경에서는 그런 사람들이 어디든 존재하기 때문이다. 그렇다고 우리가 화면에서 보는 매력적인 사람들과 계속해서 사랑에 빠지지는 않는다.

사실 성적 끌림은 누군가에 대한 낭만적인 사랑을 발전시키는 데 꼭 필요한 측면은 아니며, 전체적인 과정에서 훨씬 나중에 발생할 수도 있

감정이 어려운 사람들을 위한 뇌과학

다. 시트콤이나 로맨틱코미디에서 수년간 서로 성적인 끌림이 전혀 없이 친구이거나 라이벌이었던 두 사람이 결국에는 사랑에 빠지곤 하는 장면을 흔히 볼 수 있다. 인간의 뇌는 유연하고 강력해서 누군가를 사랑하기 위해 원초적인 육체적 매력에서부터 시작할 필요가 없다.

이런 개념을 보다 발전시킬 수도 있다. 예컨대 오늘날 무성애자asexual들에 대한 사회적인 인식이 높아지면서 이들을 점점 받아들이는 추세다. 어떤 사람들은 성욕이 거의 없거나 아예 없고, 특정 대상에 대해서가 아닌 성적 욕구를 가지기도 한다.[105] 아직도 무성애가 어떻게 해서 발생하며 그것을 어떻게 분류해야 하는지에 대해 많은 논쟁이 있다. 하지만 중요한 건 무성애자들 역시 정기적으로 로맨틱한 관계를 형성한다는 사실이다.[106] 이는 우리의 뇌에서 낭만적인 사랑과 욕정은 별개의 것이라는 점을 강력히 시사한다.

실제로 여러 뇌 스캔 연구가 이 결론을 뒷받침한다. 예컨대 욕정을 경험하면 앞쪽 섬엽피질의 활동이 눈에 띄게 급증한다. 반면에 로맨틱한 사랑을 경험하면 뒤쪽 섬엽피질의 활동이 크게 치솟는다.[107] 별것 아닌 것처럼 들릴 수 있지만, 그렇다면 이 섬엽피질 한 영역이 다른 영역과 비교해 어떻게 다르다는 걸까?

이는 그렇게 간단히 넘어갈 문제는 아니다. 섬엽피질은 감정의 생성, 인식, 공유에 크게 관여하며, 혐오감과 같은 감정을 처리하는 데 중요한 영역이자 공감을 위한 핵심 영역이기도 하기 때문이다. 하지만 연구에 따르면 섬엽피질 각각의 부위들은 서로 다른 역할을 지닌다는 사실이 밝혀졌다. 특히 앞쪽 섬엽피질은 보다 자기중심적인 감정적 경험을 처리한다.

반면에 뒤쪽, 즉 후방으로 갈수록 보다 복잡하고 추상적인 감정적인 정보들을 다루게 된다.[108]

기본적으로 섬엽피질의 앞쪽은 '나는 좋아한다', '나는 원한다', '나는 느낀다' 같은 감정을 처리하는 반면 뒤쪽은 '나는 이런 이유로 이것을 좋아한다'라든가 '나는 이것이 이런 의미이기 때문에 강한 반감을 느낀다', '나는 여기서 이런 이유로 이렇게 느낀다'와 같은 감정을 처리한다. 인간이 유인원에서 진화한 과정을 보여 주는 고전적인 그림의 신경학적이고 감정적인 버전을 상상해 보라. 섬엽피질의 앞쪽에는 사족보행을 하는 털북숭이 침팬지가 있고 피질의 뒤쪽에는 똑바로 서서 서류 가방을 휘두르는 현대인이 있다.

그러니 욕정은 섬엽피질의 앞쪽의 활동을 유발하는 보다 본능적이고 단기적이며 자기중심적 감각인 반면, 사랑은 보다 복잡하고 추상적이며 더 상위의 뇌 영역을 포괄하는 감각이다. 더 쉽게 설명하자면, 욕정은 본능에 가깝지만 사랑은 인지능력에 훨씬 더 가깝다. 즉 사랑은 더 많은 생각과 사고를 필요로 하기 때문에 한눈에 즉시 사랑에 빠지기란 어려운 일이다. 하지만 욕정에는 그런 제한이 없다. 그래서 결코 옆에서 깨고 싶지 않았던 이의 곁에서 아침을 맞게 되는 사람이 그렇게나 많은 것이다.

물론 그렇다고 해서 사랑이 완전히 추상적이고 인지적인 고등 두뇌 현상이라고 말하는 것은 아니다. 그와는 거리가 멀다. 우리의 무의식적이고 감정적인 작용도 사랑을 일으키는 데 큰 역할을 한다. 예컨대 로맨틱한 사랑은 뇌의 도파민 수치를 높인다.[109] '행복을 주는 화학물질'이라 불리는 도파민은 쾌락을 경험하게 해 주는 회로인 보상 경로에서 사용되는

감정이 어려운 사람들을 위한 뇌과학

신경전달물질이다.[110] 사랑이 뇌의 이 부분에서 도파민을 증폭한다면 사랑을 할 때 그렇게나 행복하고 기분이 좋은 것도 당연하다.

하지만 내가 기회가 생길 때마다 지적하려고 애를 썼듯이, 뇌의 도파민 활동이 단지 보상과 쾌락에 대한 것만은 아니다. 여기에는 자기통제, 인지, 동기부여를 포함한 여러 중요한 기능이 함께 있다. 따라서 사랑에 빠지면 이 모든 것에 영향을 받는다. 사랑이라는 경험은 우리가 정신을 제대로 차리지 못하게 하고 행동이나 사고에 깊은 영향을 미치기도 한다.

로맨틱한 사랑 연구에서 언급되는 또 다른 중요한 신경학적 영역은, 뇌 깊숙한 곳에서 우리의 무의식과 감정에 여러 중요한 역할을 하는 기저핵basal ganglia의 주된 구성 요소인 미상핵caudate nucleus이다. 연구에 따르면 미상핵은 접근-애착 행동을 책임지는데, 우리는 이 행동을 통해 무언가를 중요하거나 유익한 것으로 인식하고 그 대상을 가까이하거나 접근하도록 동기를 부여받는다.[111]

2장에서 살폈듯이 세상과 상호작용하는 과정에서 우리의 뇌가 항상 하는 일 중 하나는 '저기 내가 원하는 게 있으니 그것을 얻고, 상호작용을 위해 필요한 일을 할 거야.'라고 생각하는 것이다. 이는 '난 목말라. 저기 물이 있네. 마시러 갈 거야.'처럼 단순한 수준부터 아기나 유아들이 어머니나 주 양육자에게 어떻게 애착을 형성하고 가까이 머무는지와 같은 보다 정교한 과정에 이르기까지 다양한 수준의 복잡성으로 표현된다.[112]

또한 이 과정은 누군가와 낭만적으로 사랑에 빠졌을 때처럼 매우 정교해질 수도 있다. 특히 연애 초기 단계에서 누군가와 사랑에 빠졌을 때만큼 그 사람을 찾고 그 곁에 있기 위해 동기를 부여받는(즉, 접근 애착 행동을 하는) 시나리오는 거의 없다. 따라서 사랑에 깊이 빠진 사람들의 뇌는 미상핵의 활동이 지속적으로 증가한 상태인데, 이는 사랑이 왜 단지 정서적인 감각에 그치지 않고, 더 나아가 사랑을 가능하게 하고 입증하도록 강하게 동기를 부여하는지 설명한다.[113]

그런데 우리가 2장에서 살핀 바에 따르면 이렇게 감정에 기반한 욕구와 동기는 뇌에서 고삐 풀린 듯 무제한의 자유를 누리지는 못한다. 여기에는 대부분 복잡한 인지 과정이 관여한다. 우리 인간은 순수한 충동을 가진 존재가 아니다. 왜냐하면 우리의 뇌는 다행히도 원초적 본능을 의식적으로 통제하고 조절하며 심지어 억제할 실행 능력이 있기 때문이다. 아마도 사랑이 순수하게 감정적인 현상이라면, 우리 뇌의 더 똑똑한 영역들이 그 현상을 억제할 수 있을 것이다.

하지만 현실은 그렇지 않다. 사랑의 영향과 결과는 우리 뇌의 감정 중추에만 국한되지 않는다. 누군가에 대한 사랑을 지적으로 통제하고 제한하려는 시도는 더 많은 인지 영역에도 쉽게 영향을 미친다. 마치 샌드위치를 먹고 나서 일주일 뒤에 환불을 받으려는 것처럼, 불가능하지는 않지만 아무리 봐도 힘든 투쟁이다.

낭만적 유대는 어떻게 형성되고 변화하고 붕괴되는가

사랑에 빠진 사람들의 뇌를 스캔하면 뇌의 더 높은 인지 영역 가운데

감정이 어려운 사람들을 위한 뇌과학

서도 후두측두회와 방추상회(뇌 뒤쪽 후두엽에 자리한다), 각회, 배외측 중전두회(전두엽에 있다), 상측두회(앞서 살폈듯 공감이나 정신화 과정에서 핵심 영역이다)를 비롯한 많은 부위의 활동이 증가한 것을 확인할 수 있다.

자세한 사항은 건너뛰고 싶다면 일단 이러한 영역들이 사회적 인지, 주의력, 기억력, 연상, 자기표현을 비롯한 여러 가지에 관여한다는 점을 기억해 두자. 그리고 사랑은 정교한 인지능력과 관련한 상위 뇌 영역에서 일어나는 모든 과정에 영향을 준다. 따라서 사랑은 우리가 생각하고 기억하는 방식, 사람과 사물에 대한 감정과 태도, 스스로를 보는 방식 등에 영향을 미친다. 우리가 사랑에 빠졌을 때 억압되거나 방해받는 감정과 인지를 서로 결합하기 위해서는 정신화, 즉 인지적 공감이 필요하다.[114] 이것은 사랑하는 사람이 일반적으로 우리의 눈에 잘못이 없어 보이는 이유를 설명한다. 사랑에 빠진 뇌는 연인의 생각과 동기를 의심하거나 평가하는 능력이 심각하게 손상된다. (모성애에도 비슷한 과정이 일어나기 때문에, 상당수의 부모가 단지 색깔이 조금 다른 주스를 받았다고 카페에서 공공연하게 떼를 쓰는 자기 아이를 보면서도 여전히 사랑스러운 작은 천사라고 여긴다.) 여기에 긍정적인 감정이 더해지고 부정적인 감정이 억제되면서, 우리는 연인에 대해 100% 긍정적인 감정을 가진다.

그리고 연인과 오래 함께할수록 사랑은 더 단단해질 수 있다. 우리가 연인에게 갖는 모든 긍정적인 감정 반응이 연인과 함께한 시간에 대한 기억을 직접적으로 향상시키기 때문이다.[115] 따라서 사랑하는 사람에 대한 기억은 감정을 덜 불러일으키는 상황과 사람에 대한 것보다 훨씬 더 두드러지고 지속력도 강하다(정서적 퇴색 편향 덕분에).

간단히 말하면 누군가와 사랑에 빠진 사건은 우리의 뇌와 감정에 정말로 큰 문제다. 연애를 실패했을 때 괴로운 것도 당연하다. 하지만 사랑에 빠졌을 때 뇌가 그렇게나 총력을 다하는 것처럼 보이는데, 어째서 우리는 여전히 연애에 종종 실패하는 걸까? 왜 누군가와 사랑에 빠지기도 하지만 사랑에서 빠져나오기도 하는 것일까?

여기에는 고려해야 할 요인들이 많다. 우선 사람은 정적인 존재가 아니다. 만약 여러분이 누군가와 사랑에 빠졌다고 해서 그 사람이 호박 속 화석처럼 영원히 보존되는 것이 아니다. 사람들은 나이가 들면 성장하고, 환경이 바뀌면서 스스로 변화를 겪는다. 여러분이 아무리 사랑하는 사람이라 해도 10년을 함께 보내고 나면 완전히 다른 사람이 될 수 있고, 그 과정에서 다양한 경험을 하게 된다. 수많은 동화나 로맨틱코미디가 아름다운 장면에서 끝나지만 현실에서는 누군가와 연애를 한다고 해서 인생이 멈추지 않는다.

이는 우리가 주변 세계에 의해 영향을 받으며 형성된다는 사실을 생각할 때, 보다 외부적 과정에 가깝다. 그런데 뇌 속에서 일어나는 일을 살피자면 사랑하는 사람과의 관계를 오래 유지하는 핵심적인 요인은 당연히 우리의 감정이다. 그것이 관계의 맥락 속에서 어떻게 발현되고 거기에 어떻게 대처하는지가 중요할 것이다.

사람들은 종종 연애를 한 지 7년 정도 되면 관계에서 불꽃이 사라지고 권태가 온다고 얘기한다. 여기에 대한 수많은 소설과 노래가 넘쳐난다. 기본적으로 로맨틱한 사랑이 사라지거나 흐지부지되는 과정은 사람들이 흔히 왈가왈부하는 것과는 다르다. 가장 기초적인 수준에서 뇌가 어떻게 작동하는지 알게 되면 조금 암울한 기분이 들지도 모른다.

초기 단계의 사랑은 에너지와 자원을 분배하는 측면에서 매우 까다롭다. 앞서 살폈듯이 뇌는 에너지를 아껴 쓰기 때문에, 열정을 쏟아붓는 수고로운 초기 단계를 무한정 지속할 수는 없다고 합리적인 결론을 내릴 것이다. 사실 뇌는 굳이 그럴 필요가 없도록 습관화와 같은 메커니즘을 갖고 있다.[116] 습관화 과정은 우리가 충분히 익숙한 것에 필요 이상으로 강력하게 반응하는 것을 막고, 예상치 못한 새로운 것들을 다루기 위해 한정된 자원을 남겨 둔다. 수년간 매일 같이 보내는 사람보다 더 익숙한 대상은 없을 것이다.

또 사랑에 빠지는 것은 약물을 복용하는 것과 같다는 말도 있다(확실히 둘 다 뇌의 매우 비슷한 영역을 활성화시킨다).[117] 하지만 약물에 지속적으로 노출된 뇌는 내성이 생기고, 우리의 유연한 신경계는 새로운 화학물질을 받아들이기 위해 스스로 변화하고 적응하며 어떤 형태로든 정상 기능을 회복한다. 이 과정이 신경학적으로 얼마나 유해한지를 고려하면 사랑에 빠지는 것도 뇌에 비슷하게 작용할 것이다.

시간이 지나면서 사랑이 희미해지는 이유도 그 때문일까? 단지 우리의 뇌가 연인에게 익숙해지면서 한때 우리를 자극했던 감정들을 조절하는 법을 배우기 때문일까? 이것은 꽤 암울한 생각이며 '영원히 행복한 사랑'이라는 개념을 지지하지도 않는다. 하지만 다행스럽게도 이러한 과정도 분명 중요한 역할을 하지만, 뇌는 애정 관계를 유지하기 위한 더 많은 요령을 갖고 있다.

앞서 잠깐 살핀 '습관화'는 비록 근본적인 세포 수준에서 일어나는 과정이기는 하지만, 보통 뇌에서 음식과 같이 '생물학적으로 중요한' 것으로 여기는 것들에는 적용되지 않는다.[118] 우리는 특정한 종류의 음식을 지나치게 자주 먹으면 질릴 수 있지만 일반적으로 먹는 것 자체를 멈추지는 않는다. 그리고 사랑이나 욕정, 성욕이 우리의 뇌에 얼마나 깊이 뿌리 박혀 있는지를 생각하면, 우리가 사랑하는 사람은 '생물학적으로 중요한' 존재가 될 자격이 있다.

또한 누군가와 몇 년 동안 함께한 후의 미묘한 관계 변화는 사랑하는 사람이 너무 익숙해지는 과정을 방지하는 데 도움이 된다. 여러분은 연인에 대해 모든 것을 알고 있다고 생각할지도 모른다. 하지만 반려동물의 반려인이자 보호자, 집주인, 부모로서의 모습에 대해서도 알고 있는가? 그들이 변화하고 성장함에 따라 여러분은 연인을 더 사랑하게 될지도 모른다.

몇몇 연구는 사랑이 결국엔 희미해진다는 믿음이 잘못되었음을 시사한다. 어떤 커플이 단지 시간이 많이 지났다는 이유로 사랑에서 멀어질 것이라고 반드시 가정할 이유는 없다. 장기 연애를 하는 커플 가운데 상당수는 새로 사귄 커플들만큼 열정적으로 여전히 서로 사랑하는 것으로 나타났다.[119] 여기서 핵심적인 키워드는 '열정'이다. 시간이 지나면서 사랑이 희미해진다는 생각은 낭만적인 사랑을 정욕과 혼동하는 사람들, 즉 낭만적인 사랑과 정욕에 따른 갈망을 결합해 '열정적인 사랑'이라고 묘사하는 사람들로부터 비롯된 것으로 보인다.

그런 열정은 너무 격렬하고 힘겨운 사랑의 단계이기 때문에 일반적으로 우리의 뇌가 지나치게 오래 유지할 수 없으며, 낭만적인 관계의 초

감정이 어려운 사람들을 위한 뇌과학

기에 훨씬 흔하게 나타나기 때문에 시간이 지날수록 점점 사라질 것으로 예상된다. 그리고 수많은 소설이나 드라마 속의 묘사와는 달리 이런 일은 과학적으로 바람직하다.

연구 결과에 따르면, 관계의 초기 단계에 있는 사람들은 열정이나 욕망을 연인의 긍정적인 자질로 간주한다. 반면에 파트너와 여러 해를 함께 한 사람들은 그것들을 부정적으로 여기는 경향이 있다.[120] 그 이유는 장기적인 관계를 지속하는 사람들이 일반적으로 나이가 많다는 사실에 기인한다고 볼 수 있다. 섹스는 육체적으로 힘든 활동인 만큼, 호르몬이 흘러넘치는 젊은 시절에는 가능한 한 많이 하고 싶어 한다. 하지만 몸이 어느 정도 나이가 들면 한때 격렬한 성생활을 해 나가기 위해 한때 갖췄던 에너지와 지구력이 점차 부족해지고, 그런 에너지를 유지하는 호르몬의 영향력도 예전만큼 강하지 않다.[121]

신체나 호르몬 문제 외에도 여러 가지 문제가 있다. 앞서 우리는 사랑에 빠지는 경험이 우리 뇌에 여러 긍정적인(파괴적이기도 한) 감정적 영향을 미친다는 사실을 알았다. 하지만 그런 영향이 전부 긍정적이지만은 않다. 누군가에게 반해서 지나치게 빠져들다 보면 상대를 사랑하는 데 그치지 않고 집착하게 된다. 이것은 여러 부정적인 감정을 불러일으킬 수 있다. 예컨대 상대가 나를 떠나 다른 사람에게 갈 것이라고 생각하는 편집증, 연인이 누군가와 상호작용했을 때의 질투, 상대를 '보호'하려는 욕구로 연인을 통제하고 제한하며 혼자만의 것으로 두려는 시도 등으로 표출될 수 있다.[122]

만약 두 파트너가 서로에 대해 같은 감정을 느낀다면 이런 상황이 그렇게 문제가 되지는 않는다. 새로 시작하는 커플 가운데 상당수는 깨어 있는 모든 순간을 함께하면서 다른 친구들이라고는 아예 없는 것처럼 생활한다. 하지만 관계에 불균형이 생긴다면, 예컨대 한쪽이 다른 쪽보다 먼저 이런 집착 단계를 극복하고 둘만의 세상에서 나와 삶의 다른 측면들을 다시 시작하고 싶어진다면 집착하고 통제하는 연인은 금방 답답하고 숨 막히는 존재가 될 수 있다. 이런 상황에서 집착하는 쪽이 자기가 연인을 혼란스럽게 한다는 것을 깨닫고 행동을 바꿀 거라고 생각할 수 있다. 하지만 사랑에 빠지면 연인이 어떤 생각을 하고 있는지 통찰할 수 있는 능력이 억제된다는 사실을 기억하라. 그 과정이 항상 좋지만은 않다.

그뿐만 아니라 두 연인 사이의 감정적 연결이 육체적 관계보다 더 중요하다는 것을 강력히 시사하는 데이터도 있다. 이 점은 우리가 앞서 살폈던 BDSM의 매력을 떠올리게 한다. 그래서 사람들이 '사랑은 아프다'고 말하는 걸까?

외도에 대한 사람들의 태도를 조사한 한 논문에서 연구자들은 피험자들에게 육체적 외도(파트너가 다른 사람과 성관계를 갖는 것)와 감정적 외도(파트너가 자신을 제외하고 그들 관계 외부의 누군가와 감정적인 유대를 형성하는 것) 가운데 무엇이 더 나쁘다고 생각하는지 질문했다.[123] 여성 피험자들은 대체로 육체적 외도보다 감정적 외도가 더 나쁘다고 여겼는데, 이것은 분명 기존의 성별 고정관념과 어느 정도 부합하는 측면이 있었다. 하지만 보다 피상적이고 감정을 드러내지 않으며 섹스와 지위에 집착하는 남자들이라면 어떨까? 그들 또한 감정적인 외도가 육체적인 것보다 더 나쁘다고 여겼다. 이번에도 역시 적어도 감정에 있어서는 남성과 여성의 공통

감정이 어려운 사람들을 위한 뇌과학

점이 차이점보다 많은 것처럼 보인다.

또한 이것은 왜 몇몇 사람들이 다른 누군가와 육체적으로 친밀하면 서도 감정적인 관계는 자기 파트너와만 가능한 '오픈 릴레이션십'에 기꺼 이 뛰어들 수 있는지를 설명한다. 성생활이 줄어든 후에도 오랫동안 함께 할 수 있는 이유이기도 하다. 핵심은 로맨틱한 관계에서는 감정적인 연결 이 종종 육체적인 것을 능가한다는 점이다. 그리고 이런 감정적 연결, 즉 파트너와 감정적으로 의사소통하고 관계를 맺는 방식이 종종 관계 자체 를 성사시키거나 깨뜨릴 수 있다.

커플이라면 누구나 의견 충돌과 다툼을 겪는다. 그건 어쩔 수 없는 일 이다. 하지만 이렇게 사랑하는 사람과 다투는 과정에서 부정적인 감정이 생기는 것 또한 도저히 피할 수 없다. 우리가 이런 감정을 어떻게 통제하 고 처리하는지에 따라 관계의 지속 여부가 결정되는 경우가 많다.

2003년에 수행된 관련 연구에 따르면, 연애 중인 많은 사람이 파트너 와 다툰 이후 경험하는 부정적인 감정을 억누르거나 부정하는 것으로 나 타났다.[124] 비록 이것은 로맨틱한 관계의 현 상황을 유지하고 추가적인 갈 등을 피하기 위해서는 효과적인 단기 해결책일 수도 있지만, 사실은 전혀 도움이 되지 않는다. 이 연구에서 장기간 감정을 억누른 사람들은 상대가 말한 내용이나 다툼에 대한 구체적인 세부 사항을 잊어버리고 대신 자신 이 경험한 부정적인 감정만을 기억하는 경향이 있었다. 따라서 화가 나고 언짢은 감정과 함께 다툼의 원인(그리고 그에 따른 부정적인 감정) 또한 해결 되지 않은 채로 희미하게 남아 다툼이 다시 일어날 가능성은 급격히 늘어 난다.

결론적으로 만약 여러분이 연인과 반복적으로 다투면서 감정을 억누르기만 한다면, 그 감정들은 효과적으로 처리되지 못하고 계속 쌓여만 간다. 결국에는 명확한 원인 없이도 연인과의 관계에서 부정적인 감정만 쌓이게 될 것이다. 이런 감정이 연인과의 사랑을 무효화하지 않을까? 그럴 가능성이 크다.

이와 대조적으로, 같은 연구에 따르면 다툼에 대한 감정적인 반응을 재검토했을 때에는 다툼의 구체적인 세부 사항을 기억하게 되지만 그로 인한 부정적인 감정은 기억하지 못하는 것으로 나타났다. 그러면 감정을 재고하고 재해석할 수 있게 된다. 연인은 서로의 문제를 대화로 풀어야 한다고 하는데, 그런 일을 가능하게 하는 대화가 바로 이런 것이다.

여러분의 연인이 첫 기념일을 잊었다고 상상해 보자. 여러분은 분노와 슬픔을 느낄 것이다. 이러한 감정을 억누르면 그 감정이 뇌에 그대로 남아 다른 모든 활동에 영향을 미치게 된다. 겉으로 보기에 분명 실망하고 마음이 상해 있는데, 무슨 일이 있냐고 물으면 고개를 절레절레 저으면서 '괜찮다'고 하는 사람을 본 적 있는가? 바로 전형적인 감정 억제의 예라고 볼 수 있다. (이것은 우리의 공감 능력을 보여 주는 또 다른 좋은 예이기도 하다. 그 사람이 아무리 부인하려 애쓴다 해도 우리 눈에는 사실 '괜찮지 않다'는 게 명백해 보인다.)

하지만 여러분이 연인에게 기념일을 잊어 화가 났다는 사실을 이야기했는데, 상대가 잊은 것이 아니라 단지 택배 발송이 지연되어 주문한 선물이 도착하지 않았을 뿐이라고 설명한다면 어떨까? 또는 여러분이 고대했던 휴가 계획을 짜느라 마음이 팔려 기념일을 깜박했다고 말한다면?

감정이 어려운 사람들을 위한 뇌과학

또 이 기념일이 여러분에게 큰 의미가 있다는 사실을 이번에는 미처 깨닫지 못했지만 앞으로 더 잘하겠다고 약속한다면?

각각의 경우 여러분은 더 많은 정보를 얻었고, 그에 따라 감정적 반응을 조절할 수 있다. 연인이 사실 기념일을 잊지 않았거나 또는 더 좋은 무언가에 정신이 팔려 깜박한 것이기에 분노는 행복이나 만족감으로 바뀔 것이다.

물론 연인이 그저 기념일의 중요성을 인식하지 못한다면 짜증이 날 수도 있지만, 그래도 대상이 없는 불특정한 분노보다는 훨씬 나은 반응이다. 우리는 이미 뇌가 새로운 경험과 정보를 바탕으로 감정적 반응을 끊임없이 재평가하고 업데이트한다는 사실에 대해 살펴본 바 있다.[125] 사건을 통해 대화를 나누고, 다시 감정적으로 재평가하면 이 과정이 일어날 수 있다. 반면에 분노와 슬픔을 억누르기만 하면 그 감정에 갇혀서 연인이 왜, 어떻게 상처를 주었는지 정확하게 기억하지 못한 채 결국 상처를 줬다는 사실 자체만 남는 것이다.

이 과정은 다툼과 논쟁에만 국한되지 않는다. 연구에 따르면 오랫동안 사귄 연인은 종종 감정의 '조절자'가 되어 준다고 한다. 그들은 삶의 일부가 되는 것만으로도 우리가 감정을 더 잘 겪고 처리하며 통제할 수 있도록 해 준다.[126]

신경 쓰이는 무언가에 대해 말할 때마다 연인이 잠재적 해결책을 제시하려 한다거나 문제를 '해결하려' 즉각적으로 반응하는 것 때문에 답답함을 느낀 적 있는가? 일단 표면상으로는 타당한 접근 방식으로 보인다. 여러분은 스스로 어떤 문제를 겪는지 설명했고, 사랑하는 사람은 여러분을 도우려 애썼다. 대체 뭐가 문제인가?

하지만 관계에서 감정적인 의사소통이 얼마나 중요한지 생각해 보면 사실 여러분이 느끼는 좌절감은 당연하다. 우리를 화나게 하는 무언가에 대해 연인에게 이야기할 때, 그 대상이 직장에서 화가 나는 상황이든, 체육관에서 진도가 잘 나가지 않아 생긴 실망감이든 간에 꼭 어떤 해결책을 찾고 있는 건 아니다. 우리가 바라는 것은 안전한 맥락에서 감정을 표출하고 이를 확인받거나 공감받는 것이다. 연인이 우리의 감정적 반응을 잘 듣고 지지한다면 감정 반응을 더 잘 처리할 수 있다. 게다가 연인이 우리가 그런 감정 반응을 계속하도록 격려해 준다면 단연코 가장 건강하고 도움이 되는 접근 방식일 것이다.

반면에 그들이 단지 해결책을 제시하고 문제를 고치려고만 한다면, 아무리 좋은 의도일지라도 우리의 감정에 대해 타당하지 않다고 말하는 것처럼 느껴질 수 있다. 그리고 이미 고려했다가 기각한 해결법을 제시할 경우, 연인이 우리의 감정과 지성을 무시하는 것처럼 느낄 수 있다. 그러면 부정적인 반응을 할 수밖에 없다.

이것은 지난 수십 년 동안의 연구들이 공감과 정신화를 통한 강력하고 지속적인 감정적 연결과 의사소통이 로맨틱한 관계의 유지와 지속 및 행복의 핵심 요소라고 여긴 이유를 설명한다.[127] 사랑에 빠지는 것은 한순간이지만 소통 가능한 감정적 유대를 형성하고 유지한다면 사랑은 오래 지속될 수 있다.[128]

튼튼한 연애 관계에서 파트너는 상대방의 중요한 감정적 구성 요소가 될 수 있다. 순전히 연인이 그것을 좋아한다는 이유로 특정 음악 스타

감정이 어려운 사람들을 위한 뇌과학

일이나 방송 프로그램을 따라 좋아하게 된 적이 있는가? 흔한 일이지만, 이는 연인이 여러분의 감정적 반응을 근본적으로 변화시켰음을 명백하게 보여 주는 증거다. 이는 장기 연애를 하는 사람들이 정신적으로나 육체적으로 행복 지수가 더 높은 경향을 보이는 이유 중 하나일 수 있다.[129] 우리의 감정은 정신이나 육체 두 가지 모두에서 중요한 요소이며, 연인이 있는 사람들은 감정의 경험과 처리에서 주목할 만한 이점을 가진다.

이렇게 말하는 게 좀 과해 보이는가? 누군가와 육체적으로 친밀해지는 것도 의미가 있지만, 누군가 내 감정 작용에 중요한 요소가 되는 것 역시 큰 의미가 있다. 감정은 마음이 행하는 거의 모든 일에 중요한 기본 요소다. 그런 감정에 대해 중요한 역할을 한다는 것은 연인이 우리의 정체성과 자아 감각의 한 요소가 되었음을 보여 준다.

실제로 수많은 연구에서 이러한 사실이 입증되었다. 앞서 우리가 사랑을 경험할 때 뇌의 여러 영역이 활성화된다는 사실을 살폈지만, 이 활성화 수준은 피험자가 얼마나 오랫동안 파트너를 사랑했는지에 달린 경우가 많았다. 하지만 관계의 지속 기간에 상관없이 사랑할 때 활성화되는 특정한 뇌의 신경학적 영역도 있는 듯하다. 바로 각회angular gyrus다.[130]

이 사실은 주목할 만하다. 각회가 무엇보다도 자기 인식, 즉 정체성에 대한 감각과 강하게 연관되어 있기 때문이다.[131] 이 데이터에서 도출해야 할 분명한 결론이 있다면 연인과 그 관계는 말 그대로 우리 정체성의 일부가 된다는 것이다. 그리고 연인이 우리의 감정에 미치는 영향, 그들에 대한 기억이 점점 쌓인다는 점, 그리고 우리의 계획과 목표와 야망이 연인과 연결되는 방식을 고려하면, 우리가 사랑하는 사람은 당연히 우리 자신의 중요한 구성 요소가 되어야 한다.

나는 장기 연애의 파탄, 즉 연인을 잃는 일이 감정에 파괴적인 결과를 불러일으키는 진정한 이유가 이것이라고 생각한다. 그동안의 계획과 기대가 물거품으로 돌아가고, 모든 행복했던 추억이 훼손되고, 모든 감정적인 투자가 쓸모없어지고, 갑자기 훨씬 불확실해진 미래가 스트레스를 안기며, 얼마 전까지만 해도 얽혀 있었던 두 사람의 삶을 분리하는 데 필요한 온갖 수고로운 일들이 따른다. 하지만 그보다 더 우선시해야 할 근본적이고 파괴적인 문제가 있다. 오랜 시간을 함께하며 우리가 사랑하고 삶을 함께 보내는 사람은 진정한 우리의 일부, 자아 감각의 일부가 된다는 점이다. 그래서 이별 후에 우리의 일부가 그와 함께 사라진 것처럼 느껴지는 것이다.

다시 첫 번째 질문으로 돌아가 보자. 어째서 연인과의 사별이 부모를 잃는 것보다도 더 큰 감정적 고통을 일으키는가? 부모 역시 기억 속 상당 부분을 차지하며, 감정과 정체성을 형성하지 않는가? 우리는 부모에게 많이 의존하지 않는가? 어렸을 적이라면 특히 더.

그리고 나는 이것이 문제의 핵심이라고 생각한다. 어린 시절에 부모의 존재는 우리의 감정과 세상에 대한 이해에 큰 역할을 한다.[132] 그 때문에 어린이 버전의 '홈스와 라헤 스트레스 척도'에서는 실제로 '부모를 잃는 것'이 가장 스트레스를 많이 받는 경험으로 꼽힌다. 그렇지만 청소년기에 접어들면 독립성과 자율성, 정체성을 확립하기 위해 많은 시간과 노력을 기울인다. 그것은 한 인간의 성숙 과정에서 중요한 부분이다. 동시에 이는 부모님의 영향력에서 벗어나기 위해 노력한다는 것을 의미하며,

　　　　　　　　　　감정이 어려운 사람들을 위한 뇌과학

오랫동안 부모와 청소년 사이에 일어나는 갈등의 근본적인 원인으로 인식되어 온 부분이기도 하다.[133]

대부분의 경우 이 갈등은 완전히 성숙해서 독립적인 어른이 되면 끝난다. 그에 따라 부모와 성인 자녀 사이의 관계는 부모가 자녀에 대한 책임을 지던 어린 시절에 비해 더욱 평등해진다. 그리고 시간이 지나 부모가 스스로를 돌볼 수 없을 정도로 나이가 들거나 쇠약해진다면 장성한 자녀가 부모와의 관계에서 지배적인 존재가 될 수도 있다.

연인들 사이에서는 여러 면에서 정반대의 일이 일어난다. 우리는 독립적인 성인으로서 적극적으로 연인을 찾아 나선다. 그러다가 상대를 찾아 그 사랑이 보답을 받는다면 그와 감정적인 유대를 형성하고 우리의 삶과 기억, 자아의식 속에 통합하는 데 상당한 시간과 노력을 들인다. 이후로는 종종 부모가 되기를 희망하면서 그렇게 우리 종의 순환이 계속된다.

물론 모두가 이런 과정을 겪지는 않는다. 사람마다 부모와의 관계는 독특하고 특별하다. 어떤 이들은 성인이 되어서도 부모와 매우 가까이 지내지만, 어떤 이들은 부모와 점점 멀어진다. 그 사이의 어딘가에 있는 사람들도 많다. 나 또한 개인적인 관점만을 이야기할 수 있다.

사실 나는 아버지를 사랑했다. 조금 이상한 사랑이긴 했지만 어쨌든 사랑이 존재하긴 했다. 하지만 아버지가 돌아가시기 전에도 내가 아버지가 필요하다고 느낀 지는 꽤 오래되었다. 결과적으로 아버지를 잃은 건 고통스럽기는 했지만 내가 감당할 수 있는 일이었다.

하지만 내 아내에 대해서는 절대 그렇게 말할 수 없다. 나는 아내를 사랑하고, 어려운 시기 동안 어느 때보다도 그녀가 꼭 필요했다. 만약 그녀를 잃는다면 나는 어떤 것도 할 수 없을 것이다.

우리는 어떻게 일방적인 관계를 형성하는가

아버지는 유명인이었다. 어렸을 때 아버지가 동네 술집의 주인이었던 만큼, 지역사회의 한 기둥이었다. 그 사실은 우리가 나이 들면서도 변함없었다. 아버지는 여전히 파티에 삶과 영혼을 바쳤고 종종 그 파티를 직접 열기도 했다. 당연히 많은 사람이 아버지의 죽음에 깊은 슬픔을 느꼈을 테고, 원래라면 그들 모두 장례식에 참석했을 것이다.

하지만 안타깝게도 장례식은 엄격한 봉쇄 정책 아래 단 열네 명만이 참석할 수 있었다. 결국 수백 명의 사람들이 아버지가 살던 포트 탤벗의 거리에 늘어서서 장례 행렬이 지나가는 것을 보며 그들만의 방식으로 조의를 표할 수밖에 없었다. 그것도 엄격한 여행 제한 규정에 따른 것이었다. 그보다 두 배는 더 많은 사람이 참여할 수도 있었을 것이다.

우리 가족은 아버지의 관을 운반하는 영구차를 따르는 장례식 차량에 앉은 채, 검은 옷을 입은 수십 명의 침울한 사람들 곁을 천천히 지나쳤다. 그들 중 상당수가 몇 년 동안 보지 못했던 어린 시절의 지인이나 친척들이었다. 이건 꽤 엄청난 경험이었다. 모두 내 어린 시절의 풍경이었던, 뒤편에서 완만한 구릉이 이어지는 웨일스의 교외 거리를 배경으로 하고 있었다.

불행히도 당시 감정을 인지하고 다루는 데 무능했던 나는 어설픈 유

감정이 어려운 사람들을 위한 뇌과학

머 감각에 의지해 이 모든 광경이 다이애나 왕세자비의 장례식을 웨일스식으로 치르는 것 같다고 혼자서 생각했다. 하지만 이 경솔한 비유는 원래보다 훨씬 더 재미없는 방식으로 이후 오랫동안 머릿속에 남아 나를 괴롭혔다.

1997년 다이애나 왕세자비의 죽음은 전 세계적으로 수백만 명에게 영향을 끼쳤다. 아버지의 죽음은 비록 나를 비롯한 많은 이들에게 충격과 슬픔을 안기긴 했지만 다이애나의 죽음에 비견할 정도는 아니었다. 수많은 사람이 다이애나에게 크나큰 애정, 심지어 사랑을 느꼈던 게 분명했다. 하지만 극소수를 제외하고 그들 중 다이애나를 개인적으로 아는 사람은 없었다. 그들이 다이애나 왕세자비에 대해 알고 있는 정보라고는 다양한 수준의 정확도와 도덕성을 갖춘 언론 보도를 통해 간접적으로 수집한 것이 전부였다. 다이애나 왕세자비는 자신을 사랑했던 대부분의 사람들 개개인의 존재조차 알지 못했다.

영국의 인류학자이자 진화심리학자인 로빈 던바Robin Dunbar는 '던바의 수'라는 개념을 제안해, 인간 두뇌의 특징적 구조에 따라 우리가 형성하고 유지할 수 있는 안정적인 사회적 관계의 최대 범위를 규정했다. 이 던바의 수는 150이다.[135]

그동안 이 개념의 적절성과 타당성에 의문을 제기하는 수많은 반론이 있었다.[136] 예컨대 어떤 사람들은 기껏해야 수십 명의 친구와 연락을 유지하는 데만 해도 어려움을 겪지만, 어떤 사람들은 150명이 훨씬 넘는 지인과도 튼튼한 관계를 유지한다(분명 나의 아버지는 그런 사람 중 하나였다). 결국, 모든 사람의 뇌는 독특하다.

하지만 이 모든 점을 충분히 고려하더라도, 인간의 뇌가 제한된 수의 인간관계만을 유지할 수 있다는 개념은 논리적으로 합당하다. 왜냐하면 누군가와 사회적 관계를 형성할 때에는 상당한 감정적 요소가 포함되기 때문이다. 우리의 인지가 '난 이 사람과 공통점을 가지고 있다' 정도만 알아챌지라도, 우리의 감정은 '나는 이 사람을 좋아하고, 이 사람의 존재가 좋아. 이 사람과 더 가까이 있고 싶어.'라고 주장한다.

따라서 의미 있는 사회적 관계를 맺을 때마다 상당한 감정적 자원이 필요하다는 점을 고려할 때, 일반적으로 검소한 우리의 뇌는 스스로 얼마나 많은 관계를 유지할 수 있는지에 대해 상한선을 둘 것이다. 몇몇 연구자는 우리가 '감정적 대역폭'이 부족해서 우정에 상한선이 있다고 주장한다.[137] 인간의 뇌는 비록 꽤 놀랍기는 해도 여전히 한계를 가지고 있다.

하지만 이 과정이 전부 감정적이지는 않다. 사회적 관계를 유지하고 발전시키는 데에는 많은 인지적인 작업이 필요하기 때문에 뇌의 이성적이고 지적인 요소도 크게 관여한다. 여러분이 친구와 채팅을 하다가 재미있긴 해도 질 낮은 농담을 할 기회가 생겼는데, 그 농담을 하기 전에 친구가 웃을지 아니면 깜짝 놀랄지 잠시 생각한다고 상상해 보라. 이때 여러분의 뇌는 기본적으로 친구의 반응을 시뮬레이션하기 위해 친구에 대한 모든 정보를 활용할 것이다.

여러분의 뇌가 그 모든 정보를 고려하고 그에 따른 처리를 하는 데 걸리는 시간은 몇 분의 1초에 지나지 않는다. 우리가 상호작용하는 동안 항상 수행하는 상당한 인지능력 덕분이다. 그런데 감정의 경우가 그렇듯 이 인지적 작업은 뇌에 비축된 에너지와 자원을 소모한다.[138] 친구에 관한 문

감정이 어려운 사람들을 위한 뇌과학

제를 다룰 때 우리의 뇌는 풍부한 정보와 감정을 함께 처리한다. 앞서 우리는 사랑에 빠지는 경험이 뇌에 어떤 영향을 미치는지 보았다. 우정 역시 엄밀하게 말해 사랑의 한 형태다. 사회적 참여가 무척 즐겁고 보람 있지만 동시에 매우 피로할 수 있다는 점이 신기하지 않은가?[139]

이 모든 점을 고려할 때, 수많은 사람이 유의미한 관계를 형성하기는 커녕 결코 만날 수도 없을 것 같은 개인에게 종종 상당한 시간과 감정을 투자한다는 것은 놀라운 일이다. 사실 〈스타워즈〉 팬덤이나 〈해리 포터〉 시리즈에 열광하는 팬들, '브로니'(여아 완구 브랜드에서 시작한 애니메이션 캐릭터 〈마이 리틀 포니〉의 열렬한 성인 남성 팬들을 가리킨다. 그렇다, 그들만의 세계에 빠진 사람들이다.)를 비롯해 다양한 비디오게임과 애니메이션 캐릭터의 열렬한 추종자들을 보면, 정말 수많은 사람이 '감정적 대역폭'의 상당 부분을 현실에 존재하지 않거나 존재할 수 없는 개인과 캐릭터, 장소에 할애하고 있다는 사실을 발견할 수 있다. 어떻게 그럴 수 있을까?

현대 대중매체 덕분에 오늘날 우리는 다른 사람들의 생각과 관점, 사생활, 외모, 옷차림, 유머 감각, 창의성, 대화 등에 정기적으로 노출된다. 그들과 같은 방에 있지 않더라도, 심지어 같은 나라에 있지 않더라도 가능하다. 여기에 흥미로운 점이 있다.

여러분이 관심 분야에 대한 팟캐스트 방송을 우연히 발견했다고 치자. 방송을 듣다 보면 진행자가 매력적이고 흥미로우며, 콘텐츠도 정보가 풍부하고 이해가 쏙쏙 잘된다는 것을 알게 된다. 이어서 여러분은 진행자의 이름과 배경 정보를 알게 되고 그들이 어떤 문제에 대해 말할 때 그들과 공감한다. 기본적으로 여러분은 그들을 좋아하게 된다. 마치 일반적인 사회적 상호작용에서 누군가를 만나고 즉각 호감을 느끼는 것과 마찬가지다.

하지만 사실 이것은 일반적인 사회적 상호작용이 아니다. 팟캐스트 진행자는 이 관계에 대해 전혀 알지 못한다. 즉 이것은 준사회적parasocial 상호작용이다.[140] 이 개념은 여러분이 타인과 직접 대면하지 않는 방식으로 노출되어 감정적인 자극을 받지만, 그 상대는 이 모든 것을 알지 못하는 경우를 말한다.

이제 여러분이 어쩌다 들은 팟캐스트 방송에 지나치게 감정적으로 빠져든 나머지 더 많은 정보를 찾으려는 동기가 생겼다고 해 보자. 여러분은 팟캐스트를 구독하고 기존의 모든 에피소드를 듣고, 진행자가 예전에 했던 다른 일들을 찾아본다. 이것은 이제 준사회적 상호작용이 되었다.[141] 상호작용이 진행되면서 여러분은 현실 세계의 친밀한 인간관계와 똑같이 좋아하게 된 개인에 대해 정신적·감정적 에너지를 투자한다. 하지만 여러분이 감정적 에너지를 투자하는 상대방은 그 과정을 인식하지 못하며 관여하지도 않는다.

현실 속의 감정적 유대가 얼마나 중요한지, 그런 유대가 신경학적으로 얼마나 부담이 큰지를 생각해 보면 위와 같은 준사회적 관계는 있을 법하지 않으며 도움이 되지 않고 완전히 이상해 보일 것이다. 하지만 그 속의 근본적인 과학 원리를 더 깊이 파고들면 훨씬 더 이해하기 쉽다.

준사회적 관계는 엄밀하게 객관적인 의미에서 보면 '진짜'가 아닐 수도 있다. 그렇지만 우리 뇌가 진짜와 그렇지 않은 것의 차이를 구별하는 건 생각만큼 간단하지 않다. 어떤 정보가 우리 주변의 세계에서 감각을

감정이 어려운 사람들을 위한 뇌과학

통해 얻어졌든, 아니면 내부에서 떠오르는 감정이나 생각, 기억, 예측이든 간에 이 모든 것은 결국 뉴런 내부와 뉴런 사이의 활동 패턴으로 표현된다. 즉, 어떤 의미에서는 일단 뇌가 관여하는 한 모든 것이 똑같아 보이는 셈이다.

다행히 우리의 뇌는 내부적인 과정을 통해 현실 세계의 감각 정보와 자체적으로 생산하는 정보를 구별하는 시스템을 갖추고 있다. 이 시스템에는 원시적인 감각 자료를 처리하기 위한 시상과 감각 피질, 그것을 인지 작용으로 전환하기 위한 연결, 기억으로 부호화하고 인출하기 위한 해마, 의식적으로 정보를 인식하고 활용하는 전두엽을 포함한 여러 중요한 뇌 영역들이 포함된다.[142]

비록 이 시스템이 어느 정도 인상적이고 정교하기는 해도 100% 신뢰할 만하지는 않다. 이 네트워크가 망가지면 보통 환각과 망상을 특징으로 하는 조현병의 근본적인 요인이 되기도 한다. 두 가지 모두 뇌가 내부적으로 생성한 현상을 '진짜'인 것처럼 인식하는 증상이다.[143]

그러나 일반적으로 아무 문제 없는 건강한 뇌에서도 '진짜'와 '진짜가 아닌 것' 사이의 경계는 꽤 모호하다. 예컨대 우리가 무언가를 기억하거나 상상할 때 종종 정신적인 이미지를 활용하는데, 이른바 '마음의 눈'으로 그것을 시각화하는 것이다. 여러 연구에 따르면 이 시각화 과정에서 육안으로 직접 무언가를 볼 때와 마찬가지로 뇌의 시각계가 활성화된다.[144] 이처럼 실제 사물과 상상에 의해 활성화되는 것은 시각 피질뿐만이 아니다. 우리의 상상력은 단지 한가한 환상이나 예술 표현에만 국한된 것이 아니라, 뇌의 작동 방식에서 근본적으로 중요한 부분이다.

우리가 사물을 예측하고, 결과를 예상하며, 가능성에 대해 고민하고, 장기적인 계획을 세우고, 야망과 목표를 세우고, 낯선 장소를 탐색하는 것은 정신의 상당 부분과 깊은 관련이 있다. 이런 일을 할 때마다 우리 뇌는 시뮬레이션을 생성해서 현재 존재하지 않거나 일어나지 않았고 어쩌면 앞으로도 결코 일어나지 않을 어떤 상황과 결과, 위치, 개인들에 대한 정신적 시나리오를 만든다. 따라서 상상력은 단지 한눈을 판 결과거나 무의미한 무언가가 아니라 우리의 인지능력, 즉 세상과 상호작용하고 그 안에서 기능하는 능력의 중요한 요소다.

상상력의 신경학적 근거는 이 점을 뒷받침한다. 그동안 다양한 연구에서 상상력과 예측이 기억력과 꽤 많은 영역이 겹친다는 점이 데이터로 증명되었다.[145] 우리가 기억을 떠올릴 때, 그 기억은 우리의 뇌 피질 전체에 개별적으로 저장되어 있다가 올바른 형태로 활성화된 특정 기억의 관련 요소들로부터 빠르게 재구성된 결과다.[146]

우리 뇌가 하는 일 중 하나는 한 가지 목적을 달성하기 위해 진화한 과정을 다른 목적에 맞게 적용하는 것이다. 앞서 살폈던 옥시토신의 예가 그렇다. 그렇다면 기억 회상이 뇌에 저장된 정보를 올바른 패턴으로 활성화하는 것이라 할 때, 잘못된 패턴으로 이뤄진 정보가 활성화되지 않도록 막아 주는 무언가가 존재할까? 사실 그런 수단은 없다. 그래서 그런 잘못된 패턴의 정보 활성화가 종종 벌어진다.

생생하긴 하지만 어딘가는 잘못된 기억을 다들 하나쯤은 갖고 있을 것이다. 예컨대 특정 사건을 기억하기는 해도 누구와 함께 있었는지는 기억하지 못하거나, 잘 알려진 인용구를 잘못된 사람이나 출처에서 나왔다

감정이 어려운 사람들을 위한 뇌과학

고 기억하는 일처럼 말이다. 많은 사람이 참석한 행사에서 어떤 일이 일어났는지에 대해서도 각자 의견이 다르다. 누군가의 기억은 틀릴 수 있다는 뜻이다. 앞서 3장에서는 꿈이 본질적으로 기억을 이루는 요소들의 연속이며, 그 요소들은 무작위로 활성화되고 맥락에서 벗어나 있어 매우 이상하다고 언급한 바 있다.

상상력은 여기에 대한 의식적이고 의도적인 버전이다. 잠재적인 사건과 경험에 대한 정신적인 시뮬레이션을 구성하고, 그 결과를 추론해 그 정보를 우리에게 이득이 되도록 사용하게 해 준다. 이런 점에 비추어 볼 때 해마가 단지 기억뿐만이 아니라 상상과 예측을 위한 핵심 영역으로 보인다는 것도 이치에 맞는다. 여러 연구에 따르면 해마가 손상된 사람은 사물을 상상하거나 미래의 시나리오를 상상하는 데 어려움을 겪는다는 데이터도 있다.[147,148]

물론 상상력에도 논리가 있다. 우리의 상상은 대개 일어나지 않았고 앞으로도 일어나지 않을 일 같지만 상상 속 사람, 장소, 사건 등 구체적인 세부 사항은 이전에 경험하고 기억 속에 남은 것들이다. 우리가 이전에 경험하지 못한 특성을 가진 완전히 새롭고 독특한 무엇을 상상하기란 매우 어렵다. 완전히 새로운 색깔이나 모양을 상상하는 것은 사실상 불가능한 일이다. 대신 우리 뇌에 저장된 기억들은 소설책 속 활자처럼 매우 다양한 방법으로 결합하거나 표현할 수 있기 때문에 무한한 창의력을 발휘할 수 있다.

하지만 존재하지도 않고 아무도 모르는 글자로 이야기를 쓸 수는 없다. 그렇기에 정보를 함께 저장하고, 검색하고, 연결하는 역할을 담당하는 기억력의 중심부, 해마야말로 상상이 이루어지는 과정의 필수적인 부분이다.

하지만 해마만이 상상력을 비롯한 모든 기능을 담당하는 것은 아니다. 단일 신경 영역이 그런 일을 전담하는 건 꽤 버거운 일이다. 해마 외에도 뇌 속에는 '핵심 네트워크'라 불리는 여러 뇌 영역을 포괄하는 회로가 존재한다. 여기에는 내측과 외측 전전두피질, 후측대상회피질, 후뇌량팽대 피질, 외측 측두피질, 그리고 내측 측두엽이 포함된다(여기에만 한정되지는 않지만).[149] 이런 영역은 뇌의 여러 부분에 걸쳐 있으며, 이런 영역이 해마와 함께 만들어 내는 상상력의 다양한 형태와 쓰임새는 여전히 연구 단계에 있다. 인지 및 감정 과정에 필요한 여러 중요한 영역을 포함하고 있는 이 핵심 네트워크는 상상력이 인간의 작동 방식에 얼마나 근본적으로 중요한지를 더욱 강조한다.

이것은 우리의 의사 결정이나 기타 복잡한 인지 활동에만 적용되는 게 아니다. 우리가 상상하는 것들은 보다 직접적이고 근본적인 수준에서 뇌가 하는 일에 영향을 미치고 그 방식을 형성할 수 있다. 상상력을 동원해 무언가를 예측하면, 실제로 그 대상에 노출되었을 때 뇌가 인식하는 것이 달라질 수 있다. 연구에 따르면 누군가가 어떤 것에 대해 강한 반응을 보이지 않으리라 예측했을 때, 우리는 그들의 최종 반응을 실제보다 덜 강력하게 인식하는 경향이 있다.[150] 다른 연구에 따르면 어떤 냄새가 좋지 않을 것이라 예상하면 완벽하게 중성적인 냄새일지라도 실제로 냄새를 맡았을 때 불쾌감을 느끼게 된다.[151] 그뿐만 아니라 어떤 일에 대한 상상만으로도 동공 직경의 변화처럼 무의식적인 신체 반사 반응이 일어날

수 있다.[152]

　이 모든 것에서 얻을 수 있는 교훈은 비록 현실 세계에 존재하지 않는 다 해도 우리가 상상하고, 공상하고, 가정했던 것들은 뇌와 몸에 실질적 인 영향을 미칠 수 있다는 것이다. 여기서 감정이 핵심 역할을 한다. 상상 이나 예측에 관여하는 많은 영역이 우리의 감정에서 중요한 역할을 하며, 상상력은 진정한 감정 반응을 유발하기도 한다. 이것은 공포 영화의 근간 이 되기도 한다. 공포를 소재로 하는 콘텐츠들이 유도하고자 애쓰는 '두 려움'이라는 감각은 우리가 실제로 보고, 듣고, 읽는 것에 의한다기보다 는 앞으로 무슨 일이 일어날지 모른다는 지속적인 두려움이다. 이것은 전 적으로 상상력에 기반한 우리의 예상과 기대에 달려 있다.

　우리를 겁주기 위해 적극적으로 무언가를 설계하고 고안할 필요도 없다. 오늘날 현대인의 스트레스 가운데 상당수가 일어날지도 모를 일에 대한 걱정이나 두려움으로 발생한다. 직장을 잃으면 어쩌지? 연인이 떠 나면 어떡하지? 싫어하는 정당이 집권하면 어떻게 하지? 비행기를 놓치 면 어쩐담? 이 모든 걱정은 합리적이고 분별 있는 것이지만, 사실 대부분 의 경우 아직 일어나지도 않은 일들이다. 최소한 지금 당장은 아니다. 아 예 일어나지 않을지도 모른다. 하지만 우리는 그런 일이 일어날 거라 상 상하고, 그런 결과를 시뮬레이션하며 그에 따라 본능적이고 육체적으로 영향을 미치는 감정 반응을 경험한다.

　내가 말하고자 하는 것도 이러한 점이다. 우리가 상상하는 것, 즉 뇌 속에서 완전히 시뮬레이션된 구성물로만 존재하는 것이 진정한 공포를 유발할 수 있다면, 다른 감정이나 감정적 과정을 유발할 수도 있지 않을까? 예컨대 행복이나 사랑, 애정, 공감 같은 것들 말이다.

확실히 그럴 수 있다. 그래서 사람들은 자기가 만난 적이 없거나 심지어 현실 세계에 존재하지 않는 사람들과도 쉽게 강력한 감정적 유대를 형성한다. 우리가 머릿속에서 그 대상에 대한 시뮬레이션을 만들 만한 충분한 정보를 가지고 있다면(그리고 오늘날 첨단 기술이 집약된 전 세계적 미디어 환경이 이것을 가능하게 한다), 우리 뇌의 추론과 상상 능력은 이 시뮬레이션을 통해 진정한 감정적 투자를 유도할 수 있을 만큼 강력해 보인다. 사회적 관계와 준사회적 관계에 동일한 신경학적 메커니즘이 이용되는 것도 놀랄 일이 아니다.[153]

우리는 왜 낯선 이를 사랑하는가

이처럼 뇌는 우리가 결코 만나지 않을 사람들이나 존재하지 않는 사람들과도 쉽게 감정적인 연결을 형성하는데, 이런 일이 일어날 수 있는 여러 가지 방식이 있다. 예컨대 준사회적 상호작용이나 관계 말고도 '이동 효과'라고 알려진 또 다른 과정이 있다.[154] 여러분은 좋은 책이나 텔레비전 드라마, 영화, 비디오 게임 속에서 스스로를 '잃어버리고' 몰두한 경험이 있는가? 감정적으로 무언가에 완전히 빠져 있는 동안 우리는 주변 세계를 '지우고' 우리가 몰두한 가상의 세계에 집중한다. 우리의 의식적인 마음만큼은 현실 세계에서 환상 세계로 이동한다.

이것은 뇌가 한 번에 여러 가지 일을 하는 데 서툴다는 사실을 보여

감정이 어려운 사람들을 위한 뇌과학

주는 또 다른 예일 것이다. 만약 어떤 책 속의 이야기가 매우 흥미롭고 줄거리의 흡인력이 강하며 등장인물이 매력적이라면 고도로 자극받은 감정 체계는 그것의 탐구에 더 많은 신경학적 자원을 사용할 것이다. 그러면 이내 주변의 실제 세계에 관심을 기울일 자원이 부족해진다.

물론 어떤 오락용 소설에서든 이러한 이동 현상이 일어나는 건 아니다. 일단 소설이든 비소설이든 소비되는 미디어에는 일종의 내러티브가 필요하다. 줄거리는 우리의 뇌가 사물과 사건을 이해하는 방식에서 다양하고 복잡한 이유로 중요하다.[155] 내러티브는 묘사되는 인물과 사건들 사이의 관계, 인물들이 사는 세계를 이해하도록 돕는다. 또한 추상적인 정보에는 없는 구조와 패턴을 제공하며, 우리가 본질적으로 더 주의를 기울이곤 하는 변화와 역동성을 담고 있다.

하지만 이동 현상이 일어나려면 줄거리뿐만 아니라 캐릭터도 필요하다.[156] 우리가 공감하고 이해할 수 있는 비슷한 사람 말이다. 지금 우리의 것이 아닌 다른 장소나 시간에서의 인상적이고 중요한 일련의 사건들을 묘사하는 것도 정말 좋지만, 그것이 아무리 중요하다고 해도 일반 청자들에게는 너무 추상적이거나 멀어 보일 수 있다. (학교에서 유별나게 재미없고 딱딱한 역사 수업을 들으면서 지루했던 적 있는 사람이라면 누구나 잘 아는 사실이다.) 설득력 있는 이야기들 가운데 단순히 중요한 사건에 대한 묘사만으로 그친 경우는 아주 드물다.

이때 만약 공감대를 살 만한 캐릭터들이 있다면 여러분은 줄거리에 몰입할 수 있다. 우리의 뇌가 작동하는 방식 덕분에 사건, 환경, 상황에 이입하기보다는 또 다른 생각이나 느낌을 가진 개인과 감정적으로 연결되고 공감하기가 훨씬 쉽다. 이것은 마치 이야기 속의 캐릭터들이 우리의 감정 과정을 위한 더 넓은 서술적 맥락에서 통로 또는 번역자 역할을 하는 것과 같다.

우리가 동떨어져 있거나 가상으로 존재하는 인물에게 감정적으로 투자할 때 작동하는 또 다른 과정은 심리적 '동일시'다.[157] 우리가 유명하거나 존경할 만한 사람에게 감정적으로 투자하는 경우의 상당수는 그 인물과 동일시하여 그 사람이 나와 비슷하다고 여기거나 그 사람을 더 닮고 싶어 하기 때문이다. 인간이 자신의 사회적지위에 집중하며 항상 타인으로부터 뭔가를 본능적으로 학습한다는 점을 고려할 때, 더 높은 지위에 있는 개인의 자질을 보고 존경하는 사람을 모방해 스스로 그런 자질을 얻으려고 하는 건 지극히 정상적인 일이다.

어떤 사람들은 이런 행동이 자신을 낮추는 일이라고 여겨 비웃을지도 모르지만, 저명한 사람들과의 동일시는 우리 문명의 역사만큼 오랫동안 지속되어 왔다.[158]

연구 결과에 따르면 우리는 미디어나 오락거리에 스스로 동일시할 캐릭터가 있을 때 더 즐거워하는 경향이 있다. 공감하기 쉽다는 사실을 발견하면 그 줄거리에 더 큰 관심을 갖게 된다.[159] 또 우리가 존경하는 인물에게 영향을 받고 그들과 자신을 동일시하려는 욕구가 강하기 때문에, 유명 인사들이 등장하는 광고가 그처럼 강력하고 효과적일 수 있는 것이다. 마음속 깊이 관심을 갖고 투자한 누군가가 특정 메시지를 전달하거나, 특정 제품을 홍보하고 특정 디자이너의 옷을 입고 있으면 그 메시지에 동의하거나 그 제품과 의류를 구매할 가능성이 훨씬 더 높아진다.[160]

하지만 대중에게 싸구려 물건을 팔고자 유명인의 얼굴을 이용하는 것만이 다가 아니다. 저명한 개인에 대한 우리의 감정적인 관심은 유용한 정보를 전파하는 데도 도움이 된다. 그들을 통해 긍정적인 방식으로 영향을 주고 정보를 제공하며 교육하는 것이다.

이 효과는 어린이들에게 매우 강력할 수 있다. 특히 흥미로운 한 연구에 따르면 미국의 유아들은 잘 모르는 캐릭터가 뭔가를 가르칠 때보다(대부분의 미국 아이들에게 생소한 대만의 캐릭터 '도도') 그들이 좋아하는 친숙한 캐릭터(《세서미 스트리트》의 '엘모')가 가르칠 때 수학 지식을 더 잘 배웠다. 하지만 유아들이 도도 장난감을 가지고 놀고 이 캐릭터가 등장하는 텔레비전 프로그램을 보면서 '감정적으로 관계를 맺은' 경우, 도도가 아이들에게 미치는 교육적 영향력은 앞서 엘모에 비견할 만큼 빠르게 높아졌다.[161]

또 비슷한 연구에 따르면 유아들은 자기가 참여하고 함께 놀 수 있는 대화형 미디어 캐릭터를 통해 새로운 기술을 배울 수 있었는데, 특히 캐릭터가 자기들에게 맞춤형으로 만들어졌을 때 훨씬 더 잘 배웠다. 예컨대 캐릭터가 아이의 이름을 부르고 아이가 좋아하는 특성(가장 좋아하는 색 등)을 지니고 있다면, 특정 유아에게 맞춰지지 않은 일반적인 캐릭터에 비해 훨씬 더 훌륭한 교육 효과를 보였다.[162]

감정이 수용하고 추구해야 할 것과 피해야 할 것을 파악하는 데 도움이 된다는 점을 고려하면 매우 당연한 결과다. 즉 우리는 정서적으로 긍정적인 사람이 어떤 정보를 전달할 때 그것을 더 쉽게 받아들이는 경향이 있다. 반대의 경우도 마찬가지다. 만약 여러분이 누군가에게 부정적인 감정을 갖는다면 그들이 전달하는 어떤 정보도 받아들이기 어려울 것이다. 여러분이 학교에서 어떤 선생님을 정말 싫어해서 그 선생님이 가르치는 과목을 힘들게 공부한 적이 있다면 쉽게 이해할 수 있을 것이다.

그러니 어른이 되어서도 우리에게 화답하지 않거나 아예 그럴 수 없는 개인에 대해 감정적으로 투자하는 것은 비록 부정적인 묘사와 오명을 받을지언정 우리의 발전과 정신적 행복에 매우 도움이 될 수 있다. (어떤 대상에 대해 열성적인 팬들을 가리켜 '괴짜'라든가 '오타쿠'라고 경멸적으로 조롱하듯 묘사하는 시선은 오늘날 매우 널리 퍼져 있다.)

비록 실제 사람과 감정적으로 보람을 느끼는 관계를 맺는 것이 이상적이긴 하겠지만, 어떤 사람들은 이렇게 하는 데 어려움을 겪는다. 그 원인은 수줍음 같은 사회적 상황, 또는 주변에 친구가 없는 외딴곳에 사는 것과 같은 상황일 수 있고 완전히 다른 요인 때문일 수도 있다. 실제로 원인이 무엇이든 그런 일은 놀랍게도 꽤 자주 일어난다. 하지만 많은 증거에 따르면 보다 구체적인 선택지들과 씨름하는 경우, 준사회적 관계는 행복과 동기부여를 비롯한 여러 가지에 도움이 될 수 있다.[164] 그 관계는 엄밀히 말해 실재하지 않을 수도 있지만, 적어도 우리 뇌 속 일부 영역에 한해서는 충분히 실재하는 것이다.

그뿐만 아니라 준사회적 관계는 그 자체로 교육적이고 유익할 수 있다. 여러분은 중요한 인터뷰를 하기 전에 한 번쯤 머릿속으로 예행연습을 해 봤을 것이다. 그 가상의 대화는 우리 마음의 바깥에 존재하지 않지만, 그래도 우리가 사회적 상호작용을 연습하고 가다듬을 수 있게 해 준다. 마찬가지로 누구나 한 번쯤 머릿속에서 예전의 말싸움을 한동안 되새기

감정이 어려운 사람들을 위한 뇌과학

면서 다음에 상대방을 만나면 어떤 말을 해야 하는지, 또 어떤 말을 할 것인지 생각해 본 적이 있을 것이다. 다 같은 원리다. 미래에 어떤 상황이 실제로 발생할 경우를 대비해 반응을 다듬고 연습하기 위한 상상 속 상호작용(비록 실제 정보에서 파생된 것이지만)을 활용하는 것이다.

어린 시절에 만드는 '상상 속 친구' 또한 관계를 일으키는 쪽에서 가상의 인물을 만들어 내는 준사회적 관계다. 아이들은 강렬한 상상력과 또래와의 유대감, 타인과 상호작용하려는 욕구, 놀이에 대한 강한 충동이 있다.[165] 동시에 아이들의 뇌는 실제 세상이 어떻게 작동하는지에 대한 경험이 훨씬 적기 때문에, 실제로 일어나는 것과 자신의 마음에 의해 만들어진 것을 구별하는 데 어려움을 겪을 수 있다. 그런 만큼 몇몇 아이들이 상상력을 사용해서 특정 인물의 시뮬레이션을 만들고, 더 나아가 그 시뮬레이션과 감정적인 유대를 형성하고 실제 친구를 대하듯 행동하는 것은 결코 놀라운 일이 아니다.

많은 부모가 자기 아이가 이런 상상 속의 친구를 갖는 것을 걱정해야 할 일이라고 느낄지 모른다. 하지만 여러 증거에 따르면 이 상상 속의 친구는 아이들이 지루하고 외로울 때 위안을 주고, 공부에 조언을 주는 멘토가 되기도 하며, 아이를 격려하고 동기를 부여해 자존감을 높여 주는 등 여러 이점을 제공한다. 심지어 아이에게 도덕의 안내자 역할을 할 수도 있으며, 일종의 대화형 양심 역할을 하여 아이가 곰곰이 생각하고 올바른 도덕적 결정을 내리는 데 도움을 주기도 한다.[166]

상상 속의 친구를 가진 아이들은 언어와 사회적 상호작용 측면에서도 종종 다른 아이들보다 발달단계에서 앞서 있다.[167] 이 아이들은 다른 일반적인 아이들에 비해 타인과 소통하고 관계 맺는 연습을 훨씬 더 많이 한 셈이기 때문이다. 한번 상상해 보라!

준사회적 관계의 이점은 청소년기에도 드러난다. 사춘기는 여러 이유로 누구에게나 까다롭고 혼란스러운 시기다. 10대 청소년들이 겪는 잘 알려진 혼란스러운 측면 중 하나는 누군가에게 거의 감당하지 못할 정도로 열광하게 되는, '금사빠' 경향이다.[168]

청소년들은 연예인이나 가상의 인물, 동급생 등 그들이 매력을 느끼는 모든 사람에게 금세 빠질 수 있다. 하지만 이러한 관계의 가장 큰 문제점은 상대가 반한 사람의 감정이라든지 자신이 그에게 미친 영향을 항상 알지는 못한다는 것이다. 그렇기에 '금사빠'는 또 다른 형태의 준사회적 관계다. (비록 10대 소년들도 그런 경향이 있기는 하지만 상당수의 관련 문헌은 이 현상에 대해 10대 소녀들에 더 초점을 맞춘다. 이런 경향이 남성과 여성이 보이는 성숙 과정의 차이 때문에 나타나는지, 아니면 그저 '여성이란 감정적인 존재'라는 고정관념이 다시 슬금슬금 고개를 든 또 다른 사례일 뿐인지는 불명확하다. 어쩌면 둘 다 사실일 수도 있다.)

비록 이런 사춘기의 정열이 온갖 스트레스와 산만함, 좌절된 욕망, 무기력함으로 이어지기도 하지만, 연구 결과에 따르면 이것은 다시 한번 우리가 성숙하는 데 중요하고 유용한 역할을 한다. 통계적으로 청소년기에 강렬한 짝사랑을 경험하면 나중에 낭만적인 사랑을 찾고 경험할 확률이 높아지며, 관계에 대한 자신감이 강화되는 것으로 나타났다.[169] 그리고 이 것은 단지 낭만적인 사랑에만 그치지 않는다. 10대의 짝사랑은 호르몬이 넘쳐흐르는 에로틱하고 성적인 요소도 가지고 있기 때문이다. 이런 요소

감정이 어려운 사람들을 위한 뇌과학

를 비롯해 그 밖의 성적 환상은 개인의 발달단계에서 도움이 되고, 나중에 성적 상호작용을 다루고 처리하는 데에도 도움을 줄 수 있다.[170] 여기서도 요점은 만약 우리가 무언가에 대해 환상을 가질 수 있다면, 그것으로부터 배울 수 있다는 점이다. 실제 로맨틱한 관계라면 마음을 다칠 위험을 감수해야 하지만 단지 공상뿐이라면 그러지 않아도 된다.

따라서 준사회적 관계는 뇌의 제한된 자원을 낭비하는 것이 아니라 실제로 상당히 중요한 여러 쓸모를 가진다. 이러한 관계는 우리의 뇌가 안전하고 위험이 적은 방법으로 사물을 이해하고 발달하도록 해 주며, 정보를 배우고 흡수하도록 돕는다. 그뿐만 아니라 스스로에 대한 관점을 형성하도록 하고, 열망하고 모방할 모범을 제공함으로써 지금보다 나아지도록 동기를 부여한다. 그것만으로도 보다 행복해지며 충분히 도움을 받게 되는 경우가 많다.

물론 준사회적 관계에도 단점은 따른다. 때때로 사람들은 감정적으로 강력한 사회적 관계를 형성한 사람을 직접 대면할 수 있다. 이때 팬들에게는 그 일이 평생에 한 번뿐인 기쁨일 수도 있지만, 상대방 입장에서는 무척 당혹스럽고 어리둥절한 일일지 모른다.

이 책의 앞부분에서 나는 〈스타 트렉〉 시리즈에서 많은 팬을 거느린 인기 캐릭터 데이터 중령에 대해 언급한 적이 있다. 물론 데이터 중령은 실제 사람이 아니라 배우 브렌트 스파이너가 연기하는 가상의 캐릭터이다. 스파이너는 자신의 열렬한 팬과 마주하는 데 꽤 익숙하다. 그리고 정말 터무니없이 우연찮게도 스파이너와 나는 몇몇 친구들이 겹쳤고, 덕분에 나는 그가 연기한 캐릭터에 그렇게 감정적으로 몰입하는 사람들을 만나는 경험이 어떤지 직접 물어볼 수 있었다.

어쩌다 보니 저에 대해서 아는 바가 데이터 중령이라는 역할뿐인 사람들이 많습니다. 그분들의 관심에 저도 기쁘기는 하지만 데이터의 이름과 함께 언급되는 걸 제가 완전히 즐기기만 하는 건 아닙니다.

사람들은 흔히 저에게 편지를 보내거나 공공장소에서 저와 만나면 '데이터'라고 부릅니다. "이봐요, 데이터!" 이런 식이죠. 그분들은 제가 최고였던 시절을 떠올리게 하지만 동시에 저는 나머지 삶이 지워지는 듯한 기분입니다. 그분들은 제가 데이터이기를 바라지만 사실 제 마음속에서 나는 나일 뿐이죠. 데이터는 분명 의심할 여지 없이 여러 부수적인 이득을 안겼던 훌륭한 역할이었습니다. 하지만 제 인생에서 그것은 매우 좋은 부분임에도, 제 존재 전체에서는 일부에 불과하죠.

제가 이런 말을 하면 팬들은 제가 데이터란 캐릭터를 싫어한다고 생각하곤 합니다. 전혀 그렇지 않아요. 저는 데이터를 사랑합니다. 하지만 아시다시피 사랑은 매우 복잡한 감정이죠. 그리고 저와 데이터의 관계는 다른 어떤 관계와도 매우 다르게 특수합니다.

스파이너는 여기서 몇 가지 흥미로운 점을 제시한다. 그중 하나는 그가 자기 역할인 데이터와 준사회적 관계를 맺고 있으며 그 관계는 그를 어쩌다 알게 된 사람들이 데이터와 맺는 관계와는 매우 다르다는 점이다. 당연히 그 관계들은 서로 잘 어울리지 않는다. 내 생각에 그건 여러분의 짜증 나는 형제자매와 사랑에 빠진 누군가를 만나는 것과 비슷할 듯하다.

감정이 어려운 사람들을 위한 뇌과학

그 사람은 자기들이 얼마나 멋지고 놀라운 경험을 하는지 계속 이야기할 테고, 여러분은 그를 자기중심적이고 성가신 사람으로 여길 수밖에 없다.

스파이너가 예리하게 지적한 바와 같이, 일부 연구에 따르면 준사회적 관계는 자신이 연상하는 캐릭터와 다른 역할의 배우를 볼 때 경험하는 부조화를 '무시'한다는 것이 나타났다.[171] 이렇듯 팬들이 그 대상을 '보호'하고 싶을 정도로 그 관계에 감정적으로 몰입한다면, 팬들은 배우가 자기만의 인생을 가진 별개의 인간이 아니라 그동안 그들이 좋아해 온 캐릭터라고 여길 수 있다.

이렇듯 준사회적 관계는 이를 경험하는 사람들에게 도움을 주기도 하지만, 이를 인지한 상대방에게는 혼란스러울 뿐 아니라 심지어 괴로울 수 있다. 그건 단순히 서로 어색한 대화를 나누는 수준을 넘어선다. 잘 알려진 캐릭터나 허구적인 설정에 대해 최근에 유입된 팬들이 이끄는 수정이나 변화, 심지어는 지속적인 발전에 대해 투덜거리는 기존 팬들은 이제 우울할 정도로 흔히 볼 수 있다.[172] 그런 강박적인 팬들은 종종 자기들이 사랑하는 것을 '망쳤다고' 여겨지는 사람들에게 살해 위협을 하기도 한다. 이런 일들에 대해서는 팬덤 전체에 어느 정도 책임을 물을 수 있다. 그리고 여기에는 높은 수준의 감정적 투자가 관여한다.

이렇게 건강하지 못한 감정적 투자가 현실 세계의 실제 인물과의 준사회적 관계에 적용된다면 문제는 더욱 악화된다. 비록 상대적으로 드문 편이지만, 가끔 유명인에 대한 사랑에 온통 마음을 빼앗기고 삶의 상당 부분을 쏟아붓는 현상인 '유명인 숭배'를 경험하는 사람들이 있다.

준사회적 관계는 전적으로 우리 마음속에 존재하기 때문에, 엄밀히 말하면 우리는 그것을 완전히 통제할 수 있어야 한다. 하지만 현실은 그렇지 않을 때가 많다. 우리가 그동안 지속적으로 헌신적인 애정을 품었던 개인이나 캐릭터도 그 이면에 각자의 독립적인 인생이 있으며, 우리는 그에 왈가왈부할 수 없다. 누군가를 위해 감정적으로 투자하고, 그들과 함께 있으면서 보호하고 싶지만, 동시에 그 대상이 영원히 내 영역 밖에 있다는 사실을 주기적으로 깨닫는 일은 상당한 좌절감을 안긴다. 자율성의 상실은 아무리 좋은 상황에서도 뇌에 스트레스를 준다.[173] 극단적인 경우, 어떤 사람들은 집착의 근원이 되는 사람의 삶에 자신을 개입시켜 관계에 대한 '통제력'을 행사하고 싶다는 기분을 느낄 수도 있다. 유명인들에 대한 스토커는 이런 식으로 생겨난다.[174]

결국 우리가 머릿속에서 만들어 내는 관계는 일반적으로 현실 세계와의 접촉을 통해 살아남을 가능성이 거의 없다. 우리가 감탄하며 바라보는 사람들은 우리의 친구가 아니다. 그들은 우리의 존재 자체를 모른다. 하지만 불행히도 이따금 자신이 만들어 낸 준사회적 관계에 지나치게 감정적으로 몰입한 나머지, 뇌가 감각적 증거를 무시하기도 한다. 이것은 유명인에 대한 불쾌한 폭로가 터져도 열성팬들이 즉각적이고 강력히 부인하는 이유를 설명해 준다. 또한 스토커가 자신이 그토록 아끼는 사람이 얼마나 고통을 받고 화를 내든 간에 그런 무시무시한 행동을 지속하는 이유도 설명할 수 있다.

하지만 반대로 감각의 증거가 머릿속에서 만들어 낸 관계를 무시하는 일 역시 흔한 일로, 그래서 10대 시절의 짝사랑은 그 대상을 직접 대면하거나 상호작용을 하는 과정에서 거의 살아남지 못한다.[175] 왜냐하면 애

감정이 어려운 사람들을 위한 뇌과학

정의 대상이 뭔가 잘못을 하지 않더라도 실제로 애정을 품은 10대의 마음속에 구축되고 다듬어진 상과는 매우 다를 것이기 때문이다. 이렇게 상반되는 데이터가 충돌하면 환상을 유지하는 것이 아주 어려워진다. 그러기위해서는 상당한 정도의 현실 부정을 해야 하는데, 대부분의 뇌는 환상을 유지하겠다고 적극적으로 현실을 차단할 만큼 준사회적 관계에 크게 투자하지 않는다.

이러한 경우 준사회적 관계를 끝내는 것이 보다 건강하고 합리적인 선택이다. 그렇다고 아예 부작용이 없는 것은 아니다. 연구에 따르면 어떤 이유나 스캔들 때문에 준사회적 관계가 끝날 때 그에 따른 감정적인 여파는 현실 속 관계를 실제로 끝낼 때의 여파와 매우 비슷할 수 있다.[176] 그래서 사람들은 다이애나 왕세자비의 경우에서처럼 강렬한 슬픔이나 엄청난 배신감을 경험하기도 한다.

다시 말하지만, 만약 우리의 뇌가 준사회적 관계를 끝낼 때 현실 속 관계를 끝내면서 사용하는 과정과 감정을 똑같이 동원한다면, 진짜 이별과 비슷한 효과를 몰고 올 것이다. 비록 준사회적 관계는 실제 관계만큼 보상과 성취감을 주는 경우가 드물어서 관계 종료의 여파는 보다 온화할 수도 있지만 말이다. 우리가 캐릭터나 유명인과 맺는 관계는 엄격한 의미에서 '진짜'가 아닐 수 있지만, 그들로부터 우리가 경험하는 감정은 매우 현실적이다. 왜냐하면 우리의 뇌는 실제로 존재하지 않는 인물에 대해 감정을 느낄 수 있을 만큼 매우 성능이 좋기 때문이다.

어쩌면 이것이 준사회적 관계가 실제 현실 속 관계에 비해 갖는 이점일 것이다. 즉, 우리가 감정을 느끼기 위한 대상은 실제로 존재하고 상호작용할 필요가 없다. 나에게는 이런 점이 정말로 안심이 된다. 아버지가 돌아가셨으니 이제 다시는 그를 볼 수 없을 것이다. 그는 더는 이 세상의 일부가 아니다.

하지만 우리 가족과 나는 여전히 아버지를 계속 사랑할 것이다. 우리의 놀라운 뇌가 그런 일을 완벽하게 해낼 수 있다는 점이 밝혀졌기 때문이다. 그것은 개인들 사이의 감정적 유대가 얼마나 강력할 수 있는지 보여 준다.

때때로 이런 유대는 너무나 강력해서 심지어 죽음이 그들을 갈라놓지 못할 수도 있다.

감정이 어려운 사람들을 위한 뇌과학

∘ 6장 ∘
감정과 기술의 충돌

사회적인 애정에 굶주리다

내 침실 옷장에는 빨간색 잠옷 상의가 한 벌 있다. 헐렁하고, 털실 방울이 달렸으며, 색이 바랜 옷이다. 하지만 정말 편안하다. 잠옷은 편안하면 그만 아닌가? 하지만 나는 이 잠옷을 1년 넘게 입지 않았다. 아마 다시는 입지 않을 것 같지만 그렇다고 버릴 마음은 없다. 이 옷은 나에게 커다란 감정적 의미가 있다. 내가 아버지에게 마지막 말을 전할 때 입었던 옷이기 때문이다.

때는 2020년 4월의 어느 토요일 아침이었다. 나는 병원에서 일주일이상 인공호흡기를 달고 있던 아버지의 상태가 몹시 안 좋아졌다는 통보를 받았다. 바이러스의 위력은 너무 심각했고 아버지의 몸은 회복될 가망이 없었다. 아버지의 몸이 굴복하는 건 시간문제였다. 그리고 그런 일은 며칠 뒤에도, 몇 분 뒤에도 언제든 일어날 수 있었다. 아버지에게 작별 인사를 하고 싶다면 지금 당장 해야만 했다. 결국 나는 부엌에서 잠옷 차림으로 눈물을 글썽이며 지난 40여 년 동안 아버지가 나에게 어떤 의미였는지 그리고 내가 아버지를 얼마나 사랑하는지를 짧은 몇 마디로 표현하고자 애썼다. 작별 인사를 하라는 통보를 받은 지 고작 20분 뒤에 말이다.

그리고 나는 왓츠앱 음성 통화 기능을 통해 그 말을 전해야 했다. 중환자실의 영웅적인 한 직원이 묵묵부답으로 죽어 가는 아버지의 귀에 전화기를 갖다 대 주었다. 내가 원하던 방식은 결코 아니었다. 기분이 너무나도 참담했다.

내가 아버지를 직접 뵙고 말을 전하는 게 더 나았을까? 그랬다 해도 감정적으로 고통스러운 것은 마찬가지였을 텐데, 아마 다른 이유가 있었을 것이다. 어쩌면 품위가 손상되는 일 없이 전화로 작별 인사를 했던 건 실제로 감정적 타격을 완화하고, 내가 제 기능을 하고 상황을 견디는 데 도움이 되었을지도 모른다.

사실 이런 통신 기술이 없었다면 아버지와 작별 인사를 할 수 없었을 것이다. 팬데믹 상황에서 병실은 외부와 엄격하게 격리되었고, 나는 물리적으로 아예 그곳에 들어갈 수 없었다. 그리고 보다 시야를 넓혀 전 지구적인 관점에서 보면 내 경험은 수많은 감정적 접촉 가운데 하나였다. 이 시기에는 첫 데이트와 생일, 환영 인사와 작별 인사가 통신 기술을 통해 이루어졌다. 다른 선택의 여지가 없었기 때문이다. 그렇다고 해서 그 가치가 어떤 식으로든 낮아졌는가? 만약 그렇다면 이유는 무엇인가?

내가 지금까지 감정에 대하여 다룬 모든 것들은 수백만 년에 걸쳐 뇌가 진화해 온 결과다. 하지만 오늘날 우리는 수십 년 전까지만 해도 존재하지 않았던 대상과 경험을 일상적으로 처리해야 한다. 이것은 어떤 영향을 끼칠까? 사랑하는 사람들과 화면을 통해 상호작용하는 것에 직접 대면하는 만큼 감정적 보상이 따를까? 소셜 미디어 속 친구들은 현실 속 친구들만큼의 의미가 있을까? 디지털 영역에서 현실과 비현실을 구분하는 선은 어디에 있는가? 내가 거쳐 온 사건과 경험한 일들을 염두에 둘 때 이 질문들은 나에게 매우 중요하게 느껴졌다. 그리고 다른 사람들도 많이들 그럴 것으로 추측했다. 나는 몇 가지 답을 찾기로 결심했다.

내가 규정상 허용되었다면 아버지의 장례식에 수백 명이 참석했을 것이라고 말했던 것을 기억하는가? 이건 사실이었다. 그만큼의 인원이 장례식의 라이브 스트리밍 영상을 지켜봤기 때문이다.

나는 과학기술에 가장 밝은 가족 구성원으로서 아버지의 친구와 지인들이 원격으로 장례식에 참여할 방법을 찾아야 했다. 나는 조문객들을 위해 페이스북에 전용 그룹을 만들었고, 예배당 뒤에 조심스레 놓인 내 휴대전화로 장례식을 스트리밍했다.

순수하게 논리적인 관점에서 보면 전 세계에서 가장 큰 소셜 미디어 플랫폼인 페이스북을 이용하는 것이 타당했다. 참석을 원하는 사람들이 다들 페이스북 계정을 갖고 있어서 익숙했으며, 돈이 들지 않는 데다 라이브 스트리밍을 위한 옵션이 내장되어 있었다. 불과 20년 전만 해도 이런 기술에 이렇게 쉽게 접근할 수 있을 줄은 전혀 몰랐을 것이다. 정말 놀라운 일이다.

하지만 이처럼 합리적인 이유가 있었음에도 페이스북에 아버지의 장례식을 공유하는 일은 여전히 어딘가 잘못된 것처럼 느껴졌다! 그 문장을 작성하는 것조차 이상하게 신경이 거슬릴 정도다. 나는 그동안 페이스북에서 내 작업물을 소개하거나 농담이나 밈을 게시하고, 사람들이 좋아하는 고양이 사진을 공유했다. 하지만 여기서 아버지의 장례식을 중계한다고? 어딘지 불편했다.

대체 무엇 때문이었을까? 페이스북과 인스타그램, 스냅챗, 틱톡은 오늘날 전 세계에 널리 퍼져 있어 누구든 이용할 수 있다. 나 역시 인류 사회의 중요한 일원으로서 회원 가입을 했다.[1] 그런데도 이런 소셜 미디어를 통해 아버지의 장례식처럼 감정적인 내용을 공유하는 건 선을 넘었다는 느낌이 들었다.

물론 모두가 나처럼 느끼는 것은 아니다. 예컨대 우리 부부는 아내의 생일 파티에 친구들을 초대하기 위해 페이스북을 사용했던 적이 있었다. 그런데 그 과정에서 우리의 결혼 생활에 문제가 있는 게 아닌지에 대한 당혹스러운 질문을 숱하게 받았다. 왜 그랬을까? 내가 페이스북 초대 목록에 포함되지 않았기 때문이었다. 참고로 내가 아내의 생일에 페이스북 초대장을 받지 못한 건 우리가 결혼해서 같은 집에 살기 때문이었다. 내 집에서 파티를 여는데 페이스북 초대장이 왜 필요하단 말인가? 하지만 사람들의 생각은 달랐다. 상당수의 사람이 참석 여부가 페이스북으로 입증되지 않았다는 이유로 내가 아내의 생일 파티에 참석하지 않을 것이라고 생각했다. 이상하지 않은가?

이런 일은 꽤 자주 일어난다. 많은 사람이 소셜 미디어를 통해 무언가를 공유하는 것을 하나의 인증 절차처럼 여긴다. 우리 주변에는 자기가 먹은 음식이나 옷, 운동이나 다이어트 진행 상황, 참석한 콘서트나 시청하고 있는 텔레비전 프로그램에 대한 최신 정보를 무조건 소셜 미디어에

　　　　　　　　　　　감정이 어려운 사람들을 위한 뇌과학

올리는 사람들이 존재한다. 그들에게 이런 업로드 행위란 제대로 된 경험을 위한 필수적인 절차다.

확실히 밝히자면, 이런 행동이 객관적으로 잘못됐다고 말하려는 건 아니다. 하지만 이것은 비현실적인 현상이다. 어떤 의미에서는 가상 세계가 현실보다 더 중요하게 여겨지니 말이다.

신경심리학적 관점에서 소셜 미디어의 편재성과 인기는 오늘날 그것이 얼마나 큰 영향력을 갖는지와 마찬가지로 흥미로운 현상이다. 그래서 나는 앞서 느꼈던 정서적 불안의 진상을 규명하려면, 소셜 미디어가 우리 자신과 감정에 미치는 영향을 이해할 필요가 있다고 생각했다.

일단 소셜 미디어는 우리의 사회화 능력을 확장시킨다. '소셜social'이라는 단어가 '사회'라는 뜻을 가졌듯이 말이다. 관련 연구에서 반복적으로 밝혀진 바에 따르면, 긍정적인 사회적 상호작용은 보상을 책임지는 뇌 영역을 자극한다.[2] 그리고 디지털 환경은 물리적 공간이나 거리에 의한 제한을 받지 않는 만큼, 우리는 훨씬 더 많은 사람과 온라인으로 사회적 상호작용을 할 수 있다.

게다가 이런 온라인상의 상호작용은 면대면의 물리적 제약에서 자유로운 데 비해, 우리의 뇌는 타인과의 온라인 교류에 면대면 교류와 거의 같은 방식으로 감정적인 반응을 보인다. 이것은 앞서 준사회적 관계에서 살폈던 내용과 크게 다르지 않다. 만약 뇌가 활자를 통해서만 존재하는 사람들에게 지속적이고 강한 감정적 애착을 형성할 수 있다면, 온라인으로 실재하는 개인을 대상으로 그렇게 하는 것도 전혀 무리가 아니다.

또한 소셜 미디어는 우리에게 지속적으로 새로움을 제공하고 뇌에서 보상 활동을 촉진한다고 알려져 있다.[3] 우리 모두 자기가 좋아하는 친숙한 무언가가 있고, 그 대상은 우리를 안정적으로 행복하게 한다. 하지만 새로운 방식으로 이런 대상을 경험하는 일은 더 큰 행복을 준다. 예컨대 가장 좋아하는 밴드가 새 앨범을 발매한다든지, 좋아하는 소설 시리즈의 신작이 나왔다든지, 가장 친한 친구와 만나 근황을 이야기한다든지 하는 경험이 그렇다. 다들 매우 즐거운 경험이고, 이미 감정적으로 투자했던 대상이 새로움을 불어넣는 사례들이다.

이러한 친숙함과 새로움의 조합은 뇌를 자극하는 칵테일과 같다. 소셜 미디어는 이 칵테일을 매우 넉넉하게 제공한다. 소셜 미디어의 피드에는 우리가 좋아하고 신뢰하며 존경하는 사람들의 새로운 업데이트 사항, 게시물, 링크, 밈, 게임, GIF 파일 등이 끝없이 흘러넘친다. 뇌는 당연하게도 이것들을 즐긴다.

그리고 여기에 사회적지위 문제가 따른다. 앞에서 살폈지만 우리는 무의식적으로 타인에게 어떻게 인식되는지, 그리고 사회계층의 어디에 위치하는지에 매우 민감하다. 따라서 인간의 뇌는 사회적지위를 유지하거나 개선하려는 특성을 발달시켰다.

앞에서 테스토스테론과 사회적지위의 관련성을 다룬 사례를 살폈지만, 뇌에 사회적지위가 어떻게 배선되어 있는지에 대한 또 다른 흥미로운 예가 있다. '인상 관리'라고 알려진 이것은 사회적 상호작용을 (본능적이든 의식적이든) 활용해 타인에게 우리에 대한 최고의 인상을 심어 주려는 뇌의 경향성이다.[4] 예컨대 항상 최선을 다하는 것처럼 행동하고, (적어도 표면적으로는) 상호작용하는 사람들의 의견에 동의하고, 결점이나 실수를 숨기며 반사적으로 그에 대한 변명을 하려고 애쓰는 이 모든 행위는 타인이 우리를 더 좋게 판단하게 만들어 우리의 사회적지위를 유지하거나 향상시키려는 의도다.

소셜 미디어가 발달하기 전부터 인간의 뇌는 이러한 일을 해 왔다. 하지만 소셜 미디어가 등장하면서 사회적지위를 통제하고 조작할 기회가 기하급수적으로 증가했다. 이제 우리는 수백 장의 셀카를 찍은 다음 가장 잘 나온 것만 공유한다. 그리고 게시물이나 댓글, 트윗에 번드르르한 미사여구를 적기 위해 몇 시간을 고민한다. 또 통찰력 있고 배려심 있고 관대해 보이는 내용을 정기적으로 공유할 수 있다. 우리가 원하는 건 뭐든 가능하다. 그러다가 어떤 게시물이 나쁜 반응을 얻으면 당장 삭제해 평판이 최대한 손상되지 않게 관리할 수 있다. 기본적으로 소셜 미디어는 우리 자신을 가능한 한 최고로 포장해 드러내는 능력을 크게 향상시킨다. 그리고 원래 그런 성향이 있었던 뇌는 그런 소셜 미디어를 덥석 받아들였다.

타인에게 긍정적으로 인식되기 위한 본능적인 욕구와 그에 쏟는 노력은 실제 사회적 상호작용에서 위험성이라는 또 다른 요소가 작용한다는 것을 의미한다. 인상을 관리하는 뇌의 본능은 다른 사람들의 호감을 사려고 끊임없이 노력하지만, 이 노력이 꼭 성공한다는 보장은 없다. 타인도 그들만의 복잡한 내면을 가지고 있고 우리는 그중에서 가장 간단한 상호작용이라 해도 가능한 모든 경우를 고려할 수 없다. 무언가 쉽게 잘못될 수 있고, 뇌의 일부 영역은 이를 끊임없이 경계한다. 내가 만약 무심코 모욕적이거나 기분 나쁜 말을 했다면 어떻게 하지? 바지 지퍼가 열렸다면? 치아에 시금치가 낀다면? 비극적인 일화를 듣고 무심코 웃어 버리면 어떻게 될까?

　실제로 면대면 상호작용에서는 여러분이 생각하는 것보다 훨씬 많은 실수가 일어난다. 예컨대 어떤 물음에 대답하기까지 너무 오랜 시간이 걸리면 실패한 대화로 간주되게 마련이다. 인간은 상호작용하고 토론하고 수다를 떨도록 진화해 왔다.[5] 일부 연구에 따르면 인간의 뇌는 의사소통을 하려는 경향이 강해서 두 사람이 대화할 때면 뇌의 특정 부위들이 '동기화'되어 동시에 활동한다. 정보 교환에 전념하는 하나의 시스템을 구성하는 두 개의 요소가 되는 것이다.[6] 앞서 살폈듯이 이것은 모방 과정에서 한 역할을 담당한다.[7] 즉, 우리의 뇌는 상호작용하는 동안 정보와 대화의 흐름이 매끄럽게 이어지도록 진화했다. 그렇기에 비록 완벽하게 타당하고 합리적인 이유라도 응답하는 데 너무 오랜 시간이 걸리면 상당히 거슬리며, 느리고, 불확실하고, 진정성이 없으며 정직하지 않은 사람처럼 보일 수 있다. 실제로 느끼는 것을 그대로 말하기보다는 무언가 할 말을 꾸며 내기 위해 궁리하고 있는 것처럼 보이기 때문이다.

　이것은 또 다른 측면으로 이어진다. 현실 세계의 상호작용은 인지적으로 과중한 작업을 요구한다. 실시간으로 토론에 대응하고 처리하는 일은 정신적으로 매우 힘들다. 게다가 우리는 항상 스스로를 어떻게 표현할 것인지를 고민한다. 여기에 더해 우리를 부정적으로 보이게 할 수도 있는 위험 요인을 끊임없이 살펴야 하니, 사회적 상호작용이 그렇게 피곤한 것도 결코 놀랍지는 않다.[8,9]

　기본적으로 현실의 상호작용은 상당한 보상이 주어지지만, 동시에 여러 위험성이 따르고 해야 할 일도 많다. 마치 깎아지른 협곡 위로 밧줄 타기를 하며 최고급 와인을 마시는 것과 같다. 여기서 소셜 미디어가 다시 한번 등장한다. 그곳에서 물리적 실체가 있는 사람과 상호작용하는 것이 아니기 때문에 규칙이나 요구하는 바, 타이밍, 기대가 매우 다르다. 실수로 누군가를 화나게 하거나 난처한 일을 겪을 가능성은 크게 줄어든다.

만약 소셜 미디어에서 여러분이 누군가를 화나게 했다 해도 그 상대는 여러분의 근처에 없다. 그러니 위험이 따르지도 않는다. 뇌는 제공되는 보상이 줄어들지 않는다고 할 때, 이런 위험성의 감소에 매우 호의적으로 반응한다.[10] 뇌에 정신적인 부담이 줄어드는 것도 마찬가지다. 뇌는한 번에 너무 많은 일을 하려고 하지 않을 때 더 즐기고 좋아하는 경향이있다.[11]

사회적 상호작용의 범위 확대, 자기표현력 향상, 위험이나 당혹감이감소하면서 안전성이 증가하는 일들이 소셜 미디어를 통해 다채롭게 이뤄진다. 그리고 이 모든 것을 종합하면 소셜 미디어는 우리가 어떻게 타인과 만나고 상호작용하는지, 언제 누구와 함께하는지에 대해 우리가 더잘 통제한다는 감각을 제공한다. 자율성의 증가 또한 뇌가 큰 보상으로느끼는 또 다른 요인이다.[12] 사회적 상호작용과 대인 관계처럼 우리에게매우 중요한 무언가를 다룰 때 특히 더 그렇다.

자, 내가 그동안 예로 든 건 전부 뇌가 무의식 수준에서 반응하는 것들이다. 우리는 소셜 미디어가 즐겁고 만족스러우며 우리에게 보상을 준다고(즉, 우리를 더 행복하게 한다고) 생각한다. 하지만 그것은 우리가 의식적으로 인지하지 못하는 방식으로 이루어진다. 그에 따라 우리가 소셜 미디어를 사용할 때 상당 부분이 의식적인 의사 결정과는 관련 없는 방식으로 일어난다.

이런 행동이 결코 현명하지도 않고 도움도 안 된다는 사실을 알면서도 새벽까지 소셜 미디어를 스크롤하다가 잠을 설친 적이 있는가? 소셜 미디어에 무엇이 업데이트되었는지 보려고 휴대전화를 습관처럼 들여다보는가? 공중화장실처럼 반드시 그래야 할 필요도 없고 편하지도 않은 곳에서도 그렇게 하지 않는가? 소셜 미디어를 확인하느라 해야 할 일에서 무심코 주의를 빼앗기곤 하는 일이 종종 있는가? 나도 이 단락을 쓰는 동안 몇 번이나 소셜 미디어를 확인했다. 많은 사람이 너무 소모적이거나 산만해진다는 이유로 소셜 미디어로부터의 휴식을 선언한다. 이 모든 것은 소셜 미디어의 많은 매력이 무의식적이고 감정이 개입된 과정을 통해 전해진다는 점을 암시한다.

하지만 내가 이 책을 쓰는 과정에서 반복적으로 발견한 한 가지 사실이 있다면, 감정과 인지는 매우 밀접하게 연관되어 있다는 것이다. 감정이 앞서면 인지가 뒤따르는 경우가 많고, 그 반대도 마찬가지다. 따라서 소셜 미디어가 우리에게 감정적인 보상을 준다는 것은 우리가 소셜 미디어에 의식적으로 영향을 받는다는 뜻이다. 아마도 이것은 사람들이 온라인에서 무언가가 공유되지 않는 한 '제대로 된, 유효한 것'이라 느끼지 못하는 이유일 것이다. 소셜 미디어는 우리의 감정적 과정을 능숙하게 조작함으로써 매우 친숙하고 매력적인 존재가 되어 보다 의식적인 과정과 일상에 통합되었을 수 있다. 이것은 장기 연애 중인 연인과 나 자신 모두에게 영향을 미치는 결정을 내리기 전에 연인에게 의견을 묻는다든가, 집

감정이 어려운 사람들을 위한 뇌과학

에서 외출하기 전에 샤워하고 양치질을 하는 것과도 같다. 즉 엄밀한 의미에서 꼭 할 필요는 없지만, 하지 않으면 뭔가 여러 가지로 잘못된 행동처럼 느껴진다. 여러분의 근황을 소셜 미디어에 공유하지 않는 것도 이와 비슷하게 뭔가 잘못된 느낌을 줄 수 있다.

그뿐만 아니라 소셜 미디어는 우리의 생각과 사고에도 직접적인 영향을 미친다. 몇몇 연구에 따르면 소셜 미디어를 사용하면 신경과학자들과 심리학자들이 '몰입'이라고 부르는 상태를 유도할 수 있다. 비록 이 몰입은 정의 내리기 까다로운 개념인 데다(연구하기에는 더 까다롭다) 이 개념을 다루는 이론도 여러 가지지만, 나는 다음과 같이 이해한다.[13]

인간의 뇌는 한 번에 한 가지 일을 하는 단일한 시스템이 아니다. 그보다는 네트워크와 여러 영역, 과정이 동시에 작업을 수행하며 돌아가는 터무니없이 복잡한 시스템이다. 그리고 이러한 것들이 마음과 의식을 구성하지만 결코 원활하게 협력하지는 않는다. 누구나 중요한 일을 하는 도중에 주의력이 계속 떨어지고 산만해진 경험이 있을 것이다. 또는 잠을 자려고 애쓰는데 미납된 각종 요금이나 해결되지 않은 가족 간의 갈등, 다가오는 마감일에 대한 당혹감과 걱정으로 머릿속이 가득 찬 경험도 있을 것이다. 기본적으로 우리의 뇌에는 한 번에 많은 일이 동시에 일어나고 있다. 대부분의 경우 뇌의 여러 영역은 서로를 방해하거나 훼방 놓고, 심지어 다른 영역보다 우위를 차지하기 위해 적극적으로 경쟁하기까지 한다.

하지만 때때로 우리는 뇌의 서로 부딪히는 영역들이 함께 조화롭게 협력하도록 자극하는 일을 하게 된다. 그 결과 우리는 갑자기 하는 일을 매우 잘하게 될 뿐만 아니라 즐기게 되고, 그 일은 정말로 자극과 활기를 주는 경험이 된다. 여러분은 훌륭한 솔로 연주를 하는 음악가가 될 수도 있고, 새롭고 독창적인 건물을 짓는 건축가가 될 수도 있으며, 섬세한 조작이 필요한 비디오게임을 하는 10대 청소년이 될 수도 있다. 어떤 경우이든 여러분은 당장 눈앞의 일에 완전히 몰입하게 되고, 능력치는 평상시보다 훨씬 좋아진다.

이렇듯 무아지경에 빠진 상태를 '인지적인 몰입cognitive flow'이라고 한다.[14] 이것은 기본적으로 생각이나 주의력, 잠재의식, 감각, 감정 등이 한번에 조화롭게 작용할 때 일어나는 일이다. 그러면 다른 곳으로 돌아가는 정신적인 자원이 거의, 또는 전혀 없기 때문에 뇌는 모든 것이 더 매끄럽고, 빠르고, 수월하게 일어나는 것처럼 느낀다.

이런 몰입은 책이나 영화에 너무 감정적으로 빠져들어 현실에 대한 인식이 줄어드는 '이동transportation 현상'과 몇 가지 공통점을 가진다. 하지만 이동 현상이 보다 수동적인 반면(우리는 이야기에 영향을 줄 수 없는 관찰자일 뿐이다) 몰입은 여러분이 적극적으로 무언가 과제를 수행하는 가운데 일어난다.

과학자들에 따르면, 그것에 대한 요구와 기술을 적절히 균형 있게 갖춰야만 몰입이 가능해진다. 다시 말해 어떤 일을 하기 위해서는 해야 할 필요성과 그것을 할 수 있는 능력이 정확하게 맞아떨어져야 한다.[15] 만약 과제가 너무 쉬우면 뇌는 보다 덜 관여하게 되고, 관련되지 않은 영역은 별도의 일을 계속하기 때문에 몰입이 이루어지지 않는다. 반면에 과제가 너무 힘들어도 스트레스와 통제력 부족, 자기 회의, 불확실성 등이 뇌의

감정이 어려운 사람들을 위한 뇌과학

많은 부분을 좀먹게 되어 역시 몰입을 방해한다.

하지만 관련 요인들이 '골디락스 존(생명체들이 살아가기에 적합한 환경을 지니는 우주 공간의 범위-옮긴이)'처럼 딱 떨어지면 드디어 몰입이 발생한다. 몰입이 일어나면 우리는 통제력이나 자기 효능감, 동기부여, 성취감, 긍정적인 자아상 등을 얻게 된다(우리가 무언가를 매우 잘하고 있다는 사실을 생생하게 인식하기 때문에).

한 번에 많은 사람과 상호작용하는 것은 분명 우리의 뇌가 매우 익숙하게 여겨 기꺼이 뛰어들 수 있는 작업이다. 그리고 앞서 살핀 바와 같이 소셜 미디어는 여러 다른 신경학적 과정들을 자극한다. 이것은 본질적으로 몰입을 발생시키기 위한 핵심 요건이다. 연구에 따르면 소셜 미디어는 몰입 과정을 촉진하는 것으로 나타났는데, 그렇다면 우리가 소셜 미디어에 계속해서 빠져드는 것도 놀랍지 않다. 몰입은 많은 사람이 평생 일하면서 겨우 성취할까 말까 하는 과정이다.[16]

그 때문에 소셜 미디어는 우리가 눈을 뗄 수 없이 빠져드는 대상이자 오늘날 세상과 소통하는 데 큰 부분을 차지하게 된 것이다. 하지만 여러 신문 기사에서 말해 주듯이 소셜 미디어가 다 좋은 것만은 아니다. 사실 그와는 거리가 멀다고 할 수 있다.

우리는 오프라인 친구보다 온라인 친구를 더 많이 사귈 수 있으며, 연구 결과에 따르면 사람들은 온라인 친구 네트워크가 방대할수록 자신의 삶에 더 만족하고 행복을 느끼는 경향이 있다. 하지만 동일한 결과에 따르면 가장 친밀하고 가장 보상이 큰 인간관계는 여전히 직접 대면하는 면대면 관계다. 소셜 미디어로 맺는 관계가 감정적인 보상을 주지 않는다는 의미가 아니라, 그런 관계가 '실제'와 충분히 일치하지 않는다는 것이다. 온라인 관계에서 느낄 수 있는 감정적 만족감은 분명 질보다는 양으로 영향을 미치는 것으로 나타났다.[17]

사회적 불안감을 느끼는 사람들이 소셜 미디어에 과도하게 의존하는 경향이 있다는 연구 결과도 이를 뒷받침한다.[18] 전적으로 말이 되는 이야기다. 만약 현실 세계에서 인간관계를 맺고자 애써야 하는 사람이라면, 소셜 미디어는 그에 따르는 온갖 위험을 줄이고 통제력은 더 강화한 이상적 대안이 될 수 있다. 소셜 미디어가 현실 세계에서 무시당하거나 소외된 여러 개인이나 집단에 도움이 되는 이유도 바로 이것이다.[19] 반면에 만약 이미 감정적으로 충분한 보상을 받는 면대면 관계를 갖고 있다면 소셜 미디어를 통해 얻을 수 있는 건 많지 않다.

이런 설명은 여전히 소셜 미디어의 긍정적인 면에 초점을 맞추고 있다. 안타깝게도 소셜 미디어에는 심각하게 부정적인 감정적 경험으로 쉽게 이어질 수 있는 측면들도 있다. 아마도 가장 많이 언급되는 예는 온라인을 통해 누군가를 괴롭히거나 못살게 구는 사이버 폭력cyberbulling일 것이다. 최근 통계에 따르면 10대와 젊은 성인들 가운데 대다수가 이런 사이버 폭력을 경험했다고 한다.[20] 소셜 미디어는 의심할 여지 없이 이런 현상으로 이어지는 두드러진 요인으로, 소셜 미디어의 일부 측면은 사이버 폭력을 훨씬 더 악화시킨다.[21]

사이버 폭력은 실제 신체에 물리적으로 가해지지 않지만 그 결과는 모두 감정적이라는 것을 의미한다. (여기서는 앞에서 반복적으로 살폈던 것처럼 감정에 언제나 생리적인 요인이 뒤따른다는 사실을 고려하지 않는다. 사실 과학

감정이 어려운 사람들을 위한 뇌과학

적으로 말하면 신체적인 것과 감정적인 것 사이의 차이는 어떤 경우에도 명확하지 않다.) 예컨대 상처 주는 메시지를 받았을 때의 괴로움, 부당함에 대한 분노와 이에 대해 아무것도 할 수 없다는 무력감, 언제 다음 메시지가 도착할지, 누가 그 메시지의 배후에 있는지, 왜 그런 행동을 하는지 모른다는 두려움 등이 피해자의 정신 건강에 해로운 영향을 미칠 수 있으며 실제로도 그렇다.[22] 전문가들이 사이버 폭력을 현실 세계에서 일어나는 물리적인 폭력과 마찬가지로 유해하고 전형적인 진짜 괴롭힘이라고 인정하는 이유도 이것이다.[23]

물리적 요소가 사라진다고 해서 피해자에게 미치는 정서적 피해가 줄어드는 것은 아니다. 실제로 소셜 미디어 때문에 사이버 폭력이 전형적인 물리적 폭력보다 더 심해질 수 있다.[24] 여러 소셜 미디어에 가입했다는 것은 어느 때보다도 잠재적 괴롭힘에 쉽게 노출될 수 있다는 뜻이다. 현실에서의 괴롭힘과는 달리, 사이버 폭력은 온라인 기기에 로그인하고 있는 한 어디서든 일어날 수 있다. 이렇게 괴롭힘이 상시적인 위협이 되면 스트레스는 더욱 커진다.[25]

아마도 괴롭힘과 소셜 미디어 사이의 가장 흥미로운 상호작용은 '관찰자 효과'일 것이다. 괴롭힘은 보통 가해자와 피해자라는 두 당사자만을 포함한다고 가정한다. 하지만 다른 사람들이 그 과정을 관찰한다면 상황은 더욱 악화된다. 내가 사회적지위를 잃는 모습을 타인이 지켜보는 것만으로도 상황이 상당히 악화되는데, 다른 사람의 시선이 여기서 근본적인 역할을 하기 때문이다. 게다가 관찰자들이 괴롭힘에 대해 손 놓고 아무 조치도 취하지 않는다면 상황은 더욱 심각해진다. 그들의 방관 이유가 무엇이든(자기방어나 동료들의 압력이 모두 여기에 대한 적당한 이유가 될 수 있다. 그렇다고 해서 윤리적이지는 않지만 말이다.) 피해자에게는 도움을 줄 가치가 없다고 여기는 것과 마찬가지다. 그렇지 않았다면 관찰자들은 괴롭힘을 멈추도록 개입했을 것이기 때문이다. 그에 따라 피해자는 더욱 부정적인 감정에 사로잡힌다.[26] 많은 가해자들이 '하수인', 즉 방관자들을 대동하고 나쁜 짓을 저지르는 건 아마 이런 이유에서일 것이다.

이런 관찰자 효과는 소셜 미디어 속 사이버 폭력에서 특히 중요하게 작용한다. 이런 경우 당사자들만 '혼자' 있는 건 거의 불가능하기 때문이다. 일종의 직접 메시지가 아닌 한, 사이버 공간에서 모든 상호작용과 참여는 여러분과 상대가 연관된 모든 사람에게 관찰될 가능성이 있다. 즉 누군가가 여러분의 악의 없는 게시물에 비열하거나 노골적인 욕설을 남기면 그것을 수백, 수천 명이 볼 수 있다.[27] 그러한 목격자 중 누구도 여러분을 변호하러 오지 않는다면, 현실 세계에서 방관자들이 도우러 오지 않을 때와 마찬가지로 감정적인 불편함을 느낄 수 있다.

24시간 깨어 있는 군중

소셜 미디어는 본질적으로 '공적인 공간'이다. 일단 연결된 사람들은 항상 서로를 지켜볼 수 있기 때문이다. 이 부분이 바로 핵심이다. 하지만 그것은 현실 세계에서 타인과 상호작용하는 방식과는 다르다. 현실에서는 누구도 24시간 내내 친구들 모두를 지켜보지는 않는다. 소셜 미디어의

감정이 어려운 사람들을 위한 뇌과학

이러한 측면은 괴롭힘을 넘어 여러 가지 바람직하지 않은 감정적 효과로 이어진다.

그중에서도 가장 중요한 건 앞서 말했던 인상 관리와 관련된다. 이것은 타인에게 우리 자신에 대한 최고의 이미지를 내보이려는 무의식적 충동이다. 이런 욕구가 강력하다는 건, 우리가 스스로에 대해 실제 현실과 달리 지나치게 긍정적으로 묘사하는 경우가 많다는 뜻이다.[28] 자신을 대단하고 가치 있는 사람으로 드러내기 위해 우리는 스스로 얼마나 훌륭하며 얼마나 많은 일을 할 수 있는지에 대해 끊임없이 거짓말을 한다. 뇌 스캔 연구에 따르면 우리는 스스로에 대해 부정적이고 비판적인 거짓말을 할 때 전전두피질의 특정 부분이 활성화되지만, 반면에 스스로에 대해 긍정적이고 듣고 싶은 거짓말을 할 때는 그렇지 않은 것으로 나타났다. 이는 자기과시적 자기기만이 우리 뇌의 디폴트 상태라는 점을 암시한다.[29] 우리는 스스로 하는 거짓말이 더는 긍정적이지 않을 때 비로소 그 변화를 받아들인다.

누군가의 오해를 사지 않는다면 이 끊임없는 자기기만은 어느 정도 바람직하다. 사실 꼭 필요하다고도 말할 수 있다. 우리는 자신에 대해 긍정적으로 느낄수록, 정신적이거나 감정적인 행복을 더 많이 느끼는 경향이 있다.[30] 즉, 부정확하더라도 긍정적인 자아 이미지를 갖는 것은 우리에게 미묘한 동기를 부여하고 면대면 상호작용을 잘하도록 유도하기 때문에 어느 정도는 좋은 일이다.

하지만 여기서 소셜 미디어가 문제를 일으키기 시작한다. 소셜 미디어는 우리에게 기술적 자유와 통제력을 제공해 이 부정확한 자아 이미지를 가상 세계에 풀어놓도록 한다. 이것은 도움이 되지 않는다.

아마도 여러분은 정작 삶이 잘 풀리지 않고 잘못된 결정을 내리면서도 온라인에서는 영감을 주는 밈이나 도움이 되는 조언을 끊임없이 올려대는 친구를 한 명쯤 알고 있을 것이다. 이국적인 장소에서 열린 신나는 파티에 참석한 자기 사진을 끊임없이 올리는 사람들도 꽤 많다. 소셜 미디어 속에는 자신과 자신의 삶을 실제보다 더 긍정적으로 드러내는 사람들이 넘쳐 난다.

이것이 반드시 허세(또는 근거 없는 오만)는 아니다. 앞서 언급했듯이, 소셜 미디어에서 보내는 시간은 자기 인식에 직접적인 영향을 줄 수 있다.[31] 온라인 상호작용은 우리가 자기 자신을 바라보는 방식을 뇌에서 형성하도록 도와준다. 현실 세계의 경험과 다를 바 없다. 즉, 어떤 사람이 페이스북이나 인스타그램을 통해 자신의 긍정적인 면을 과장할 때, 타인의 호감을 사도록 조작하는 것이라기보다는 가상 세계의 이미지처럼 실제 자신도 괜찮은 사람이라고 스스로 확신하려 하는 것이다.

하지만 불행히도 소셜 미디어에서는 이 지나치게 긍정적인 이미지를 당사자 말고 모든 사람이 볼 수 있다. 그리고 그에 따른 문제가 생긴다.

한 예로, 어떤 문제에 대해 자신 있게 주장하는 사람들은 불확실하거나 불확실해 보이는 사람보다 더 신뢰할 만하다고 인식되는 경우가 많다. 하지만 이 과정이 역전되어 나중에 그들의 주장이 기만적이거나 부정확한 것으로 밝혀진다면, 보통 사람들보다 신뢰도가 떨어진다고 인식된다.[32] 오늘날의 정치인들이 보통 신뢰할 만하지 않다고 여겨지는 건 아마 이런 이유에서일 것이다. 정치인들의 일상은 거의 정확하지 않은 주장을 자신 있게 개진하는 행동을 중심으로 돌아간다. 여러분도 마찬가지다. 소셜 미디어에서 자신의 삶이 얼마나 대단한지를 과장해 드러내다가도 인맥 네트워크에 있던 누군가가 여러분이 사실 스스로 내세우는 것처럼 훌륭하지 않다는 사실을 알게 되면, 여러분의 이미지는 심각하게 깎일 수 있다.

인간의 뇌는 보통 속임수나 조작에 잘 반응하지 않기 때문이다. 물론 스스로에 대한 속임수는 일상적인 일이지만, 다른 누군가가 여러분을 속이는 일은 강력한 부정적 감정을 불러일으킨다. 이런 이유로 웃기는 데 실패한 농담은 우리에게 무척 적대적인 반응을 유발한다.[33] 이건 누군가가 우리에게 어떤 감정을 유도할 수 있다고 여겼지만 결국 실패했다는 뜻이다. 그렇다면 우리의 감정을 조작하려 했던 사람은 우리가 자기보다 더 단순한 사람이라고 가정했던 셈이다. 어떻게 감히!

연구에 따르면 소셜 미디어 속 지나치게 긍정적인 게시물은 그 사람이 불안감 같은 문제를 안고 있다는 지표가 될 수 있다고 한다. 특히 악명 높은 예는 연인을 '세상의 전부'라 여길 만큼 사랑하고 있다는 게시물을 끊임없이 올리고, 꽃과 하트로 둘러싸인 채 서로 애틋하게 바라보는 사진을 끊임없이 공유하며 '#축복' 같은 해시태그를 붙이는 사람들이다.

여러분은 이런 게시물이 달콤하다고 생각할 수도, 구역질 난다고 생각할 수도 있다(개인적으로 나는 후자다). 공평하게 말하자면, 낭만적인 사랑이 뇌에 미치는 잠재적인 영향을 고려할 때 이런 게시물은 충분히 올릴 만하다. 그러나 연구에 따르면 그런 행동은 종종 관계에 대한 불안감의 결과이며, 소셜 미디어에서 그들의 사랑을 끊임없이 과시하는 사람들은

관계에 대해 오히려 다른 사람보다 불안해하는 사람인 경우가 많다고 한다.[34]

이것은 직관에 반하는 것처럼 보이지만, 연애 관계가 우리의 정체성에 얼마나 중요한지를 생각하면 이해가 된다. 만약 연인 관계에 모종의 의심을 품을 경우, 감정적으로 많은 불편함을 느끼게 된다. 하지만 우리는 소셜 미디어를 통해 연인과의 (가상적) 관계가 얼마나 견고한지 과시하듯 드러낸다. 만약 소셜 미디어 속 존재가 우리가 자신을 바라보는 방식에 정말로 중요한 일부라면, 이런 과시적 행동은 우리의 기분을 좋게 만든다. (그 이면에는 보다 냉소적인 동기가 자리할 수도 있다. 예컨대 여러분이 모든 지인에게 연인과의 관계가 문제없다고 지속적으로 이야기하다 보면 파트너에게 사회적인 압박과 기대가 생기고, 이는 관계를 끝냈을 때 더 큰 결과를 낳는다. 하지만 나는 여기서 모든 이들이 선한 의도를 가졌다고 가정할 것이다. 나쁜 의도를 가진 사람들은 바깥세상에 이미 충분히 많으니 말이다.)

소셜 미디어에서 자신을 과장해서 드러내는 사람들에게도 비슷한 논리를 적용할 수 있을 것이다. 뇌가 자아에 대해 하는 일의 대부분이 바로 이것, 엄밀히 말해서 '허세를 부리고 나중에 그렇게 실현시키는' 과정이다. 하지만 옆에서 지켜보는 사람들의 관점에서는 그 모습이 눈에 거슬리거나 가짜처럼 보일 수 있다.

이것은 우리를 최초의 지점으로 되돌린다. 소셜 미디어의 거의 모든 행동이나 발언은 서로 연결된 군중 앞에서 일어난다. 하지만 이는 현실 세계의 상호작용이 작동하는 방식과는 거리가 멀며, 먼 옛날부터 이어진 우리 뇌의 사회화 시스템에 혼란스럽고 유해한 결과를 초래한다.

감정이 어려운 사람들을 위한 뇌과학

이 과정은 소셜 미디어가 사람들의 정신 건강에 미치는 수많은 피해의 근원일지도 모른다. 데이터에 따르면 주관적인 사회적지위와 정신 건강은 강하게 연결된 것으로 나타났다.[35] 여기서 '주관적'이라는 단어가 중요하다. 객관적으로 좋은 조건을 가졌다면, 즉 교육을 잘 받고, 부유한 지역에 거주하며, 넉넉한 생활을 하고, 온갖 문명의 이기에 접근할 수 있다면 꽤 괜찮은 삶을 살 수 있을 것이다. 그렇지만 주변의 모든 사람이 양적으로나 질적으로나 더 나은 조건을 가졌다면, 주관적으로 사회적지위가 매우 낮다고 느낄 수 있다. 이것은 감정적으로 건강하지 못한 사고방식으로 정신 건강에도 결코 좋지 않다.[36]

소셜 미디어는 훨씬 더 확장된 관계의 네트워크를 제공한다. 그리고 구성원들끼리 훨씬 더 많이, 지속적으로 노출되도록 한다. 뇌가 작동하는 방식 때문에 이 구성원 대부분은 자기에 대해 지나치게 긍정적인 이미지를 내보일 가능성이 높다. 그러니 소셜 미디어를 자주 사용하는 사람은 친구나 지인, 존경하는 사람들이 모두 괜찮은 삶을 살고 멋진 인생을 즐기는 것처럼 느끼게 된다. 이렇듯 지나치게 과시하는 게시물은 그 하나만으로는 무해할지도 모르지만 계속 쌓이면 위험하다.

문제는 소셜 미디어를 사용하는 사람들이 알아챌 유일한 결점이나 문제는 자기 자신이라는 것이다. 그들은 다른 사람들의 삶에 대해서는 꽤 세련된 관점을 갖지만, 자신의 삶은 결점투성이라고 여긴다. 이들은 자신이 네트워크에서 가장 결함이 있는 사람, 즉 가장 지위가 낮은 사람이라고 느끼게 된다. 이 생각은 정신 건강을 해치고 문제를 일으킨다.

이렇게 말하면 어떤 사람들은 비웃을지도 모른다. 소셜 미디어를 그렇게 심각하게 받아들일 필요가 없다는 것이다. 물론 대부분의 경우 그렇다. 하지만 준사회적 관계라든가 10대 시절의 짝사랑을 통해 살폈듯이, 인간의 뇌는 누군가에게 정신적·감정적으로 투자를 할 때 그렇게 많은 것을 필요로 하지 않는다.

게다가 사회적 불안 증세가 있는 사람들, 즉 타인이 자신을 어떻게 인식하는지에 매우 민감한 사람들 또한 소셜 미디어에 많이 의존하는 만큼 그에 따라 비현실적으로 긍정적인 누군가의 자기 묘사에 더 많이 노출될 것이다. 그 결과 소셜 미디어는 이미 열등감과 싸우고 있는 사람들의 열등감을 더욱 악화시켜 그들의 정신 건강에 심각한 해를 끼칠 수 있다.

이 효과는 사회적으로 불안한 사람들이 온라인이나 오프라인에서 사람들과 관계를 맺을 가능성이 낮다는 사실로 인해 더 악화된다. 여러 연구에 따르면 소셜 미디어가 사용자의 정신 건강에 미치는 영향은 그가 '수동적인' 사용자인지 '활동적인' 사용자인지에 따라 달라진다는 사실이 밝혀졌기 때문에, 이는 중요한 문제다.[37]

활동적인 사용자들은 주기적으로 게시물을 올리며 경험을 공유하고 타인과 소통하는 사람들이다. 이들에게 소셜 미디어는 실제로 정신 건강에 좋을 수 있다. 하지만 만약 여러분이 수동적인 사용자, 즉 타인이 무엇을 하고 있는지만을 관찰하는 사람이라면 연결, 상호작용, 승인이라는 긍정적인 감정적 결과를 경험할 수 없다. 비록 그들이 진실하지 않더라도 다른 사람들이 얼마나 잘하고 있는지만 지켜보게 되는 것은 여러분의 정신 건강에 매우 좋지 않을 수 있다.[38]

여기에는 세대 차이도 있는 듯하다. 소셜 미디어의 영향 연구 중 상당

감정이 어려운 사람들을 위한 뇌과학

수는 청소년이나 청년에게 초점을 맞추는데, 이들은 소셜 미디어를 삶에서 지속적인 존재로 받아들이며 신경학적·감정적 발달의 핵심 단계를 거친 세대다.[39] 이런 사실은 소셜 미디어가 청소년의 정신 건강에 부정적인 영향을 미친다는 기본 가정과 함께, 그것이 청년의 정신 건강에 미칠 잠재적인 해에 대한 걱정으로 이어졌다. 이것은 꽤 합리적인 우려지만 과학적으로는 그렇지 않다. 전반적으로 소셜 미디어가 청년들의 정신 건강에 미치는 영향은 아주 미미한 것으로 나타났다.[40]

내가 앞서 이야기한 모든 것을 고려하면 이 주장이 놀랍게 느껴질 것이다. 하지만 그렇다고 소셜 미디어가 아무런 영향을 미치지 않는다는 건 아니다. 영향을 미치는 것은 확실하지만, 그 영향은 좋을 수도 있고 나쁠 수도 있다.[41]

소셜 미디어는 여러 가지 방식으로 청소년과 청년들의 정신 건강을 해칠 수 있다. 예컨대 학대, 사이버 폭력, 사회적 거부감(10대 청소년들의 뇌가 유독 민감하게 반응하는[42])에 더 많이 노출시킨다. 사실 소셜 미디어는 역설적으로 청소년들이 자기가 놓치고 있거나 초대받지 못한 것들을 인식하게 해서 더욱 두려움과 고립감을 느끼도록 이끌 수도 있다.

오늘날의 기술은 셀카 필터나 보정 앱을 통해 자신의 이미지를 인위적으로 개선하도록 돕는다. 현실에서 도저히 얻을 수 없는 신체적 아름다움을 보여 주는 이런 이미지를 마구잡이로 공유하는 것은 10대, 그중에서도 소녀들에게 유해한 신체-이미지 문제를 초래한다.[43] 즉, 소셜 미디어는 10대 청소년이나 청년들의 정신 건강을 확실히 해칠 수 있다.

하지만 동시에 소셜 미디어는 긍정적인 영향도 준다. 자신의 궁극적인 정체성을 파악한 청년들은 소셜 미디어를 통해 최소한의 노력과 위험 부담만으로 그들이 좋아하는 방식으로 자기를 표현하고, 자존감을 높일 수 있다. 지난 수십 년 동안 청소년들이 일반적인 모습과 달리 보이고 행동했다는 이유로 비난과 조롱을 받거나 적극적으로 괴롭힘당한 사례는 무수히 많다. 그렇지만 소셜 미디어의 특성상 이런 일이 온라인 공간에서 일어날 가능성은 적다.

이와 관련해서, 소셜 미디어는 같은 생각을 가진 수많은 다른 사람과 연결해 청소년의 두뇌 발달에 중요한 역할을 하는 사회적 지지를 북돋울 수 있다. 그뿐만 아니라 타인으로부터 배우고 안전하게 대화를 나눌 기회를 크게 늘려, 성性과 같은 발달 단계상의 민감한 문제에 대해 보다 안심하고 표현하며 토론하도록 할 수 있다. (어떤 사람들은 청소년들이 포르노에 쉽게 접근하게 되면, 이는 섹스에 대한 위험할 정도로 비현실적인 관념과 기대로 이어져 위험하다고 주장한다. 타당한 지적이지만, 구체적으로 들어가면 소셜 미디어의 문제라기보다는 인터넷 자체에서 기인한 문제에 가깝다.) 장점은 그 밖에도 많다.

우리가 가진 증거에 따르면, 소셜 미디어가 10대의 정신 건강에 미치는 영향은 긍정적인 것과 부정적인 것이 서로 상쇄되는 경우가 많다. 다시 말하지만 이건 소셜 미디어가 청소년들의 정신 건강에 아무런 영향을 미치지 않는다는 뜻이 아니다. 다만 대부분이 생각하는 것보다는 긍정적인 면과 부정적인 면이 균형을 이룬다는 의미다.

반면에 기성세대들은 소셜 미디어에 대해 다른 방식으로 반응한다. 예컨대 한 연구에서는 은퇴 후 고립과 외로움을 겪는 사람들에게 몇 주에

감정이 어려운 사람들을 위한 뇌과학

걸쳐 소셜 미디어 사용법을 가르쳤다. 소셜 미디어를 통해 수많은 타인과 연결되고 그들과 상호작용할 수 있다는 점을 고려하면, 이것은 사회적 고립감을 줄이고 정신 건강을 향상시켜야 한다. 하지만 불행히도 소셜 미디어를 사용하는 것이 노년층의 정신 건강에는 거의 영향을 미치지 않았다.[44]

어쩌면 단순한 문제일 수도 있다. 예컨대 수명이 길고 경험이 더 많이 축적된 노년층은 정신적 모델, 즉 세상이 어떻게 작동해야 하는지에 대한 이해가 보다 확고하게 확립되어 있기 때문일지도 모른다.[46] 이러한 기존의 이해에서 벗어나거나 도전하는 일은 부정적인 감정 반응을 유발한다.[47] 뇌는 변화에 저항하고 기존의 생각과 신념을 옹호하기 때문이다.[48] 그러니 만약 소셜 미디어와 관련한 기술이 없었을 무렵 세상을 이해하기 시작한 사람이라면 소셜 미디어를 더 의심하게 되고 따라서 이를 사용하려는 경향이 줄어들게 될 것이다. 여기에서 문제가 발생한다.

나는 한 학회에서 지금이야말로 디지털 이민자 세대(인터넷이 발달하기 이전에 성장한 사람들)가 디지털 원주민 세대(평생 인터넷이 존재해 온 시절을 살았던 젊은 사람들)를 양육하는 인류 사회의 독특한 지점이라고 발표한 적이 있다. 인터넷이 우리 삶 곳곳에 끼친 실질적인 영향은 아무리 말해도 충분하지 않다. 결과적으로 아이들, 부모, 그리고 조부모 세대는 인터넷과 인터넷 사용 방식에 대해 크게 다른 생각을 가지고 있기 때문에 세대 간의 마찰과 논쟁이 더 크게 발생할 수 있다. 당연히 사람들의 정신 건강에도 좋지 않다.

좀 더 개인적인 차원에서 나는 이것이 내가 페이스북 장례식 스트리밍 자체를 그렇게 미심쩍게 여겼던 이유가 아닐까 하는 생각이 들었다. 그런데 단지 내 나이 때문일까? 명백한 요인이기는 했지만, 그것만 영향을 줬을 것 같지는 않다. 인터넷이 다방면으로 활용되기 시작했을 때 나는 아직 어린아이였다. 분명 나는 디지털 이민자 세대이긴 하지만 그래도 아주 어린 나이에 디지털 세계로 이주한 사람이다. 그런 만큼 별문제 없이 그 세계에서 자라났고 디지털 영역이 무언가 이상하다거나 불안하다고는 생각하지 않는다. 나는 디지털 세계를 사랑하고 이 세계 없이는 살아갈 수 없다.

문득 머릿속에 짚이는 바가 있었다. 비록 내가 인터넷과 소셜 미디어에 대해 편안하게 느낄지언정, 아버지는 매우 다르게 느꼈을 것이다. 아버지는 전형적인 디지털 이민자 세대였고 특히 페이스북에 대해 평소에 불신과 혐오의 목소리를 높이곤 했다. 그런데도 아버지가 돌아가셨을 때 아들인 내가 생전에 끊임없이 반대하셨던 바로 그 플랫폼을 사용하여 아버지를 아는 사람들 모두와 장례식을 공유한 것이다. 아버지가 하늘에서 기뻐했을지 의심스럽다.

당시에는 지나치게 많은 감정적 혼란을 겪은 나머지 그렇게 깊이 생각하지 못했지만, 지금은 그것이 내가 페이스북을 통한 장례식 중계에서 불편함을 느꼈던 본질적인 이유일 거라 짐작하고 있다.

그렇다면 내가 당시에 어떻게 해야 했을까? 페이스북을 이용하는 게 아버지를 존중하지 않는 일일 수도 있지만, 아예 그렇게 하지 않고 수백 명에 달하는 아버지의 친구들에게 마지막 작별 인사를 할 기회를 빼앗는 게 오히려 더 나쁜 일일지도 모른다.

감정이 어려운 사람들을 위한 뇌과학

누가 뭐래도 소셜 미디어와 관련 기술들이 오늘날 우리 세계의 크나 큰 부분이라는 건 틀림없다. 아버지는 그렇게 느끼지 않았지만 말이다. 꽤 많은 사람이 장례식에 페이스북을 활용하는 걸 감정적으로 불편해하는 가운데, 나는 아예 추모할 기회가 사라져 버리면 안 된다는 의견이었다. 하지만 아무도 여기에 대해 어떻게 할 수 없었다.

나는 이것이 감정과 소셜 미디어의 한 가지 공통점이라고 생각한다. 현실 세계와 맞붙으면 결국 현실 세계가 승리하는 경향이 있다는 점 말이다.

감정과 기술은 어떻게 충돌하는가

앞서 나는 아버지의 장례식 날 저녁 늦게 가족들이 잠자리에 들고 혼자 남았을 때가 되어서야 눈물을 흘렸다고 말했다. 그때쯤 되어서야 마침내 '감정을 흘려보내도' 될 만큼 안전하다고 느꼈고, 이제는 남자답고 냉정하게 보이려는 나의 뿌리 깊은 욕구가 위협받지도 않는다고 생각했을 것이다. 물론 그것도 부분적인 이유지만 내가 울게 된 결정적인 계기는 사실 나를 달래 주려고 애썼던 몇몇 친구들과의 줌Zoom 화상 통화였다.

당시에는 나를 아끼는 지인들에게 감정을 털어놓는 게 이상적인 방법처럼 느껴졌다. 내 지인들은 아버지를 개인적으로 잘 알지는 못했기에 슬픔과 싸우느라 씨름할 일도 없었다. 그래서 장례식을 마치고 나는 얘기를 나누고 싶다면 곁에 있어 주겠다고 말했던 몇몇 친구들에게 메시지를 보냈고, 줌 세션이 급하게 준비되었다.

거의 두 시간 동안 이야기를 나눴는데도 친구들은 아무도 나에게 장례식에 대해서라든지 내가 어떻게 느꼈는지 직접적으로 묻지 않았다. 이내 나는 감정적으로 벅차오른 나머지 이들과 더 대화를 나눌 수 없게 되었다. 결국 다들 로그아웃하고 나 혼자만 남았다. 친구들이 아버지의 장례식을 굳이 신경 써서 언급하지 않았던 데에서 온 외로움과 허탈함이 마침내 나를 울게 만들었다. 늦더라도 우는 게 안 우는 것보다는 낫겠지, 나는 생각했다.

확실히 밝히자면 내 친구들이 배려심 없고 냉담한 사람이었던 것은 아니다. 나는 예전에도 지금도 친구들을 사랑한다. 단지 친구들은 그럴 의무가 없었을 뿐이다. 내 생각에는 줌이라는 기술 자체가 문제였다.

내가 줌 모임을 주선할 때 보냈던 메시지를 다시 읽어 보니 내용이 내가 생각했던 것처럼 명확하지는 않았다. 나는 내가 '아버지 장례식에서 막 돌아왔고, 친구들과 그 일에 대해 이야기하고 싶다'는 취지의 메시지를 썼다고 생각했다. 하지만 친구들이 그 메시지에서 파악한 의도는 '그러니 잠시 그 생각을 하지 않고 다른 주제에 대해 이야기하고 싶다'였다. 너무 피곤하고 날것의 감정만 남았던 나머지 당시 나의 의사소통 능력은 완벽하지 않았다. 그에 따라 친구들은 내가 그러길 원한다고 생각해서인지 아버지의 장례식에 대해 언급하지 않았다. 사실은 그렇지 않았지만 말이다.

슬픔에 잠긴 사람과 이야기하는 것은 아무리 좋은 상황에서도 쉽지 않은 일이다. 저해상도 웹캠과 화면 크기가 제각각인 비디오 링크를 통해

감정이 어려운 사람들을 위한 뇌과학

이 임무를 수행하려면 한층 더 어려워진다. 만약 우리가 실제로 한자리에 모여 있었다면 같은 일이 일어났을까? 아마 그렇지 않을 것이다. 얼굴을 마주 봤다면 친구들은 내 기분을 훨씬 더 명확하게 알 수 있었을 테고, 내가 모임의 의도를 직접 구두로 전했다면 말투와 억양이 드러나는 만큼 훨씬 더 취지가 분명해졌을 것이다. 하지만 팬데믹과 그에 따른 봉쇄 조치로 우리는 원격 통신 기술을 통해 모였고, 이로 인해 문제가 발생했다.

요점은, 오늘날의 기술이 아무리 대단한 위력과 장점을 가졌다 해도 여전히 인간의 감정과 관련해 난항을 겪고 있다는 것이다. 그리고 감정은 인간의 상호작용에서 매우 큰 역할을 하는 만큼, 이것은 많은 사람이 해결을 갈망하는 중요한 문제의 원인이 될 수 있다.

기술과 감정이 잘 결합되지 않는다는 것은 결코 새로운 이야기가 아니다. 앞에서 언급했듯이 로봇이나 기계가 감정을 경험하거나 이해할 수 없다는 설정은 SF 소설에 굉장히 많이 등장한다. 하지만 이제는 사람의 얼굴을 순식간에 식별하고, 미세한 안구의 움직임을 추적하며, 실시간으로 언어를 인식해 번역하고, 유전체를 분석하며, 개별 원자까지 관찰할 수 있을 만큼 기술이 발달했다. 그런데도 왜 감정은 여전히 골칫거리인 걸까?

일단 커뮤니케이션 기술은 두 사람 사이의 면대면 상호작용에서 전달되는 감정 정보 상당 부분을 삭제한다. 예컨대 후각과 촉각은 의사소통에서 강력한 요소지만, 아무리 가장 진보된 기술로 의사소통을 시도한다 해도 완전히 전해지지는 않는다.[49] 물론 시각이나 청각 정보라면 훨씬 생생하게 잘 전달된다. 하지만 여기에도 눈에 띄는 차이가 존재한다. 상대가 어떤 자세를 취하고 있는지, 긴장감이나 분노, 행복, 두려움을 전달하는 미세한 무의식적 움직임, 목소리와 음색의 미묘한 조화까지 잘 전해질 거라 기대하기는 어렵다. 매체에 따라 다르지만 통신 기술은 이런 정보를 감지하거나 전송하는 데 종종 어려움을 겪는다. 가장 최신 소프트웨어를 사용하더라도 마찬가지다. 노트북으로 줌 화상 통화를 한다면 보디랭귀지가 과연 얼마나 전해지겠는가?

기술을 사용한 타인과의 상호작용에서 감정 정보의 많은 부분이 전달 중에 기본적으로 누락된다는 의미다. 그런데 우리의 무의식적인 뇌는 이것을 눈치채지 못한다. 뇌는 이런 감정적인 정보를 얻지 못하는 상황이 오면 혼란에 빠진다. 예컨대 여러분은 전화 통화를 할 때 일어서서 주변을 돌아다니곤 하지 않는가? 흔하게 나타나는 현상이지만 논리적인 이유는 없다. 휴대전화를 들고 원하는 곳에 이동한 다음에 통화할 수도 있지만 그러지는 않는다. 반면에 우리가 누군가와 직접 대화를 나누면서 실내를 어슬렁거리는 일은 거의 없다. 그렇다면 우리는 왜 전화 통화를 할 때만 이렇게 할까?

내가 들은 한 가지 흥미로운 가설은 다음과 같다. 전화 통화에는 표정이나 보디랭귀지 같은 전통적인 대화에서 중요한 비언어적 요소가 결여되어 있다. 그래서 누군가와 전화로 대화를 나눌 때면 타인과의 상호작용을 처리하는 복잡한 신경계가 발동하지만, 이때 신경계는 대면적 상호작용에서 일반적으로 주어지는 정보가 없다는 사실을 알아챈다. 그 결과 우리는 갑자기 벌떡 일어나서 그 대상(즉, 우리가 이야기하고 있는 사람)을 찾아 나서며 정보의 공백을 메워야 한다.

감정이 어려운 사람들을 위한 뇌과학

이것은 무척 흥미로운 이론이다. 다수의 사람으로부터 이 이론에 대한 얘기를 들었지만 유감스럽게도 내용을 뒷받침하는 연구 논문은 찾지 못했다.

또 다른 이론에 따르면 우리가 통화하면서 서성거리는 이유는 공감이나 감정 반응에 할당된 신경학적 활동이 갈 곳을 잃었기 때문이라고 한다. 우리가 상대방을 볼 수 없고 그들이 어떤 행동을 하며 무엇을 표현하는지 볼 수 없는 만큼 이런 신경 활동이 움직임으로 '전환'되어 표출된다는 것이다.[50] 뇌와 신체의 연결이 몇 가지 흥미로운 현상을 만들어 내고, 생리적 반응은 감정적 경험에서 큰 부분을 차지하는 만큼 이 이론이 터무니없는 것은 아니다. 실제로 연구 결과에 따르면 창의성과 문제 해결력, 신체의 움직임 사이에 강한 연관성이 있다.[51] 누군가와 실시간으로 대화를 나누는 일은 미리 대본으로 나와 있는 것이 아니기 때문에 분명 많은 창의성을 필요로 한다.

우리가 온라인으로 의사소통할 때 문제는 더욱 커진다. 글이나 이미지, 짧은 영상을 통해 주로 소통이 이루어지는 소셜 미디어에서 특히 더 그렇다. 이것은 쉽고 안전하며 심지어 재미있는 대화 방법이지만, 실제 면대면 대화에서 나오는 풍부한 감정 정보를 담으려면 큰 노력이 필요하다. 아무리 간단한 온라인 메시지라도 뇌는 그것에 담긴 감정적인 측면을 파악하기 위해서 많은 추측을 해야 한다. 그리고 아버지의 장례식 이후에 벌어졌던 줌 화상 통화가 그랬듯 추측은 쉽게 빗나간다.

또한 온라인 상호작용에 의해 만들어진 감정적 반응은 실제 대화만큼 강력하지는 않은 듯 보인다.[52] 온라인에서 맺은 인간관계가 보통 개인에게 현실 세계의 관계만큼 감정적으로 중요한 비중을 차지하지 않는 이유가 이것이다. 생각해 보면 당연한 일이다. 이제는 온라인에서 연애를 시작하는 게 매우 일반적인 일이 되었지만, 연인들이 영원히 온라인 상태로 남지는 않는다. 현실 세계에서 만나는 것은 연애 초반부에 꼭 필요한 단계다. 온라인을 지탱하는 기술은 이미 많은 것들을 할 수 있지만 여기에 더해 우리에게 유의미한 감정적 연결 고리까지 수용하고자 고군분투하는 중이다. 그런 연결 고리 없이는 진정한 연애가 불가능하다.

사실 온라인으로 누군가와 의미 있고 지속적인 감정적 연결 고리를 형성하기가 아예 불가능하지는 않다. 단지 뇌에 큰 도전 과제를 안길 뿐이다. 온라인 소통에는 뇌가 그동안 이용하도록 진화한 감정적 정보의 상당 부분이 부족하기 때문이다.

그뿐만 아니라 현실 세계에서는 우리도 모르게 감정적인 표현이 나타나는 경우가 많다. 겉으로 드러내는 감정이라든지, 타인의 감정에 반응해 경험하는 공감은 보통 의식이 개입하기 전에 발생한다. 감정과 인지능력은 서로에게 큰 영향을 미치지만, 멈춰 서서 현재의 감정 상태를 어떻게 표현해야 할지 의식적으로 곰곰이 생각하는 경우는 거의 없다. '방금 일어난 일에 화가 났으니, 모든 사람이 내 감정을 알 수 있도록 적절한 표정을 지어야지.'라며 적극적으로 생각하는 사람은 아무도 없다.

기술을 통해 의사소통할 때는 조금 다르다. 물론 여러분은 소셜 미디어에서 누군가의 고통이나 희망을 자세하게 다룬 게시물을 종종 접할 것이다. 취약한 순간을 공유하려 눈물을 흘리는 사람들의 영상이나 사진도 자주 볼 수 있다. 이게 나쁜 것은 아니다. 소셜 미디어처럼 사람이 많지만

감정이 어려운 사람들을 위한 뇌과학

잘 통제된 환경에서 감정을 개방적으로 털어놓고 취약한 모습을 드러낼 수 있다면 큰 힘이 될지도 모른다.

하지만 아무리 감정적으로 가장 흥분한 상태에서도 자기가 그 일을 하고 있다는 의식 없이 기나긴 페이스북 게시물을 작성한다거나 이 감정을 공유하는 영상을 촬영해 업로드하지 않는다.

얼굴과 몸, 다양한 분비샘들과는 달리 인터넷은 우리의 뇌와 직접 연결되어 있지 않다. 따라서 우리가 온라인에 올리는 모든 것들은 우리의 손과 입, 언어중추를 거치며, 이것들은 주로 보다 상위의 의식적인 과정에 의해 통제된다. 따라서 우리가 100% 반사적이거나 본능적·자동적으로 온라인에 무언가를 올리지는 않는다. 감정을 포함해 무언가를 온라인에서 공유하는 것은 의식적인 결정이기 때문이다.

물론 감정을 공유하기 전에 먼저 의식적으로 생각해야 한다는 일에는 장점도 많다. 예컨대 우리는 감정을 표현하는 방법과 시기를 더 잘 통제할 수 있다. 하지만 모든 것이 그렇듯 단점도 따른다.

앞서 살폈듯이 온라인에서 이뤄지는 의사소통에 모든 관련 정보를 포함시키는 것은 어렵다. 이 자체로도 충분히 골칫거리지만, 사람들이 온라인에서 소통하는 감정이 사실 진짜 감정이 아닐 수도 있다는 점은 문제를 더욱 확장시킨다.

감정이나 인지적인 과정은 맥락과 상황에 따라 서로 영향을 주고받으며 우리의 뇌에서 일종의 역동적인 평형 상태를 이룬다. 하지만 온라인으로 감정을 표현하려면 보다 의식적인 사고가 필요하다. 이처럼 감정을 표현하는 데 인지의 역할이 커지면서 위에서 말한 중요한 평형이 깨진다.

이로 인한 결과 중 하나는 온라인에서 이뤄지는 감정 표현이 대면으로 직접 겪는 감정과 멀어지기 시작한다는 것이다.

하나의 예를 들면 온라인에서 가장 열정적이고 자신감 있으며 뻔뻔한 사람들은 놀랍게도 현실 세계에서 온순하고 느긋하며 사교적 수완이 있는 모습을 보인다고 한다. 이에 대한 설명은 여러 가지가 있다. 어쩌면 이들은 감정적으로 솔직해지는 게 보다 위험한 전략이 된다는 이유로 현실에서는 진짜 감정을 숨길 수 있다. 대신에 인지적인 요소가 더 큰 온라인에서 감정을 표현하다 보면 생각이 과도해진다든지, 실제 마음 상태와 일치하지 않는 언사로 이어지기도 한다. 이런저런 이유로 온라인에서 접한 사람을 실제로 만났을 때 매우 다른 모습일 수 있다는 사실은 널리 알려져 있다.

직장에 있을 때와 집에 있을 때, 또는 술집에서 친구들 사이에 있을 때 본능적으로 다르게 행동하는 것은 특별한 현상이 아니다. 강력한 두뇌는 정체성을 다채롭게 표출해서 특정 상황이나 집단에 더 잘 적응하도록 해 준다.[53] 이것은 감정에도 적용된다. 가령 코미디 쇼를 관람하는 중에 코미디언이 질이 떨어지거나 역겨운 이야기를 한다 해도 보통은 재미있고 즐거운 농담으로 인식되어 웃음이 터져 나온다. 그렇지만 같은 사람이 번화가에서 큰 소리로 똑같은 이야기를 한다면 많은 사람의 신경을 거스를 것이다. 심지어 시비가 벌어질 위험도 있다. 같은 내용이어도 맥락이 달라지면 사람들은 매우 다른 감정적 반응을 보인다.

온라인과 현실 세계 또한 충분히 다른 '환경'이기 때문에 사람들은 양쪽에서 각각 다른 행동과 반응을 보이며, 그에 따라 감정 표현도 달라질

감정이 어려운 사람들을 위한 뇌과학

수 있다. 실제로 연구 결과에 따르면 온라인을 통해 누군가의 감정 상태를 평가하는(사용된 감정 관련 용어의 수를 분석해) 동시에 직접 그들의 감정 상태를 기록하게 하면, 두 가지 방식으로 도출된 감정 데이터는 같은 기간에 동일인에게서 나왔다 해도 상당히 다를 수 있다.[54]

물론 효과의 정도는 개인에 따라 다르다. 만약 감정을 드러내고 다른 사람에게 터놓는 것을 중시하는 사람이라면 온라인과 현실 세계의 감정은 거의 일치할 것이다. 하지만 반대로 개인 정보 보호를 중요시하거나 다른 사람들에게 긍정적인 이미지를 유지하고 싶어 하는 사람이라면, 공개적으로 감정을 공유하는 것을 꺼리기 때문에 그 사람의 온라인과 실제 감정은 상당히 다를 수 있다. 따라서 어떤 사람들은 온라인이나 현실이나 감정적인 면에서 거의 같지만 어떤 사람들은 그렇지 않다. 그리고 어떤 경우든 기술을 통해 감정을 소통하는 과정은 훨씬 더 혼란스러워질 것이다. 온라인에서 전달되는 감정이 그것을 공유하는 개인의 감정을 정확히 반영한다고 100% 확신할 수가 없기 때문이다.

여기에는 전략적인 측면에서 또 다른 중요한 지점이 있다. 인터넷은 자연적으로 발생하지 않았다. 인터넷은 인류가 우연히 발견한 디지털 사바나가 아니라 특정 개인과 조직에 의해 의도적으로 구축되었다. 특히 소셜 미디어 매체들은 테크놀로지 기업이 만들어 소유하고 관리하고 감독한다. 하지만 이런 기업이 어떤 방식과 근거로 그렇게 하는지 플랫폼 이용자들 입장에서는 알 수 없거나 숨겨져 있는 경우가 많다. 이로 인해 문제가 발생할 수 있다.

2014년, 전 세계에서 가장 큰 소셜 미디어 플랫폼인 페이스북이 사용자 동의를 구하지 않은 채 거의 100만 명의 사용자를 상대로 실험을 진행했다는 사실이 밝혀져 많은 사람의 충격과 분노를 자아냈다. 사용자가 서비스를 가입할 때 동의한 이용 약관에 따라 진행되었다는 사측의 변명은 사람들을 납득시키지 못했다. (모두 알고 있듯이 이런 약관을 꼼꼼히 읽는 사람은 사실상 아무도 없다.) 그런 실험을 하는 데 요구되는 사전 동의 기준에 크게 못 미쳤기 때문이었다.[55]

지금 왜 이런 이야기를 할까? 페이스북이 진행한 실험은 사용자들의 감정에 대한 것이었기 때문이다. 구체적으로는 사용자들이 통제되거나 조작될 수 있는지를 알아보고자 하는 실험이었고, 연구 결과는 조작이 가능하다는 것을 시사했다.[56]

페이스북의 접근법은 비교적 단순했다. 이들은 사용자가 자기 피드에서 보는 게시물을 조작했다. 즉, 어떤 사람들은 부정적인 감정을 유발하는 게시물(나쁜 뉴스나 슬픈 사건, 분노를 일으키는 내용)을 평소보다 많이 보게 된 반면, 어떤 사람들은 긍정적인 게시물(활기찬 뉴스 기사나 영감을 주는 밈)을 더 많이 보았다. 그러자 예상대로 부정적 게시물을 많이 본 사람들은 보다 부정적인 게시물을 올리기 시작했고, 긍정적인 게시물에 노출된 사람들은 보다 긍정적인 게시물을 올렸다. 그에 따라 페이스북은 사용자 피드의 감정적 내용이 사용자 자신의 감정 상태에 영향을 준다는 결론을 얻었다. 그렇기에 온라인에서 일어나는 감정 전염은 소셜 미디어에서 강력한 힘을 가진다는 것이다.

그렇지만 이런 실험을 애초에 해도 되는지에 대한 윤리적인 의심은 제쳐 두고라도, 여러분이 감정의 작용 방식에 대해 구체적으로 안다면 이

감정이 어려운 사람들을 위한 뇌과학

결론은 꽤나 의심스럽게 느껴질 것이다. 또 다른 최근의 (보다 엄격한) 연구 결과는 온라인에서 일어나는 감정적 전염에 대해 보다 복합적인 그림을 제시한다.[57] 오늘날 어느 때보다도 많은 사람이 감정적인 내용의 게시물에 노출되어 있다는 건 부정할 수 없는 사실이지만, 온라인에서 사용할 수 있는 감정적 단서가 부족하고, 뇌는 감정적인 내용에 쉽게 피로를 느끼고 효과적으로 '무시하는' 경향이 있기 때문에 감정적 전염으로 너무 쉽게 넘어가는 것을 막을 수 있다.

또한 소셜 미디어 피드는 인맥 네트워크에 속한 사람들에 의해 생산된다. 사용자가 그들을 직접 고른 만큼 대부분 사용자와 관련 있거나 친근함을 느끼는 사람들이다. 이것이 소셜 네트워크의 기본적인 핵심이다. 그러므로 그들이 온라인에 '이 부당한 일 좀 봐, 정말 화가 나!'라며 감정적으로 자극적인 글을 올리기 시작한다면, 뇌는 '그건 정말 내 신념과 도덕에 반하는 불의야. 나도 온라인에서 이 분노를 표현할 거야.'라며 반응한다. 이런 일이 일어날 때는 감정 반응이 어디에서 왔는지 명확하다. 따라서 이것은 감정적 전염이 아니다. 감정적 전염이란 경험하는 감정의 출처를 특정한 사람이나 대상에 고착시키지 못하는 현상을 일컫기 때문이다.

또한 뇌는 사회적 조화로움을 정말 좋아한다. 우리는 자신도 모르게 사회적 분위기를 흐리지 않기 위해 많은 것을 희생할 준비가 되어 있다. 그렇기 때문에 만약 친구나 생각이 비슷한 사람들로 채워진 소셜 미디어 피드에 불행한 내용의 게시물이 올라오기 시작한다면, 우리는 그 흐름을 따라야 한다고 느낄 가능성이 높다. 이런 경우 아무리 자신이 지금 느끼는 바에 대한 솔직한 심정이라 해도, 긍정적인 게시물을 올리는 것은 네트워크의 흐름을 거스르는 행동이며 우리는 그 흐름에 역행하고 싶지 않을 것이다.[58]

간단히 말해 우리 뇌에는 소셜 미디어 피드에 뜨는 내용에 맞춰 게시물을 올리고, 온라인 감정 표현을 하도록 동기를 부여할 만한 많은 일이 일어나고 있다. 하지만 이것은 감정적 전염이 아니다. 사소한 문제처럼 보일 수도 있지만, 인류의 3분의 1에 영향을 미치는 수십억 달러짜리 규모의 기업이 부정확한 정보에 근거해 결정하고 시행하는 것은 매우 우려스러운 일이기 때문에 아주 중요한 문제다.

우려할 만한 일은 여기서 그치지 않는다. 페이스북이 했던 실험에서 가장 큰 문제는 결함 있는 전제에 기반하고 있다는 점이다. 실험에서 결론을 도출하는 데 사용된 수십만 명의 감정 상태는 게시물의 감정적인 내용을 분석해 결정되었다. 즉, 이 연구는 피험자들이 사이트에 올린 게시물(그들 모르게 피드가 조작된 이후)이 그들의 내부 감정 상태를 정확하게 반영한다고 가정했다. 그러나 이제 우리는 이러한 가정이 결코 보장되지 않는다는 사실을 알고 있다. 이는 페이스북이 내린 결론이 생각보다 훨씬 더 신뢰할 수 없다는 점을 보여 준다.

애초에 페이스북은 왜 이런 실험을 했을까? 어떤 의도였던 걸까? 사실 기술을 통해 사람들의 감정 상태를 신속하고 정확하게 파악해 조작하는 것은 많은 대기업과 조직, 특히 광고, 마케팅, 보안과 관련된 기업들이 좇는 성배와 같은 과제다.

기술을 통해 사람들의 감정을 감지하고 영향을 미치는 것에 대한 연

　　　　　　　　　감정이 어려운 사람들을 위한 뇌과학

구 가운데 상당수는 기업 부문에서 이루어지고 있다. 감정은 구매 결정을 포함해 우리의 의사 결정 전반에 중요한 역할을 하기 때문이다.[59] 기본적으로 우리는 감정적으로 관여하는 대상에 돈을 쓸 가능성이 높다.[60] 그것이 긍정적인 감정이든(좋아하는 연예인이 입었던 옷을 사는 것), 부정적인 감정이든(싫어하는 이웃이 소유한 것보다 더 크고 좋은 자동차를 사는 것) 결과는 같다. 감정이 여러분을 무언가에 돈을 쓰게 만든 것이다. 그렇다면 만약 여러분이 어떤 제품을 판매하려 하는 상황에서 수백만 명의 감정을 감지하고 영향을 미칠 수 있는 회사라면, 그 영향력을 십분 활용해 특정 타깃을 정한 광고나 직접적인 조작을 통해 사람들이 여러분 회사의 제품을 구매하도록 하지 않겠는가?

이것은 새로운 현상이 아니다. 지난 수백 년 동안 자신의 이익을 위해 사람들의 감정을 조작했던 단체나 조직들이 있었다. 여기에 더해 정부나 이념적으로 편향된 뉴스 플랫폼이 힘을 합쳐 사람들에게 공포심을 심어주고 더 쉽게 통제하고자 정기적으로 유언비어를 유포하거나 숨겨진 위협을 드러내기도 했다.[61] 그리고 인류 역사를 통틀어 수많은 종교계의 인물들이 현세에서 도덕적으로 살지 않으면 '불과 유황'의 내세가 기다리고 있다고 설교한 바 있다. 이 두 원리는 거의 비슷하다. 사람들이 두려움을 느끼게 해서 신앙에 충실하도록(그리고 정직하고 순종적으로 굴도록) 동기를 부여하는 것이다.

두려움과 분노 같은 부정적인 감정만 이런 식으로 사용할 수 있는 것은 아니다. 긍정적인 감정도 똑같이 효과적이다. 희망과 낙관의 메시지는 버락 오바마Barack Obama가 첫 대통령 선거 운동을 성공적으로 마무리할 수 있었던 핵심이었다. 또 유명 연예인처럼 많은 사람이 사랑하고 존경하는 사람과 판매 제품을 연관시키는(즉 사람들이 연예인과 맺는 준사회적 관계를 활용하는) 것은 마케팅이나 광고 업계에서 효과가 입증된 수단이다.[62]

현대 기술은 대중의 감정을 조작하기 위한 새로운 기회의 장을 활짝 열었다. 과거에는 어떤 감정을 환기하는 메시지를 신문, 텔레비전, 광고판을 통해 세상에 내보내 많은 사람이 보고 영향을 받도록 유도하는 정도였다. 하지만 오늘날에는 인터넷, 소셜 미디어, 스마트폰, 포괄적인 감시 체제를 활용해 기업들이 수많은 사람과 개별적으로 상호작용하고, 그들의 감정적 반응을 관찰하며 구체적인 목표를 달성할 수 있다. 페이스북에서 사용자들의 감정 조작 가능 여부를 연구한 것도 당연하다. 그것은 실제로 돈을 벌어다 주는 매우 귀중한 정보다.

하지만 오늘날 기업들이 이토록 사람들의 감정을 감지하고 영향을 미치는 데 노골적으로 열중하고 있음에도, 사실은 감정을 제대로 이해하지 못한다는 점이 점차 분명해지고 있다. 기업은 감정이 실제로 어떻게 작용하는지, 얼마나 복잡하고 혼란을 야기하는지 제대로 알지 못한다. 페이스북이 했던 실험이 좋은 예다. 이들은 온라인에 업로드된 감정적 게시물이 게시자의 내부 감정 상태를 진실하게 반영하는 신뢰할 만한 결과라고 가정했지만, 과학적으로는 틀린 이야기다. 그리고 기업이 이런 일을 벌였던 사례가 이뿐만은 아니다. 훨씬 더 많다.

이런 일에 수익 창출과 관련된 회사들만이 열심인 것은 아니다. 보안 관련 회사나 단체도 사람들의 감정을 감지하고 인식할 수 있는 신뢰할 만한 방법을 찾고자 애쓰고 있다. 예컨대 9·11 테러 이후 전 세계 공항에서

감정이 어려운 사람들을 위한 뇌과학

는 테러리스트의 공격을 무산시킬 보안 정책에 점점 더 초점을 맞추고 있다. 하지만 공항은 전 세계에서 온 수많은 사람이 드나드는 딜레마의 장소이기도 하다. 어떻게 해야 사람들이 이동하는 속도를 늦추고 출입을 통제하면서도, 동시에 가능한 한 공항에 빠르고 쉽게 접근하도록 해서 점점 증가하는 전 세계 승객을 수용할 수 있을까?

한 가지 가능한 해결책은 공항의 인파를 스캔해서 특정한 표정과 행동 신호를 식별한 다음, 과도하게 긴장하거나 분노에 차 있는 등 의심스러운 사람들을 신속하게 발견하는 기술과 소프트웨어를 활용하는 것이었다. 2007년에 미국 교통안전청TSA이 수행했던 작업이 바로 이것이다. 이들은 SPOT라 불리는 '관찰 기술을 활용한 승객 선별 프로그램'을 시작했다. 이 프로그램은 94개의 개인별 심사 기준을 사용해서 스트레스, 공격성, 불안 등의 징후를 탐지해 항공사 승객 가운데 있을지도 모를 테러리스트를 색출하기 위해 고안되었다. 하지만 2015년까지 거의 3,000명의 직원을 고용해 10억 달러에 달하는 비용을 썼지만 SPOT가 검거한 테러리스트는 단 한 명도 없었고, 이 프로그램은 진행되는 내내 사람들의 불만과 비판에 휩싸였다.[63]

SPOT의 실패는 많은 요인 때문이었을 테지만, 일단 그 프로그램이 폴 에크만의 연구에 기초했다는 점을 잘 생각해 보자.[64] 표정이 일관성 있으며 정확하게 사람의 감정 상태를 반영하는지에 대한 에크만의 연구가 전성기 이후 끊임없이 반박받고 있다는 사실을 1장에서 이미 살핀 바 있다. 특히 주목할 것은 원인에 대한 맥락이나 암시 없이는 타인의 표정에서 감정 상태를 판단하는 능력이 심각하게 저하된다는 펠드먼 배럿 교수

의 발견이었다.[65]

하지만 에크만의 원래 이론은 그동안 놀랄 만큼 성공적이었고 영향력을 발휘했다. 그런 만큼 여전히 많은 사람이 이 이론이 100% 옳다고 가정하고 있으며, 수많은 유능한 조직에서 이런 사고방식에 기초해 문제에 접근하고 있다. 또 공식으로 출간된 감정의 작용에 대한 여러 논문들 가운데 표정이 감정을 읽는 정확하고 신뢰할 만한 방법이라는 가정에 기초하는 것들이 많으며, 그에 따른 결론 또한 다소 의심스럽다.

그렇게 에크만의 이론에 따라 진행된 (여기서 분명히 밝히자면 이것은 에크만의 잘못이 아니다. 그는 새로운 증거에 대응해 자신의 이론을 수정했다. 하지만 그가 발표했던 원래 연구 결과의 영향력은 현시점에서 확실히 그의 통제를 벗어나 버렸다.) SPOT는 사람들이 완전히 낯선 사람들의 감정 상태를 안정적이고 신속하면서도 최소한의 노출만으로 감지하고 결정할 것이라는 기대하에서 진행되었다. 하지만 최근의 과학 이론에 따르면 그러한 기대는 매우 불합리하다. 우리의 뇌가 일하는 방식과 다르기 때문이다.

그렇지만 안타깝게도, 그리고 걱정스럽게도 재판과 법 집행, 보안을 감독하는 여러 강력한 기관은 증거에 기반한 접근법을 채택해야 한다는 과학자들의 거듭된 촉구에도 여전히 감정 표현과 인식에 대한 이런 구식의 위험한 생각들을 고수하고 있다.[66]

심지어 그것은 현대 기술이 도입되기도 전의 일이었다. 사람들은 특별히 설계된 소프트웨어가 인간 관찰자보다 훨씬 더 빠르게, 더 많은 양의 감정 표현을 감지할 수 있다고 희망을 품었다. 그렇지만 인간의 뇌가 감정 표현을 이해하기 위해 수백만 년 동안 복잡한 신경계를 진화시켰음

감정이 어려운 사람들을 위한 뇌과학

에도 낯선 이의 감정을 그들이 내비치는 표현만으로 빠르고 정확하게 인식하기 위해 무척 애써야 하는 정도라면, 최근에 개발된 기술이라고 해서 실력이 더 나을 가능성은 얼마나 될까? 실제로 이를 수행할 수 있는 기술을 개발하는 것이 여전히 어려운 과제인 것도 당연하다.[67]

이러한 명백한 한계에도 불구하고, 얼굴 인식 기술을 통해 감정을 감지하여 '여러분의 정신 건강을 모니터링하고', '고객의 수요와 요구를 판단하며', '사용자 경험을 디자인'할 수 있다고 주장하는 신생 기업을 수도 없이 봐 왔다. 심지어 중국 정부도 이런 주장을 받아들여 감정 인식 기술을 정부의 감시 시스템에 도입했다.[68] 하지만 그런 기술이 존재하고 작동한다는 주장만으로 마치 마법처럼 현실이 되지는 않는다. 적어도 지금 당장은 불가능하다는 사실을 보여 주는 데이터도 많다. 그런데도 계속해서 강력한 위치에 있는 사람 중 상당수가 그렇지 않다고 주장하는 것은 이해하기 어렵고 걱정스러운 일이다.[69]

그렇다면 그런 인식 기술은 왜 작동하지 않을까? 다른 모든 분야에서 그러하듯, 현대 기술이 인간의 감정을 지배하지 못하도록 방해하는 요인은 무엇일까?

한 가지 요인에 대해서는 이미 앞에서 언급했다. 바로 '맥락'이다. 우리의 뇌가 타인의 감정 상태를 파악하고 인식하는 데 얼마나 능숙한지에 대해 여러 차례 살폈으니, SPOT의 대실패를 겪으면서 사람들이 타인의 표정을 보고 감정을 읽는 데 사실 몹시 서툴다는 것에 놀랐을지도 모르겠다. 하지만 우리는 누군가의 표정만 보고 판단하는 경우가 거의 없다. 표정은 분명 판단 과정에서 매우 중요하지만, 감정을 이해하려면 다른 요소들도 필요하다. 모나리자의 미소가 전 세계에서 가장 유명한 그림으로 손꼽히게 된 것처럼 말이다. 다빈치가 엽서 뒷면에 미소 짓는 표정만 그렸더라면 그렇게 유명해지지 않았을 것이다. 전체 그림 없이 개별적인 요소는 아무것도 아닌 것이 된다. 우리의 뇌는 타인의 감정 표현에 대해 그와 비슷한 방식으로 느낀다.

예를 들어, 눈이 휘둥그레지고 입이 벌어진 누군가의 얼굴 이미지를 본다면 여러분은 그가 놀랐다고 생각할 것이다. 그러다가 이미지가 점점 뒤로 멀어지면서 그것이 새 차를 선물받은 사람의 표정이라는 점이 드러나면 여러분은 아까의 추측이 옳았다고 생각할 것이다. 또 그게 아니라 부엌에서 칼을 휘두르는 살인자를 발견한 사람의 표정이라는 사실을 알게 된다면, 여러분은 잠깐 다시 생각해 보고 그 표정이 두려움을 나타낸다고 추측할 것이다. 두 경우 모두 같은 표정이지만 맥락에 따라 다른 감정을 나타낸다.

대부분의 상황에서는 타인의 감정을 해독할 때 더 넓은 맥락을 활용해야 한다. 하지만 기술적 한계라든지 실험상의 설정, SPOT 프로그램 등을 통해 인위적인 제약이 부과되면 우리의 감정 인식 능력은 흔들린다.

감정 인식 능력에 문제가 없다 해도 여전히 맥락은 몹시 중요하다. 공항에서 사용되는 SPOT 프로그램은 이 점을 완벽하게 보여 주는 예다. 수많은 사람이 비행기 타는 것을 두려워한다. 비행시간에 늦는 것뿐만 아니라 엄격한 보안 관문을 여러 번 거쳐야 하는 것 역시 불안을 유발한다. 짐하나가 몇 시간 동안 통과되지 않으면 화가 치밀어 오른다. 거만한 데다 결코 대들 수 없는 세관원의 처분에 따라야 하는 일련의 과정도 마찬가지다. 요점은 공항이라는 장소의 맥락에서 누군가 불안해하거나 공격성을 띠는 것을 보다 쉽게 인식한다 해도, 이런 감정은 여러 가지 이유에서 발생하며 그 대부분이 '테러 공격 계획'에 비해 훨씬 흔하게 나타난다는 것이다.

다시 한번 말하지만, 이것은 '감정적 정보에 극도로 민감한' 뇌를 가진 우리 인간에게도 무척 까다로운 일이다. 하드드라이브나 서버의 전선 다발을 가져다 놓았다고 해도 꼭 잘 작동하는 건 아니다.

기술의 모방

그 밖의 또 다른 요인도 작용한다. 오늘날 감정을 표현하거나 모방할 만큼 기술이 충분히 발전했을 수도 있지만, 인간은 감정을 표현할 때 종종 부정적인 감정 반응을 경험한다. 우리는 진심이 담긴 페이스북 게시물이나 X의 스레드, 인상 깊은 인스타그램이나 틱톡 영상을 보고 크게 감동받을 수 있지만, 여기서 공유된 감정이 타인으로부터 비롯된 것임을 인지하기 때문에 본능적으로 매체로 인한 공백을 채우려 한다.

그러나 만약 감정적인 정보가 단순히 기술적 수단에 의해 배포되는 것이 아니라 어떤 인위적인 출처에서 생산된 경우, 우리는 전달하려는 내용과 상관없이 불편함과 혐오를 느끼곤 한다. 꽤 많은 사람이 자동 음성 시스템을 싫어한다. 은행에 전화하든, 영화표를 예약하든, 기차역 플랫폼에서 차량 지연에 대한 안내 방송을 듣든 일련의 녹음된 메시지만 듣고 대처해야 하는 상황은 정말 짜증 나는 일이다. 그 짜증에는 많은 원인이 자리하고 있지만, 그중 하나를 꼽자면 단지 누군가 우리를 속이려는 게 싫기 때문이다.[70] 그것은 우리의 신뢰를 떨어뜨리고 분노하게 만드는 조작 시도다.

인간은 보통 감정적인 속임수를 탐지하는 데 매우 능숙하다.[71] 감정을 느끼지 않는데도 느낀다고 속이려면 뇌를 속여야 하는데, 그건 매우 어렵기 때문이다. 누가 봐도 화가 났지만 '괜찮다'고 주장하는 사람을 거의 믿지 않는 이유도 이 때문이다. 서툰 연기와 녹음된 웃음소리가 그렇게나 어색하게 보이는 것도 마찬가지다.

그 때문에 녹음된 음성으로 "지연되어 죄송합니다.", 또는 "전화 주셔서 감사합니다."라고 말해도 우리는 화를 누그러뜨리지 않는다. 녹음된 음성이 어떻게 우리에게 '죄송함'을 느끼고, 우리의 상황에 공감할 수 있다는 말인가! 그것은 진짜 감정이 아니다. 우리가 본능적으로 반발심을 느끼게 되는 일종의 속임수다.

음성을 합성하거나 텍스트에서 음성으로 전환하는 소프트웨어가 예전보다 발전했음에도, 우리의 뇌는 인공 음성과 실제 음성 사이의 차이를 예리하게 인식하며 오직 후자와 감정적인 친밀함을 경험한다.[72] 아무리 정교할지언정, 진정한 감정을 묘사하려는 기술적 노력은 여전히 인간의 뇌에게 금세 들키고 만다. 눈치 빠른 술집 주인 앞에서 맥주를 주문하려는 열두 살 아이처럼 말이다.

하지만 운 좋게도 여기에 시각적 요소가 개입되면 상황이 바뀐다. 시각 정보는 감정에 대한 인위적인 묘사를 더 많이 제공하고, 구체적으로

감정이 어려운 사람들을 위한 뇌과학

함께 참고할 기술적인 측면을 제공한다. 여전히 그것을 해독하는 데 맥락을 필요로 하더라도 얼굴 또한 감정 표현에서 큰 부분을 차지한다. 그래서 우리의 뇌는 능동적으로, 때로는 지나치게 열정적으로, 때로는 탄 토스트에서 예수님의 형상을 보듯이 사물에서 실제로 존재하지 않는 얼굴을 찾아낸다. 파레이돌리아pareidolia, 또는 변상증이라 불리는 이 현상은 복잡한 현대 세계에서 의미를 찾기 위한 우리 뇌의 별난 노력이다.[73]

이 과정은 놀라운 결과를 초래할 수 있다. 예컨대 감자를 식료품으로 활용하는 것 이상으로 감자에 감정을 쏟는 사람은 거의 없다. 하지만 플라스틱으로 된 눈과 입, 모자를 붙이면, 갑자기 감자는 인기 있는 장난감으로 재탄생한다(1949년에 미국의 한 장난감 회사에서 처음 만들었으며 애니메이션 〈토이 스토리〉에도 등장했던 '감자 머리' 장난감을 말한다-옮긴이).

기본적으로 우리는 어떤 인공적인 창조물이라도 감정을 느끼고 공감할 수 있으며, 우리가 동일시하는 특징을 가지고 있는 한 그 창조물과 준사회적 관계를 맺을 수 있다. 만화나 애니메이션 캐릭터가 인기를 끄는 이유도 바로 이 때문이다. 비록 노골적으로 인위적인 형식을 띠고 있지만, 매체의 시각적 특성상 보이는 얼굴과 몸을 통해 인간과 비슷한 여러 특징을 가질 수 있다. 일반적인 경험 법칙에 따르면 인공적인 창조물이 인간의 자질을 더 많이 가질수록 우리가 보다 감정적으로 이끌리게 된다.

그리고 인간의 외양을 한 캐릭터가 등장하는 애니메이션을 보게 되면 캐릭터가 얼마나 자주 눈을 깜박거리는지 확인해 보라. (역대 가장 인기 있는 애니메이션 시리즈로 꼽히는 〈심슨 가족〉이 이 실험을 하기에 적합하다.) 아마 꽤 많이 깜박일 것이다. 하지만 사실 이 만화 속 2차원 캐릭터들은 눈을 깜박일 필요가 없다. 그들의 눈은 진짜가 아니므로 촉촉하지 않아도 된다. 그렇지만 실제 사람은 눈을 자주 깜박여야 한다. 우리는 누군가와 얼굴을 마주 보고 이야기할 때 각자 규칙적으로 눈을 깜박인다. 너무나 흔하고 당연하다고 여긴 나머지 이에 대해 어떠한 의식적인 관심도 기울이지 않는다. 하지만 누군가 눈을 깜박이지 않는다면, 우리 뇌의 무의식적인 주의 집중 과정이 그것을 알아채고 뭔가 잘못되었다고 경고한다. 소설 등에서 등장인물의 강렬함이나 두려움을 나타내기 위해 눈을 깜박이지 않는 묘사가 활용되기도 한다.

어찌 되었든, 그래서 만화 주인공들은 규칙적으로 눈을 깜박인다. 눈이 건조해서가 아니라 그런 행동이 그들을 '인간적'으로 만들기 때문이고, 그래야 우리가 보다 긍정적인 감정적 끌림을 느끼기 때문이다. 인공적인 캐릭터들이 우리가 인지하기에 충분한 인간의 특성을 갖는 한, 우리의 뇌는 근본적으로 다르며 비현실적인 특징을 지닌 그 캐릭터들과 감정적인 연결 고리를 맺을 것이다. 실제로 상당수의 만화 캐릭터들은 실제 인간과 전혀 닮지 않았지만 충분히 비슷하게 행동하거나 움직이고, 혹은 우리에게 친숙한 귀여운 동물과 닮아 있다. 인지할 수 있는 몇 가지 필수 조건을 만족한다면 우리는 문제없이 그 캐릭터와 감정적인 관계를 맺을 것이다.

하지만 원시적인 컴퓨터 그래픽이나 초기 단계의 안드로이드 로봇, 또는 불안할 정도로 사실적인 인형이나 꼭두각시 같은 특정한 인공적 창조물들은 인간과 매우 비슷하지만 부정적 감정 반응을 유발한다. 이는 언뜻 보면 직관에 반하는 일이다. 그것들은 신경을 거스르며 우리를 소름 돋게 한다.

감정이 어려운 사람들을 위한 뇌과학

이것은 '불쾌한 골짜기uncanny valley'라고 불리는 현상이다.[74] 인공적인 것이 인간에 가까워 보일수록 감정적으로 매력적이게 느껴지지만, '꽤 인간 같기는 하지만 그렇다고 또 인간은 아닌' 단계에 다다르면 호감도가 급락한다. 그러다가 실제로 인간이라고 인식하게 되면 호감도가 반등해, 이대로 그래프를 그리면 마치 '골짜기' 같은 패턴이 된다.

왜 이런 일이 일어나는지는 확실하지 않다. 시체로부터 멀어지려는 인간의 진화된 본능 때문이라는 식의 여러 가설이 있기는 하지만 말이다. 먼 옛날로 거슬러 올라가면, 시체는 수많은 전염성 세균이 들끓는 데다 포식자라든가 썩은 고기를 먹는 위험한 동물들을 끌어들이기 때문에 가까이 두면 위험했다. 그리고 죽음은 사망한 자의 모습을 바꾸기 때문에 여전히 인간처럼 보이기는 해도 완전히 산 사람처럼 보이진 않는다. (시체를 처리한 경험이 풍부한 사람으로서 이건 사실이다.) 그렇기에 인간은 본능적으로 인간의 기준에 매우 가깝지만 완전히 그렇지는 않은 것들로부터 몸을 피하도록 진화했다는 것이다.

정확히 어떤 이유에서 생겼든, 이 '불쾌한 골짜기' 현상 때문에 감정에 대한 기술적인 묘사는 훨씬 더 까다로워진다. 묘사할 수는 있지만 결코 쉽지 않은 일이다. 나는 이미 내가 픽사의 열렬한 팬임을 밝혔는데, 이 회사는 여러 애니메이션 작품을 통해 장난감이며 괴물, 자동차, 쥐, 심지어는 〈월-E〉의 경우처럼 잘 만들어진 상자에 수백만 명의 사람들이 감정적으로 몰입하도록 만들었다.

하지만 동시에 픽사는 기술을 통해 감정을 전달하는 일의 한계를 분명히 알고 있다. 이 회사의 인간 캐릭터들은 어떤 것도 100% 현실적인 인간의 차원에 도달하지 않았기 때문에 불쾌한 골짜기를 피할 수 있었다. 그리고 실제 인간 성우가 모든 캐릭터의 목소리를 낸다. 컴퓨터가 만든 목소리는 여전히 신경을 거스르기 때문이다. (픽사는 〈월-E〉에서도 이렇게 했다. 이 작품 속 모든 기계 캐릭터의 목소리는 인간이 낸다. 다만 배의 자동 조종 장치는 예외인데, 이 작품의 악당인 이 캐릭터는 합성된 목소리를 내기 때문에 차갑고 동정심이 없는 것처럼 느껴진다.)

픽사는 이런 식으로 성공을 거두곤 하지만 다른 회사의 작품들은 종종 목표 달성에 실패한다. 〈토이 스토리〉나 〈월-E〉 같은 픽사 애니메이션에는 사랑스럽고 매력적인 여러 캐릭터가 등장하는 반면, 〈화성은 엄마가 필요해〉에는 사람을 불안하게 만드는 괴물이 등장하고 〈폴라 익스프레스〉에는 눈동자가 유리 같아 악몽에나 등장할 듯한 아이들이 나온다. 요즈음에는 애니메이션이 아닌 액션 영화를 보면서도 보기 싫은 디지털 창작물로 고통받을 수 있다. 〈로그 원: 스타워즈 스토리〉에서 경련을 일으키며 디지털 기술로 부활한 배우 피터 쿠싱Peter Cushing처럼 말이다.

아무리 수많은 직원과 최첨단 장비를 갖춘 수십억 달러 규모의 회사들이라 해도 여전히 기술을 통해 감정을 감지하고 표현하는 데 어려움을 겪고 있다. 그렇게 보면 동료의 이메일에서 '부적절한 어투'를 발견하거나, 어떤 페이스북 게시물을 보고 누군가는 도움을 요청하는 외침을 읽어내고 누군가는 그저 관심을 끌려는 목적으로 파악하는 일, 친구들과 내가 아버지의 장례식 후 줌 화상 통화에서 혼선을 겪은 일 등은 결코 놀랍지 않다. 기술을 활용해 감정을 공유하기란 우리가 생각하는 것보다 불확실한 과정이다.

감정이 어려운 사람들을 위한 뇌과학

하지만 기술은 끊임없이 발전하고 있다. 현재의 기술이 감정을 인식하고 표현하는 데 어려움을 겪을 수는 있지만, 언제까지고 그런 단계에 머무르지는 않을 것이다.

예를 들어 오늘날의 활자 기반 통신 기술은 수백 개의 이모지와 이모티콘을 선택지로 포함한다. 비록 언어 순수주의자들이 싫어할 수도 있지만 이러한 조그만 얼굴과 심볼, 그림을 삽입하면 전달하기 힘든 감정적 요소를 효과적으로 덧붙일 수 있다. 그러면 누군가의 말 뒤에 놓인 의도와 감정을 이해하기가 보다 쉬워진다. 특히 밈이나 GIF 파일을 포함할 때는 더욱 그렇다. 이것은 일상적인 기술이 되어 의사소통에서 감정적인 깊이를 더 전달하는 것이 이제 실질적으로 많은 사람에게 제2의 본능이 되었음을 보여 준다.

인간의 도움 없이 감정을 감지하고 인식하는 컴퓨터 소프트웨어 같은 기술은 어떤가? 이 분야도 발전하는 중이다. 기계 학습과 신경망(생물학적 뉴런의 기능을 모방해 정보를 추출하고 정제하도록 프로세서를 설정하는 방법[75]) 같은 복잡한 방식들을 통해 온라인에서 더 넓은 맥락을 고려하며 감정을 인식하는 소프트웨어가 개발되고 있다.[76] 그리고 이 기술은 계속해서 나아지고 있다. 이렇게 발전이 이루어진다.

물론 앞서 살핀 바대로라면, 이것은 부정적인 결과를 몰고 올 수도 있다. 예컨대 우리의 감정을 정확하게 모니터링하고 심지어 감정에 영향을 미칠 수 있을 만큼 강력하지만 책임감 없는 기업과 조직이 이런 기술을 보유한다면 어떨까? 그들은 이미 아직 그렇게 잘 작동하지 않는 기술을 이용해 사람들을 체포하거나 물건을 팔고 있으니 충분히 타당한 우려다.

하지만 부정적인 결과만 예견되는 건 아니다. 감정적으로 정확하고 민감한 기술은 정신 건강에 도움이 될 수 있다. 특히 확장되거나 강화된 요법과 관련해 그렇다. 2장에서 우리는 온라인 학습 플랫폼에 감정적 특성을 통합하는 셰필드대학교의 크리스 블랙모어 박사의 연구에 대해 살폈다. 감정과 기술을 융합할 인재를 찾는다면 바로 블랙모어 박사다. 운 좋게도 나는 그로부터 치료 중인 환자의 의사소통 결과물을 분석하는(상담 세션의 녹음, 온라인 토론 포럼, 소셜 미디어 게시물 등을 통해) 소프트웨어 알고리즘을 개발한 이야기를 들을 수 있었다. 이 소프트웨어는 환자의 말에 나타난 변화를 감지한다. 그 변화는 환자가 치료를 포기한다거나 증상이 재발하기 직전이거나, 특정 증상의 삽화를 경험하려 한다는 것을 알려 준다. 얼어붙은 호수를 가로질러 걷는 사람에 환자를 비유한다면 이러한 언어적 변화는 얼음의 갈라진 틈새가 더욱 벌어지는 것과 같다. 이런 현상은 환자가 차가운 물에 빠지기 직전에 나타난다. 치료사가 이런 경고 표지를 미리 발견하면 보다 단단한 지반으로 이동하도록 도움을 줄 수 있다.

소프트웨어는 '우울'이나 '무서움', '격정', '상처'처럼 환자와의 의사소통에서 감정적 부담이 느껴지는 용어를 인식하고 정량화한다. 그런 단어가 점점 자주 발생한다면, 그것은 증상과 관련한 부정적인 감정이 환자의 뇌에 축적되어 그들의 말에 영향을 미치고 있다는 뜻이다. 이 작업은 확실히 효과가 있었다. 중독이나 정신병, 그 이상의 여러 증세를 겪는 환자들을 대상으로 한 이 알고리즘은 재발 임박을 미리 알려 주었다.[77.78]

감정을 인식할 뿐 아니라 그것을 효과적으로 전달하고 표시하는 기

감정이 어려운 사람들을 위한 뇌과학

술은 치료에 활용할 수 있다. 인지행동치료CBT 같은 면대면 대화 요법은 광범위한 훈련을 받은 전문가가 일주일에 몇 시간씩 한 사람과 이야기 나누는 과정을 포함하는 만큼 상당한 시간과 노력, 비용이 든다. 정신보건 분야에 만성적으로 자금이 부족하다거나 전 세계적으로 지원을 적게 받는다는 점을 굳이 언급하지 않아도 여기서부터 이미 문제가 된다.

하지만 소프트웨어를 통해 이런 치료법을 효과적으로 제공할 수 있다면 수백만 명의 환자들이 저렴하면서도 훨씬 쉽게 치료를 받게 되어, 정신 건강 관리에 큰 도움을 받을 수 있을 것이다. 그런 만큼 그동안 이런 가상의 치료사를 개발하기 위해 많은 연구가 이루어졌던 것도 놀랍지 않다.[79]

물론 가상 치료사가 안정적이고 효과적으로 일하려면 인간 치료사처럼 자신의 감정을 드러내고 환자의 감정을 감지해야 한다. 이것은 큰 과제다. 게다가 대면 치료가 종종 효과를 보이는 것은 인간 치료사가 환자를 돌봐 주기 때문이다. 즉, 인간이든 아니든 환자가 자신의 문제를 공유하고 도움을 받아들일 만큼 충분히 안전하게 느끼면서 신뢰할 만한 감정적 유대를 형성할 수 있는 치료사가 필요하다. 기술이 이러한 난관을 극복할 수 있을지의 여부는 시간이 지나면 알 수 있을 것이다.

하지만 아무리 기술이 인간만큼 감정을 잘 처리할 수 없다 해도 우리가 감정을 다루는 방식에 있어서는 여전히 중요한 역할을 할 수 있다. 정신보건 분야의 또 다른 기술 혁신인 아바타 치료가 그런 예다.[80] 환자들이 정신 질환으로 어디선가 목소리를 계속 듣는 환청 증상을 보이면 아바타 요법을 통해 컴퓨터 그래픽으로 머리나 얼굴을 만들어 그 목소리가 나오는 '출처'가 되도록 한다.

　정신 건강 문제의 증상들은 종종 우리 자신의 마음이나 의식과 지나치게 얽혀 있어 우리가 그것이 어디에서 '비롯하는지' 모르는 경우가 많다. 명확한 매개변수나 출처가 없으며 있다 해도 심각하게 불안정하다. 다행히 기술을 통해 이제 효과적으로 '책임을 질' 대상을 제공해, 환자들의 정서적 고통에 대해 목표물이나 초점을 제시할 수 있다. 환자들이 "이것은 우리의 잘못이 아니라 화면 속의 이 멍청이 탓이야."라고 말하게 되면서 정신 건강이 크게 개선된다.

　가상현실(VR) 또한 정신과적 문제를 다룰 때 점점 유용해지고 있다. 예컨대 PTSD 환자들은 트라우마를 떠올리게 하는 대상을 마주하면 극단적으로 쇠약해지는 감정적 반응을 일으킨다. 다행히도 이제 치료사들은 안전하고 통제 가능한 VR을 통해 환자들이 이러한 트리거(촉발 요인)를 경험하고 더 건강한 방식으로 처리하도록 도울 수 있다. 그러한 접근법의 성과는 지금까지 꽤 고무적이다.[81]

　현재까지의 기술은 우리가 납득할 만한 수준으로 감정을 감지하고 소통하거나 표현하는 데 그렇게 뛰어나지 않지만 그래도 많은 것을 제공한다. 기술은 우리에게 스스로의 감정에 대한 배출구를 제공하며, 그 덕에 우리는 다른 사람에게 화를 내고 예민하게 굴거나 자기만의 감정을 끌어들이지 않아도 된다. 언뜻 이상하게 들릴지라도, 오늘날의 기술은 감정을 다루는 능력이 부족해서 오히려 긍정적 면모를 보이는 셈이다.

　결국 '기술'이 현대적인 무언가를 가리키는 것만은 아니다. 예컨대 돌도끼도 한때 최첨단 기술이었다. 그 이후로 우리는 펜과 잉크, 인쇄기, 카

세트 레코더를 만들었다. 이것들은 모두 기술의 한 예이며, 각각 우리에게 감정을 표현하는 방법을 추가로 알게 해 준 존재들이다. 기술과 기술이 그동안 우리를 어떻게 형성해 왔는지는 우리에게 너무도 중요하다. 전 세계적인 팬데믹으로 고립된 기간 동안 슬픔을 겪어야 했던 내 경험에서 알 수 있듯이 말이다.

물론 이 모든 것에는 단점이 따른다. 어떤 기술이 감정적인 정보를 효과적으로 전달할 수 있다고 해도 이 정보가 정확하고 유효하다는 사실을 어떻게 보장할 수 있을까? 답은 '방법이 없다'이다. 인터넷에 접속한 적이 있는 사람이라면 누구나 당연히 알고 있듯이 여러분이 접하는 '뉴스'도 가짜일 수 있다.

이 현상의 중심에는 감정이 있었다. 나는 여기에 대해 자세히 들여다볼 필요성을 느꼈다. 감정이 우리 사회 전체에 극적인 여러 결과를 불러일으켰을 뿐 아니라, 결국 내 인생에서 가장 고통스러웠던 시기를 더욱 힘들게 만들었기 때문이다.

감정과 기술은 어떻게 현실 기반을 약화할까

슬픔은 매우 감정적인 경험이다. 이 시점에서 이 사실은 여러분에게 전혀 새롭지 않을 것이다. 하지만 이론적으로 뭔가를 아는 것과 그것이 실제로 여러분에게 일어나는 것 사이에는 차이가 있다. 그렇게 나는 마침내 슬픔이란 비통한 마음이 단지 장기간 지속되는 상태, 즉 하나의 보편적인 감정 상태라기보다는 여러 다른 감정 상태들로 이루어져 있다는 사실을 이해하게 되었다. 두려움도 마찬가지다. 그리고 그 밖의 다양한 감정적 고통과 후회, 죄책감, 수치심들도. 논리적으로 말이 되지 않지만 이들 중 일부는 예전부터 줄곧 감정으로 취급받아 왔다. 정말이지 괴로운 감정들로 뒤죽박죽인 크고 무거운 가방처럼 말이다.

하지만 나를 놀라게 했던 슬픔의 감정적 측면은 분노였다. 앞서 살폈듯 사랑하는 사람의 죽음은 엄청나고 강력한 손실이며, 여러분이 어떻게 할 수 없는 일이다. 그것은 항상 끔찍할 만큼 불공평하게 느껴진다. 그것이 정당하다고 느낄 만한 상황은 전혀 없기 때문이다. 불공평함을 인식한 상태에서 통제력까지 잃은 사람은 어쩔 수 없이 화가 나게 마련이고, 슬픔은 그 분노를 도드라지게 한다.

장담컨대 내가 슬픔에 빠졌을 때 겪었던 분노는 평소보다 더 심했다. 아버지가 돌아가시고 나서 내가 가장 분노했던 이유는 전혀 모르는 낯선 사람들이 '팬데믹은 일어나지 않았다'거나 '일어났어도 상관없다'고 주장했던 일 때문이었다.

일반적인 상황이라면 슬픔을 느끼는 사람의 고통과 혼란스러움을 공개적으로 조롱하거나 무시하지 않는다. 하지만 그 상황은 2020년에 나를 비롯한 수많은 사람이 직면한 현실이었다. 우리는 코로나19로 사랑하는 사람들을 잃었지만 많은 사람이 모든 증거와 합리적인 법칙을 깡그리 무시한 채 그 바이러스는 사실 무해하다고, 아니 아예 존재하지도 않았다고 주장했다. '이미 병이 있어 건강하지 않은 사람들만 그 바이러스로 죽었다'고 주장하는 사람들도 있었다. 이들은 100% 완벽하게 건강하지 않은

감정이 어려운 사람들을 위한 뇌과학

사람들의 삶은 가치가 없다고 여기는 듯했다. (그뿐만 아니라 코로나19로 인한 사망자가 전체 인구의 1%에 불과하니 봉쇄 조치는 불필요하다는 주장도 있었다. 하지만 팬데믹은 영국에서만 약 70만 명의 목숨을 앗아 갔다. 이것은 제2차 세계대전으로 인한 사망자 수보다도 많다.) 그래서 나는 따로 생업이 있는데도, 수많은 낯선 사람들이 팬데믹이 일어나지 않았다고 주장하는 가운데 인생에서 가장 감정적으로 고통스러운 경험으로 휘청거리는 것이 어떤 느낌인지 글로 남기고자 고군분투하는 중이다! 그저 분노하는 것만으로는 충분하지 않아 보인다.

예상대로 이런 의심스러운 주장의 대부분은 온라인에서, 주로 소셜 미디어 속에서 발견되었다. 이런 말을 들으면 어떤 사람들은 "그냥 온라인에 접속하지 마세요."라고 조언할 것이다. 하지만 불행히도 봉쇄 기간에는 온라인만이 사람들과 관계를 맺는 유일한 방법이었다. 그리고 내가 겪고 있던 경험을 생각하면 온라인이라는 창구라도 정말 절실히 필요했다. 어쨌든 이상한 주장을 하는 건 웹의 가장 어두운 밑바닥에 있는 익명의 트롤만이 아니었다. 이렇게 분노를 자아내는 주장은 종종 저명한 언론인, 정치인, 심지어 전 세계 지도자들한테서 나오기도 했다! 어느 곳에서나 미디어로 가득 찬, 상호 연결된 세상에서 그런 주장을 피할 방법은 없어 보였다. (내가 정말로 화가 나길 바란다면, 내가 어떤 방식으로 애도해야 하는 것이 맞는지에 대해서 계속 말을 얹어 달라.)

나는 내가 그런 이야기들을 멈출 수 없다면, 그리고 내게 더 나은 선택권이 없다면 그런 일이 왜 일어나고 있는지만이라도 알아내기로 결심했다. 그러면 적어도 이 상황을 나 스스로 통제할 수는 있을 것이다. 그렇다면 어떻게 그렇게나 많은, 나이 먹을 대로 먹은 성인들이 나를 비롯한 수많은 사람에게 일어난 (그리고 명백하게도 여전히 일어나고 있는) 끔찍한 일을 과장된 모종의 음모라고 확신했던 걸까? 왜 그렇게 많은 사람이 팬데믹은 '가짜 뉴스'라고 확신했을까?

일단 원리부터 알아보자. 인간의 뇌는 바깥세상과 거기서 살아가는 사람들에 대한 새로운 사실과 정보를 얻는 것을 좋아한다. 이 책에서 다뤘던 내용 대부분이 이 문장으로 압축될 수 있다. 우리의 뇌는 우리가 선천적으로 호기심을 갖게 하고, 새로움을 갈망하며, 잠재적인 위험이나 이점을 끊임없이 평가하고, 불확실성에 스트레스를 받으며, 우리에게 무슨 일이 일어날 수 있는지에 대한 시뮬레이션과 가설을 계속해서 생각하게 한다.

우리 주변의 세계에서 일어나고 있는 일들에 대해 배우는 건 이 모든 일을 용이하게 한다. 그뿐만 아니라 이 배움은 세상이 어떻게 돌아가는지에 대한 이해를 발전시키고, 결정과 행동을 이끌며, 우리의 믿음과 태도, 행동, 생각을 형성하는 데도 사용된다. 전반적으로 봤을 때 우리의 뇌가 받아들이는 정보와 사실이 세상에 대한 이해와 인식을 결정하는 데 사용되는 것이다. 너무 뻔한 내용이라서 굳이 꼭 얘기할 필요가 있을까 싶지만 사실 매우 중요한 지점이다.

문제는 정보를 어떻게 얻는가이다. 우리가 세상을 이해하는 데 바탕이 되는 사실은 어디에서 올까? 대부분의 종種처럼, 우리는 주로 감각을 통해 세계에 대한 있는 그대로의 정보를 얻는다. '그 식물은 초록색이고 이 열매는 맛이 좋다', '이 포식자가 나를 물면 아프다' 같은 정보들은 감각

감정이 어려운 사람들을 위한 뇌과학

이 뇌에 즉각적으로 공급하는 구체적인 사실이다.

하지만 인간의 뇌는 훨씬 더 많은 일을 할 수 있다. 그리고 우리는 매우 사회적인 존재로 진화한 만큼, 정보를 얻기 위해 타인에게도 크게 의존한다. 우리 뇌의 상당 부분은 종종 타인을 그저 관찰하면서 정보를 추론하는 데 전념한다(공감 네트워크를 통해). 타인과 상호작용하면 우리는 전혀 다른 새로운 차원의 정보를 얻게 되는데, 이는 우리가 간접적·추상적으로 정보를 얻는다는 것을 의미한다. 누군가 "저 강을 따라 내려가지마, 배고픈 호랑이가 있으니까."라고 알려주면 우리는 그 조언을 따르고 목숨을 건진다. 스스로 위험에 빠지며 직접 배울 필요 없이 다른 사람으로부터 정보를 얻은 셈이다.

우리의 뇌가 다른 사람과의 의사소통으로 얻은 정보에 그렇게 민감한 것이 놀랍지 않은가? 그런 정보야말로 우리 종족을 살아 있게 했고 지금과 같은 모습으로 우리를 형성했다. 어떤 이론은 심지어 수다를 떨어야한다는 근본적인 욕구를 충족시키기 위해 언어가 진화했고, 그에 따라 인지적으로 진보된 의사소통이 이루어졌다고 제안한다.[82] 수다 떨기란 바로타인과 새로운 정보를 공유하는 행동이다.

그리고 그즈음부터 인간은 기술을 발전시켰다. 다른 모든 것 중에서도, 기술은 우리가 유동적이고 엉망진창인 기억에만 의존하는 대신 더 안정적이고 효과적으로 정보를 저장하고 공유할 수 있도록 해 주었다. 여기서 특히 중요한 이정표는 기록의 발달이었다.[83] 이 기술은 우리가 알고 있는 세상을 이루는 데 기여했다. 석판이든, 점토판이든, 동물의 가죽이든, 그 위에 글을 쓰면 타인과 정보를 쉽게 공유할 수 있었다. 그리고 교통수단의 발달로 서로 간의 거리가 멀어져도 변하지 않는 형태로 특정한 생각, 아이디어, 관찰, 지시 내용을 기록할 수 있었다.

그리고 하나의 부족보다 훨씬 넓은 지역을 아우르는 인구 집단이 같은 정보를 공유하고 소통하면서 인간이 '속할 수 있는' 집단의 크기가 크게 확장되었다.[84] 이제 인류는 부족 대신 공동체, 군락, 마을, 국가를 가지게 되었다. 그에 따라 성스러운 경전에 기반을 두는 주요 종교들도 생겨났다. 신(들)의 말씀이 읽을 수 있는 형태로 기록되면 널리 전도되기도 훨씬 쉽다.

이 모든 과정이 좋지만은 않았다. 더 큰 여러 공동체가 결국 제국을 이루었으며, 이 제국들(그리고 여러 종교)에는 피비린내 나는 역사가 따랐다. 더 나은 정보를 공유하는 일은 바람직하지만, 그 정보의 내용이 '우리의 뜻에 동의하지 않는 사람들을 죽여야 한다'인 경우도 잦았다.

좋든 나쁘든, 인간 사회는 정보 공유 기술을 만들어 내면서 부정할 수 없는 극적인 영향을 받았다. 받아들이는 정보가 우리가 어떻게 생각하고 행동하는지를 결정하는 만큼, 우리가 정보에 더 많이 접근하게 되면서 문명과 인류의 발전이 이루어졌다. 그것은 또한 진보에 박차를 가했다. 어렵게 얻은 정보를 기록해 다른 사람의 접근성을 높이면, 사람들이 항상 그 정보를 힘들게 재발견해 다시 배울 필요가 없기 때문이었다.

이후 수천 년의 문화적 격변과 진보, 기술적 발전을 겪고 현대로 도약하면서 이제 수백만 명이 전 세계의 최신 정보를 동시에 공유하는 것은 흔한 일이 되었으며, 이런 과정은 하나의 뉴스 산업이 되었다. 20세기의 대부분 동안 사람들은 대개 신문이나 텔레비전, 라디오 같은 방송 매체에

감정이 어려운 사람들을 위한 뇌과학

의존해 정보를 얻었다. 이러한 출처는 가장 신뢰할 만한 것으로 널리 간주되었으며, 오늘날까지도 이는 대부분 사실이다.[85] 그에 따라 의도했든 아니든 간에 그 플랫폼들은 엄청난 힘과 영향력을 갖게 되었다.

만약 뇌가 흡수하는 정보가 세상에 대한 이해에 직접적인 영향을 끼친다면, 논리적으로 볼 때 그 정보를 통제하고 공급하는 사람들은 결국 우리가 무엇을 생각하고 믿게 되는지를 결정할 것이다. 연구 결과, 이런 일은 실제로 일어났다. 예컨대 2014년에 이뤄진 한 연구에서 피험자들은 특정한 종류의 암이 얼마나 흔한지 질문받았다. 그 결과, 사람들의 대답은 실제 의학 통계가 아니라 특정 암이 뉴스와 미디어에서 표현된 모습에 근거했다. 사람들은 뇌종양은 실제보다 흔하다고 과대평가하고(비교적 드물지만 인기 드라마에 자주 등장한다) 방광암은 과소평가하는(비교적 흔한데 미디어에는 거의 등장하지 않는다) 경향이 있었다.[86] 이는 어떤 인구 집단의 모든 사람이 소수의 선별된 출처로부터 정보를 얻는다면, 뉴스가 나라 전체의 우선순위를 결정할 수도 있다는 것을 의미한다.[87]

하지만 가장 강력하고 광범위한 뉴스 제공자들도 언제든 원하는 대로 무엇이나 말할 수는 없다. 기술은 정보를 공유하는 우리 문명의 능력을 크게 확장했지만, 그 능력에는 여전히 한계와 제약이 있으며 대부분은 우리의 뇌에 의해 이루어진다. 뇌는 끊임없이 새로운 정보를 얻고 싶어 하지만, 그렇게 하려면 꾸준하게 열심히 일해야 한다.

순수하고 추상적인 정보일 경우에 특히 그렇다. 뇌는 가공하지 않은 데이터나 수학적인 값과 방정식, 맥락이 없는 시간이나 날짜, 각종 정의를 기억할 수는 있지만 그 과정이 쉽지는 않다. 이런 정보를 처리하려면 시간이 걸리고 뇌가 꽤 애를 써야 한다. 예컨대 수다를 떠는 일은 쉽지만 공부는 힘들다. 두 가지 모두 새로운 정보를 얻는 과정이지만 전자는 감정적인 자극과 동기부여를 포함하는 반면, 후자는 맥락이나 특별한 자극과 분리된 추상적인 정보를 받아들이는 것에 가깝기 때문에 뇌의 가장 복잡한 인지 과정이 관여한다. 그것은 마치 우리의 뇌가 세밀한 붓으로 격식을 차린 편지를 쓰는 것과 같다. 할 수는 있지만 시간이 오래 걸리고 더 많은 집중력이 필요하다. 엄밀하게 말해 뇌는 그렇게 생겨 먹지 않았기 때문이다.

추상적인 정보를 처리하는 것은 놀랄 만큼 많은 수의 상호 연결된 신경 인지 영역들이 관여하는 일이며 뇌에서 많은 자원을 소비해야 하는 일이다.[88.89] 공부가 매우 피곤하게 느껴지는 이유이기도 할 것이다. 컴퓨터의 중앙처리장치처럼 추상적인 사실과 정보를 조작하고 관리하는 뇌의 기능인 작업 기억의 용량은 놀랄 만큼 작다. 한 번에 약 4개의 대상(무엇이 '대상'으로 간주될지는 여러분의 뇌가 어떤 상황에 놓였는지에 따라 다르다)을 담을 수 있을 정도다.[90] 여러분이 한 번에 어떤 주소나 전화번호를 기억하는 데 어려움을 느낀다면 바로 이런 이유에서다.

이런 이유로, 다량의 정보를 쏟아붓고 뇌가 그것을 한꺼번에 받아들이기를 기대하는 것은 음료수를 마시는 빨대 속으로 생일 케이크를 넣으려는 것과 같다. 다시 말해 불가능하다. 하지만 케이크를 작은 조각으로 쪼개 조금씩 밀어 넣을 수는 있다. 물론 시간이 걸리겠지만 결국에는 목표를 달성할 것이다. 단지 인내와 참을성이 필요할 뿐. 공부와 꽤 비슷하지 않은가.

감정이 어려운 사람들을 위한 뇌과학

다행히도 뇌는 여기에 익숙하다. 우리가 의식하는 매 순간 감각은 자기가 사용할 수 있는 것보다 많은 정보를 뇌에 전달하고 있다. 뇌는 그 정보들을 다루는 수많은 방법을 개발했다. 중요하거나 유용해 보이는 감각적 소음 가운데서 주기적으로 우리의 주의 집중을 다른 곳으로 돌리는 무의식적인 시스템이 그런 예다.[91] 이처럼 처리할 수 있는 양보다 더 많은 뉴스와 정보에 직면할 때, 뇌는 무엇이 더 중요한지 우선순위를 정한다. 그런 다음 가장 중요하게 여기는 정보로 관심과 자원을 돌린다.

뇌는 정보의 중요도를 어떻게 결정할까? 이상적으로는 입수할 수 있는 모든 정보를 검토한 다음, 가장 관련성이 있거나 긴급한 정보를 중요하다고 간주하는 게 가장 합리적이고 논리적으로 보인다. 그러려면 우리의 뇌는 먼저 모든 정보를 미리 받아들여야 한다. 마치 열쇠가 안에 있는데 잠겨 버린 상자를 열려는 것과 같다. 그러니 뇌는 어떤 정보에 우선순위를 둘지 결정하기 위해 열쇠가 아닌 다른 것을 사용해야 한다. 예측할 수 있겠지만 그 '다른 것'은 보통 감정이다.

결국 강한 감정적 요소를 가진 기억은 그렇지 않은 기억보다 더 효과적으로 처리된다.[92] 또 우리는 감정적인 관계를 맺은 사람이나 대상으로부터 무언가를 더 잘 배운다.[93] 게다가 우리의 후각은 뇌의 감정 처리 영역 등과 직접적으로 연결되어 있기 때문에 특히 강력한 자극과 기억을 불러일으킨다.[94] 이런 모든 사실을 고려할 때, 우리가 어떤 정보에 집중하고 유지하는지에 관여하는 핵심 요소가 바로 감정인 것도 놀라운 일이 아니다.

텔레비전 뉴스와 신문 같은 매체는 예전부터 이 사실을 인지하고 정보 제공 방식에 감정적인 측면을 반영했다. 그래서 중요한 사건에 대해서는 사실을 반영한 기본적인 텍스트로 받아들이는 게 훨씬 쉬울 테지만, 시청자들은 여전히 텔레비전 뉴스를 시청한다. 왜냐하면 뇌는 우리가 감정적으로 관여할 수 있는 다른 사람이 전달하는 정보를 훨씬 더 쉽게 흡수하는 경향이 있기 때문이다. 마찬가지로 신문 1면에는 항상 '스캔들', '충격', '공포', '분노' 같은 감정적인 단어로 눈길을 사로잡는 헤드라인이 등장한다.[95] 그리고 대부분의 신문에는 개인의 기고문이라든가 특정 사안에 대한 누군가의 개인적인 의견이 실려 있다. 즉, 감정적이고 인간적인 요소가 중요하다.

또 오늘날의 뉴스는 극적인 음악이나 상세한 사진, 눈길을 끄는 그래픽처럼 기억을 환기시키는 이미지나 소리에 크게 의존한다. 이런 요소가 과도하거나 산만하다고 여길 수도 있지만, 연구 결과에 따르면 감정적인 연상을 일으키는 이미지와 함께 정보를 제공하면 사람들이 이를 더 신뢰하는 것으로 나타났다.[96] 소셜 미디어가 아름다운 자연이나 산속 풍경 위에 영감을 주는 인용문이나 메시지를 삽입한 이미지들로 넘쳐 나는 것도 이런 이유에서다.

많은 플랫폼에서 뉴스는 '사실'만을 담아야 하고, 그들이 그렇게 하고 있다고 주장한다. 하지만 우리 뇌의 관점에서 보면 이러한 주장은 식당에 가서 생닭과 흙 묻은 채소 한 접시를 받는 것과 같다. 엄밀히 말하면 우리가 주문한 음식일 수도 있고, 억지로 먹을 수는 있겠지만 그다지 즐겁지 않은 고역이 될 것이다. 사실적인 정보에 감성을 더하는 것은 우리의 뇌가 원료를 더 잘 소화하도록 준비하고 요리하는 것과 같다. 이것은 수십 년, 심지어 수백 년에 걸쳐 작동해 온 흥미로운 시스템이다.

감정이 어려운 사람들을 위한 뇌과학

그러다가 20세기 말이 되어 기술의 발전이 '디지털 혁명'을 불러오면서 세상은 다시 크게 바뀌었다.[97] 그 결과, 대부분의 사람이 개인용 컴퓨터를 갖추고 인터넷 접속을 비롯한 컴퓨터의 모든 기능을 이용할 수 있게 되었다.

인터넷이 등장하면서 좋은 것이든 나쁜 것이든 무수히 많은 일이 새로 생겼고, 그중 상당수는 이 장에서 이미 다뤄졌다. 하지만 무엇보다도 인터넷은 뉴스에 접근하고 정보를 공유하는 일반인의 능력에 커다란 영향력을 미쳤다. 인터넷의 시대에 접어들면서 하루에 한 번, 또는 몇 시간에 한 번씩만 제공되는 제한된 범위의 뉴스나 신문에만 의존하지 않고도 누구나 24시간 내내 전 세계의 모든 최신 뉴스를 버튼 하나만 누르면 접할 수 있게 되었다. 컴퓨터나 인터넷이 일상의 현실보다 더 흥미로운 가능성이 되면서 많은 사람이 다음과 같은 시나리오를 기대하게 되었다. 세상의 모든 사람이 필요한 모든 사실적인 정보에 항상 접근할 수 있다면 무지는 빠르게 과거의 유물이 될 것이라는 생각이었다. 하지만 오늘날 순수한 지식과 논리의 시대가 펼쳐지기보다는, 지구가 평평하다고 진심으로 생각하는 사람들을 온라인에서 만나는 경험이 점점 더 흔해지고 있다.[98] 모든 사람에게 풍부한 정보가 주어지는 미래에 대한 낙관적인 예측은 한 가지 중요한 사실을 간과했다. 바로 인간 두뇌에는 한계가 있다는 점이었다.

인터넷은 우리에게 받아들일 수 있는 양보다 훨씬 많은 정보를 주었고, 우리가 소비하기로 선택한 정보를 더 많이 통제했다. 어느 때보다도 훨씬 더 많은 정보를 얻는 오늘날 우리의 뇌는 무엇을 우선시하고 집중해야 하는지를 알아내기 위해 훨씬 더 열심히 일했고, 그러려면 어느 때보다도 감정에 의존해야 했다. 이런 상황은 여러모로 이상적이지 않다.

예를 하나 들어 보겠다. 만약 감정적으로 기쁘거나 안심할 수 있는 정보에만 노출되면 세상에 대한 이해가 왜곡되고 결함이 생길 수 있다. 세상에서 일어나는 많은 일들이 안심할 수 있는 일이 아니며, 그 문제에 대한 여러분의 감정은 중요하게 여겨지지 않기 때문이다.

하지만 아직 인류가 실패했다고 여기지는 말자. 물론 통계적으로 이미 사람들이 알고 있는 정보를 안심시키고 검증하는 뉴스에만 주목하는 것은 불가피한 현상이다. 연구 결과에 따르면, 이런 일이 많은 사람이 우려하는 만큼 흔하지는 않다고 한다.[99] 뇌 속에서는 보통 많은 일이 일어나고 있고, 이것은 여러 복잡한 요소들이 작용한다는 뜻이다. 모든 사람이 스스로를 만족시키는 반향실(흡음성이 적은 재료로 벽을 만들어 소리가 잘 울리도록 한 방-옮긴이)에 들어가 몰두하기란 쉽지 않은 일이다.

인간의 호기심도 그 요소 중 하나다. 우리 중 극소수만이 이미 생각하고 있거나 알고 있는 것을 듣는 것에 만족한다. 대부분 사람들은 아무리 논쟁적인 금기라 해도 새롭고 우리를 흥분시키는 것에 흥미가 동한다.[100] 그래서 우리는 종종 이런 것을 찾아보려는 동기를 갖게 되는데, 이는 우리의 생각을 뒷받침하는 정보만 접하려는 본능적인 욕구를 상쇄한다.

또한 뇌는 부정성 편향negativity bias을 갖고 있어서, 부정적인 감정 반응을 유발하는 것들이 긍정적인 감정을 유발하는 것보다 뇌의 작용에 더 큰 영향을 미치는 경향이 있다.[101] 이 경향성은 당연히 우리가 관심을 갖는 뉴스와 정보에도 영향을 준다.

감정이 어려운 사람들을 위한 뇌과학

오늘날의 뉴스가 항상 암울하고 우울한 것처럼 느껴지는가? 이는 뉴스의 출처가 사람들이 듣고 싶어 하는 것, 그들이 감정적으로 투자하는 것에 의해 영향을 받기 때문이다. 얼마나 많은 뉴스 보도가 스포츠나 연예계 가십에 할애되는지 떠올려 보라. 그런 소식이 보통 사람들의 삶에 직접적인 영향을 끼치는 경우는 거의 없지만, 그래도 수많은 사람이 여전히 감정적인 투자를 많이 하고 있기 때문에 충분히 뉴스거리가 된다. 그리고 연구 결과에 따르면 사람들은 보통 긍정적인 것보다는 부정적인 뉴스에 더 관심이 있다.[102] 사람들은 부정적인 뉴스에 질렸다고 말하면서 여전히 그런 뉴스에 끌리는 경향이 있다.

이 사실은 긍정적인 사연만 보도하기로 선택한 뉴스 매체가 곧바로 시청자의 3분의 2를 잃은 사례에서도 볼 수 있듯 실험실 밖에서도 입증되었다.[103] 그러니 뉴스 내용이 다소 어두워지겠지만, 이 부정적 편향은 최소한 많은 사람이 위안을 주는 뉴스나 정보에만 집중하지 못하게 막는 역할을 한다.

그리고 여기에는 또 다른 요인이 있다. 선택의 폭이 너무 넓어진 상황에서 누가 우리에게 세상에 대한 정보를 제공해 줄까? 앞서 살폈듯이 한동안 주로 방송 매체와 신문이 그 일을 담당했다. 신문이나 뉴스 프로그램을 제작해서 매일 수백만 명에게 제공하려면 상당한 자원과 인력이 필요하다. 따라서 이러한 자원을 공급할 수 있어야 뉴스 사업에 진입할 수 있었으며, 이는 주로 기업이나 조직, 정부 같은 강력한 그룹이나 조직의 몫이었다.

하지만 오늘날에는 기술 덕분에 더는 그렇지 않다. 이제 인터넷이 연결된 사람이라면 누구든지 노트북이나 휴대전화 등을 통한 최소한의 노력으로 정보를 생산해 온라인에 올릴 수 있다. 그리고 소셜 미디어 덕분에 대부분의 사람이 자신만의 공개 플랫폼을 가지며 수천 개 이상의 네트워크를 쉽게 공유할 수 있게 되었다.

가짜 뉴스와 진짜 관점들

우리는 이 사실이 장단점이 되는 여러 가지 방법을 살펴봤다. 하지만 그중에서도 특히 중요한 한 가지는 내가 방금 언급한 것이다. 인간의 뇌는 대부분의 역사에서 타인으로부터 많은 정보를 얻었으며 대체로 여전히 본능적인 수준에서 타인으로부터 정보를 얻는 것을 선호한다.

연구나 실험 결과에 따르면 주변 사람들이 생각하고 믿는 바가 우리의 생각과 믿음에 직접적인 영향을 끼친다는 사실이 반복해서 입증되었다.[104] 인간의 뇌는 그만큼 사회적이다. 이것은 우리가 주변 사람들, 즉 우리가 동일시하는 사람들을 따르고 그들의 의견에 동의하는 경향이 강하다는 뜻이다. 실제로 최근의 연구에 따르면 비록 의식적으로 원하더라도 개인이 순응하려는 본능에 저항하기는 매우 어렵다고 한다.[105]

인터넷 이전의 세대는 텔레비전이나 신문을 통해 세상의 뉴스와 정보를 접할 수 있었다. 이것은 한 인구 집단이 소수의 출처로부터 동일한 정보를 제공받는다는 것을 의미했고, 따라서 사람들이 가질 수 있는 믿음과 세계관의 범위도 작았다. 게다가 신문사나 방송사가 자신의 목적이나

감정이 어려운 사람들을 위한 뇌과학

소유주의 입맛에 맞도록 말하지 못하게 방지하는 규제와 견제의 균형이 있었다. 그에 따라 감독 기관, 명예훼손과 비방에 대한 법률, 강력한 경쟁자 같은 다양한 요인이 뉴스 플랫폼에서 나오는 출력값을 사람들이 받아들일 수 있게 유지해 주었다. (이런 요인들이 얼마나 효과적이고 필요한지에 대한 여러분의 견해는 다양할 수 있지만, 실제로 그것들은 존재하며 이 부분이 중요하다.)

여기에 더해 언론은 잠재적인 시청자나 독자와의 신뢰도와 선의를 지켜야 할 필요가 있었고, 설문 조사에 따르면 사람들이 뉴스의 출처에서 찾는 가장 중요한 가치는 정확성이기도 했다.[106] 이 모든 것의 결론은 어쨌거나 '공식' 뉴스 플랫폼은 오랫동안 그들이 공유했던 정보가 유효하고 정확하며 합리적인지 확인하기 위해 상당한 노력을 기울여야 했다는 것이다. 이것은 무엇보다도, 의심스럽고 검증할 수 없는 주장은 거의 공표되지 않는다는 것을 의미했다. 공유할 뉴스가 많고 그것이 실릴 텔레비전 게시판이나 신문 1면이 하나뿐이라면, 플랫폼 담당자들은 터무니없는 생각을 가진 사람에게 그 자리를 넘겨서 낭비하게 하지 않을 것이다. 또 그런 사람이 그물망을 통과한다 해도 뜻대로 될 수 없을 것이다.

1970년대에서 1980년대 사이 영국에서 유명한 축구 선수이자 방송인이었던 데이비드 아이크David Icke의 예를 생각해 보자. 1990년대에 아이크는 자신이 신의 아들이라고 주장하기 시작했고, 모습을 바꾸는 우주 도마뱀이 세상을 지배한다고 주장하기 시작했다. 아이크는 대중매체를 정기적으로 접할 수 있는 사람으로서 일반인에 비해 매우 특권적인 지위를 누리고 있었지만, 이 발언은 예상대로 엄청난 조롱과 비난으로 이어졌다.[107]

원한다면 나를 검열을 좋아하는 편협한 사람이라고 불러도 좋다. (그렇게 부른 게 여러분이 처음은 아닐 것이다.) 하지만 나는 검열이 도움이 된다고 생각한다. 뉴스에 나오는 정보가 세상에 대한 사람들의 이해를 형성한다면, 뉴스에 나오지 않는 정보는 그렇게 할 수 없다. 따라서 다른 인종이나 성별, 종교에 대해 위험한 견해를 가진 사람들, 음모론자, 종말론자 등이 신뢰할 수 있는 뉴스 플랫폼에서 그들의 견해를 공유하고 증폭시키지 않는 것은 좋은 일이다.

물론 충분히 크고 복잡한 사회에서는 사실에 근거하지 않거나 변칙적이거나 극단적인 견해와 신념이 종종 나타난다. 하지만 대부분의 주류 뉴스를 통해 정보를 얻는 상황에서 이러한 세계관을 유지하고 전파하기는 매우 힘들었을 것이다. 따라서 그런 신념을 가진 사람들은 같은 신념을 공유하는 다른 사람을 만날 가능성이 훨씬 적다.

여러분이 1980년대의 술집에서 친구들과 함께 앉아, 엘리자베스 여왕이 정말로 형태를 바꿀 수 있는 우주 도마뱀 뱀파이어라고 솔직하게 털어놓는다고 상상해 보자. 아마도 여러 해에 걸쳐 조롱을 받을 것이다. 다시 말해서 그런 말을 하려면 자신의 비전통적인 생각과 신념, 그리고 사회적 수용 사이에서 선택해야 한다. 그리고 종종 후자가 승리한다.[108] 우리의 뇌는 정확하고 타당하다고 믿는 정보를 고수하는 것이 사회적 거부를 의미한다면 그런 정보를 기꺼이 버리기 때문이다. 따라서 뉴스나 정보를 얻기 위해 기존에 확립된 주류 미디어 소스에 의존하게 되면 비현실적이거나 비과학적이고 불쾌한 세계관에 대해 더 적대적인 환경이 조성된다.

대부분 주류 뉴스 플랫폼에 대한 견제와 균형은 오늘날에도 여전히

감정이 어려운 사람들을 위한 뇌과학

적용된다. 그러나 사람들이 온라인이나 소셜 미디어에서 말할 수 있는 것에 대한 규제와 제한은 상당히 적고, 있는 규제조차 충분치 않다는 지적이 많다.[109] 이는 아무리 터무니없는 정보라 해도 자신이 중요하다고 생각하는 정보를 가진 개인이 몇 초 안에 전 세계로 퍼트릴 수 있다는 뜻이다. 그러면 결과적으로 도움이 되지 않거나 부정확한 정보에 사람들이 점점 더 많이 노출될지도 모른다.

우리의 뇌는 선택의 폭이 좁기 때문에, 잘못된 정보는 실제 정보만큼 영향력을 미칠 수 있다. 사람들이 의학적 데이터보다는 미디어에 얼마나 자주 나오는지에 따라 특정 유형의 암 발생률을 추정한다는 연구를 기억하는가? 이는 잘못된 정보가 (의도하지는 않았지만) 여전히 세상에 대한 인식과 이해를 형성할 수 있다는 명백한 증거다.

물론 데이터에 따르면 사람들은 뉴스의 정확성을 원하고 기대하지만 여기에는 오해의 소지가 있다. 이용 가능한 모든 증거와 데이터가 뒷받침하는 실제 사실이 동원된다는 점에서 객관적으로 정확하다고 할 수도 있지만, 실제로 그런 것들을 확인하는 데 필요한 시간이나 자원, 전문 지식을 가진 사람은 거의 없다. 대부분의 사람들이 어떤 것을 정확하게 판단하는지의 문제는 곧, 일이 어떻게 진행되는지에 대해 그들이 이미 알고 있는 바와 일치하는지 아닌지의 문제다. 하지만 세상이 어떻게 돌아가는지에 대한 사람들의 지식은 거의 전적으로 그들이 우선시하고 유지해 온 지식에 의해 결정된다. 그리고 오늘날 어느 때보다도 그 지식의 내용과 양은 사람마다 엄청나게 다를 수 있다.

여러분이 사는 나라의 집권 정당이 정기적으로 핫도그 가게에서 식인 행위를 동반한 사탄 의식을 벌인다는 사실을 진정으로 믿게 되었다고 가정해 보자. 여러분은 두 종류의 공식 뉴스 보도를 접하게 되는데, 하나는 이 정보가 사실이라고 보도하고 다른 하나는 말도 안 된다고 보도한다. 그러면 여러분은 '이미 알고 있는 사실'을 확인해 주는 뉴스가 가장 정확하다고 생각할 가능성이 높다. 그리고 우리가 그것이 잘못된 정보라는 사실을 모르는 한, 잘못된 정보도 실제 정보만큼이나 영향력을 가지기 때문에 터무니없고 억지스러운 무언가를 진실로 믿게 될 수 있다.

오히려 잘못된 정보는 여러 증거라든지 그것이 필요로 하는 시간과 노력의 제약을 받지 않기 때문에, 객관적인 현실로부터 멀리 떨어져 있을지라도 사람들이 생각하고 믿는 것을 형성하는 범위가 훨씬 더 넓다. 슬프게도 오늘날 인터넷이 가진 여러 특성 때문에 의도하지 않아도 이런 일이 많이 벌어졌을 것이다. 특히 건강 같은 중요한 것들에 대한 잘못된 정보는 오늘날 우리 사회가 직면하고 있는 주요한 문제 중 하나다.[110]

비과학적이고 미신적인 주장에 맞서 싸우려는 회의론자와 합리주의자들은 '특정 일화가 많아진다고 해서 그것이 자동으로 데이터가 되지는 않는다'고 공통적으로 주장한다. 이 말은 비록 다수가 어떤 것이 진실이라고 말한다 해서 그것이 사실이 되지는 않는다는 뜻이다. 예컨대 역사의 특정 시점에 대부분의 사람이 태양이 지구 주위를 돈다고 자신 있게 말했을 것이다. 하지만 태양은 지구를 돌지 않았고, 지금도 돌지 않으며, 앞으로도 돌지 않을 것이다. 객관적인 사실과 진실은 아무리 많은 사람이 서로 다르게 주장한다 해도 상관없이 있는 그대로 존재한다.

그런데 특정 일화가 많아진다고 해서 데이터로 이어지지 않는다는

감정이 어려운 사람들을 위한 뇌과학

건 실제 세계와 객관적 현실에 대한 타당한 입장이지만 불행히도 신경학적 차원에서는 다른 이야기다. 우리의 뇌에 관한 한, 만약 충분히 많은 사람이 어떤 이야기를 하면 그것을 사실로 받아들일 가능성이 더 증가한다. 그리고 그들과 감정적인 연결 고리가 클수록 그들을 더 신뢰할 가능성이 높다.[111]

이것은 수다와 공부의 차이로 거슬러 올라가며, 뉴스 독자들이나 유명 인사들의 추천이 오늘날의 미디어 환경에서 그렇게 흔한 이유일 것이다. 우리는 진화 역사의 대부분을 타인들, 즉 우리가 보고 듣는 대상으로부터 정보를 얻는 데 소비했다. 따라서 감정적으로 자극적인 정보를 찾도록 발달해 왔으며, 우리의 뇌는 다른 사람들로부터 얻은 정보를 더 잘 받아들인다.

이것은 우리에게 도움을 준다. 우리가 생각이나 의견을 바꿀 때, 단순히 제공받은 정보보다 감정적으로 교감하는 다른 사람이 제공하는 정보를 통해 바꿀 가능성이 훨씬 더 높다는 사실이 밝혀졌다.[112] 이것은 다른 사람의 말을 듣는 것을 선호하는 우리의 성향이 잘못된 정보나 해로운 믿음과 싸우는 데 사용될 수 있다는 뜻이다.

하지만 이것은 어느 방향으로든 효과가 있고, 대부분의 사람이 타인과의 상호작용 탓에 잘못된 정보와 해로운 믿음에 영향을 받는다. 그리고 인터넷이 우리의 인식 너머까지 확장된 데 따른 장점이 있다면 이렇게 타인과 상호작용할 수 있다는 것이다.

인터넷, 특히 소셜 미디어가 '믿을 수 있는' 정보원과 그렇지 않은 정보원 사이의 경계를 모호하게 만든 것은 우리에게 해를 끼쳤다. 예전에는 공식 뉴스 정보원과 아마추어 정보원을 쉽게 구분할 수 있었다. 주요 신문 옆에 자체적으로 발행한 팸플릿이 있으면 아무도 헷갈리지 않을 것이다. 마찬가지로 공식 텔레비전 뉴스 방송의 세련된 모습은 지하실에서 가정용 비디오카메라로 영상을 찍는다고 결코 따라 할 수 없었다. 때로는 제작 품질이 신뢰도를 결정짓는다.[113]

하지만 이제 수많은 사람이 주로 온라인에서 뉴스와 정보를 얻는다. 그에 따라 기존의 뉴스 플랫폼은 X, 페이스북, 유튜브 등을 통해 채널을 제공하기 시작했다. 온라인 영역도 훌륭한 수준으로 올라왔기 때문에 공식 뉴스와 무작위로 선별한 개인 영상을 구분하기가 점점 더 어려워지고 있다. 아마추어 블로그가 전문적인 기사처럼 보일 수 있으며, 피드에 올라온 주요 신문사의 페이스북 게시물이 이민자들에 대해 매우 우려스러운 견해를 가진 어머니 직장 동료의 게시물과 다를 것 없어 보이기도 한다. 24시간 뉴스 채널의 유튜브 영상은, 편집 소프트웨어를 잘 다루고 일루미나티(1700년대 후반 독일에서 조직되었다고 알려진 비밀결사-옮긴이)에 대한 매우 '흥미로운' 생각을 가진 남자의 영상과 나란히 놓여 있다.

이런 이유로 인쇄물과 방송물, 그리고 온라인 뉴스 소스의 상대적인 신뢰도에 대한 많은 연구가 이루어졌다.[114] 공식적인 기존의 뉴스 매체들이 여전히 매우 신뢰할 만한 원천으로 여겨지긴 하지만, 연구에 따르면 사람들은 온라인에서 친구나 지인들이 생산한 글도 어느 정도 신뢰할 만하다고 생각한다.[115] 또는 뉴스 출처가 친구 네트워크의 평균적인 견해와 일치하는 경우 더 신뢰할 수 있는 것으로 간주한다.[116] 우리와 타인의 감정적 연결은 우리가 신뢰할 수 있다고 여기고 기꺼이 받아들이는 정보에 강

감정이 어려운 사람들을 위한 뇌과학

력한 영향을 미친다.

나는 이런 과정이 종종 우리 자신도 모르는 사이에 일어난다는 사실이 문제의 핵심이라고 생각한다. 인터넷과 소셜 미디어의 발전이 불러온 가장 엄청난 결과는 이제 어떤 아이디어나 신념, 의심이 아무리 터무니없는 것일지라도 이를 뒷받침하는 정보를 찾을 수 있다는 점이며, 상당수의 사람이 그 정보의 타당성을 비판적으로 평가할 능력이 부족하다는 것이다. 다시 말해 그들은 정보를 액면 그대로 받아들일 가능성이 높다.

하지만 여러분의 생각을 뒷받침하는 (잘못된) 정보를 찾는 것보다 훨씬 더 중요한 게 있다면 여러분의 생각에 동의하는 사람을 누구든 반드시 찾을 수 있다는 점이다. 그 숫자는 꽤 많다. 타인들, 특히 우리와 감정적으로 연결된 사람들에 의해 정보를 검증받는 것은 그 정보를 유지하고 신뢰할 만한지를 판단하는 데 가장 중요한 요소다. 일단 공동체의 합의가 이루어지면 사람들은 본능적으로 그것을 보존하고 강화하기 위해 열심히 애쓸 것이다.[117]

아무리 터무니없거나 압도적인 증거가 있더라도 다른 사람들이 여러분의 이론이나 주장에 동의하고 지지를 보낸다면, 우리의 뇌는 '확인'으로 인식하고 검증으로 받아들일 것이다. 우리는 그것을 공유함으로써 거부당하는 대신 감정적 보상을 받을 것이고, 무언가 괜찮은 일을 하고 있다고 더욱 확신하게 된다.[118] 이렇듯 정보 공유와 대인 관계에 대한 인터넷의 작동 방식 때문에 객관적으로 잘못된 믿음이라 해도 주관적으로 검증되고 강화되고 장려받을 수 있다.

여러분은 인터넷과 소셜 미디어가 우리를 수많은 사람과 연결한다는 점을 고려할 때, 우리가 왜 반대 의견이나 대안적인 관점을 가진 사람들의 영향은 받지 않는지 궁금할 것이다. 만약 우리가 언제나 모든 사람의 의견에 노출되어 있고, 그것과 실제 사실 및 정보를 구별하는 데 어려움을 겪는다면 왜 우리의 생각은 끊임없이 유동적이지 않을까? 좋은 질문이다.

먼저, 우리가 항상 모든 사람의 견해에 노출되는 것은 아니다. 현대 기술은 우리가 누구에게 노출되고 누구와 관계를 맺는지를 놀랄 만큼 잘 통제할 수 있다. 그것이 이 기술이 가진 매력의 큰 부분이다. 마치 모든 사람이 동시에 이야기하는 거대한 파티에 참석하는 것과 같다. 여기서 여러분은 모든 사람과 어울릴 필요 없이 아는 사람과 소통하고, 나머지는 배경 소음으로 치부할 수 있다.

하지만 더 중요한 것은, 일단 정보가 뇌에 받아들여져 우리의 생각과 이해에 영향을 미치기 시작하면 뇌는 놀랄 만큼 그 정보를 바꾸거나 부인하기를 꺼린다는 점이다. 우리의 감정이 우리가 받아들이는 정보의 핵심 요소임을 고려할 때, 감정은 여러 가지 방법을 통해 우리의 확립된 이해를 방어하고 지킨다.

여기에는 우리가 이미 아는 것에 도전하는 정보를 피하거나 무시하려는 확증 편향confirmation bias이 자리한다.[119] 이 방법으로도 효과가 없는 경우, 이제 정보가 실제로 말하는 것을 객관적으로 고수하는 것이 아니라 개인이 원하는 결과와 결정을 이끄는 방식으로 정보를 처리하는 '동기부여된 추론'이 등장한다.[120] 만약 이 두 가지가 모두 우리에게 도전하는 정보들을 차단하지 못한다면, 이제 '신념 고수belief perseverance'가 나설 차례

감정이 어려운 사람들을 위한 뇌과학

다.[121] 이것은 다른 사람들이 확고하게 모순된 증거나 정보를 제시하더라도 여전히 기존의 믿음이나 결론을 유지하는 역할을 한다. 이 과정에서 기존의 믿음들이 더 강해질 수도 있기 때문에 이것은 때때로 '역효과 현상'으로도 불린다.

추상적 정보를 흡수하고 처리하며 유지하는 것은 매우 중요하다. 하지만 뇌가 축적해 온 정보에 도전하는 것은 그간의 노력을 헛수고로 만들고 세상에 대한 이해를 혼란에 빠뜨릴 수도 있는, 엄밀히 말하면 뇌에 위협이 될 정도로 힘든 과제다. 그 때문에 기존의 믿음과 모순되는 정보를 접하게 되면 스트레스와 심리적 불편함을 경험하는 등 인지 부조화로 알려진 부정적 감정 반응이 빠르게 나타난다.[122]

이 불협화음을 멈추기 위해 우리는 감정적인 반응을 바꾸고 틀렸음을 받아들이거나 더 비판적이고 냉소적으로 생각하면서 기존의 견해와 믿음을 지켜 낸다. 이 현상은 느끼는 것을 바꾸는 것보다 생각하는 것을 바꾸는 게 훨씬 더 쉽다는 감정의 강력한 본성을 설명한다. 우리는 이런 사례를 이미 몇 번 살폈다. 나쁜 소식에 대한 사람들의 열광적인 반응(비록 그들이 그것을 좋아하지 않는다고 주장할지라도), 그리고 자신의 의지와는 다르게 순응하는 경향은 우리의 의식적인 생각과 잠재적인 추진력이 서로 상충하는 예다. 이 상황에서 이기는 건 우리의 감정이다. 비록 그 감정적인 반응이 잘못된 정보에 기반을 두고 있더라도 말이다.

이 사실을 사람들이 모르진 않는다. 온라인에서 발견되는 틀린 정보들은 잘은 몰라도 열정이 앞서는 사람들에게서만 나오는 게 아니다. 그 정보의 대부분은 다른 사람을 적극적으로 속이거나 오도하려는 사람들에 의해 의도적으로 작성된다. 여기에는 정치적 힘, 영향력, 돈, 지위, 이념, 타인의 관심과 승인, 자존감 같은 매우 많은 동기가 있다. 온라인 속임수를 통해 사람들을 조종하면 이 모든 것을 얻을 수 있고, 적어도 지금까지는 그런 행동을 한다 해도 치러야 할 대가는 거의 없어 보인다. 그러니 만약 여러분이 그 행동을 멈출 양심의 가책이 없다면, 잘못된 정보를 퍼뜨리지 않을 이유도 없다.

여기에서도 감정의 악용은 분명히 드러난다. 잘못된 정보나 오해의 소지가 있는 주장의 예를 살펴보면 결코 좋은 내용이 아니다. '당신은 속고 있다', '힘센 사람들이 당신을 죽이려 한다', '당신의 가장 놀라운 의심은 모두 사실이다', '당신이 싫어하는 그 집단은 유아 살인범들이다' 등이다. 이것들은 뇌의 부정성 편향을 최대한 이용해서 보다 쉽게 주의를 집중시키고, 잘못된 정보를 받는 사람들에게 감정적인 자극을 준다. 그러면 우리는 알다시피 잘못된 정보를 더 잘 기억하게 된다. 심지어 일반적인 사고에서 이성보다 감정에 더 의존하는 사람들이 가짜 뉴스에 더 취약하다는 연구 결과도 있다.[123]

불행하게도 소셜 미디어는 참여와 '좋아요', 클릭, 공유에 맞춰져 있기 때문에 감정과 분노를 조장하는 방식으로 활발하게 설정되어 있다.[124] 상황은 더 악화될 수밖에 없다.

이 때문에 전문가들과 관련 단체에서는 잘못된 정보와 싸우고, 정정 및 반론을 제기하며, 사실을 확인하고 거기에 관심을 집중시키기 위해 24시간 일하고 있다. 하지만 우리의 감정이 생각과 믿음의 훼손을 막으려 여러 겹의 방어막을 치는 점을 고려하면 힘든 투쟁이다. 잘못되고 부정확

감정이 어려운 사람들을 위한 뇌과학

한 믿음은 이를 공유하는 온라인 공동체와 그들의 감정적 검증에 의해 강화되어 쑥쑥 성장한다.

어떤 사람들은 내가 문제를 과장한다고 생각할지도 모른다. 주로 온라인 세계에 국한되어 있는 데다, 앞서 살폈듯이 실제 세계가 가상 세계보다 더 감정적으로 자극적이니 영향력도 더 크지 않은가? 사실이다. 하지만 그렇다고 가상 세계가 우리에게 영향을 미치지 않는다거나 효과가 없다고 말할 수는 없다. 가끔은 더 큰 영향을 미칠 수 있다. 최근의 연구에 따르면 충격적이거나 끔찍한 사건에 대한 뉴스 보도에 과도하게 노출되면 재난 현장에 실제로 있는 것보다 더 심각한 영향을 미칠 수 있다고 한다.[125]

큰 재난을 직접 경험한다고 해도 일단 재난이 끝나면 다 끝이 난다. 하지만 뉴스 보도나 온라인상의 추측과 반응은 그렇지 않다. 몇 분짜리 사건을 몇 시간, 며칠, 심지어 몇 주에 걸쳐 감정적으로 강력한 정보로 송출하는 과정에서 수신자의 뇌에 걱정과 두려움을 불어넣을 기회를 훨씬 더 많이 제공한다.

아마도 바로 이 부분이 기술과 가상 세계가 현실 세계보다 우위에 있는 부분일 것이다. 현실 세계에는 가시적으로 명백한 한계와 제한이 있다. 하지만 인터넷이나 소셜 미디어는 그렇지 않다.

그래서 이 모든 것을 종합했을 때, 우리는 어떤 결론에 다다르는가? 뇌가 다룰 수 있는 양보다 더 많은 정보를 공급하는 현대에 중요한 것을 선택하려면 결국 감정에 더 의존하게 된다. 여기서 신뢰할 수 있는 출처와 거짓 소문, 근거 없는 추측 사이의 경계는 점점 모호해지고 종종 같은 것처럼 뒤섞인다. 이때 어떤 아이디어나 믿음이 아무리 억지스럽거나 비현실적이더라도 빠르게 '증거'로 뒷받침되고 이를 지지하는 커뮤니티가 형성된다면, 우리의 사회적 두뇌는 이 정보를 무척 매력적으로 느낄 것이다. 그리고 온라인 세계의 설정과 사악한 목적을 달성하려는 수많은 악당(정치인이나 권력가가 우리 사회를 통제하려는 것을 포함해[126])이 결합하여 우리에게 감정적인 자극을 주고, 그에 따라 잘못된 정보라도 가능한 한 민감하게 받아들이게 한다.

이 모든 점을 고려할 때 그렇게나 많은 사람이 팬데믹이 진짜가 아니라고 믿는 것도 놀라운 일이 아니다. 감정은 위안이 되는 착각을 기꺼이 탐닉하고 받아들이려 한다.

여기에 대해 우리가 어떻게 할 수 있을까? 어떤 사람들은 감정을 전체 처리 과정에서 완전히 분리하고, 신뢰할 만한 증거를 토대로 가능한 한 합리적이고 논리적으로 모든 것에 접근하는 게 가장 좋은 접근법이라고 제안한다. 나 자신도 한때 그러한 접근법의 열렬한 지지자였고, 그것을 옹호하는 공동체에서 적극적으로 행동하는 구성원이었다.

하지만 그 이후, 특히 이 책을 쓰는 과정에서 많은 것을 배웠다. 이제 나는 우리가 생각하고 행동하는 모든 것에서 감정이 얼마나 중요하고 근본적인 역할을 하는지에 대해 심각하게 오해하거나 과소평가하는 이런 접근법에 결함이 있다고 생각한다.

물론 우리의 감정은 많은 문제를 일으킨다. 부인할 수 없는 사실이다. 하지만 우리 몸에서도 뼈가 부러지고 세포가 암세포로 변하며, 피부가 햇볕에 화상을 입고 눈에 기형이 생기기도 한다. 생명체에게 이런 일은 항

감정이 어려운 사람들을 위한 뇌과학

상 일어난다. 그렇다고 뼈를 아예 제거하거나, 피부를 벗겨 내거나, 세포를 다 죽이라고 말할 수 없다. 누구도 그러지 않는다. 우리가 존재하려면 이러한 것들이 여전히 필요하기 때문이다. 나는 이제 감정에도 같은 원리가 적용된다는 생각을 하게 되었다.

그 때문에 우리의 감정을 무시하거나 억누르거나 거부하려는 어떤 노력이든 실패로 돌아갈 수밖에 없다. 이것은 단순한 추측이 아니다. 여러분도 종종 온라인에서 이성과 논리로 무장했다고 주장하는 누군가가 잔뜩 화가 나서 그들에게 동의하지 않는 사람과 논쟁을 이어 가는(합리적이지도, 논리적이지도 않게) 모습을 봤을 것이다.

또 회의론자, 합리주의자, 지식인이라 자칭하는 사람들이 있다. 이들은 사람들이 결정을 내릴 때 과학적 증거와 신뢰할 수 있는 출처만을 사용하도록 장려하며 오랜 시간을 보낸다. 물론 그것이 고귀한 목표라고 생각하지만, 그러한 사람들도 젠더 이슈든, 정치 이념이든, 언론이나 검열의 자유든 간에 특별히 열정을 쏟아붓는(감정적으로 자극을 주는) 주제를 찾는 경우가 점점 더 자주 관찰된다. 그러다 이들은 고귀한 원칙을 잊고, 그들의 의견을 뒷받침하는 내용이 아무리 어설프고 논란이 많더라도 갑자기 유효한 증거로 내세워 주장한다.

실제로 최근의 연구 결과에 따르면 사람들은 비록 신뢰할 수 없다고 알려진 출처에서 온 것일지라도 감정적으로 자극적인 정보와 뉴스를 훨씬 더 신뢰할 가능성이 높다고 한다.[127]

이것은 감정이 보다 인지적이고 지적인 과정과 분리될 수 없다는 또 다른 증거다. 우리 인간은 왜 이성적이고 논리적으로 생각하는 경향이 있을까? 그 이유는 우리가 스스로 옳기를 바라기 때문일지도 모른다. 불확실한 세상에서 일을 정확하고 확실하게 해결하기를 바라기 때문일지도 모른다. 안심하고 기분이 나아질 수 있도록 말이다.

이것이 의미하는 바는 뇌가 이성과 논리, 합리적인 생각을 하는 건 궁극적으로 그렇게 해야 감정적으로 보상을 받기 때문이라는 것이다.[128] 논리와 이성은 감정에 달려 있으며 감정은 결코 방해물이 아니다. 논리와 이성은 감정 없이는 아예 존재할 수 없다. 따라서 우리의 사고와 생각에서 감정을 억제하거나 제거하려는 시도는 굉장한 역효과를 낳으며 궁극적으로는 결코 성공하지 못할 것이다.

그렇다면 내가 제안해야 할 해결책은 무엇일까? 감정은 매우 문제적이고 비합리적일 수 있으며, 우리가 터무니없고 해로운 것들을 많이 믿게 할 수 있다. 그렇지만 동시에 감정은 우리를 우리답게 만드는 모든 것의, 결정적이고 근본적이며 부인할 수 없는 한 측면이기도 하다. 이런 골칫거리를 어떻게 대해야 할까?

걱정할 필요는 없다. 지금 우리가 해야 할 일은 감정을 인정하는 것뿐이다. 수천 년 동안 인류의 가장 뛰어난 지성들조차 감정의 진정한 역할과 작용을 알아내지 못했고, 앞으로도 오랫동안 그럴 것이다. 그에 비하면 나는 단지 영국 카디프 외곽의 창고에 들어앉아, 아버지의 비극적인 죽음을 겪고 난 뒤 감정을 하나하나 파악해서 그 모든 것을 적으려고 애쓰는 중인 신경과학자일 뿐이다.

하지만 나는 감정과 그 역할을 더 인식하는 연구를 많이 할수록, 감정이 우리에게 미치는 영향과 효과를 더 많이 완화하고 통제할 수 있음을 말하고 싶다.[129] 확실히 내게도 해당하는 얘기라고 생각했다.

예컨대 나는 이제 왜 어떤 사람들이 팬데믹의 암울한 현실을 외면하고 그것이 진짜가 아니라고 믿거나, 사악한 의도로 바이러스가 방출되었다고 여기는지 이해한다. 온갖 첨단 기술이 가득한 오늘날에도 이러한 믿음은 다양한 이유로 감정적인 위로가 될 것이다.

그렇지만 바로 이때 내가 팬데믹으로 아버지를 잃고 난 후 겪은 정신적 충격을 이야기하며 불쑥 끼어들면 이런 사람들이 덮었던 감정적인 위안이라는 담요가 찢어지고, 그들은 뇌의 방어기제를 발동해 내 말이 거짓이거나 음모의 일부라고 여길 것이다. 나를 위협으로 생각해 어떻게든 무시하는 방향으로 결론을 내릴지도 모른다. 그러나 그때에도 그들은 내 슬픔을 더 슬프게 만드려는 것이 아니다. 그들 자신의 감정적인 불편함을 회피하려는 것뿐이다.

물론 이런 그들이 마음에 든다고는 할 수 없다. 나는 확실히 그들에게 동의하지 않는다. 하지만 적어도 이제는 어떻게, 그리고 왜 그런 일이 일어날 수 있는지는 이해한다. 그리고 그 과정은 솔직히 내 기분을 나아지게 한다. 그런 사람들의 마음을 바꿀 수 있는 것이 무엇인지 적어도 나는 모르기 때문에 괜찮다는 심정이랄까.

코로나19로 인해 사랑하는 가족 한 명이 세상을 떠난 일을 그들이 똑같이 경험했으면 하는 건 아니다. 그런 경험을 하면 그들이 마음을 바꿀 수 있다 해도 나는 결단코 그러기를 바라지 않는다. 그들이 누구든, 어떤 행동을 했든 내가 겪은 것과 같은 경험을 다시 겪지는 않았으면 좋겠다. 설사 그렇게 된다고 해도 기분이 나아질 것 같진 않다. 고백하자면 얼마

전에 딱 한 번쯤은 그런 생각을 했던 것 같기도 하지만. 어쨌든 적어도 이제 나는 내가 더 이상 감정에 대해 무지하지는 않다고 확실히 말할 수 있다.

그리고 여러분도 같은 말을 할 수 있도록 내가 도움이 되었기를 바란다.

감정이 어려운 사람들을 위한 뇌과학

나가며

내가 이 글을 쓰는 동안에도 돌아가신 아버지가 나를 지켜보고 있었다. 영적인 의미에서 말하는 건 아니다. 어쩌면 그럴지도 모르지만 그건 내가 모르는 영역의 일이다. 내 말은, 아버지의 사진 두 장을 액자에 넣어 내 등 뒤 선반에 올려놓았다는 것이다.

이 사진들은 행사나 기념일에 찍은 특별히 중요하거나 의미 있는 사진들이 아니다. 우연히 아버지와 내가 같이 나온 사진일 뿐이다. 실은 찍어 놓고도 전혀 관심이 없어서 몇 년 동안 하드드라이브에 저장된 채 먼지만 쌓였던 사진이다. 컴퓨터 안이니 진짜 먼지가 아닌 이진코드가 쌓여 갔겠지만 말이다. 다른 것을 뒤적대던 중에 가끔 이 사진들을 힐끗 보곤 했지만 그게 다였다.

아버지가 세상을 떠나고 난 뒤, 이제 이 사진들은 나에게 훨씬 더 깊은 의미로 남게 되었고 내 작업실에서도 자랑스럽게 한자리를 차지하고 있다.

사진 이야기를 꺼낸 이유는 이것이 지금까지 이 책에서 탐구한 주제에 대한 완벽한 예시이기 때문이다. 강력한 감정적 경험은 기억을 바꿀 힘을 가지고 있다. 그리고 그 기억들이 형성된 지 한참 뒤에 그와 관련한 모든 것에 대한 감정 또한 변화시킬 수 있다.

생각해 보면 이 책도 그런 예다. 나는 원래 이 책을 가벼운 마음으로 재미있게 쓸 작정이었다. 상당 부분이 이미 그런 식으로 쓰여졌지만 말이다. 하지만 그러다가 깊은 감정적인 경험을 겪게 되었고, 그 이후의 집필은 내가 계획하고 예상했던 어떤 것보다도 훨씬 더 심오하고 개인적인 경험이 되었다.

나는 그런 경험이 훨씬 좋았다고 말하고 싶다. 이 여정을 경험하고 기록하는 과정에서 나도 나아지는 것은 물론, 감정에 대한 나의 이해도 크게 달라졌다. 물론 여기까지는 내가 예상할 수 있는 바였다. 하지만 내 감정이 바로 내 눈앞에서 나를 엄청나게 변화시켰다는 점이 점차 분명해졌고, 이건 내가 예상하지 못한 것이었다.

아마도 불가피한 일이었을지 모른다. 이 책을 쓰며 내가 배운 것들에 공통된 요소가 있다면, 그건 감정은 결국 변화의 다른 이름이라는 점이다.

나는 내가 감정과 그 작동 방식에 대해 특히 무지한 편이라고 생각했지만, 주변을 보니 다른 사람들도 대부분 그다지 확실하게 알고 있지 않았다. 왜냐하면 감정에 대한 우리의 정의와 매개변수, 일반적인 상식은 수천 년 동안 끊임없이 변화했기 때문이다.

나는 줄곧 감정이란 순전히 뇌 안에서 일어나는 추상적인 현상으로 여겼다. 그렇지만 사실 우리가 느끼는 모든 감정은 신경학적이고 생리학적인, 심지어 화학적 수준에 이르기까지 우리 내부의 물리적 변화로 이어진다.

나는 감정이 처음 생겨난 것은 먼 옛날 생명체의 뇌가 주변 환경의 변화에 어떻게 반응해야 할지 파악해야 했기 때문이라는 사실을 알게 되었다. 그리고 그렇게 탄생한 감정은 불필요한 진화의 유물이 되기는커녕 수백만 년에 걸쳐 우리를 변화시켰고, 우리가 보는 방식과 인식하는 것들, 우리의 기억을 형성했다.

다른 많은 사람처럼 나도 특정한 상황에 대한 특정한 감정이 있다고 여긴다. 그리고 우리가 경험하는 감정은 시간이 지나면서 변화하고 모습을 바꾸며, 사람에 따라 크게 차이를 보인다.

감정은 우리의 뇌 전체에 퍼져 나가는 방식 덕분에 종종 우리를 개인적인 수준에서 작은 규모로 변화시킨다. 우리가 고통을 즐기게 된다든지 사랑하는 사람을 보고 움찔 물러선다든지 하는 것처럼 언뜻 잘 설명할 수 없는 경우에도 대상에 대한 우리의 생각을 바꿀 수 있다.

이런 점 때문에 감정은 언제나 우리에게 영향을 미치고 우리를 변화시키는 통로다. 음악이나 이야기, 동물, 아기, 색깔, 인간관계를 비롯해 우리가 살면서 마주할 수 있는 거의 모든 다른 것들이 그렇듯 말이다.

감정은 심지어 좋거나 나쁜 방식으로 현실에 대한 우리의 이해를 바꿀 수 있다. 감정은 우리가 모든 존재에 대해 보다 희망적인 결과를 예상하도록 이끌기도 하고, 현실에 대한 인식을 너무 심하게 왜곡시킨 나머지 우리가 감각에서 오는 증거를 거부하고 이미 고통을 겪는 사람들을 공격하도록 할 수도 있다.

그리고 여러분이 누구든, 성 정체성이라든가 나이가 어떻든 간에 감정과 그 표현 방식은 여러분 주변의 세상과 여러분을 향한 기대에 의해 영향을 받는다. 여러분의 뇌 안에서 일어나는 모든 일과 마찬가지다.

그리고 나도 그 한가운데 자리해 있다. 이 모든 대서사시의 결과로 나는 어떻게 변했을까?

내가 얻은 모든 지식과 내가 축적한 여러 깊은 감정적 기억 말고도 다른 많은 사람들 역시 스스로의 감정에 저항하거나 그것을 거부해서는 안 된다는 것을 깨달았다.

물론 사랑하는 사람을 잃는다는 것은 매우 불쾌하며 종종 참을 수 없이 괴로운 감정을 초래한다. 상황이 비참하다면 더욱 그렇다. 하지만 나는 이제 그러한 감정들이 많은 면에서 상처나 감염에 따른 통증이나 염증과 심리적으로 다를 바 없다는 것을 깨달았다. 그런 것들 자체가 문제가 아니라 여러분의 몸이 그것에 반응한 결과일 따름이다. 마찬가지로 비극을 겪고 우리를 덮친 강렬한 부정적 감정들은 우리의 뇌가 그 경험을 다루는 방식이다.

이런 깨달음은 나에게 상당한 도움이 되었다. 나는 책의 초고를 제출한 지 몇 달 뒤에야 커튼을 걷는 것처럼 원고 뭉치를 살짝 걷어 올리고 이 결론부를 쓰고 있다. 몇 달 사이에 많은 일이 있었다. 전 세계적 차원과 개인적 차원에서 나를 크게 화나게 할 수도 있고, 분노와 절망을 불러일으킬 수도 있는 일들이었다. 그리고 실제로 그런 감정을 다 겪기는 했지만 아직까지 어떤 감정이 나를 압도하지는 않았다. 나는 구부러졌지만 부러지진 않았다.

감정이 어려운 사람들을 위한 뇌과학

그동안 많은 사람이 내게 그런 모든 일을 겪었으면서 어떻게 이만큼 침착하게 지낼 수 있는지 물었다. 그럴 때마다 나는 이 책을 쓰고 완성하기 위해 내가 경험한 것들 덕분이라고 대답했다. 그 경험은 감정적인 반응에 맞서지도 억누르지도 않은 채 그대로 그 반응을 받아들이고 그것이 나를 어디로 데려가는지 지켜보도록 가르쳐 주었다.

물론 내가 신경과학자라서 이렇게 말하는 것이 더 쉬울 수도 있다. 하지만 나는 내가 이 상황에서 신경과학자였다는 건 마치 고속도로에서 브레이크 없이 질주하는 자동차에 갇힌 숙련된 정비사가 되는 심정과 같다고 말하고 싶다. 나는 문제가 무엇인지, 언제 어떻게 고치는지에 대해 알았지만 그러한 지식은 거의 쓸모가 없었다. 나의 유일한 선택은 자동차가 충분히 느려질 때까지 운전대에 단단히 매달린 채 이리저리 방해물을 피하는 것뿐이었다.

다행히 아직 충돌한 적은 없다. 바라건대, 나는 절대 충돌하지 않을 것이다. 운전 실력이 늘어 통제력도 더 좋아진 것 같지만 아직 갈 길이 많이 남아 있다.

나는 아직도 아버지가 그리운가? 그렇다.

아버지의 부재가 여전히 나에게 감정적 고통을 주는가? 그렇다.

남은 인생을 살면서 어느 정도는 이런 기분이 계속 들 것이라 예상하는가? 그렇다.

여기에 어떤 문제가 있는가?

아니다.

내가 다시는 이런 감정적 혼란을 겪지 않을 것이라고 장담할 수는 없다. 하지만 만약 그렇게 된다 해도 감정에 대해 이전보다는 덜 무지할 것이다. 아니면 그런 일이 닥칠 때 나는 기꺼이 그 상황을 받아들이고 감정에 저항하거나 통제하려 하기보다는 감정을 기꺼이 끌어안고 이런저런 일을 해 나갈 것이다. 왜냐하면 여러 면에서, 그 감정은 나에게 중요한 일부이기 때문이다. 모두에게 그렇듯 말이다.

여러분도 이 책에서 무언가를 얻었다면 일단 그대로 흘러가게 내버려 두라.

감사의 말

하나의 책을 만들어 내는 데에도 수많은 사람의 노고가 들어간다. 단지 책에 한 줄 들어가는 이름이어도 말이다.

이 책은 더욱 그렇다. 전작들을 쓰는 데도 나름 힘들었지만 이제 그건 맨주먹의 복싱 챔피언과 맞붙기 전에 했던 가벼운 스파링 정도로 느껴진다.

내 인생에서 가장 어려운 시기를 지나면서 많은 사람의 도움과 지원을 받지 않았다면, 이 책은 궤도에서 벗어나거나 망가져 완전히 버려질 수도 있었다. 이제 내가 할 수 있는 최소한의 도리는 그들의 도움이 얼마나 귀중했는지 인정하는 것이다.

내 아내 바니타와 아이들 밀렌과 카비타. 우리가 겪었던 상황을 생각하면 함께 똘똘 뭉칠 수밖에 없었지만, 어쨌든 나는 가족들하고만 그렇게 하기로 선택했다.

나의 출판 에이전트 크리스 웰브러브는 엄청나게 차분하고 동요하지 않아서, 내 '우발적이지 않은 최선의 노력'에도 불구하고 그 평온함을 깨트리지 못할 정도였다.

또 나의 담당 편집자 프레드 배티, 출판인 로라 하산을 비롯한 파버 출판사의 모든 이들은 이상할 만큼 마감일에 집착하면서 엉망으로 초고를 제출했던 나를 무한한 인내심으로 견뎌 주었다. 여기에 대해 깊이 감사드린다. 물론 '팬데믹으로 인한 전 세계 문명의 셧다운 기간 중에 겪은 부친상'이라는 사정을 고려해야 했지만, 정말 열심히 밀어붙였다.

댄 토머스와 존 레인도 언급해야 한다. 내가 인생의 가장 암울한 시기를 보낼 때 화요일 밤마다 함께 술에 취한 채 조잡한 영화에 대해 떠들면서 이겨 내게 한 좋은 친구들이다.

또 리처드, 캐리, 케이티, 지나, 크리스, 브렌트를 비롯해 이 책에 크거나 작게 기여한 모든 이들에게 감사드린다.

그리고 우피와 톰에게도 감사한다. 이런 자리에 누구나 귀에 익은 이름을 대는 건 기분이 정말 저조한 시기에도 놀랄 만큼 동기부여가 될 수 있다.

마지막으로 피클에게. 비록 내가 얼마나 자기를 재미있어하는지 하나도 모르겠지만, 어쨌든 그렇게 재미있는 존재가 되어 준 데 대해 고맙다. 내 심정을 안다고 해도 아마 조금도 신경 쓰지 않을 테지만 말이다. 고양이란 그런 법이다.

주

1장. 감정이 뇌에서 작동하는 방식

1 Firth-Godbehere, R., *A Human History of Emotion* (Fourth Estate, 2022).

2 Russell, B., *History of Western Philosophy: Collectors Edition* (Routledge, 2013).

3 Graver, M., *Stoicism and Emotion* (University of Chicago Press, 2008).

4 Annas, J.E., *Hellenistic Philosophy of Mind*, Vol. 8 (University of California Press, 1994).

5 Algra, K.A., *The Cambridge History of Hellenistic Philosophy* (Cambridge University Press, 1999).

6 Seddon, K., *Epictetus' Handbook and the Tablet of Cebes: Guides to Stoic Living* (Routledge, 2006).

7 Montgomery, R.W., 'The ancient origins of cognitive therapy: the reemergence of Stoicism', *Journal of Cognitive Psychotherapy*, 1993, 7(1): p. 5.

8 Ambrose, S., *On the Duties of the Clergy* (Aeterna Press, 1896).

9 Gaca, K.L., 'Early Stoic Eros: the sexual ethics of Zeno and Chrysippus and their evaluation of the Greek erotic tradition', *Apeiron*, 2000, 33(3): pp. 207–238.

10 Dixon, T., *From Passions to Emotions: The Creation of a Secular Psychological Category* (Cambridge University Press, 2003).

11 Bain, A., *The Emotions and the Will* (John W. Parker and Son, 1859).

12 Wilkins, R.H. and I.A. Brody, 'Bell's palsy and Bell's phenomenon', *Archives of Neurology*, 1969, 21(6): pp. 661–662.

13 Darwin, C. and P. Prodger, *The Expression of the Emotions in Man and Animals* (Oxford University Press, 1998).

14 McCosh, J., *The Emotions* (C. Scribner's Sons, 1880).

15 Dixon, T., *Thomas Brown: Selected Philosophical Writings*, Vol. 9 (Andrews UK Limited, 2012).

16 Izard, C.E., 'The many meanings/aspects of emotion: definitions, functions, activation, and regulation', *Emotion Review*, 2010, 2(4): pp. 363–370.

17 Murube, J., 'Basal, reflex, and psycho-emotional tears', *The Ocular Surface*, 2009, 7(2): pp. 60–66.

18 Smith, J.A., 'The epidemiology of dry eye disease', *Acta Ophthalmologica Scandinavica*, 2007, 85.

19 Dartt, D.A. and M.D.P. Willcox, 'Complexity of the tear film: importance in homeostasis and dysfunction during disease', *Experimental Eye Research*, 2013, 117: pp. 1–3.

20 Vingerhoets, A., *Why Only Humans Weep: Unravelling the Mysteries of Tears* (Oxford University Press, 2013).

21 Frey II, W.H., et al., 'Effect of stimulus on the chemical composition of human tears', *American Journal of Ophthalmology*, 1981, 92(4): pp. 559–567.

22 Bellieni, C., 'Meaning and importance of weeping', *New Ideas in Psychology*, 2017, 47: pp. 72–76.

23 Gelstein, S., et al., 'Human tears contain a chemosignal', *Science*, 2011, 331(6014): pp. 226–230.

24 Rubin, D., et al., 'Second-hand stress: inhalation of stress sweat enhances neural response to neutral faces', *Social Cognitive and Affective Neuroscience*, 2012, 7(2): pp. 208–212.

25 Garbay, B., et al., 'Myelin synthesis in the peripheral nervous system', *Progress in Neurobiology*, 2000, 61(3): pp. 267–304.

26 Heinbockel, T., 'Introductory chapter: organization and function of sensory nervous systems', in *Sensory Nervous System* (InTech, 2018), p. 1.

27 Elefteriou, F., 'Impact of the autonomic nervous system on the skeleton', *Physiological Reviews*, 2018, 98(3): pp. 1083–1112.

28 Jansen, A.S., et al., 'Central command neurons of the sympathetic nervous system: basis of the fight-or-flight response', *Science*, 1995, 270(5236): pp. 644–646.

29 VanPatten, S. and Y. Al-Abed, 'The challenges of modulating the "rest and digest" system: acetylcholine receptors as drug targets', *Drug Discovery Today*, 2017, 22(1): pp. 97–104.

30 Jansen, et al., 'Central command neurons'.

31 Elmquist, J.K., 'Hypothalamic pathways underlying the endocrine, autonomic, and behavioral effects of leptin', *International Journal of Obesity*, 2001, 25(S5): pp. S78-S82.

32 Kreibig, S.D., 'Autonomic nervous system activity in emotion: a review', *Biological Psychology*, 2010, 84(3): pp. 394–421.

33 Bushman, B.J., et al., 'Low glucose relates to greater aggression in married couples', *Proceedings of the National Academy of Sciences*, 2014, 111(17): p. 6254.

34 Mergenthaler, P., et al., 'Sugar for the brain: the role of glucose in physiological and patho-logical brain function', *Trends in Neurosciences*, 2013, 36(10): pp. 587–597.

35 Olson, B., D.L. Marks, and A.J. Grossberg, 'Diverging metabolic programmes and be-haviours during states of starvation, protein malnutrition, and cachexia', *Journal of Cachexia, Sarcopenia and Muscle*, 2020, 11(6): pp. 1429–1446.

36 Kahil, M.E., G.R. McIlhaney, and P.H. Jordan Jr, 'Effect of enteric hormones on insulin se-cretion', *Metabolism*, 1970, 19(1): pp. 50–57.

37 Gershon, M.D., 'The enteric nervous system: a second brain', *Hospital Practice*, 1999, 34(7): pp. 31–52.

38 Sender, R., S. Fuchs, and R. Milo, 'Revised estimates for the number of human and bacteria cells in the body', *PLOS Biology*, 2016, 14(8): p. e1002533.

39 Mayer, E.A., 'Gut feelings: the emerging biology of gut-brain communication', Nature re-views. *Neuroscience*, 2011, 12(8): pp. 453–466.

40 Evrensel, A. and M.E. Ceylan, 'The gut-brain axis: the missing link in depression', *Clinical Psychopharmacology and Neuroscience*, 2015, 13(3): p. 239.

41 Ali, S.A., T. Begum, and F. Reza, 'Hormonal influences on cognitive function', *The Malay-sian Journal of Medical Sciences: MJMS*, 2018, 25(4): pp. 31–41.

42 Schachter, S.C. and C.B. Saper, 'Vagus nerve stimulation', *Epilepsia*, 1998, 39(7): pp. 677–686.

43 Porges, S.W., J.A. Doussard-Roosevelt, and A.K. Maiti, 'Vagal tone and the physiological regulation of emotion', *Monographs of the Society for Research in Child Development*, 1994, 59(2–3): pp. 167–186.

44 Breit, S., et al., 'Vagus nerve as modulator of the brain-gut axis in psychiatric and inflamma-tory disorders', *Frontiers in Psychiatry*, 2018, 9: p. 44.

45 Groves, D.A. and V.J. Brown, 'Vagal nerve stimulation: a review of its applications and po-tential mechanisms that mediate its clinical effects', *Neuroscience & Biobehavioral Reviews*, 2005, 29(3): pp. 493–500.

46 Ondicova, K., J. Pecenak, and B. Mravec, 'The role of the vagus nerve in depression', *Neuro-endocrinology Letters*, 2010, 31(5): p. 602.

47 Bechara, A. and A.R. Damasio, 'The somatic marker hypothesis: A neural theory of eco-nomic decision', *Games and Economic Behavior*, 2005, 52(2): pp. 336–372.

48 Wardle, M.C., et al., 'Iowa Gambling Task performance and emotional distress interact to predict risky sexual behavior in individuals with dual substance and HIV diagnoses', *Journal of Clinical and Experimental Neuropsychology*, 2010, 32(10): pp. 1110–1121.

49 Dunn, B.D., T. Dalgleish, and A.D. Lawrence, 'The somatic marker hypothesis: a critical evaluation'. *Neuroscience & Biobehavioral Reviews*, 2006, 30(2): pp. 239–271.

50 Damasio, A.R., 'The somatic marker hypothesis and the possible functions of the prefrontal cortex', *Philosophical Transactions of the Royal Society of London*, Series B: Biological Sciences, 1996, 351(1346): pp. 1413–1420.

51 Dunn et al., 'The somatic marker hypothesis'.

52 Lomas, T., *The Positive Lexicography*, 2019. Available from: https://www.drtimlomas.com/lexicography.

53 McCarthy, G., et al., 'Face-specific processing in the human fusiform gyrus', *Journal of Cognitive Neuroscience*, 1997, 9(5): pp. 605–610.

54 Gunnery, S.D. and M.A. Ruben, 'Perceptions of Duchenne and non-Duchenne smiles: a meta-analysis', *Cognition and Emotion*, 2016, 30(3): pp. 501–515.

55 Kleinke, C.L., 'Gaze and eye contact: a research review', *Psychological Bulletin*, 1986, 100(1): p. 78.

56 Liu, J., et al., 'Seeing Jesus in toast: neural and behavioral correlates of face pareidolia', *Cortex*, 2014, 53: pp. 60–77.

57 Darwin and Prodger, *The Expression of the Emotions*.

58 Ekman, P., 'Biological and cultural contributions to body and facial movement', in *The Anthropology of the Body*, J. Blacking (ed.) (Academic Press, 1977), pp. 34–84.

59 Ekman, 'Biological and cultural contributions'.

60 Ekman, P. and W.V. Friesen, 'Constants across cultures in the face and emotion', *Journal of Personality and Social Psychology*, 1971, 17(2): p. 124.

61 Sorenson, E.R., et al., 'Socio-ecological change among the Fore of New Guinea [and comments and replies]', *Current Anthropology*, 1972, 13(3/4): pp. 349–383.

62 Davis, M., 'The mammalian startle response', in *Neural Mechanisms of Startle Behavior*, R.C. Eaton (ed.) (Springer, 1984), pp. 287–351.

63 Ekman, P., W.V. Friesen, and R.C. Simons, 'Is the startle reaction an emotion?', *Journal of Personality and Social Psychology*, 1985, 49(5): p. 1416.

64 Jack, R.E., O.G. Garrod, and P.G. Schyns, 'Dynamic facial expressions of emotion transmit an evolving hierarchy of signals over time', *Current Biology*, 2014, 24(2): pp. 187–192.

65 Ekman, P., 'An argument for basic emotions', *Cognition & Emotion*, 1992, 6(3–4): pp. 169–200.

66 Beck, J., 'Hard feelings: science's struggle to define emotions', *The Atlantic*, 24 February 2015.

67 Jack, R.E., et al., 'Facial expressions of emotion are not culturally universal', *Proceedings of the National Academy of Sciences*, 2012, 109(19): pp. 7241–7244.

68 Barrett, L.F., *How Emotions Are Made: The Secret Life of the Brain* (Houghton Mifflin Harcourt, 2017).

69 Gendron, M., et al., 'Perceptions of emotion from facial expressions are not culturally universal: evidence from a remote culture', *Emotion*, 2014, 14(2): p. 251.

70 Bowmaker, J., 'Trichromatic colour vision: why only three receptor channels?' *Trends in Neurosciences*, 1983, 6: pp. 41–43.

71 Hemmer, P. and M. Steyvers, 'A Bayesian account of reconstructive memory', *Topics in Cognitive Science*, 2009, 1(1): pp. 189–202.

72 Güntürkün, O. and S. Ocklenburg, 'Ontogenesis of lateralization', *Neuron*, 2017, 94(2): pp. 249–263.

73 Luders, E., et al., 'Positive correlations between corpus callosum thickness and intelligence', *NeuroImage*, 2007, 37(4): pp. 1457–1464.

74 Frost, J.A., et al., 'Language processing is strongly left lateralized in both sexes: evidence from functional MRI', *Brain*, 1999, 122(2): pp. 199–208.

75 Mento, G., et al., 'Functional hemispheric asymmetries in humans: electrophysiological evidence from preterm infants', *European Journal of Neuroscience*, 2010, 31(3): pp. 565–574.

76 Christie, J., et al., 'Global versus local processing: seeing the left side of the forest and the right side of the trees', *Frontiers in Human Neuroscience*, 2012, 6: p. 28.

77 Perry, R., et al., 'Hemispheric dominance for emotions, empathy and social behaviour: evidence from right and left handers with frontotemporal dementia', *Neurocase*, 2001, 7(2): pp. 145–160.

78 Davidson, R.J., 'Hemispheric asymmetry and emotion', *Approaches to Emotion*, 1984, 2: pp. 39–57.

79 Murphy, F.C., I. Nimmo-Smith, and A.D. Lawrence, 'Functional neuroanatomy of emotions: a meta-analysis', *Cognitive, Affective, & Behavioral Neuroscience*, 2003, 3(3): pp. 207–233.

80 Isaacson, R., *The Limbic System* (Springer Science & Business Media, 2013).

81 MacLean, P.D., *The Triune Brain in Evolution: Role in Paleocerebral Functions* (Springer Science & Business Media, 1990).

82 Nieuwenhuys, R., 'The neocortex', *Anatomy and Embryology*, 1994, 190(4): pp. 307–337.

83 Isaacson, *The Limbic System*.

84 MacLean, P.D., 'The limbic system (visceral brain) and emotional behavior', *AMA Archives of*

Neurology & Psychiatry, 1955, 73(2): pp. 130–134.

85 Isaacson, *The Limbic System*.

86 Iturria-Medina, Y., et al., 'Brain hemispheric structural efficiency and interconnectivity rightward asymmetry in human and nonhuman primates', *Cerebral Cortex*, 2011, 21(1): pp. 56–67.

87 Morgane, P.J., J.R. Galler, and D.J. Mokler, 'A review of systems and networks of the limbic forebrain/limbic midbrain', *Progress in Neurobiology*, 2005, 75(2): pp. 143–160.

88 Roseman, I.J. and C.A. Smith, 'Appraisal theory: overview, assumptions, varieties, controversies', in *Appraisal Processes in Emotion: Theory, Methods, Research*, K. Scherer, A. Schorr, and T. Johnstone (eds) (Oxford University Press, 2001), pp. 3–19.

89 Murphy et al., 'Functional neuroanatomy of emotions'.

90 Davidson, R.J., 'Well-being and affective style: neural substrates and biobehavioural correlates', *Philosophical Transactions of the Royal Society of London*, Series B: Biological Sciences, 2004, 359(1449): pp. 1395–1411.

91 Murphy et al., 'Functional neuroanatomy of emotions'.

92 Panksepp, J., T. Fuchs, and P. Iacobucci, 'The basic neuroscience of emotional experiences in mammals: the case of subcortical FEAR circuitry and implications for clinical anxiety', *Applied Animal Behaviour Science*, 2011, 129(1): pp. 1–17.

93 Richardson, M.P., B.A. Strange, and R.J. Dolan, 'Encoding of emotional memories depends on amygdala and hippocampus and their interactions', *Nature Neuroscience*, 2004, 7: p. 278.

94 Adolphs, R., 'What does the amygdala contribute to social cognition?' *Annals of the New York Academy of Sciences*, 2010, 1191(1): pp. 42–61.

95 Zald, D.H., 'The human amygdala and the emotional evaluation of sensory stimuli', *Brain Research Reviews*, 2003, 41(1): pp. 88–123.

96 Pessoa, L., 'Emotion and cognition and the amygdala: from "what is it?" to "what's to be done?"', *Neuropsychologia*, 2010, 48(12): pp. 3416–3429.

97 Davidson, R.J., et al., 'Approach-withdrawal and cerebral asymmetry: emotional expression and brain physiology: I', *Journal of Personality and Social Psychology*, 1990, 58(2): p. 330.

98 Adolphs, R., et al., 'Cortical systems for the recognition of emotion in facial expressions', *Journal of Neuroscience*, 1996, 16(23): pp. 7678–7687.

99 Posse, S., et al., 'Enhancement of temporal resolution and BOLD sensitivity in real-time fMRI using multi-slab echo-volumar imaging', *NeuroImage*, 2012, 61(1): pp. 115–130.

2장. 생각은 감정에 의존해서 일어난다

1 Smith, B., 'Depression and motivation', *Phenomenology and the Cognitive Sciences*, 2013, 12(4): pp. 615–635.

2 Wayner, M.J. and R.J. Carey, 'Basic drives', *Annual Review of Psychology*, 1973, 24(1): pp. 53–80.

3 Brown, R.G. and G. Pluck, 'Negative symptoms: the "pathology" of motivation and goal-directed behaviour', *Trends in Neurosciences*, 2000, 23(9): pp. 412–417.

4 Higgins, E.T., 'Value from hedonic experience and engagement', *Psychological Review*, 2006, 113(3): p. 439.

5 Macefield, V.G., C. James, and L.A. Henderson, 'Identification of sites of sympathetic outflow at rest and during emotional arousal: concurrent recordings of sympathetic nerve activity and fMRI of the brain', *International Journal of Psychophysiology*, 2013, 89(3): pp. 451–459.

6 Lang, P.J. and M. Davis, 'Emotion, motivation, and the brain: reflex foundations in animal and human research', *Progress in Brain Research*, 2006, 156: pp. 3–29.

7 Valenstein, E.S., V.C. Cox, and J.W. Kakolewski, 'Reexamination of the role of the hypothalamus in motivation', *Psychological Review*, 1970, 77(1): pp. 16–31.

8 Swanson, L.W., 'Cerebral hemisphere regulation of motivated behavior', *Brain Research*, 2000, 886(1–2): pp. 113–164.

9 Risold, P., R. Thompson, and L. Swanson, 'The structural organization of connections between hypothalamus and cerebral cortex', *Brain Research Reviews*, 1997, 24(2–3): pp. 197–254.

10 Risold et al., 'The structural organization of connections'.

11 Swanson, 'Cerebral hemisphere regulation'.

12 Diamond, A., 'Executive functions', *Annual Review of Psychology*, 2013, 64: pp. 135–168.

13 Arulpragasam, A.R., et al., 'Corticoinsular circuits encode subjective value expectation and violation for effortful goal-directed behavior', *Proceedings of the National Academy of Sciences*, 2018, 115(22): pp. E5233-E5242.

14 Berridge, K.C., 'Food reward: brain substrates of wanting and liking', *Neuroscience & Biobehavioral Reviews*, 1996, 20(1): pp. 1–25.

15 Blanchard, D.C., et al., 'Risk assessment as an evolved threat detection and analysis process', *Neuroscience & Biobehavioral Reviews*, 2011, 35(4): pp. 991–998.

16 Bechara, A., H. Damasio, and A.R. Damasio, 'Emotion, decision making and the orbitofrontal cortex', *Cerebral Cortex*, 2000, 10(3): pp. 295–307.

17 Habib, M., et al., 'Fear and anger have opposite effects on risk seeking in the gain frame', *Frontiers in Psychology*, 2015, 6: p. 253.

18 Harmon-Jones, E., 'Anger and the behavioral approach system', *Personality and Individual Differences*, 2003, 35(5): pp. 995–1005.

19 Habib et al., 'Fear and anger have opposite effects'.

20 Deci, E.L. and A.C. Moller, 'The concept of competence: a starting place for understanding intrinsic motivation and self-determined extrinsic motivation', in *Handbook of Competence and Motivation*, A.J. Elliot and C.S. Dweck (eds) (Guilford Publications, 2005), pp. 579–597.

21 Lepper, M.R., D. Greene, and R.E. Nisbett, 'Undermining children's intrinsic interest with extrinsic reward: a test of the "overjustification" hypothesis', *Journal of Personality and Social Psychology*, 1973, 28(1): pp. 129–137.

22 Clanton Harpine, E., 'Is intrinsic motivation better than extrinsic motivation?', in *Group-Centered Prevention in Mental Health: Theory, Training, and Practice*, E. Clanton Harpine (ed.) (Springer International Publishing, 2015), pp. 87–107.

23 Meyer, D.K. and J.C. Turner, 'Discovering emotion in classroom motivation research', *Educational Psychologist*, 2002, 37(2): pp. 107–114.

24 Blackmore, C., D. Tantam, and E. van Deurzen, 'Evaluation of e–learning outcomes: experience from an online psychotherapy education programme', *Open Learning: The Journal of Open, Distance and e-Learning*, 2008, 23(3): pp. 185–201.

25 De Berker, A.O., et al., 'Computations of uncertainty mediate acute stress responses in humans', *Nature Communications*, 2016, 7: p. 10996.

26 Megna, P., 'Better living through dread: medieval ascetics, modern philosophers, and the long history of existential anxiety', *PMLA: Publications of the Modern Language Association of America*, 2015, 130(5): pp. 1285–1301.

27 Fitzpatrick, M., 'The recollection of anxiety: Kierkegaard as our Socratic occasion to transcend unfreedom', *The Heythrop Journal*, 2014, 55(5): pp. 871–882.

28 Legault, L. and M. Inzlicht, 'Self-determination, self-regulation, and the brain: autonomy improves performance by enhancing neuroaffective responsiveness to self-regulation failure', *Journal of Personality and Social Psychology*, 2013, 105(1): pp. 123–138.

29 Brindley, G., 'The colour of light of very long wavelength', *The Journal of Physiology*, 1955, 130(1): p. 35.

30 Mikellides, B., 'Colour psychology: the emotional effects of colour perception', in *Colour Design*, J. Best (ed.) (Woodhead Publishing, 2012), pp. 105–128.

31 Thoen, H.H., et al., 'A different form of color vision in mantis shrimp', *Science*, 2014,

343(6169): pp. 411–413.

32 Dominy, N.J. and P.W. Lucas, 'Ecological importance of trichromatic vision to primates', *Nature*, 2001, 410(6826): pp. 363–366.

33 Politzer, T., 'Vision is our dominant sense', *Brainline*, URL: https://www.brainline.org/article/vision-our-dominant-sense (accessed 15 April 2018), 2008.

34 Goodale, M.A. and A.D. Milner, 'Separate visual pathways for perception and action', *Trends In Neuroscience*, 1992, 15(1): pp. 20–25.

35 Hupka, R.B., et al., 'The colors of anger, envy, fear, and jealousy: a cross-cultural study', *Journal of Cross-Cultural Psychology*, 1997, 28(2): pp. 156–171.

36 Jin, H.-R., et al., 'Study on physiological responses to color stimulation', *International Association of Societies of Design Research*, 2009: pp. 1969–1979.

37 Fetterman, A.K., M.D. Robinson, and B.P. Meier, 'Anger as "seeing red": evidence for a perceptual association', *Cognition & Emotion*, 2012, 26(8): pp. 1445–1458.

38 Pravossoudovitch, K., et al., 'Is red the colour of danger? Testing an implicit red–danger association', *Ergonomics*, 2014, 57(4): pp. 503–510.

39 Ou, L.-C., et al., 'A study of colour emotion and colour preference. Part I: Colour emotions for single colours', *Color Research & Application*, 2004, 29(3): pp. 232–240.

40 Changizi, M.A., Q. Zhang, and S. Shimojo, 'Bare skin, blood and the evolution of primate colour vision', *Biology Letters*, 2006, 2(2): pp. 217–221.

41 Kienle, A., et al., 'Why do veins appear blue? A new look at an old question', *Applied Optics*, 1996, 35(7): pp. 1151–1160.

42 Re, D.E., et al., 'Oxygenated-blood colour change thresholds for perceived facial redness, health, and attractiveness', *PLOS One*, 2011, 6(3): p. e17859.

43 Changizi et al., 'Bare skin, blood'.

44 Changizi et al., 'Bare skin, blood'.

45 Benitez-Quiroz, C.F., R. Srinivasan, and A.M. Martinez, 'Facial color is an efficient mechanism to visually transmit emotion', *Proceedings of the National Academy of Sciences*, 2018, 115(14): pp. 3581–3586.

46 Stephen, I.D., et al., 'Skin blood perfusion and oxygenation colour affect perceived human health', *PLOS One*, 2009, 4(4): p. e5083.

47 Landgrebe, M., et al., 'Effects of colour exposure on auditory and somatosensory perception – hints for cross-modal plasticity', *Neuroendocrinology Letters*, 2008, 29(4): p. 518.

48 Tan, S.-H. and J. Li, 'Restoration and stress relief benefits of urban park and green space', *Chinese Landscape Architecture*, 2009, 6: pp. 79–82.

49 Lee, K.E., et al., '40-second green roof views sustain attention: the role of micro-breaks in attention restoration', *Journal of Environmental Psychology*, 2015, 42: pp. 182–189.

50 Hill, R.A. and R.A. Barton, 'Psychology: red enhances human performance in contests', *Nature*, 2005. 435(7040): p. 293.

51 Gold, A.L., R.A. Morey, and G. McCarthy, 'Amygdala–prefrontal cortex functional connectivity during threat-induced anxiety and goal distraction', *Biological Psychiatry*, 2015, 77(4): pp. 394–403.

52 Greenlees, I.A., M. Eynon, and R.C. Thelwell, 'Color of soccer goalkeepers' uniforms influences the outcome of penalty kicks', *Perceptual and Motor Skills*, 2013, 117(1): pp. 1–10.

53 Elliot, A.J. and M.A. Maier, 'Color psychology: effects of perceiving color on psychological functioning in humans', *Annual Review of Psychology*, 2014, 65: pp. 95–120.

54 Colombetti, G., 'Appraising valence', *Journal of Consciousness Studies*, 2005, 12(8–9): pp. 103–126.

55 Spence, C., 'Why is piquant/spicy food so popular?' *International Journal of Gastronomy and Food Science*, 2018, 12: pp. 16–21.

56 Frias, B. and A. Merighi, 'Capsaicin, nociception and pain', *Molecules*, 2016, 21(6): p. 797.

57 Omolo, M.A., et al., 'Antimicrobial properties of chili peppers', *Journal of Infectious Diseases and Therapy*, 2014.

58 Rozin, P. and D. Schiller, 'The nature and acquisition of a preference for chili pepper by humans', *Motivation and Emotion*, 1980, 4(1): pp. 77–101.

59 Spence, 'Why is piquant/spicy food so popular?'

60 Hawkes, C., 'Endorphins: the basis of pleasure?' *Journal of Neurology, Neurosurgery & Psychiatry*, 1992, 55(4): pp. 247–250.

61 Solinas, M., S.R. Goldberg, and D. Piomelli, 'The endocannabinoid system in brain reward processes', *British Journal of Pharmacology*, 2008, 154(2): pp. 369–383.

62 Levin, R. and A. Riley, 'The physiology of human sexual function', *Psychiatry*, 2007, 6(3): pp. 90–94.

63 Kawamichi, H., et al., 'Increased frequency of social interaction is associated with enjoyment enhancement and reward system activation', *Scientific Reports*, 2016, 6(1): pp. 1–11.

64 National Institute of Mental Health, 'Human brain appears "hard-wired" for hierarchy', *ScienceDaily*, 2008.

65 Beery, A.K. and D. Kaufer, 'Stress, social behavior, and resilience: insights from rodents', *Neurobiology of Stress*, 2015, 1: pp. 116–127.

66 Wuyts, E., et al., 'Between pleasure and pain: a pilot study on the biological mechanisms

associated with BDSM interactions in dominants and submissives', *The Journal of Sexual Medicine*, 2020, 17(4): pp. 784–792.

67 Simula, B.L., 'A "different economy of bodies and pleasures"?: differentiating and evaluating sex and sexual BDSM experiences', *Journal of Homosexuality*, 2019, 66(2): pp. 209–237.

68 Dunkley, C.R., et al., 'Physical pain as pleasure: a theoretical perspective', *The Journal of Sex Research*, 2020, 57(4): pp. 421–437.

69 Vandermeersch, P., 'Self-flagellation in the Early Modern Era', in *The Sense of Suffering: Constructions of Physical Pain in Early Modern Culture*, J.F. van Dijkhuizen and K.A.E. Enenkel (eds) (Brill, 2009), pp. 253–265.

70 Bryant, J. and D. Miron, 'Excitation-transfer theory and three-factor theory of emotion', in *Communication and Emotion*, J. Bryant, D.R. Roskos-Ewoldsen and J. Cantor (eds) (Routledge, 2003), pp. 39–68.

71 McCarthy, D.E., et al., 'Negative reinforcement: possible clinical implications of an integrative model', in, *Substance Abuse and Emotion*, J.D. Kassel (ed.) (American Psychological Association, 2010), pp. 15–42.

72 Raderschall, C.A., R.D. Magrath, and J.M. Hemmi, 'Habituation under natural conditions: model predators are distinguished by approach direction', *Journal of Experimental Biology*, 2011, 214(24): pp. 4209–4216.

73 Krebs, R., et al., 'Novelty increases the mesolimbic functional connectivity of the substantia nigra/ventral tegmental area (SN/VTA) during reward anticipation: evidence from high-resolution fMRI', *NeuroImage*, 2011, 58(2): pp. 647–655.

74 Johnson-Laird, P.N., 'Mental models, deductive reasoning, and the brain', *The Cognitive Neurosciences*, 1995, 65: pp. 999–1008.

75 Finucane, A.M., 'The effect of fear and anger on selective attention', *Emotion*, 2011, 11(4): p. 970.

76 Fredrickson, B.L. and C. Branigan, 'Positive emotions broaden the scope of attention and thought–action repertoires', *Cognition & Emotion*, 2005, 19(3): pp. 313–332.

77 Gasper, K. and G.L. Clore, 'Attending to the big picture: mood and global versus local processing of visual information', *Psychological Science*, 2002, 13(1): pp. 34–40.

78 Melamed, S., et al., 'Attention capacity limitation, psychiatric parameters and their impact on work involvement following brain injury', *Scandinavian Journal of Rehabilitation Medicine*, Supplement, 1985, 12: pp. 21–26.

79 Unkelbach, C., J.P. Forgas, and T.F. Denson, 'The turban effect: the influence of Muslim headgear and induced affect on aggressive responses in the shooter bias paradigm', *Journal of*

Experimental Social Psychology, 2008, 44(5): pp. 1409–1413.

80 Spicer, A. and C. Cederström, 'The research we've ignored about happiness at work', *Harvard Business Review*, 21 July 2015.

81 Bless, H. and K. Fiedler, 'Mood and the regulation of information processing and behavior', in *Affect in Social Thinking and Behavior*, J. Forgas (ed.) (Psychology Press, 2006), pp. 65–84.

82 Bless and Fiedler, 'Mood and the regulation of information processing'.

83 Forgas, J.P., 'Don't worry, be sad! On the cognitive, motivational, and interpersonal benefits of negative mood', *Current Directions in Psychological Science*, 2013, 22(3): pp. 225–232.

84 Forgas, J.P., 'Cognitive theories of affect', in *The Corsini Encyclopedia of Psychology*, I.B. Weiner and W.E. Craighead (eds) (John Wiley, 2010), pp. 1–3.

85 Tamir, M., M.D. Robinson, and E.C. Solberg, 'You may worry, but can you recognize threats when you see them? Neuroticism, threat identifications, and negative affect', *Journal of Personality*, 2006, 74(5): pp. 1481–1506.

86 Garcia, E.E., 'Rachmaninoff and Scriabin: creativity and suffering in talent and genius', *The Psychoanalytic Review*, 2004, 91(3): pp. 423–442.

87 Rodriguez, T., 'Negative emotions are key to well-being', *Scientific American*, 2013, 24(2): pp. 26–27.

88 Brown, J.T. and G.A. Stoudemire, 'Normal and pathological grief', *JAMA: the Journal of the American Medical Association*, 1983, 250(3): pp. 378–382.

89 Rachman, S., 'Emotional processing', *Behaviour Research and Therapy*, 1980, 18(1): pp. 51–60.

90 Litz, B.T., et al., 'Emotional processing in posttraumatic stress disorder', *Journal of Abnormal Psychology*, 2000, 109(1): p. 26.

91 Stapleton, J.A., S. Taylor, and G.J. Asmundson, 'Effects of three PTSD treatments on anger and guilt: exposure therapy, eye movement desensitization and reprocessing, and relaxation training', *Journal of Traumatic Stress*, 2006, 19(1): pp. 19–28.

92 Saarni, C., *The Development of Emotional Competence* (Guilford Press, 1999).

93 Shallcross, A.J., et al., 'Let it be: accepting negative emotional experiences predicts decreased negative affect and depressive symptoms', *Behaviour Research and Therapy*, 2010, 48(9): pp. 921–929.

94 Shallcross et al., 'Let it be'.

95 Sharman, L. and G.A. Dingle, 'Extreme metal music and anger processing', *Frontiers in Human Neuroscience*, 2015, 9: p. 272.

96 Tamir, M. and Y. Bigman, 'Why might people want to feel bad? Motives in contrahedonic

감정이 어려운 사람들을 위한 뇌과학

emotion regulation', in *The Positive Side of Negative Emotions*, W. Gerrod Parrott (ed.) (Guilford Press, 2014), pp. 201–223.

97 Saraiva, A.C., F. Schüür, and S. Bestmann, 'Emotional valence and contextual affordances flexibly shape approach-avoidance movements', *Frontiers in Psychology*, 2013, 4: p. 933.

98 Snyder, M. and A. Frankel, 'Observer bias: a stringent test of behavior engulfing the field', *Journal of Personality and Social Psychology*, 1976, 34: pp. 857–864.

99 Karanicolas, P.J., F. Farrokhyar, and M. Bhandari, 'Blinding: who, what, when, why, how?' *Canadian Journal of Surgery*, 2010, 53(5): p. 345.

100 Burghardt, G.M., et al., 'Perspectives – minimizing observer bias in behavioral studies: a review and recommendations', *Ethology*, 2012, 118(6): pp. 511–517.

101 Dvorsky, G., 'The neuroscience of stage fright – and how to cope with it', *Gizmodo*, 10 October 2012.

102 Wesner, R.B., R. Noyes Jr, and T.L. Davis, 'The occurrence of performance anxiety among musicians', *Journal of Affective Disorders*, 1990, 18(3): pp. 177–185.

103 Chao-Gang, W., 'Through theory of the two brain hemispheres' work division to look for the solution of stage fright problem – an inspiration of tennis ball movement in heart', *Journal of Xinghai Conservatory of Music*, 2003(2): p. 6.

104 Toda, T., et al., 'The role of adult hippocampal neurogenesis in brain health and disease', *Molecular Psychiatry*, 2019, 24(1): pp. 67–87.

105 Teigen, K.H., 'Yerkes-Dodson: a law for all seasons', *Theory & Psychology*, 1994, 4(4): pp. 525–547.

106 Kawamichi, et al. 'Increased frequency of social interaction'.

107 Kross, E., et al., 'Social rejection shares somatosensory representations with physical pain', *Proceedings of the National Academy of Sciences*, 2011, 108(15): pp. 6270–6275.

108 Trower, P. and P. Gilbert, 'New theoretical conceptions of social anxiety and social phobia', *Clinical Psychology Review*, 1989, 9(1): pp. 19–35.

109 Dvorsky, 'The neuroscience of stage fright'.

110 Kotov, R., et al., 'Personality traits and anxiety symptoms: the multilevel trait predictor model', *Behaviour Research and Therapy*, 2007, 45(7): pp. 1485–1503.

111 Nagel, J.J., 'Stage fright in musicians: a psychodynamic perspective', *Bulletin of the Menninger Clinic*, 1993, 57(4): p. 492.

112 McRae, R.R., et al., 'Sources of structure: genetic, environmental, and artifactual influences on the covariation of personality traits', *Journal of Personality*, 2001, 69(4): pp. 511–535.

113 Nagel, 'Stage fright in musicians'.

114 Holmes, J., 'Attachment theory', in *The Wiley–Blackwell Encyclopedia of Social Theory*, B.S Turner et al. (eds) (Wiley-Blackwell, 2017), pp. 1–3.

115 Brooks, A.W., 'Get excited: reappraising pre-performance anxiety as excitement', *Journal of Experimental Psychology: General*, 2014, 143(3): p. 1144.

116 Denton, D.A., et al., 'The role of primordial emotions in the evolutionary origin of consciousness', *Consciousness and Cognition*, 2009, 18(2): pp. 500–514.

117 Ferrier, D.E., H.H. Bassett, and S.A. Denham, 'Relations between executive function and emotionality in preschoolers: exploring a transitive cognition–emotion linkage', *Frontiers in Psychology*, 2014, 5: p. 487.

118 Rueda, M.R. and P. Paz-Alonzo, 'Executive function and emotional development', *Contexts*, 2013, 1: p. 2.

119 Campos, J.J., C.B. Frankel, and L. Camras, 'On the nature of emotion regulation', *Child Development*, 2004, 75(2): pp. 377–394.

120 Davidson, 'Well-being and affective style'.

121 Jumah, F.R. and R.H. Dossani, 'Neuroanatomy, Cingulate Cortex', in *StatPearls [Internet]* (StatPearls Publishing, 2019).

122 Shackman, A.J., et al., 'The integration of negative affect, pain and cognitive control in the cingulate cortex', *Nature Reviews Neuroscience*, 2011, 12(3): pp. 154–167.

123 Etkin, A., T. Egner, and R. Kalisch, 'Emotional processing in anterior cingulate and medial prefrontal cortex', *Trends in Cognitive Sciences*, 2011, 15(2): pp. 85–93.

124 Sobol, I. and Y.L. Levitan, 'A pseudo-random number generator for personal computers', *Computers & Mathematics with Applications*, 1999, 37(4–5): pp. 33–40.

3장. 기억을 지배하는 감정, 감정을 기억하는 뇌

1 Burnett, D.J., 'Role of the hippocampus in configural learning', PhD thesis, 2010, Cardiff University.

2 Christianson, S.-Å., 'Remembering emotional events: potential mechanisms', in *The Handbook of Emotion and Memory: Research and Theory*, S.-Å. Christianson (ed.) (Psychology Press, 1992), pp. 307–340.

3 Gailene, D., V. Lepeshkene, and A. Shiurkute, 'Features of the "Zeigarnik effect" in psychiatric clinical practice', *Zhurnal nevropatologii i psikhiatrii imeni SS Korsakova*, 1980, 80(12): pp.

1837–1841.

4 Tulving, E., 'How many memory systems are there?' *American Psychologist*, 1985, 40(4): p. 385.

5 Nagao, S. and H. Kitazawa, 'Role of the cerebellum in the acquisition and consolidation of motor memory', *Brain and nerve = Shinkei kenkyu no shinpo*, 2008, 60(7): pp. 783–790.

6 Pessiglione, M., et al., 'Subliminal instrumental conditioning demonstrated in the human brain', *Neuron*, 2008, 59(4): pp. 561–567.

7 Turner, B.M., et al., 'The cerebellum and emotional experience', *Neuropsychologia*, 2007, 45(6): pp. 1331–1341.

8 Cardinal, R.N., et al., 'Emotion and motivation: the role of the amygdala, ventral striatum, and prefrontal cortex', *Neuroscience & Biobehavioral Reviews*, 2002, 26(3): pp. 321–352.

9 Squire, L.R. and B.J. Knowlton, 'Memory, hippocampus, and brain systems', in *The Cognitive Neurosciences*, M.S. Gazzaniga (ed.) (MIT Press, 1995), pp. 825–837.

10 Buckner, R.L. and S.E. Petersen, 'What does neuroimaging tell us about the role of prefrontal cortex in memory retrieval?' *Seminars in Neuroscience*, 1996, 8(1): pp. 47–55.

11 Squire, L.R. and B.J. Knowlton, 'The medial temporal lobe, the hippocampus, and the memory systems of the brain', *The New Cognitive Neurosciences*, 2000, 2: pp. 756–776.

12 Mayford, M., S.A. Siegelbaum, and E.R. Kandel, 'Synapses and memory storage', *Cold Spring Harbor Perspectives in Biology*, 2012, 4(6): p. a005751.

13 Toda, et al., 'The role of adult hippocampal neurogenesis'.

14 Phelps, E.A., 'Human emotion and memory: interactions of the amygdala and hippocampal complex', *Current Opinion in Neurobiology*, 2004, 14(2): pp. 198–202.

15 Amaral, D.G., H. Behniea, and J.L. Kelly, 'Topographic organization of projections from the amygdala to the visual cortex in the macaque monkey', *Neuroscience*, 2003, 118(4): pp. 1099–1120.

16 Öhman, A., A. Flykt, and F. Esteves, 'Emotion drives attention: detecting the snake in the grass', *Journal of Experimental Psychology: General*, 2001, 130(3): p. 466.

17 Ben-Haim, M.S., et al., 'The emotional Stroop task: assessing cognitive performance under exposure to emotional content', *JoVE (Journal of Visualized Experiments)*, 2016, 112: p. e53720.

18 Talarico, J.M., D. Berntsen, and D.C. Rubin, 'Positive emotions enhance recall of peripheral details', *Cognition & Emotion*, 2009, 23(2): pp. 380–398.

19 Phelps, 'Human emotion and memory'.

20 White, A.M., 'What happened? Alcohol, memory blackouts, and the brain', *Alcohol Research & Health*, 2003, 27(2): p. 186.

21 Dolcos, F., K.S. LaBar, and R. Cabeza, 'Interaction between the amygdala and the medial temporal lobe memory system predicts better memory for emotional events', *Neuron*, 2004, 42(5): pp. 855–863.

22 Oakes, M. and R. Bor, 'The psychology of fear of flying (part I): a critical evaluation of current perspectives on the nature, prevalence and etiology of fear of flying', *Travel Medicine and Infectious Disease*, 2010, 8(6): pp. 327–338.

23 Phelps, E.A., et al., 'Activation of the left amygdala to a cognitive representation of fear', *Nature Neuroscience*, 2001, 4(4): pp. 437–441.

24 McGaugh, J.L., 'Memory – a century of consolidation', *Science*, 2000, 287(5451): pp. 248–251.

25 Phelps, 'Human emotion and memory'.

26 McKay, L. and J. Cidlowski, 'Pharmacokinetics of corticosteroids', in *Holland-Frei Cancer Medicine*, Sixth edn, D.W. Kufe et al. (eds) (BC Decker, 2003).

27 McGaugh, 'Memory'.

28 Dunsmoor, J.E., et al., 'Emotional learning selectively and retroactively strengthens memories for related events', *Nature*, 2015, 520(7547): pp. 345–348.

29 Mercer, T., 'Wakeful rest alleviates interference-based forgetting', *Memory*, 2015, 23(2): pp. 127–137.

30 Akers, K.G., et al., 'Hippocampal neurogenesis regulates forgetting during adulthood and infancy', *Science*, 2014, 344(6184): pp. 598–602.

31 Davis, R.L. and Y. Zhong, 'The biology of forgetting—a perspective', *Neuron*, 2017, 95(3): pp. 490–503.

32 Sherman, E., 'Reminiscentia: cherished objects as memorabilia in late-life reminiscence', *The International Journal of Aging and Human Development*, 1991, 33(2): pp. 89–100.

33 Sherman, 'Reminiscentia'.

34 Levy, B.J. and M.C. Anderson, 'Inhibitory processes and the control of memory retrieval', *Trends in Cognitive Sciences*, 2002, 6(7): pp. 299–305.

35 Brown and Stoudemire, 'Normal and pathological grief'.

36 Bridge, D.J. and J.L. Voss, 'Hippocampal binding of novel information with dominant memory traces can support both memory stability and change', *Journal of Neuroscience*, 2014, 34(6): pp. 2203–2213.

37 Skowronski, J.J., 'The positivity bias and the fading affect bias in autobiographical memory', in *Handbook of Self-enhancement and Self-protection*, M.D. Alicke and C. Sedikides (eds) (Guilford Press, 2011), p. 211.

38 Rozin, P. and E.B. Royzman, 'Negativity bias, negativity dominance, and contagion', *Personality and Social Psychology Review*, 2001, 5(4): pp. 296–320.

39 Vaish, A., T. Grossmann, and A. Woodward, 'Not all emotions are created equal: the negativity bias in social-emotional development', *Psychological Bulletin*, 2008, 134(3): pp. 383–403.

40 Gibbons, J.A., S.A. Lee, and W.R. Walker, 'The fading affect bias begins within 12 hours and persists for 3 months', *Applied Cognitive Psychology*, 2011, 25(4): pp. 663–672.

41 Walker, W.R., et al., 'On the emotions that accompany autobiographical memories: dysphoria disrupts the fading affect bias', *Cognition and Emotion*, 2003, 17(5): pp. 703–723.

42 Croucher, C.J., et al., 'Disgust enhances the recollection of negative emotional images', *PLOS One*, 2011, 6(11): p. e26571.

43 Tybur, J.M., et al., 'Disgust: evolved function and structure', *Psychological Review*, 2013, 120(1): p. 65.

44 Konnikova, M., 'Smells like old times', *Scientific American Mind*, 2012, 23(1): pp. 58–63.

45 Politzer, 'Vision is our dominant sense'.

46 Zeng, F.-G., Q.-J. Fu, and R. Morse, 'Human hearing enhanced by noise', *Brain research*, 2000, 869(1–2): pp. 251–255.

47 Vassar, R., J. Ngai, and R. Axel, 'Spatial segregation of odorant receptor expression in the mammalian olfactory epithelium', *Cell*, 1993, 74(2): pp. 309–318.

48 Shepherd, G.M. and C.A. Greer, 'Olfactory bulb', in *The Synaptic Organization of the Brain*, G.M. Shepherd (ed.) (Oxford University Press, 1998), pp. 159–203.

49 Soudry, Y., et al., 'Olfactory system and emotion: common substrates', *European Annals of Otorhinolaryngology, Head and Neck Diseases*, 2011, 128(1): pp. 18–23.

50 Rowe, T.B., T.E. Macrini, and Z.-X. Luo, 'Fossil evidence on origin of the mammalian brain', *Science*, 2011, 332(6032): pp. 955–957.

51 Eichenbaum, H., 'The role of the hippocampus in navigation is memory', *Journal of Neurophysiology*, 2017, 117(4): pp. 1785–1796.

52 Maguire, E.A., R.S. Frackowiak, and C.D. Frith, 'Recalling routes around London: activation of the right hippocampus in taxi drivers', *Journal of Neuroscience*, 1997, 17(18): pp. 7103–7110.

53 Kumaran, D. and E.A. Maguire, 'The human hippocampus: cognitive maps or relational memory?' *Journal of Neuroscience*, 2005, 25(31): pp. 7254–7259.

54 Aboitiz, F. and J.F. Montiel, 'Olfaction, navigation, and the origin of isocortex', *Frontiers in Neuroscience*, 2015, 9(402).

55 Pedersen, P.E., et al., 'Evidence for olfactory function in utero', *Science*, 1983, 221(4609): pp. 478–480.

56 Vantoller, S. and M. Kendalreed, 'A possible protocognitive role for odor in human infant development', *Brain and Cognition*, 1995, 29(3): pp. 275–293.

57 Willander, J. and M. Larsson, 'Smell your way back to childhood: autobiographical odor memory', *Psychonomic Bulletin & Review*, 2006, 13(2): pp. 240–244.

58 Yeshurun, Y., et al., 'The privileged brain representation of first olfactory associations', *Current Biology*, 2009, 19(21): pp. 1869–1874.

59 Hwang, K., et al., 'The human thalamus is an integrative hub for functional brain networks', *Journal of Neuroscience*, 2017, 37(23): pp. 5594–5607.

60 Rowe et al., 'Fossil evidence'.

61 Aqrabawi, A.J. and J.C. Kim, 'Hippocampal projections to the anterior olfactory nucleus differentially convey spatiotemporal information during episodic odour memory', *Nature Communications*, 2018, 9(1): pp. 1–10.

62 Soudry, et al., 'Olfactory system and emotion'.

63 De Araujo, I.E., et al., 'Taste–olfactory convergence, and the representation of the pleasantness of flavour, in the human brain', *European Journal of Neuroscience*, 2003, 18(7): pp. 2059–2068.

64 Weber, S.T. and E. Heuberger, 'The impact of natural odors on affective states in humans', *Chemical Senses*, 2008, 33(5): pp. 441–447.

65 Herz, R.S. and J. von Clef, 'The influence of verbal labeling on the perception of odors: evidence for olfactory illusions?' *Perception*, 2001, 30(3): pp. 381–391.

66 Chen, D. and J. Haviland-Jones, 'Human olfactory communication of emotion', *Perceptual and Motor Skills*, 2000, 91(3): pp. 771–781.

67 Zald, D.H. and J.V. Pardo, 'Emotion, olfaction, and the human amygdala: amygdala activation during aversive olfactory stimulation', *Proceedings of the National Academy of Sciences*, 1997, 94(8): pp. 4119–4124.

68 Soudry, et al., 'Olfactory system and emotion'.

69 Deliberto, T., 'The first and ultimate primary emotion – fear', in *The Psychology Easel*, 2011, Blogspot.com: http://taradeliberto.blogspot.com/2011/03/first-emotion-fear.html.

70 Willander, J. and M. Larsson, 'Olfaction and emotion: the case of autobiographical memory', *Memory & Cognition*, 2007, 35(7): pp. 1659–1663.

71 Konnikova, 'Smells like old times'.

72 Taalman, H., C. Wallace, and R. Milev, 'Olfactory functioning and depression: a systematic

review', *Frontiers in Psychiatry*, 2017, 8: p. 190.

73 Tukey, A., 'Notes on involuntary memory in Proust', *The French Review*, 1969, 42(3): pp. 395–402.

74 Juslin, P.N. and D. Västfjäll, 'Emotional responses to music: the need to consider underlying mechanisms', *Behavioral and Brain Sciences*, 2008, 31(5): pp. 559–575.

75 Skoe, E. and N. Kraus, 'Auditory brainstem response to complex sounds: a tutorial', *Ear and Hearing*, 2010, 31(3): p. 302.

76 Raizada, R.D. and R.A. Poldrack, 'Challenge-driven attention: interacting frontal and brainstem systems', *Frontiers in Human Neuroscience*, 2008, 2: p. 3.

77 Burt, J.L., et al., 'A psychophysiological evaluation of the perceived urgency of auditory warning signals', *Ergonomics*, 1995, 38(11): pp. 2327–2340.

78 Nozaradan, S., I. Peretz, and A. Mouraux, 'Selective neuronal entrainment to the beat and meter embedded in a musical rhythm', *Journal of Neuroscience*, 2012, 32(49): pp. 17572–17581.

79 DeNora, T., 'Aesthetic agency and musical practice: new directions in the sociology of music and emotion', in *Music and Emotion: Theory and Research*, P.N. Juslin and J.A. Sloboda (eds) (Oxford University Press, 2001), pp. 161–180.

80 Juslin and Västfjäll, 'Emotional responses to music'.

81 Deliège, I. and J.A. Sloboda, *Musical Beginnings: Origins and Development of Musical Competence* (Oxford University Press, 1996).

82 Egermann, H. and S. McAdams, 'Empathy and emotional contagion as a link between recognized and felt emotions in music listening', *Music Perception: An Interdisciplinary Journal*, 2012, 31(2): pp. 139–156.

83 Di Pellegrino, G., et al., 'Understanding motor events: a neurophysiological study', *Experimental Brain Research*, 1992, 91(1): pp. 176–180.

84 Kilner, J.M. and R.N. Lemon, 'What we know currently about mirror neurons', Current Biology, 2013, 23(23): pp. R1057–R1062.

85 Acharya, S. and S. Shukla, 'Mirror neurons: enigma of the metaphysical modular brain', *Journal of Natural Science, Biology, and Medicine*, 2012, 3(2): p. 118.

86 Engelen, T., et al., 'A causal role for inferior parietal lobule in emotion body perception', *Cortex*, 2015, 73: pp. 195–202.

87 Decety, J. and P.L. Jackson, 'The functional architecture of human empathy', *Behavioral and Cognitive Neuroscience Reviews*, 2004, 3(2): pp. 71–100.

88 Gazzola, V., L. Aziz-Zadeh, and C. Keysers, 'Empathy and the somatotopic auditory mirror

system in humans', *Current Biology*, 2006, 16(18): pp. 1824–1829.

89 Huron, D. and E.H. Margulis, 'Musical expectancy and thrills', in *Handbook of Music and Emotion: Theory, Research, Applications*, P.N. Juslin and J.A. Sloboda (eds), (Oxford University Press, 2010), pp. 575–604.

90 Patel, A.D., 'Language, music, syntax and the brain', *Nature Neuroscience*, 2003, 6(7): pp. 674–681.

91 Krumhansl, C.L., et al., 'Melodic expectation in Finnish spiritual folk hymns: convergence of statistical, behavioral, and computational approaches', *Music Perception: An Interdisciplinary Journal*, 1999, 17(2): pp. 151–195.

92 Patel, 'Language, music, syntax'.

93 Partanen, E., et al., 'Prenatal music exposure induces long-term neural effects', *PLOS One*, 2013, 8(10).

94 Pereira, C.S., et al., 'Music and emotions in the brain: familiarity matters', *PLOS One*, 2011, 6(11).

95 Burwell, R.D., 'The parahippocampal region: corticocortical connectivity', *Annals – New York Academy of Sciences*, 2000, 911: pp. 25–42.

96 Caruana, F., et al., 'Motor and emotional behaviours elicited by electrical stimulation of the human cingulate cortex', *Brain*, 2018, 141(10): pp. 3035–3051.

97 Hofmann, W., et al., 'Evaluative conditioning in humans: a meta-analysis', *Psychological Bulletin*, 2010, 136(3): p. 390.

98 Balleine, B.W. and S. Killcross, 'Parallel incentive processing: an integrated view of amygdala function', *Trends in Neurosciences*, 2006, 29(5): pp. 272–279.

99 Sacchetti, B., B. Scelfo, and P. Strata, 'The cerebellum: synaptic changes and fear conditioning', *The Neuroscientist*, 2005, 11(3): pp. 217–227.

100 Juslin and Västfjäll, 'Emotional responses to music'.

101 LeDoux, J.E., 'Emotion: clues from the brain', *Annual Review of Psychology*, 1995, 46(1): pp. 209–235.

102 Gabrielsson, A., 'Emotion perceived and emotion felt: same or different?' *Musicae Scientiae*, 2001, 5(1_suppl): pp. 123–147.

103 Lang, P.J., 'A bio–informational theory of emotional imagery', *Psychophysiology*, 1979, 16(6): pp. 495–512.

104 Tingley, J., M. Moscicki and K. Buro, 'The effect of earworms on affect', *MacEwan University Student Research Proceedings*, 2019, 4(2).

105 Singhal, D., 'Why this Kolaveri Di: maddening phenomenon of earworm', 2011. Available

at SSRN 1969781.

106 Schulkind, M.D., L.K. Hennis, and D.C. Rubin, 'Music, emotion, and autobiographical memory: they're playing your song', *Memory & Cognition*, 1999, 27(6): pp. 948–955.

107 Rathbone, C.J., C.J. Moulin, and M.A. Conway, 'Self-centered memories: the reminiscence bump and the self', *Memory & Cognition*, 2008, 36(8): pp. 1403–1414.

108 Mills, K.L., et al., 'The developmental mismatch in structural brain maturation during adolescence', *Developmental Neuroscience*, 2014, 36(3–4): pp. 147–160.

109 Blood, A.J. and R.J. Zatorre, 'Intensely pleasurable responses to music correlate with activity in brain regions implicated in reward and emotion', *Proceedings of the National Academy of Sciences*, 2001, 98(20): pp. 11818–11823.

110 Boero, D.L. and L. Bottoni, 'Why we experience musical emotions: intrinsic musicality in an evolutionary perspective', *Behavioral and Brain Sciences*, 2008, 31(5): pp. 585–586.

111 Simpson, E.A., W.T. Oliver, and D. Fragaszy, 'Super-expressive voices: music to my ears?' *Behavioral and Brain Sciences*, 2008, 31(5): pp. 596–597.

112 Simpson et al., 'Super-expressive voices'.

113 Krach, S., et al., 'The rewarding nature of social interactions', *Frontiers in Behavioral Neuroscience*, 2010, 4: p. 22.

114 Alcorta, C.S., R. Sosis, and D. Finkel, 'Ritual harmony: toward an evolutionary theory of music', *Behavioral and Brain Sciences*, 2008, 31(5): pp. 576–577.

115 Freeman, W.J., 'Happiness doesn't come in bottles. Neuroscientists learn that joy comes through dancing, not drugs', *Journal of Consciousness Studies*, 1997, 4(1): pp. 67–70.

116 Krakauer, J., 'Why do we like to dance – and move to the beat', *Scientific American*, 26 September 2008.

117 Peery, J.C., I.W. Peery, and T.W. Draper, *Music and Child Development* (Springer Science & Business Media, 2012).

118 Levin, R., 'Sleep and dreaming characteristics of frequent nightmare subjects in a university population', *Dreaming*, 1994, 4(2): pp. 127–137.

119 National Institute of Neurological Disorders and Stroke, *Brain Basics: Understanding Sleep* (NINDS, 2006).

120 Kaufman, D.M., H.L. Geyer, and M.J. Milstein, 'Sleep disorders', in *Kaufman's Clinical Neurology for Psychiatrists*, Eighth edn, D.M. Kaufman, H.L. Geyer, and M.J. Milstein (eds) (Elsevier, 2017), pp. 361–388.

121 Wamsley, E.J., 'Dreaming and offline memory consolidation', *Current Neurology and Neuroscience Reports*, 2014, 14(3): p. 433.

122 Nielsen, T.A. and P. Stenstrom, 'What are the memory sources of dreaming?' *Nature*, 2005, 437(7063): pp. 1286–1289.

123 Smith, K., 'Rose-scented sleep improves memory', *Nature*, 8 March 2007.

124 Walker, M.P., et al., 'Cognitive flexibility across the sleep–wake cycle: REM-sleep enhancement of anagram problem solving', *Cognitive Brain Research*, 2002, 14(3): pp. 317–324.

125 Schredl, M. and F. Hofmann, 'Continuity between waking activities and dream activities', *Consciousness and Cognition*, 2003, 12(2): pp. 298–308.

126 Braun, A.R., et al., 'Dissociated pattern of activity in visual cortices and their projections during human rapid eye movement sleep', *Science*, 1998, 279(5347): pp. 91–95.

127 Nielsen and Stenstrom, 'What are the memory sources of dreaming?'.

128 Freud, S. and J. Strachey, *The Interpretation of Dreams* (Gramercy Books, 1996).

129 Nielsen, T. and R. Levin, 'Nightmares: a new neurocognitive model', *Sleep Medicine Reviews*, 2007, 11(4): pp. 295–310.

130 Nielsen and Stenstrom, 'What are the memory sources of dreaming?'.

131 Popp, C.A., et al., 'Repetitive relationship themes in waking narratives and dreams', *Journal of Consulting and Clinical Psychology*, 1996, 64(5): p. 1073.

132 Revonsuo, A., 'The reinterpretation of dreams: an evolutionary hypothesis of the function of dreaming', *Behavioral and Brain Sciences*, 2000, 23(6): pp. 877–901.

133 Fisher, B.E., C. Pauley, and K. McGuire, 'Children's sleep behavior scale: normative data on 870 children in grades 1 to 6', *Perceptual and Motor Skills*, 1989, 68(1): pp. 227–236.

134 Levin, R. and T.A. Nielsen, 'Disturbed dreaming, posttraumatic stress disorder, and affect distress: a review and neurocognitive model', *Psychological Bulletin*, 2007, 133(3): pp. 482–528.

135 Langston, T.J., J.L. Davis, and R.M. Swopes, 'Idiopathic and posttrauma nightmares in a clinical sample of children and adolescents: characteristics and related pathology', *Journal of Child & Adolescent Trauma*, 2010, 3(4): pp. 344–356.

136 Brown, R.J. and D.C. Donderi, 'Dream content and self-reported well-being among recurrent dreamers, past-recurrent dreamers, and nonrecurrent dreamers', *Journal of Personality and Social Psychology*, 1986, 50(3): p. 612.

137 Quirk, G.J., 'Memory for extinction of conditioned fear is long-lasting and persists following spontaneous recovery', *Learning & Memory*, 2002, 9(6): pp. 402–407.

138 Spoormaker, V.I., M. Schredl, and J. van den Bout, 'Nightmares: from anxiety symptom to sleep disorder', *Sleep Medicine Reviews*, 2006, 10(1): pp. 19–31.

4장. 우리는 타인의 감정에 어떻게 사로잡히는가

1 McHenry, M., et al., 'Voice analysis during bad news discussion in oncology: reduced pitch, decreased speaking rate, and nonverbal communication of empathy', *Supportive Care in Cancer*, 2012, 20(5): pp. 1073–1078.

2 Kana, R.K. and B.G. Travers, 'Neural substrates of interpreting actions and emotions from body postures', *Social Cognitive and Affective Neuroscience*, 2012, 7(4): pp. 446–456.

3 Book, A., K. Costello, and J.A. Camilleri, 'Psychopathy and victim selection: the use of gait as a cue to vulnerability', *Journal of Interpersonal Violence*, 2013, 28(11): pp. 2368–2383.

4 Scott, S.K., et al., 'The social life of laughter', *Trends in Cognitive Sciences*, 2014, 18(12): pp. 618–620.

5 Seyfarth, R.M. and D.L. Cheney, 'Affiliation, empathy, and the origins of theory of mind', *Proceedings of the National Academy of Sciences*, 2013, 110(Supplement 2): pp. 10349–10356.

6 Levinson, S.C., 'Spatial cognition, empathy and language evolution', *Studies in Pragmatics*, 2018, 20: pp. 16–21.

7 Land, W., et al., 'From action representation to action execution: exploring the links between cognitive and biomechanical levels of motor control', *Frontiers in Computational Neuroscience*, 2013, 7: p. 127.

8 Meltzoff, A.N. and M.K. Moore, 'Persons and representation: why infant imitation is important for theories of human development', in *Imitation in Infancy*, J. Nadel and G. Butterworth (eds) (Cambridge University Press, 1999), pp. 9–35.

9 Carr, L., et al., 'Neural mechanisms of empathy in humans: a relay from neural systems for imitation to limbic areas', *Proceedings of the National Academy of Sciences*, 2003, 100(9): pp. 5497–5502.

10 Karnath, H.-O., 'New insights into the functions of the superior temporal cortex', *Nature Reviews Neuroscience*, 2001, 2(8): pp. 568–576.

11 Andersen, R.A. and C.A. Buneo, 'Intentional maps in posterior parietal cortex', *Annual Review of Neuroscience*, 2002, 25(1): pp. 189–220.

12 Hartwigsen, G., et al., 'Functional segregation of the right inferior frontal gyrus: evidence from coactivation-based parcellation', *Cerebral Cortex*, 2019, 29(4): pp. 1532–1546.

13 Aron, A.R., T.W. Robbins, and R.A. Poldrack, 'Inhibition and the right inferior frontal cortex: one decade on', *Trends in Cognitive Sciences*, 2014, 18(4): pp. 177–185.

14 Meltzoff and Moore, 'Persons and representation'.

15 Jabbi, M., J. Bastiaansen, and C. Keysers, 'A common anterior insula representation of dis-

gust observation, experience and imagination shows divergent functional connectivity pathways', *PLOS One*, 2008, 3(8): p. e2939.

16 Augustine, J.R., 'Circuitry and functional aspects of the insular lobe in primates including humans', *Brain Research Reviews*, 1996, 22(3): pp. 229–244.

17 Carr, et al., 'Neural mechanisms of empathy in humans'.

18 Eres, R., et al., 'Individual differences in local gray matter density are associated with differences in affective and cognitive empathy', *NeuroImage*, 2015, 117: pp. 305–310.

19 Riess, H., 'The science of empathy', *Journal of Patient Experience*, 2017, 4(2): pp. 74–77.

20 Trevarthen, C., 'Communication and cooperation in early infancy: a description of primary intersubjectivity', *Before Speech: The Beginning of Interpersonal Communication*, 1979, 1: pp. 530–571.

21 Martin, G.B. and R.D. Clark, 'Distress crying in neonates: species and peer specificity', *Developmental Psychology*, 1982, 18(1): p. 3.

22 Van Baaren, R., et al., 'Where is the love? The social aspects of mimicry', *Philosophical Transactions of the Royal Society B: Biological Sciences*, 2009, 364(1528): pp. 2381–2389.

23 Van Baaren, R.B., et al., 'Mimicry and prosocial behavior', *Psychological Science*, 2004, 15(1): pp. 71–74.

24 Chartrand, T.L. and J.A. Bargh, 'The chameleon effect: the perception-behavior link and social interaction', *Journal of Personality and Social Psychology*, 1999, 76(6): pp. 893–910.

25 Maddux, W.W., E. Mullen, and A.D. Galinsky, 'Chameleons bake bigger pies and take bigger pieces: strategic behavioral mimicry facilitates negotiation outcomes', *Journal of Experimental Social Psychology*, 2008, 44(2): pp. 461–468.

26 Book, A., et al., 'The mask of sanity revisited: psychopathic traits and affective mimicry', *Evolutionary Psychological Science*, 2015, 1(2): pp. 91–102.

27 Jackson, P.L., P. Rainville, and J. Decety, 'To what extent do we share the pain of others? Insight from the neural bases of pain empathy', *Pain*, 2006, 125(1): pp. 5–9.

28 Avenanti, A., et al., 'Transcranial magnetic stimulation highlights the sensorimotor side of empathy for pain', *Nature Neuroscience*, 2005, 8(7): pp. 955–960.

29 Nagasako, E.M., A.L. Oaklander, and R.H. Dworkin, 'Congenital insensitivity to pain: an update', *Pain*, 2003, 101(3): pp. 213–219.

30 Danziger, N., K.M. Prkachin, and J.C. Willer, 'Is pain the price of empathy? The perception of others' pain in patients with congenital insensitivity to pain', *Brain*, 2006, 129(9): pp. 2494–2507.

31 Rives Bogart, K. and D. Matsumoto, 'Facial mimicry is not necessary to recognize emotion:

facial expression recognition by people with Moebius syndrome', *Social Neuroscience*, 2010, 5(2): pp. 241–251.

32 Watanabe, S. and Y. Kosaki, 'Evolutionary origin of empathy and inequality aversion', in *Evolution of the Brain, Cognition, and Emotion in Vertebrates*, S. Watanabe, M. Hofman, and T. Shimizu (eds) (Springer, 2017), pp. 273–299.

33 De Waal, F.B., 'Putting the altruism back into altruism: the evolution of empathy', *Annual Review of Psychology*, 2008, 59: pp. 279–300.

34 Schroeder, D.A., et al., 'Empathic concern and helping behavior: egoism or altruism?' *Journal of Experimental Social Psychology*, 1988, 24(4): pp. 333–353.

35 Buck, R., 'Communicative genes in the evolution of empathy and altruism', *Behavior Genetics*, 2011, 41(6): pp. 876–888.

36 Stietz, J., et al., 'Dissociating empathy from perspective-taking: evidence from intra- and inter-individual differences research', *Frontiers in Psychiatry*, 2019, 10: p. 126.

37 Batson, C.D., et al., 'Empathic joy and the empathy-altruism hypothesis', *Journal of Personality and Social Psychology*, 1991, 61(3): p. 413.

38 Carr et al., 'Neural mechanisms of empathy in humans'.

39 Gallagher, H.L. and C.D. Frith, 'Functional imaging of "theory of mind"', *Trends in Cognitive Sciences*, 2003, 7(2): pp. 77–83.

40 Allman, J.M., et al., 'The anterior cingulate cortex: the evolution of an interface between emotion and cognition', *Annals of the New York Academy of Sciences*, 2001, 935(1): pp. 107–117.

41 Decety and Jackson, 'The functional architecture of human empathy'.

42 De Vignemont, F. and T. Singer, 'The empathic brain: how, when and why?', *Trends in Cognitive Sciences*, 2006, 10(10): pp. 435–441.

43 Hatfield, E., J.T. Cacioppo, and R.L. Rapson, 'Emotional contagion', *Current Directions in Psychological Science*, 1993, 2(3): pp. 96–100.

44 Hatfield, E., R.L. Rapson, and Y.-C.L. Le, 'Emotional contagion and empathy', in *The Social Neuroscience of Empathy*, J. Decety and W. Ickes (eds) (MIT Press, 2011), p. 19.

45 Schürmann, M., et al., 'Yearning to yawn: the neural basis of contagious yawning', *NeuroImage*, 2005, 24(4): pp. 1260–1264.

46 Guggisberg, A.G., et al., 'Why do we yawn?' *Neuroscience & Biobehavioral Reviews*, 2010, 34(8): pp. 1267–1276.

47 Dunbar, R.I., 'The social brain hypothesis and its implications for social evolution', *Annals of Human Biology*, 2009, 36(5): pp. 562–572.

48 Dolcos, F., A.D. Iordan, and S. Dolcos, 'Neural correlates of emotion–cognition interactions: a review of evidence from brain imaging investigations', *Journal of Cognitive Psychology*, 2011, 23(6): pp. 669–694.

49 Paulson, O.B., et al., 'Cerebral blood flow response to functional activation', *Journal of Cerebral Blood Flow & Metabolism*, 2010, 30(1): pp. 2–14.

50 Ibrahim, J.K., et al., 'State laws restricting driver use of mobile communications devices: distracted-driving provisions, 1992–2010', *American Journal of Preventive Medicine*, 2011, 40(6): pp. 659–665.

51 Stietz, et al., 'Dissociating empathy from perspective-taking'.

52 Dolcos, et al., 'Neural correlates of emotion–cognition interactions'.

53 Vilanova, F., et al., 'Deindividuation: from Le Bon to the social identity model of deindividuation effects', *Cogent Psychology*, 2017, 4(1): p. 1308104.

54 Christoff, K. and J.D.E. Gabrieli, 'The frontopolar cortex and human cognition: evidence for a rostrocaudal hierarchical organization within the human prefrontal cortex', *Psychobiology*, 2000, 28(2): pp. 168–186.

55 Tong, E.M., D.H. Tan, and Y.L. Tan, 'Can implicit appraisal concepts produce emotion-specific effects? A focus on unfairness and anger', *Consciousness and Cognition*, 2013, 22(2): pp. 449–460.

56 Reicher, S.D., R. Spears, and T. Postmes, 'A social identity model of deindividuation phenomena', *European Review of Social Psychology*, 1995, 6(1): pp. 161–198.

57 Kanske, P., et al., 'Are strong empathizers better mentalizers? Evidence for independence and interaction between the routes of social cognition', *Social Cognitive and Affective Neuroscience*, 2016, 11(9): pp. 1383–1392.

58 Scherer, K.R., 'Appraisal theory', in *Handbook of Cognition and Emotion*, T. Dalgleish and M.J. Power (eds) (John Wiley & Sons, 1999), pp. 637–663.

59 Siemer, M., I. Mauss, and J.J. Gross, 'Same situation – different emotions: how appraisals shape our emotions', *Emotion*, 2007, 7(3): pp. 592–600.

60 Cherniss, C., 'Social and emotional competence in the workplace', in *The Handbook of Emotional Intelligence: Theory, Development, Assessment, and Application at Home, School, and in the Workplace*, R. Bar-On and J.D.A. Parker (eds) (Jossey-Bass, 2000), pp. 433–458.

61 Dewe, P., 'Primary appraisal, secondary appraisal and coping: their role in stressful work encounters', *Journal of Occupational Psychology*, 1991, 64(4): pp. 331–351.

62 Kalter, J., 'The workplace burnout', *Columbia Journalism Review*, 1999, 38(2): p. 30.

63 Zapf, D., et al., 'Emotion work and job stressors and their effects on burnout', *Psychology &*

Health, 2001, 16(5): pp. 527–545.

64 Biegler, P., 'Autonomy, stress, and treatment of depression', *BMJ*, 2008, 336(7652): pp. 1046–1048.

65 Willner, P., et al., 'Loss of social status: preliminary evaluation of a novel animal model of depression', *Journal of Psychopharmacology*, 1995, 9(3): pp. 207–213.

66 Siegrist, J., et al., 'A short generic measure of work stress in the era of globalization: effort–reward imbalance', *International Archives of Occupational and Environmental Health*, 2009, 82(8): p. 1005.

67 Norris, C.J., et al., 'The interaction of social and emotional processes in the brain', *Journal of Cognitive Neuroscience*, 2004, 16(10): pp. 1818–1829.

68 Joyce, S., et al., 'Road to resilience: a systematic review and meta-analysis of resilience training programmes and interventions', *BMJ Open*, 2018, 8(6).

69 Thummakul, D., et al. (2012), 'The development of happy workplace index', *International Journal of Business Management*, 2012, 1(2): pp. 527–536.

70 Mann, A. and J. Harter, 'The worldwide employee engagement crisis', *Gallup Business Journal*, 2016, 7: pp. 1–5.

71 Hosie, P. and N. ElRakhawy, 'The happy worker: revisiting the "happy–productive worker" thesis', in *Wellbeing: A Complete Reference Guide*, Vol. 3, P.Y. Chen and C.L. Cooper (eds) (Wiley-Blackwell, 2014): pp. 113–138.

72 Miron, A.M. and J.W. Brehm, 'Reactance theory – 40 years later', *Zeitschrift für Sozialpsychologie*, 2006, 37(1): pp. 9–18.

73 Wagner, D.T., C.M. Barnes, and B.A. Scott, 'Driving it home: how workplace emotional labor harms employee home life', *Personnel Psychology*, 2014, 67(2): pp. 487–516.

74 Impett, E.A., et al., 'Suppression sours sacrifice: emotional and relational costs of suppressing emotions in romantic relationships', *Personality and Social Psychology Bulletin*, 2012, 38(6): pp. 707–720.

75 Flynn, J.J., T. Hollenstein, and A. Mackey, 'The effect of suppressing and not accepting emotions on depressive symptoms: is suppression different for men and women?' *Personality and Individual Differences*, 2010, 49(6): pp. 582–586.

76 Yoon, J.-H., et al., 'Suppressing emotion and engaging with complaining customers at work related to experience of depression and anxiety symptoms: a nationwide cross-sectional study', *Industrial Health*, 2017, 55: pp. 265–274.

77 Taylor, L., 'Out of character: how acting puts a mental strain on performers', *The Conversation*, 6 December 2017.

78 Durand, F., C. Isaac, and D. Januel, 'Emotional memory in post-traumatic stress disorder: a systematic PRISMA review of controlled studies', *Frontiers in Psychology*, 2019, 10(303).

79 Maxwell, I., M. Seton, and M. Szabó, 'The Australian actors' wellbeing study: a preliminary report', *About Performance*, 2015, 13: pp. 69–113.

80 Arias, G.L., 'In the wings: actors & mental health a critical review of the literature', Masters thesis, 2019, Lesley University.

81 Taylor, 'Out of character'.

82 Jones, P., *Drama as Therapy: Theatre as Living* (Psychology Press, 1996).

83 Cerney, M.S. and J.R. Buskirk, 'Anger: the hidden part of grief', *Bulletin of the Menninger Clinic*, 1991, 55(2): p. 228.

84 McCracken, L.M., 'Anger, injustice, and the continuing search for psychological mechanisms of pain, suffering, and disability', *Pain*, 2013, 154(9): pp. 1495–1496.

85 Kübler-Ross, E. and D. Kessler, *On Grief and Grieving: Finding the Meaning of Grief Through the Five Stages of Loss* (Simon and Schuster, 2005).

86 Silani, G., et al., 'Right supramarginal gyrus is crucial to overcome emotional egocentricity bias in social judgments', *Journal of Neuroscience*, 2013, 33(39): pp. 15466–15476.

87 Lamm, C., M. Rütgen, and I.C. Wagner, 'Imaging empathy and prosocial emotions', *Neuroscience Letters*, 2019, 693: pp. 49–53.

88 Carlson, N.R., *Physiology of Behavior* (Pearson Higher Education, 2012).

89 Silani, et al., 'Right supramarginal gyrus is crucial'.

90 Chang, S.W., et al., 'Neural mechanisms of social decision-making in the primate amygdala', *Proceedings of the National Academy of Sciences*, 2015, 112(52): pp. 16012–16017.

91 Stietz, et al., 'Dissociating empathy from perspective-taking'.

92 Hein, G. and R.T. Knight, 'Superior temporal sulcus – it's my area: or is it?' *Journal of Cognitive Neuroscience*, 2008, 20(12): pp. 2125–2136.

93 Dvash, J. and S.G. Shamay-Tsoory, 'Theory of mind and empathy as multidimensional constructs: neurological foundations', *Topics in Language Disorders*, 2014, 34(4): pp. 282–295.

94 Joireman, J.A., T.L. Needham, and A.-L. Cummings, 'Relationships between dimensions of attachment and empathy', *North American Journal of Psychology*, 2002, 4(1): pp. 63–80.

95 Hall, J.A. and S.E. Taylor, 'When love is blind: maintaining idealized images of one's spouse', *Human Relations*, 1976, 29(8): pp. 751–761.

96 Milton, D.E., 'On the ontological status of autism: the "double empathy problem"', *Disability & Society*, 2012, 27(6): pp. 883–887.

97 De Waal, 'Putting the altruism back into altruism'.

98 Cikara, M., et al., 'Their pain gives us pleasure: how intergroup dynamics shape empathic failures and counter-empathic responses', *Journal of Experimental Social Psychology*, 2014, 55: pp. 110–125.

99 Cikara, M., E.G. Bruneau, and R.R. Saxe, 'Us and them: intergroup failures of empathy', *Current Directions in Psychological Science*, 2011, 20(3): pp. 149–153.

100 Pezdek, K., I. Blandon-Gitlin, and C. Moore, 'Children's face recognition memory: more evidence for the cross-race effect', *Journal of Applied Psychology*, 2003, 88(4): p. 760.

101 Chiao, J.Y. and V.A. Mathur, 'Intergroup empathy: how does race affect empathic neural responses?', *Current Biology*, 2010, 20(11): pp. R478–R480.

102 Riess, 'The science of empathy'.

103 Stevens, F.L. and A.D. Abernethy, 'Neuroscience and racism: the power of groups for overcoming implicit bias', *International Journal of Group Psychotherapy*, 2018, 68(4): pp. 561–584.

104 Reyes, B.N., S.C. Segal, and M.C. Moulson, 'An investigation of the effect of race-based social categorization on adults' recognition of emotion', *PLOS One*, 2018, 13(2): p. e0192418.

105 Cikara, M. and S.T. Fiske, 'Bounded empathy: neural responses to outgroup targets' (mis) fortunes', *Journal of Cognitive Neuroscience*, 2011, 23(12): pp. 3791–3803.

106 Tadmor, C.T., et al., 'Multicultural experiences reduce intergroup bias through epistemic unfreezing', *Journal of Personality and Social Psychology*, 2012, 103(5): p. 750.

107 Riess, 'The science of empathy'.

108 General Medical Council, *Personal Beliefs and Medical Practice* (General Medical Council, 2008).

109 Doulougeri, K., E. Panagopoulou, and A. Montgomery, '(How) do medical students regulate their emotions?' *BMC Medical Education*, 2016, 16(1): p. 312.

110 Boissy, A., et al., 'Communication skills training for physicians improves patient satisfaction', *Journal of General Internal Medicine*, 2016, 31(7): pp. 755–761.

111 Flannelly, K.J., et al., 'The correlates of chaplains' effectiveness in meeting the spiritual/ religious and emotional needs of patients', *Journal of Pastoral Care & Counseling*, 2009, 63(1–2): pp. 1–16.

112 Morgan, M., *Critical: Stories from the Front Line of Intensive Care Medicine* (Simon and Schuster, 2019).

113 Cameron, C., *Resolving Childhood Trauma: A Long-term Study of Abuse Survivors* (Sage, 2000).

1 Batson, C.D., et al., 'An additional antecedent of empathic concern: valuing the welfare of the person in need', *Journal of Personality and Social Psychology*, 2007, 93(1): p. 65.

2 John, O.P. and J.J. Gross, 'Healthy and unhealthy emotion regulation: personality processes, individual differences, and life span development', *Journal of Personality*, 2004, 72(6): pp. 1301–1334.

3 O'Higgins, M., et al., 'Mother-child bonding at 1 year; associations with symptoms of postnatal depression and bonding in the first few weeks', *Archives of Women's Mental Health*, 2013, 16(5): pp. 381–389.

4 Wee, K.Y., et al., 'Correlates of ante- and postnatal depression in fathers: a systematic review', *Journal of Affective Disorders*, 2011, 130(3): pp. 358–377.

5 Althammer, F. and V. Grinevich, 'Diversity of oxytocin neurones: beyond magno–and parvocellular cell types?' *Journal of Neuroendocrinology*, 2018, 30(8): p. e12549.

6 Schneiderman, I., et al., 'Oxytocin during the initial stages of romantic attachment: relations to couples' interactive reciprocity', *Psychoneuroendocrinology*, 2012, 37(8): pp. 1277–1285.

7 Gravotta, L., 'Be mine forever: oxytocin may help build long-lasting love', *Scientific American*, 12 February 2013.

8 Magon, N. and S. Kalra, 'The orgasmic history of oxytocin: love, lust, and labor', *Indian Journal of Endocrinology and Metabolism*, 2011, 15(7): p. 156.

9 Scheele, D., et al., 'Oxytocin modulates social distance between males and females', *The Journal of Neuroscience*, 2012, 32(46): pp. 16074–16079.

10 Scheele, D., et al., 'Oxytocin enhances brain reward system responses in men viewing the face of their female partner', *Proceedings of the National Academy of Sciences*, 2013, 110(50): pp. 20308–20313.

11 Fineberg, S.K. and D.A. Ross, 'Oxytocin and the social brain', *Biological Psychiatry*, 2017, 81(3): p. e19.

12 Ross, H.E. and L.J. Young, 'Oxytocin and the neural mechanisms regulating social cognition and affiliative behavior', *Frontiers in Neuroendocrinology*, 2009, 30(4): pp. 534–547.

13 Guastella, A.J., P.B. Mitchell, and F. Mathews, 'Oxytocin enhances the encoding of positive social memories in humans', *Biological Psychiatry*, 2008, 64(3): pp. 256–258.

14 Bartz, J.A., et al., 'Social effects of oxytocin in humans: context and person matter', *Trends in Cognitive Sciences*, 2011, 15(7): pp. 301–309.

15 Shamay-Tsoory, S.G., et al., 'Intranasal administration of oxytocin increases envy and

schadenfreude (gloating)', *Biological Psychiatry*, 2009, 66(9): pp. 864–870.

16 De Dreu, C.K.W., et al., 'Oxytocin promotes human ethnocentrism', *Proceedings of the National Academy of Sciences*, 2011, 108(4): pp. 1262–1266.

17 Flinn, M.V., D.C. Geary, and C.V. Ward, 'Ecological dominance, social competition, and coalitionary arms races: why humans evolved extraordinary intelligence', *Evolution and Human Behavior*, 2005, 26(1): pp. 10–46.

18 Nephew, B.C., 'Behavioral roles of oxytocin and vasopressin', in *Neuroendocrinology and Behavior*, T. Sumiyoshi (ed.) (InTech, 2012).

19 Bales, K.L., et al., 'Neural correlates of pair-bonding in a monogamous primate', *Brain Research*, 2007, 1184: pp. 245–253.

20 Knobloch, H. and V. Grinevich, 'Evolution of oxytocin pathways in the brain of vertebrates', *Frontiers in Behavioral Neuroscience*, 2014, 8(31).

21 Gruber C. W., 'Physiology of invertebrate oxytocin and vasopressin neuropeptides', *Experimental Physiology*, 2014, 99(1): pp. 55–61.

22 Nissen, E., et al., 'Elevation of oxytocin levels early post partum in women', *Acta Obstetricia et Gynecologica Scandinavica*, 1995, 74(7): pp. 530–533.

23 Ross and Young, 'Oxytocin and the neural mechanisms'.

24 Buckley, S.J., 'Ecstatic birth: the hormonal blueprint of labor', *Mothering Magazine*, 2002, 111: pp. 59–68.

25 Moberg, K.U. and D.K. Prime, 'Oxytocin effects in mothers and infants during breastfeeding', *Infant*, 2013, 9(6): pp. 201–206.

26 Wan, M.W., et al., 'The neural basis of maternal bonding', *PLOS One*, 2014, 9(3): p. e88436.

27 Leknes, S., et al., 'Oxytocin enhances pupil dilation and sensitivity to "hidden" emotional expressions', *Social Cognitive and Affective Neuroscience*, 2013, 8(7): pp. 741–749.

28 Vittner, D., et al., 'Increase in oxytocin from skin-to-skin contact enhances development of parent–infant relationship', *Biological Research for Nursing*, 2018, 20(1): pp. 54–62.

29 Peterman, K., 'What's love got to do with it? The potential role of oxytocin in the association between postpartum depression and mother-to-infant skin-to-skin contact', Masters thesis, 2014, University of North Carolina at Chapel Hill.

30 Young, K.S., et al., 'The neural basis of responsive caregiving behaviour: investigating temporal dynamics within the parental brain', *Behavioural Brain Research*, 2017, 325: pp. 105–116.

31 Glocker, M.L., et al., 'Baby schema in infant faces induces cuteness perception and motivation for caretaking in adults', *Ethology: Formerly Zeitschrift für Tierpsychologie*, 2009, 115(3):

pp. 257–263.

32 Moberg and Prime, 'Oxytocin effects in mothers and infants'.

33 Peltola, M.J., L. Strathearn, and K. Puura, 'Oxytocin promotes face-sensitive neural responses to infant and adult faces in mothers', *Psychoneuroendocrinology*, 2018, 91: pp. 261–270.

34 Stavropoulos, K.K.M. and L.A. Alba, '"It's so cute I could crush it!": understanding neural mechanisms of cute aggression', *Frontiers in Behavioral Neuroscience*, 2018, 12(300).

35 Kuzawa, C.W., et al., 'Metabolic costs and evolutionary implications of human brain development', *Proceedings of the National Academy of Sciences*, 2014, 111(36): pp. 13010–13015.

36 Borgi, M., et al., 'Baby schema in human and animal faces induces cuteness perception and gaze allocation in children', *Frontiers in Psychology*, 2014, 5: p. 411.

37 Kringelbach, M.L., et al., 'On cuteness: unlocking the parental brain and beyond', *Trends in Cognitive Sciences*, 2016, 20(7): pp. 545–558.

38 Stavropoulos and Alba, '"It's so cute I could crush it!"'.

39 Stavropoulos and Alba, '"It's so cute I could crush it!"'.

40 Carter, C.S., 'The oxytocin–vasopressin pathway in the context of love and fear', *Frontiers in Endocrinology*, 2017, 8: p. 356.

41 Carter, C.S., 'Oxytocin pathways and the evolution of human behavior', *Annual Review of Psychology*, 2014, 65: pp. 17–39.

42 Bosch, O.J. and I.D. Neumann, 'Vasopressin released within the central amygdala promotes maternal aggression', *European Journal of Neuroscience*, 2010, 31(5): pp. 883–891.

43 Carter, 'The oxytocin–vasopressin pathway'.

44 Sullivan, R., et al., 'Infant bonding and attachment to the caregiver: insights from basic and clinical science', *Clinics in Perinatology*, 2011, 38(4): pp. 643–655.

45 Choi, C.Q., 'Juvenile thoughts', *Scientific American*, 2009, 301(1): pp. 23–24.

46 Lukas, M., et al., 'The neuropeptide oxytocin facilitates pro-social behavior and prevents social avoidance in rats and mice', *Neuropsychopharmacology*, 2011, 36(11): pp. 2159–2168.

47 Tomasello, M., 'The ultra-social animal', *European Journal of Social Psychology*, 2014, 44(3): pp. 187–194.

48 Carter, C.S., 'The role of oxytocin and vasopressin in attachment', *Psychodynamic Psychiatry*, 2017, 45(4): pp. 499–517.

49 Carter, 'Oxytocin pathways and the evolution of human behavior'.

50 Morman, M.T. and K. Floyd, 'A "changing culture of fatherhood": effects on affectionate communication, closeness, and satisfaction in men's relationships with their fathers and their sons', *Western Journal of Communication (includes Communication Reports)*, 2002, 66(4):

pp. 395–411.

51 Moir, A. and D. Jessel, *Brain Sex* (Random House, 1997).

52 DeLamater, J. and W.N. Friedrich, 'Human sexual development', *Journal of Sex Research*, 2002, 39(1): pp. 10–14.

53 Rippon, G., *The Gendered Brain: The New Neuroscience that Shatters the Myth of the Female Brain* (Random House, 2019).

54 Simmons, J.G., *The Scientific 100: A Ranking of the Most Influential Scientists, Past and Present* (Citadel Press, 2000).

55 Valine, Y.A., 'Why cultures fail: the power and risk of Groupthink', *Journal of Risk Management in Financial Institutions*, 2018, 11(4): pp. 301–307.

56 Simmons, *The Scientific 100*.

57 Bergman, G., 'The history of the human female inferiority ideas in evolutionary biology', *Rivista di Biologia*, 2002, 95(3): pp. 379–412.

58 Krulwich, R., 'Non! Nein! No! A country that wouldn't let women vote till 1971', *National Geographic*, 26 August 2016.

59 Clarke, E.H., *Sex in Education, Or, A Fair Chance for Girls* (James R. Osgood and Company, 1874).

60 Thompson, L., *The Wandering Womb: A Cultural History of Outrageous Beliefs about Women* (Prometheus Books, 2012)

61 Milne-Smith, A., 'Hysterical men: the hidden history of male nervous illness', *Canadian Journal of History*, 2009, 44(2): p. 365.

62 Tierney, A.J., 'Egas Moniz and the origins of psychosurgery: a review commemorating the 50th anniversary of Moniz's Nobel Prize', *Journal of the History of the Neurosciences*, 2000, 9(1): pp. 22–36.

63 Tone, A. and M. Koziol, '(F)ailing women in psychiatry: lessons from a painful past', *Canadian Medical Association Journal (CMAJ)*, 2018, 190(20): pp. E624–E625.

64 Tone and Koziol, '(F)ailing women in psychiatry'.

65 Baron-Cohen, S., 'The extreme male brain theory of autism', *Trends in Cognitive Sciences*, 2002, 6(6): pp. 248–254.

66 Lawson, J., S. Baron-Cohen, and S. Wheelwright, 'Empathising and systemising in adults with and without Asperger syndrome', *Journal of Autism and Developmental Disorders*, 2004, 34(3): pp. 301–310.

67 Andrew, J., M. Cooke, and S. Muncer, 'The relationship between empathy and Machiavellianism: an alternative to empathizing–systemizing theory', *Personality and Individual Dif-*

ferences, 2008, 44(5): pp. 1203–1211.

68 Baez, S., et al., 'Men, women . . . who cares? A population-based study on sex differences and gender roles in empathy and moral cognition', *PLOS One*, 2017, 12(6): p. e0179336.

69 Ridley, R., 'Some difficulties behind the concept of the 'Extreme male brain' in autism research. A theoretical review', *Research in Autism Spectrum Disorders*, 2019, 57: pp. 19–27.

70 Gould, J. and J. Ashton-Smith, 'Missed diagnosis or misdiagnosis? Girls and women on the autism spectrum', *Good Autism Practice (GAP)*, 2011, 12(1): pp. 34–41.

71 Peters, M., 'Sex differences in human brain size and the general meaning of differences in brain size', *Canadian Journal of Psychology/Revue canadienne de psychologie*, 1991, 45(4): p. 507.

72 Rushton, J.P. and C.D. Ankney, 'Whole brain size and general mental ability: a review', *International Journal of Neuroscience*, 2009, 119(5): pp. 692–732.

73 Luders, E. and F. Kurth, 'Structural differences between male and female brains', in *Handbook of Clinical Neurology* (Elsevier, 2020), pp. 3–11.

74 Seifritz, E., et al., 'Differential sex-independent amygdala response to infant crying and laughing in parents versus nonparents', *Biological Psychiatry*, 2003, 54(12): pp. 1367–1375.

75 Stevens, F.L., R.A. Hurley, and K.H. Taber, 'Anterior cingulate cortex: unique role in cognition and emotion', *The Journal of Neuropsychiatry and Clinical Neurosciences*, 2011, 23(2): pp. 121–125.

76 Kong, F., et al., 'Sex-related neuroanatomical basis of emotion regulation ability', *PLOS One*, 2014, 9(5): p. e97071.

77 Stevens, J.S. and S. Hamann, 'Sex differences in brain activation to emotional stimuli: a meta-analysis of neuroimaging studies', *Neuropsychologia*, 2012, 50(7): pp. 1578–1593.

78 Wharton, W., et al., 'Neurobiological underpinnings of the estrogen-mood relationship', *Current Psychiatry Reviews*, 2012, 8(3): pp. 247–256.

79 McCarthy, M., 'Estrogen modulation of oxytocin and its relation to behavior', *Advances in Experimental Medicine and Biology*, 1995, 395: pp. 235–245.

80 Votinov, M., et al., 'Effects of exogenous testosterone application on network connectivity within emotion regulation systems', *Scientific Reports*, 2020, 10(1): pp. 1–10.

81 Baez, et al., 'Men, women . . . who cares?'.

82 Minor, M.W., 'Experimenter-expectancy effect as a function of evaluation apprehension', *Journal of Personality and Social Psychology*, 1970, 15(4): p. 326.

83 Dreher, J.-C., et al., 'Testosterone causes both prosocial and antisocial status-enhancing behaviors in human males', *Proceedings of the National Academy of Sciences*, 2016, 113(41): pp.

11633-11638.

84 Sapolsky, R.M., 'Doubled-edged swords in the biology of conflict', *Frontiers in Psychology*, 2018, 9: p. 2625.

85 Zink, C.F., et al., 'Know your place: neural processing of social hierarchy in humans', *Neuron*, 2008, 58(2): pp. 273–283.

86 Tabibnia, G. and M.D. Lieberman, 'Fairness and cooperation are rewarding', *Annals of the New York Academy of Sciences*, 2007, 1118(1): pp. 90–101.

87 Tabibnia and Lieberman, 'Fairness and cooperation are rewarding'.

88 Eisenegger, C., et al., 'Prejudice and truth about the effect of testosterone on human bargaining behaviour', *Nature*, 2010, 463(7279): pp. 356–359.

89 Wibral, M., et al., 'Testosterone administration reduces lying in men', *PLOS One*, 2012, 7(10): p. e46774.

90 Maguire, E.A., K. Woollett, and H.J. Spiers, 'London taxi drivers and bus drivers: a structural MRI and neuropsychological analysis', *Hippocampus*, 2006, 16(12): pp. 1091–1101.

91 Kaplow, J.B., et al., 'Emotional suppression mediates the relation between adverse life events and adolescent suicide: implications for prevention', *Prevention Science*, 2014, 15(2): pp. 177–185.

92 Albert, P.R., 'Why is depression more prevalent in women?' *Journal of Psychiatry & Neuroscience: JPN*, 2015, 40(4): p. 219.

93 Hedegaard, H., S.C. Curtin, and M. Warner, 'Suicide rates in the United States continue to increase', *NCHS Data Brief*, 2018, 309.

94 Noone, P.A., 'The Holmes–Rahe Stress Inventory', *Occupational Medicine*, 2017, 67(7): pp. 581–582.

95 Kim, J. and E. Hatfield, 'Love types and subjective well-being: a cross-cultural study', *Social Behavior and Personality: An International Journal*, 2004, 32(2): pp. 173–182.

96 Lewis, M., J.M. Haviland-Jones, and L.F. Barrett, *Handbook of Emotions* (Guilford Press, 2010).

97 Cacioppo, S., et al., 'Social neuroscience of love', *Clinical Neuropsychiatry*, 2012, 9(1), pp. 3–13.

98 Barsade, S.G. and O.A. O'Neill, 'What's love got to do with it? A longitudinal study of the culture of companionate love and employee and client outcomes in a long-term care setting', *Administrative Science Quarterly*, 2014, 59(4): pp. 551–598.

99 Gilbert, D.T., S.T. Fiske, and G. Lindzey, *The Handbook of Social Psychology*, Vol. 1 (Oxford University Press, 1998).

100 Bartels, A. and S. Zeki, 'The neural correlates of maternal and romantic love', *NeuroImage*, 2004, 21(3): pp. 1155–1166.

101 Ainsworth, M.D.S., et al., *Patterns of Attachment: A Psychological Study of the Strange Situation* (Psychology Press, 2015).

102 Purves, D., G. Augustine, and D. Fitzpatrick, *Autonomic Regulation of Sexual Function* (Sinauer Associates, 2001).

103 Benson, E. 'The science of sexual arousal', 2003. Available from: http://www.apa.org/monitor/apr03/arousal.aspx.

104 Herzberg, L.A., 'On sexual lust as an emotion', *HUMANA.MENTE Journal of Philosophical Studies*, 2019, 12(35): pp. 271–302.

105 Bogaert, A.F., 'Asexuality: what it is and why it matters', *Journal of Sex Research*, 2015, 52(4): pp. 362–379.

106 Chasin, C.D., 'Making sense in and of the asexual community: navigating relationships and identities in a context of resistance', *Journal of Community & Applied Social Psychology*, 2015, 25(2): pp. 167–180.

107 Cacioppo, S., et al., 'The common neural bases between sexual desire and love: a multilevel kernel density fMRI analysis', *The Journal of Sexual Medicine*, 2012, 9(4): pp. 1048–1054.

108 Cacioppo, et al., 'The common neural bases'.

109 Takahashi, K., et al., 'Imaging the passionate stage of romantic love by dopamine dynamics', *Frontiers in Human Neuroscience*, 2015, 9: p. 191.

110 Volkow, N.D., G.-J. Wang, and R.D. Baler, 'Reward, dopamine and the control of food intake: implications for obesity', *Trends in Cognitive Sciences*, 2011, 15(1): pp. 37–46.

111 Villablanca, J.R., 'Why do we have a caudate nucleus?', *Acta Neurobiologiae Experimentalis (Wars)*, 2010, 70(1): pp. 95–105.

112 Ainsworth, et al., *Patterns of Attachment*.

113 Helmuth, L., 'Caudate-over-heels in love', *Science*, 2003, 302(5649): p. 1320.

114 Bartels and Zeki, 'The neural correlates of maternal and romantic love'.

115 Chowdhury, R., et al., 'Dopamine modulates episodic memory persistence in old age', *Journal of Neuroscience*, 2012, 32(41): pp. 14193–14204.

116 Raderschall, et al., 'Habituation under natural conditions'.

117 Fisher, H.E., et al., 'Reward, addiction, and emotion regulation systems associated with rejection in love', *Journal of Neurophysiology*, 2010, 104(1): pp. 51–60.

118 Myers Ernst, M. and L.H. Epstein, 'Habituation of responding for food in humans', *Appetite*, 2002, 38(3): pp. 224–234.

감정이 어려운 사람들을 위한 뇌과학

119 Acevedo, B.P. and A. Aron, 'Does a long-term relationship kill romantic love?' *Review of General Psychology*, 2009, 13(1): pp. 59–65.

120 Masuda, M., 'Meta–analyses of love scales: do various love scales measure the same psychological constructs?' *Japanese Psychological Research*, 2003, 45(1): pp. 25–37.

121 Horstman, A.M., et al., 'The role of androgens and estrogens on healthy aging and longevity', *Journals of Gerontology Series A: Biomedical Sciences and Medical Sciences*, 2012, 67(11): pp. 1140–1152.

122 Kılıç, N. and A. Altınok, 'Obsession and relationship satisfaction through the lens of jealousy and rumination', *Personality and Individual Differences*, 2021, 179: p. 110959.

123 Harris, C.R., 'Sexual and romantic jealousy in heterosexual and homosexual adults', *Psychological Science*, 2002, 13(1): pp. 7–12.

124 Richards, J.M., E.A. Butler, and J.J. Gross, 'Emotion regulation in romantic relationships: the cognitive consequences of concealing feelings', *Journal of Social and Personal Relationships*, 2003, 20(5): pp. 599–620.

125 Ellsworth, P.C., 'Appraisal theory: old and new questions', *Emotion Review*, 2013, 5(2): pp. 125–131.

126 Field, T., 'Romantic breakups, heartbreak and bereavement – romantic breakups', *Psychology*, 2011, 2(4): p. 382.

127 Davis, M.H. and H.A. Oathout, 'Maintenance of satisfaction in romantic relationships: empathy and relational competence', *Journal of Personality and Social Psychology*, 1987, 53(2): p. 397.

128 Acevedo and Aron, 'Does a long-term relationship kill romantic love?'.

129 Diener, E., et al., 'Subjective well-being: three decades of progress', *Psychological Bulletin*, 1999, 125(2): p. 276.

130 Aron, A., et al., 'Reward, motivation, and emotion systems associated with early-stage intense romantic love', *Journal of Neurophysiology*, 2005, 94(1): pp. 327–337.

131 Arzy, S., et al., 'Induction of an illusory shadow person', *Nature*, 2006, 443: p. 287.

132 Lamb, M.E. and C. Lewis, 'The role of parent–child relationships in child development', in *Social and Personality Development*, M.E. Lamb and M.H. Bornstein (eds) (Psychology Press, 2013), pp. 267–316.

133 Silverberg, S.B. and L. Steinberg, 'Adolescent autonomy, parent-adolescent conflict, and parental well-being', *Journal of Youth and Adolescence*, 1987, 16(3): pp. 293–312.

134 Aquilino, W.S., 'From adolescent to young adult: a prospective study of parent-child relations during the transition to adulthood', *Journal of Marriage and the Family*, 1997, 59(3):

pp. 670–686.

135 Ro, C., 'Dunbar's number: why we can only maintain 150 relationships', BBC Future, accessed July 2020.

136 Lindenfors, P., A. Wartel, and J. Lind, '"Dunbar's number" deconstructed', *Biology Letters*, 2021, 17(5): p. 20210158.

137 Ro, 'Dunbar's number'.

138 Ampel, B.C., M. Muraven, and E.C. McNay, 'Mental work requires physical energy: self-control is neither exception nor exceptional', *Frontiers in Psychology*, 2018, 9: p. 1005.

139 Schwartz, B., 'The social psychology of privacy', *American Journal of Sociology*, 1968, 73(6): pp. 741–752.

140 Giles, D.C., 'Parasocial interaction: a review of the literature and a model for future research', *Media Psychology*, 2002, 4(3): pp. 279–305.

141 Schiappa, E., M. Allen, and P.B. Gregg, 'Parasocial relationships and television: a meta-analysis of the effects', in *Mass Media Effects Research: Advances Through Meta-analysis*, R.W. Preiss et al. (eds) (Routledge, 2007), pp. 301–314.

142 Allen, P., et al., 'The hallucinating brain: a review of structural and functional neuroimaging studies of hallucinations', *Neuroscience & Biobehavioral Reviews*, 2008, 32(1): pp. 175–191.

143 Blakemore, S.-J., et al., 'The perception of self-produced sensory stimuli in patients with auditory hallucinations and passivity experiences: evidence for a breakdown in self-monitoring', *Psychological Medicine*, 2000, 30(5): pp. 1131–1139.

144 Behrmann, M., 'The mind's eye mapped onto the brain's matter', *Current Directions in Psychological Science*, 2000, 9(2): pp. 50–54.

145 Mullally, S.L. and E.A. Maguire, 'Memory, imagination, and predicting the future: a common brain mechanism?' *The Neuroscientist*, 2014, 20(3): pp. 220–234.

146 Hemmer and Steyvers, 'A Bayesian account'.

147 Buckner, R.L., 'The role of the hippocampus in prediction and imagination', *Annual Review of Psychology*, 2010, 61: pp. 27–48.

148 Hassabis, D. and E.A. Maguire, 'Deconstructing episodic memory with construction', *Trends in Cognitive Sciences*, 2007, 11(7): pp. 299–306.

149 Spreng, R.N., R.A. Mar, and A.S. Kim, 'The common neural basis of autobiographical memory, prospection, navigation, theory of mind, and the default mode: a quantitative meta-analysis', *Journal of Cognitive Neuroscience*, 2009, 21(3): pp. 489–510.

150 Diekhof, E.K., et al., 'The power of imagination – how anticipatory mental imagery alters

감정이 어려운 사람들을 위한 뇌과학

perceptual processing of fearful facial expressions', *NeuroImage*, 2011, 54(2): pp. 1703–1714.

151 Herz and von Clef, 'The influence of verbal labeling'.

152 Henderson, R.R., M.M. Bradley, and P.J. Lang, 'Emotional imagery and pupil diameter', *Psychophysiology*, 2018, 55(6): p. e13050.

153 Perse, E.M. and R.B. Rubin, 'Attribution in social and parasocial relationships', *Communication Research*, 1989, 16(1): pp. 59–77.

154 Brown, W.J., 'Examining four processes of audience involvement with media personae: transportation, parasocial interaction, identification, and worship', *Communication Theory*, 2015, 25(3): pp. 259–283.

155 Hineline, P.N., 'Narrative: why it's important, and how it works', *Perspectives on Behavior Science*, 2018, 41(2): pp. 471–501.

156 Green, M.C., 'Transportation into narrative worlds: the role of prior knowledge and perceived realism', *Discourse Processes*, 2004, 38(2): pp. 247–266.

157 Kelman, H., 'Processes of opinion change', *Public Opinion Quarterly*, 1961, 25: pp. 57–78.

158 Jenner, G., *Dead Famous: An Unexpected History of Celebrity from Bronze Age to Silver Screen* (Hachette, 2020).

159 Cohen, J., 'Defining identification: a theoretical look at the identification of audiences with media characters', *Mass Communication & Society*, 2001, 4(3): pp. 245–264.

160 Moyer-Gusé, E., A.H. Chung, and P. Jain, 'Identification with characters and discussion of taboo topics after exposure to an entertainment narrative about sexual health', *Journal of Communication*, 2011, 61(3): pp. 387–406.

161 Howard Gola, A.A., et al., 'Building meaningful parasocial relationships between toddlers and media characters to teach early mathematical skills', *Media Psychology*, 2013, 16(4): pp. 390–411.

162 Calvert, S.L., M.N. Richards, and C.C. Kent, 'Personalized interactive characters for toddlers' learning of seriation from a video presentation', *Journal of Applied Developmental Psychology*, 2014, 35(3): pp. 148–155.

163 Holt-Lunstad, J., 'The potential public health relevance of social isolation and loneliness: prevalence, epidemiology, and risk factors', *Public Policy & Aging Report*, 2017, 27(4): pp. 127–130.

164 Derrick, J.L., S. Gabriel, and B. Tippin, 'Parasocial relationships and self–discrepancies: faux relationships have benefits for low self–esteem individuals', *Personal Relationships*, 2008, 15(2): pp. 261–280.

165 Singer, J.L., 'Imaginative play and adaptive development', in *Toys, Play, and Child Development*, J.H. Goldstein (ed.) (Cambridge University Press, 1994), pp. 6–26.

166 Hoff, E.V., 'A friend living inside me – the forms and functions of imaginary companions', *Imagination, Cognition and Personality*, 2004, 24(2): pp. 151–189.

167 Taylor, M. and S.M. Carlson, 'The relation between individual differences in fantasy and theory of mind', *Child Development*, 1997, 68(3): pp. 436–455.

168 Pickhardt, C., 'Adolescence and the teenage crush', *Psychology Today*, 10 September 2012.

169 Erickson, S.E. and S. Dal Cin, 'Romantic parasocial attachments and the development of romantic scripts, schemas and beliefs among adolescents', *Media Psychology*, 2018, 21(1): pp. 111–136.

170 Knox, J., 'Sex, shame and the transcendent function: the function of fantasy in self development', *Journal of Analytical Psychology*, 2005, 50(5): pp. 617–639.

171 Tukachinksy, R., 'When actors don't walk the talk: parasocial relationships moderate the effect of actor-character incongruence', *International Journal of Communication*, 2015, 9: p. 17.

172 Proctor, W., '"Bitches ain't gonna hunt no ghosts": totemic nostalgia, toxic fandom and the Ghostbusters platonic', *Palabra Clave*, 2017, 20(4): pp. 1105–1141.

173 Biegler, 'Autonomy, stress'.

174 McCutcheon, L.E., et al., 'Exploring the link between attachment and the inclination to obsess about or stalk celebrities', *North American Journal of Psychology*, 2006, 8(2): pp. 289–300.

175 Pickhardt, 'Adolescence and the teenage crush'.

176 Eyal, K. and J. Cohen, 'When good friends say goodbye: a parasocial breakup study', *Journal of Broadcasting & Electronic Media*, 2006, 50(3): pp. 502–523.

6장. 감정과 기술의 충돌

1 Öhman, C.J. and D. Watson, 'Are the dead taking over Facebook? A Big Data approach to the future of death online', *Big Data & Society*, 2019, 6(1).

2 Kawamichi, et al., 'Increased frequency of social interaction'.

3 Krebs, et al., 'Novelty increases the mesolimbic functional connectivity'.

4 Farrow, T., et al., 'Neural correlates of self-deception and impression-management', *Neuropsy-*

chologia, 2015, 67: pp. 159–174.

5 Dunbar, R. and R.I.M. *Dunbar, Grooming, Gossip, and the Evolution of Language* (Harvard University Press, 1998).

6 Dumas, G., et al., 'Inter-brain synchronization during social interaction', *PLOS One*, 2010, 5(8): p. e12166.

7 Van Baaren, et al., 'Where is the love?'.

8 Blanchard, et al., 'Risk assessment'.

9 Windeler, J.B., K.M. Chudoba, and R.Z. Sundrup, 'Getting away from them all: managing exhaustion from social interaction with telework', *Journal of Organizational Behavior*, 2017, 38(7): pp. 977–995.

10 Ross, S.A., 'Compensation, incentives, and the duality of risk aversion and riskiness', *The Journal of Finance*, 2004, 59(1): pp. 207–225.

11 Van Dillen, L.F. and H. van Steenbergen, 'Tuning down the hedonic brain: cognitive load reduces neural responses to high-calorie food pictures in the nucleus accumbens', *Cognitive, Affective, & Behavioral Neuroscience*, 2018, 18(3): pp. 447–459.

12 Legault and Inzlicht, 'Self-determination'.

13 Landhäußer, A. and J. Keller, 'Flow and its affective, cognitive, and performance-related consequences', in *Advances in Flow Research*, S. Engeser (ed.) (Springer, 2012), pp. 65–85.

14 Nakamura, J. and M. Csikszentmihalyi, 'The concept of flow', in *Flow and the Foundations of Positive Psychology: The Collected Works of Mihaly Csikszentmihalyi* (Springer, 2014), pp. 239–263.

15 Landhäußer and Keller, 'Flow'.

16 Nakamura and Csikszentmihalyi, 'The concept of flow'.

17 Sutcliffe, A.G., J.F. Binder, and R.I.M. Dunbar, 'Activity in social media and intimacy in social relationships', *Computers in Human Behavior*, 2018, 85: pp. 227–235.

18 Baltaci, Ö., 'The predictive relationships between the social media addiction and social anxiety, loneliness, and happiness', *International Journal of Progressive Education*, 2019, 15(4): pp. 73–82.

19 Buchholz, M., U. Ferm, and K. Holmgren, 'Support persons' views on remote communication and social media for people with communicative and cognitive disabilities', *Disability and Rehabilitation*, 2020, 42(10): pp. 1439–1447.

20 Hinduja, S. and J.W. Patchin, 'Cultivating youth resilience to prevent bullying and cyberbullying victimization', *Child Abuse & Neglect*, 2017, 73: pp. 51–62.

21 Whittaker, E. and R.M. Kowalski, 'Cyberbullying via social media', *Journal of School Vio-*

lence, 2015, 14(1): pp. 11–29.

22 Bottino, S.M.B., et al., 'Cyberbullying and adolescent mental health: systematic review', *Cadernos de Saude Publica*, 2015, 31: pp. 463–475.

23 Slonje, R. and P.K. Smith, 'Cyberbullying: another main type of bullying?' *Scandinavian Journal of Psychology*, 2008, 49(2): pp. 147–154.

24 Sticca, F. and S. Perren, 'Is cyberbullying worse than traditional bullying? Examining the differential roles of medium, publicity, and anonymity for the perceived severity of bullying', *Journal of Youth and Adolescence*, 2013, 42(5): pp. 739–750.

25 Tehrani, N., 'Bullying: a source of chronic post traumatic stress?' *British Journal of Guidance & Counselling*, 2004, 32(3): pp. 357–366.

26 Eisenberger, N.I., 'Why rejection hurts: what social neuroscience has revealed about the brain's response to social rejection', *Brain*, 2011, 3(2): p. 1.

27 Sticca and Perren, 'Is cyberbullying worse than traditional bullying?'.

28 Weiss, B. and R.S. Feldman, 'Looking good and lying to do it: deception as an impression management strategy in job interviews', *Journal of Applied Social Psychology*, 2006, 36(4): pp. 1070–1086.

29 Farrow, et al., 'Neural correlates of self-deception'.

30 Craven, R. and H.W. Marsh, 'The centrality of the self-concept construct for psychological wellbeing and unlocking human potential: implications for child and educational psychologists', *Educational & Child Psychology*, 2008, 25(2): pp. 104–118.

31 Akanbi, M.I. and A.B. Theophilus, 'Influence of social media usage on self-image and academic performance among senior secondary school students in Ilorin-West Local Goverment, Kwara State', *Research on Humanities and Social Sciences*, 2014, 4(14): pp. 58–62.

32 Tenney, E.R., et al., 'Calibration trumps confidence as a basis for witness credibility', *Psychological Science*, 2007, 18(1): pp. 46–50.

33 Bell, N.D., 'Responses to failed humor', *Journal of Pragmatics*, 2009, 41(9): pp. 1825–1836.

34 Emery, L.F., et al., 'Can you tell that I'm in a relationship? Attachment and relationship visibility on Facebook', *Personality and Social Psychology Bulletin*, 2014, 40(11): pp. 1466–1479.

35 Scott, K.M., et al., 'Associations between subjective social status and DSM-IV mental disorders: results from the World Mental Health surveys', *JAMA Psychiatry*, 2014, 71(12): pp. 1400–1408.

36 Kessler, R.C., 'Stress, social status, and psychological distress', *Journal of Health and Social Behavior*, 1979: pp. 259–272.

37 Verduyn, P., N. Gugushvili, and E. Kross, 'The impact of social network sites on mental

health: distinguishing active from passive use', *World Psychiatry: Official Journal of the World Psychiatric Association (WPA)*, 2021, 20(1): pp. 133–134.

38 Escobar-Viera, C.G., et al., 'Passive and active social media use and depressive symptoms among United States adults', *Cyberpsychology, Behavior, and Social Networking*, 2018, 21(7): pp. 437–443.

39 Swist, T., et al., 'Social media and the wellbeing of children and young people: a literature review', 2015, Prepared for the Commissioner for Children and Young People, Western Australia.

40 Best, P., R. Manktelow, and B. Taylor, 'Online communication, social media and adolescent wellbeing: a systematic narrative review', *Children and Youth Services Review*, 2014, 41: pp. 27–36.

41 O'Reilly, M., et al., 'Is social media bad for mental health and wellbeing? Exploring the perspectives of adolescents', *Clinical Child Psychology and Psychiatry*, 2018, 23(4): pp. 601–613.

42 Burnett, S., et al., 'The social brain in adolescence: evidence from functional magnetic resonance imaging and behavioural studies', *Neuroscience & Biobehavioral Reviews*, 2011, 35(8): pp. 1654–1664.

43 Kleemans, M., et al., 'Picture perfect: the direct effect of manipulated Instagram photos on body image in adolescent girls', *Media Psychology*, 2018, 21(1): pp. 93–110.

44 O'Reilly, et al., 'Is social media bad?'.

45 Quinn, K., 'Social media and social wellbeing in later life', *Ageing & Society*, 2021, 41(6): pp. 1349–1370.

46 Gentner, D. and A.L. Stevens, *Mental Models* (Psychology Press, 2014).

47 Brehm, J.W. and A.R. Cohen, *Explorations in Cognitive Dissonance* (John Wiley & Sons, 1962).

48 Marris, P., *Loss and Change (Psychology Revivals): Revised Edition* (Routledge, 2014).

49 Hertenstein, M.J., et al., 'The communication of emotion via touch', *Emotion*, 2009, 9(4): p. 566.

50 Radulescu, A., 'Why do we walk around when talking on the phone?', *Medium*, 13 October 2020.

51 Oppezzo, M. and D.L. Schwartz, 'Give your ideas some legs: the positive effect of walking on creative thinking', *Journal of Experimental Psychology: Learning, Memory, and Cognition*, 2014, 40(4): p. 1142.

52 Lee, J., A. Jatowt, and K.S. Kim, 'Discovering underlying sensations of human emotions based on social media', *Journal of the Association for Information Science and Technology*, 2021, 72(4): pp. 417–432.

53 Gaither, S.E., et al., 'Thinking outside the box: multiple identity mind-sets affect creative problem solving', *Social Psychological and Personality Science*, 2015, 6(5): pp. 596–603.

54 Panger, G.T., *Emotion in Social Media* (UC Berkeley, 2017).

55 Hardicre, J., 'Valid informed consent in research: an introduction', *British Journal of Nursing*, 2014, 23(11): pp. 564–567.

56 Kramer, A.D.I., J.E. Guillory, and J.T. Hancock, 'Experimental evidence of massive-scale emotional contagion through social networks', *Proceedings of the National Academy of Sciences*, 2014, 111(24): pp. 8788–8790.

57 Goldenberg, A. and J.J. Gross, 'Digital emotion contagion', *Trends in Cognitive Sciences*, 2020, 24(4): pp. 316–328.

58 Burnett, G., M. Besant, and E.A. Chatman, 'Small worlds: normative behavior in virtual communities and feminist bookselling', *Journal of the Association for Information Science and Technology*, 2001, 52(7): p. 536.

59 Achar, C., et al., 'What we feel and why we buy: the influence of emotions on consumer decision-making', *Current Opinion in Psychology*, 2016, 10: pp. 166–170.

60 Utz, S., 'Social media as sources of emotions', in *Social Psychology in Action*, K. Sassenberg and M.L.W. Vliek (eds) (Springer, 2019), pp. 205–219.

61 Curtis, A., *The Power of Nightmares: The Rise of the Politics of Fear*, Documentary, BBC, 2004.

62 Ford, J.B., 'What do we know about celebrity endorsement in advertising?' *Journal of Advertising Research*, 2018, 58(1): pp. 1–2.

63 Bennet, J., 'The TSA is frighteningly awful at screening passengers', *Popular Mechanics*, 5 November 2015.

64 Anderson, N., 'TSA's got 94 signs to ID terrorists, but they're unproven by science', in *Ars Technica* (Condé Nast Digital, 2013).

65 Gendron, et al., 'Perceptions of emotion'.

66 Denault, V., et al., 'The analysis of nonverbal communication: the dangers of pseudoscience in security and justice contexts', *Anuario de Psicología Jurídica*, 2020, 30(1): pp. 1–12.

67 Butalia, M.A., M. Ingle, and P. Kulkarni, 'Facial expression recognition for security', *International Journal of Modern Engineering Research*, 2012, 2(4): pp. 1449–1453.

68 Wong, S.-L. and Q. Liu, 'Emotion recognition is China's new surveillance craze', *Financial Times*, 1 November 2019.

69 Matt, S.J., 'What the history of emotions can offer to psychologists, economists, and computer scientists (among others)', *History of Psychology*, 2021, 24(2): p. 121.

감정이 어려운 사람들을 위한 뇌과학

70 Ortmann, A. and R. Hertwig, 'The costs of deception: evidence from psychology', *Experimental Economics*, 2002, 5(2): pp. 111–131.

71 Warren, G., E. Schertler, and P. Bull, 'Detecting deception from emotional and unemotional cues', *Journal of Nonverbal Behavior*, 2009, 33(1): pp. 59–69.

72 Rodero, E. and I. Lucas, 'Synthetic versus human voices in audiobooks: the human emotional intimacy effect', *New Media & Society*, June 2021.

73 Liu, et al., 'Seeing Jesus in toast'.

74 Seyama, J. and R.S. Nagayama, 'The uncanny valley: effect of realism on the impression of artificial human faces', *Presence*, 2007, 16(4): pp. 337–351.

75 Lippmann, R.P., 'Neural nets for computing', *ICASSP*, 1988: pp. 1–6.

76 He, X. and W. Zhang, 'Emotion recognition by assisted learning with convolutional neural networks', *Neurocomputing*, 2018, 291: pp. 187–194.

77 Kornfield, R., et al., 'Detecting recovery problems just in time: application of automated linguistic analysis and supervised machine learning to an online substance abuse forum', *Journal of Medical Internet Research*, 2018, 20(6): p. e10136.

78 Birnbaum, M.L., et al., 'Detecting relapse in youth with psychotic disorders utilizing patient-generated and patient-contributed digital data from Facebook', *NPJ Schizophrenia*, 2019, 5(1): pp. 1–9.

79 Venkatapur, R.B., et al., 'THERABOT an artificial intelligent therapist at your fingertips', *IOSR Journal of Computer Engineering*, 2018, 20(3): pp. 34–38.

80 Craig, T.K., et al., 'AVATAR therapy for auditory verbal hallucinations in people with psychosis: a single-blind, randomised controlled trial', *The Lancet Psychiatry*, 2018, 5(1): pp. 31–40.

81 Kothgassner, O.D., et al., 'Virtual reality exposure therapy for posttraumatic stress disorder (PTSD): a meta-analysis', *European Journal of Psychotraumatology*, 2019, 10(1): p. 1654782.

82 Dunbar and Dunbar, *Grooming, Gossip*.

83 Wyse, D., *How Writing Works: From the Invention of the Alphabet to the Rise of Social Media* (Cambridge University Press, 2017).

84 Doosje, B.E., et al., 'Antecedents and consequences of group-based guilt: the effects of ingroup identification', *Group Processes & Intergroup Relations*, 2006, 9(3): pp. 325–338.

85 Lee, R.S., 'Credibility of newspaper and TV news', *Journalism Quarterly*, 1978, 55(2): pp. 282–287.

86 Jensen, J.D., et al., 'Public estimates of cancer frequency: cancer incidence perceptions mirror distorted media depictions', *Journal of Health Communication*, 2014, 19(5): pp.

609–624.

87 McCombs, M. and A. Reynolds, 'How the news shapes our civic agenda', in *Media Effects* (Routledge, 2009), pp. 17–32.

88 Desai, R.H., M. Reilly, and W. van Dam, 'The multifaceted abstract brain', *Philosophical Transactions of the Royal Society B: Biological Sciences*, 2018, 373(1752): p. 20170122.

89 Ampel, et al., 'Mental work requires physical energy'.

90 Cowan, N., 'The magical mystery four: how is working memory capacity limited, and why?', *Current Directions in Psychological Science*, 2010, 19(1): pp. 51–57.

91 Itti, L., 'Models of bottom-up attention and saliency', in *Neurobiology of Attention* (Elsevier, 2005), pp. 576–582.

92 Tyng, C.M., et al., 'The influences of emotion on learning and memory', *Frontiers in Psychology*, 2017, 8: p. 1454.

93 Howard Gola, et al., 'Building meaningful parasocial relationships'.

94 Zald and Pardo, 'Emotion, olfaction, and the human amygdala'.

95 Ungerer, F., 'Emotions and emotional language in English and German news stories', in *The Language of Emotions*, S. Niemeier and R. Dirven (eds) (John Benjamins, 1997), pp. 307–328.

96 Vlasceanu, M., J. Goebel, and A. Coman, 'The emotion-induced belief-amplification effect', *Proceedings of the 42nd Annual Conference of the Cognitive Science Society*, 2020: pp. 417–422.

97 Dreyer, K.J., et al., *A Guide to the Digital Revolution* (Springer, 2006).

98 de Melo, L.W.S., M.M. Passos, and R.F. Salvi, 'Analysis of 'flat-earther' posts on social media: reflections for science education from the discursive perspective of Foucault', *Revista Brasileira de Pesquisa em Educação em Ciências*, 2020, 20: pp. 295–313.

99 Dubois, E. and G. Blank, 'The echo chamber is overstated: the moderating effect of political interest and diverse media', *Information, Communication & Society*, 2018, 21(5): pp. 729–745.

100 Lowry, N. and D.W. Johnson, 'Effects of controversy on epistemic curiosity, achievement, and attitudes', *The Journal of Social Psychology*, 1981, 115(1): pp. 31–43.

101 Rozin and Royzman, 'Negativity bias'.

102 Trussler, M. and S. Soroka, 'Consumer demand for cynical and negative news frames', *The International Journal of Press/Politics*, 2014, 19(3): pp. 360–379.

103 Gorvett, Z., 'How the news changes the way we think and behave', BBC Future, 12 May 2020.

104 Asch, S.E., 'Studies of independence and conformity: I. A minority of one against a unani-

감정이 어려운 사람들을 위한 뇌과학

mous majority', *Psychological Monographs: General and Applied*, 1956, 70(9): p. 1.

105 Smaldino, P.E. and J.M. Epstein, 'Social conformity despite individual preferences for distinctiveness', *Royal Society Open Science*, 2015, 2(3): p. 140437.

106 Young, E., 'A new understanding: what makes people trust and rely on news', *American Press Institute*, April 2016.

107 Smith, T.B.M., 'Esoteric themes in David Icke's conspiracy theories', *Journal for the Academic Study of Religion*, 2017, 30(3): pp. 281–302.

108 Deutsch, M. and H.B. Gerard, 'A study of normative and informational social influences upon individual judgment', *The Journal of Abnormal and Social Psychology*, 1955, 51(3): p. 629.

109 Spanos, K.E., et al., 'Parent support for social media standards combatting vaccine misinformation', *Vaccine*, 2021, 39(9): pp. 1364–1369.

110 Wu, L., et al., 'Misinformation in social media: definition, manipulation, and detection', *ACM SIGKDD Explorations Newsletter*, 2019, 21(2): pp. 80–90.

111 Kenworthy, J.B., et al., 'Building trust in a postconflict society: an integrative model of cross-group friendship and intergroup emotions', *Journal of Conflict Resolution*, 2015, 60(6): pp. 1041–1070.

112 Mallinson, D.J. and P.K. Hatemi, 'The effects of information and social conformity on opinion change', *PLOS One*, 2018, 13(5): p. e0196600.

113 Cummins, R.G. and T. Chambers, 'How production value impacts perceived technical quality, credibility, and economic value of video news', *Journalism & Mass Communication Quarterly*, 2011, 88(4): pp. 737–752.

114 Abdulla, R.A., et al. 'The credibility of newspapers, television news, and online news', in *Education in Journalism Annual Convention*, Florida USA (Citeseer, 2002).

115 Tandoc Jr, E.C., 'Tell me who your sources are: perceptions of news credibility on social media', *Journalism Practice*, 2019, 13(2): pp. 178–190.

116 Wijenayake, S., et al., 'Effect of conformity on perceived trustworthiness of news in social media', *IEEE Internet Computing*, 2020, 25(1): pp. 12–19.

117 Janis, I.L., 'Groupthink', *IEEE Engineering Management Review*, 2008, 36(1): p. 36.

118 Lin, A., R. Adolphs, and A. Rangel, 'Social and monetary reward learning engage overlapping neural substrates', *Social Cognitive and Affective Neuroscience*, 2012, 7(3): pp. 274–281.

119 Nickerson, R.S., 'Confirmation bias: a ubiquitous phenomenon in many guises', *Review of General Psychology*, 1998, 2(2): pp. 175–220.

120 Bolsen, T., J.N. Druckman, and F.L. Cook, 'The influence of partisan motivated reasoning on public opinion', *Political Behavior*, 2014, 36(2): pp. 235–262.

121 Nestler, S., 'Belief perseverance', *Social Psychology*, 2010, 41(1): pp. 35–41.

122 Brehm and Cohen, *Explorations in Cognitive Dissonance.*

123 Martel, C., G. Pennycook, and D.G. Rand, 'Reliance on emotion promotes belief in fake news', *Cognitive Research: Principles and Implications*, 2020, 5(1): pp. 1–20.

124 Brady, W.J., et al., 'How social learning amplifies moral outrage expression in online social networks', *Science Advances*, 2021, 7(33).

125 Holman, E.A., D.R. Garfin, and R.C. Silver, 'Media's role in broadcasting acute stress following the Boston Marathon bombings', *Proceedings of the National Academy of Sciences*, 2014, 111(1): pp. 93–98.

126 Paravati, E., et al., 'More than just a tweet: the unconscious impact of forming parasocial relationships through social media', *Psychology of Consciousness: Theory, Research, and Practice*, 2020, 7(4): p. 388.

127 Baum, J. and R. Abdel Rahman, 'Emotional news affects social judgments independent of perceived media credibility', *Social Cognitive and Affective Neuroscience*, 2021, 16(3): pp. 280–291.

128 Clore, G.L., 'Psychology and the rationality of emotion', *Modern Theology*, 2011, 27(2): pp. 325–338.

129 Sulianti, A., et al., 'Can emotional intelligence restrain excess celebrity worship in bio-psychological perspective?', in *IOP Conference Series: Materials Science and Engineering* (IOP Publishing, 2018).

찾아보기

감정이 어려운 사람들을 위한 뇌과학

감정이 어려운 사람들을 위한 뇌과학

감정이 어려운 사람들을 위한 뇌과학

북트리거 일반 도서

북트리거 청소년 도서

감정이 어려운 사람들을 위한 뇌과학

1판 1쇄 발행일 2024년 3월 25일

지은이 딘 버넷
옮긴이 김아림
펴낸이 권준구 | 펴낸곳 (주)지학사
본부장 황홍규 | 편집장 김지영 | 편집 양선화 공승현 명준성
책임편집 공승현 | 디자인 정은경디자인
마케팅 송성만 손정빈 윤술옥 | 제작 김현정 이진형 강석준 오지형
등록 2017년 2월 9일(제2017-000034호) | 주소 서울시 마포구 신촌로6길 5
전화 02.330.5265 | 팩스 02.3141.4488 | 이메일 booktrigger@naver.com
홈페이지 www.jihak.co.kr | 포스트 post.naver.com/booktrigger
페이스북 www.facebook.com/booktrigger | 인스타그램 @booktrigger

ISBN 979-11-93378-13-7 03400

북트리거

트리거(trigger)는 '방아쇠, 계기, 유인, 자극'을 뜻합니다.
북트리거는 나와 사물, 이웃과 세상을 바라보는 시선에 신선한 자극을 주는 책을 펴냅니다.